普通高等教育规划教材

土木工程 CAD

主　编　郑益民
副主编　孙树贤　杨　中
参　编　刘智儒　肖　永

机械工业出版社

本书根据最新专业制图规范要求、结合典型工程应用实例，系统地介绍了土木工程计算机辅助制图的方法和技巧，是一本全面介绍土木工程领域计算机辅助设计的教材。

本书共分为四个部分，12章：第一部分介绍土木工程CAD的概念和基础知识，包括土木工程CAD概述、土木工程CAD软硬件环境、Auto-CAD基础知识；第二部分介绍国际通用绘图软件AutoCAD2010的二维图形的绘制和编辑、图块及其属性、文字和尺寸标注、三维建模技术、土木工程计算机绘图的基本规定和绘图环境设置；第三部分介绍道路CAD、桥梁CAD、天正建筑CAD的制图知识；第四部分介绍土木工程CAD二次开发技术。

本书应用性强，可作为高等院校土木工程专业的本、专科学生的教材，也可作为道路工程、市政工程、建筑工程等行业的从业人员参考用书。

图书在版编目（CIP）数据

土木工程CAD/郑益民主编. —北京：机械工业出版社，2014.2（2023.1重印）
普通高等教育规划教材
ISBN 978-7-111-45444-1

Ⅰ.①土… Ⅱ.①郑… Ⅲ.①土木工程—建筑制图—计算机制图—AutoCAD软件—高等学校—教材 Ⅳ.①TU204-39

中国版本图书馆CIP数据核字（2014）第009331号

机械工业出版社（北京市百万庄大街22号　邮政编码100037）
策划编辑：林　辉　责任编辑：林　辉　任正一　版式设计：常天培
责任校对：陈延翔　封面设计：马精明　　　　责任印制：郜　敏
北京富资园科技发展有限公司印刷
2023年1月第1版第2次印刷
184mm×260mm·22.5印张·613千字
标准书号：ISBN 978-7-111-45444-1
定价：44.80元

电话服务　　　　　　　　　网络服务
客服电话：010-88361066　　机 工 官 网：www.cmpbook.com
　　　　　010-88379833　　机 工 官 博：weibo.com/cmp1952
　　　　　010-68326294　　金 书 网：www.golden-book.com
封底无防伪标均为盗版　机工教育服务网：www.cmpedu.com

前　言

随着计算机科学技术的快速发展和土木工程 CAD 新技术的不断出现，土木工程设计技术进入到一个以计算机新技术和 CAD 新技术相结合的全新阶段。土木工程学科涵盖了道路、铁路、桥梁、建筑、水利、地下工程等多个学科，本书主要介绍道路工程、桥梁工程和建筑工程三个学科的 CAD 知识和技术。CAD 技术是当今土木工程设计与施工的重要组成部分，指导学生学习和掌握 CAD 知识与技术，进而利用计算机进行土木工程设计是不可缺少的教学环节。通过学习本书可以较系统地掌握道路、桥梁和建筑工程 CAD 的基础知识和技能、土木工程 CAD 软件的二次开发技术及编程基础，为将来从事道路、桥梁和建筑工程设计、施工和管理等工作打下一个良好的基础。

目前国内有关土木工程 CAD 的教材或书籍有多种，或注重理论，或强调操作。本书力求理论知识与实践操作并重，能力培养与创新思维相结合，内容上循序渐进，紧贴土木工程行业所需。本书在简单介绍土木工程 CAD 理论知识的基础上，讲解国际通用绘图软件 AutoCAD 2010 的操作方法和技能，以增加实用性。在专业 CAD 方面本教材涵盖道路工程、桥梁工程和建筑工程三个方面的 CAD 理论知识和实际操作技术，既有理论知识又侧重实际操作。本书介绍了目前国内在道路工程、桥梁工程和建筑工程三个方面的主流软件的使用功能及操作方法和技能，使学生在校期间就学到将来就业和生产实践中的技能。本书还重视培养学生的创造能力，较系统地介绍土木工程 CAD 二次开发技术和方法，介绍目前 CAD 热点知识之一的参数化设计理论和技术。为便于学生学习，书中加入了很多操作实例，并在每一章后面附上了练习与思考题。

本书共分 12 章，分别为土木工程 CAD 概述、土木工程 CAD 软硬件环境、AutoCAD 基础知识、二维图形的绘制和编辑、图块及其属性、文字和尺寸标注、三维建模技术、土木工程计算机绘图的基本规定和绘图环境设置、道路 CAD、桥梁 CAD、天正建筑 CAD 以及土木工程 CAD 二次开发技术。

本书适用于作为高等院校建筑工程、道路与桥梁工程、地下工程、铁道工程等专业方向的本、专科学生的教材，也可供从事道路工程、市政工程、建筑工程等行业的设计、施工、科研及教学人员应用和参考。

本书由鲁东大学郑益民担任主编，鲁东大学孙树贤、杨中担任副主编。郑益民编写第 1、2、3、5、6、8、12 章；孙树贤编写第 7、9 章；杨中编写第 11 章；鲁东大学刘智儒编写第 10 章；佳木斯大学肖永编写第 4 章。全书由郑益民统稿。由于编者水平所限，书中错误和疏漏之处，敬请广大读者批评指正。

编　者

目　录

第1章　土木工程 CAD 概述

本章提要
- CAD 基本概念
- CAD 的发展及其在土木工程中的应用
- 土木工程 CAD 的发展趋势

1.1　CAD 基本概念

CAD 是计算机辅助设计（Computer Aided Design）的简称，它是以计算机为主要工具和手段进行产品或工程的设计、绘图、制表和编写技术文档等活动。它特别适用于完成设计过程中机械的、繁重的工作，使设计人员将更多的精力用于设计方案的比选和决策上，有利于提高设计质量和设计效率。

CAD 技术是研究计算机在设计领域中应用的综合技术，它利用计算机的快速计算能力、大容量存储和强大数据处理能力等特性，来完成图形实时显示、方案优化、交互设计、计算与分析、绘图和文档制作等设计和分析工作。它作为 20 世纪公认的重大技术成果之一，正在深刻地影响着当今各个工程领域。它是一门涉及计算机科学、计算数学、计算几何、计算机图形学、数据结构、数据库、软件工程、仿真技术、人工智能等多学科、多领域的新兴学科。CAD 技术具有高智力、知识密集、更新速度快、综合性强、投入高和效益大等特点，是当今国际科技领域的前沿课题。

与传统设计方法相比 CAD 技术具有如下优点：

1）提高设计效率，缩短设计周期。据有关资料显示 CAD 技术能提高设计效率 10～25 倍，缩短设计周期 1/3～1/6。

2）提高设计质量，优化设计成果。

3）减轻劳动强度，充分发挥人的智慧。

4）有利于设计工作规范化，设计成果标准化。

由于 CAD 技术具有上述优点，20 世纪 70 年代（CAD 技术发展的初期）便在产品设计和工程设计领域受到追捧，并随着计算机技术的快速发展逐步向各个领域拓展。目前，CAD 技术已被广泛应用于机械、电子、航空、汽车、船舶和土木工程等各个领域，成为改善产品质量与提高工程应用水平、降低成本、缩短工程建设周期和解放生产力的重要手段。迄今为止，CAD 技术已成为一个推动行业技术进步的、能够创造大量财富的、具有相当规模的新兴产业——软件产业，CAD 技术的开发与应用水平正逐步成为衡量一个国家科技现代化与工业现代化程度的重要标志之一。

CAD 的理论基础是计算机图形学和有限元方法。计算机图形学是研究利用计算机生成、处理和显示图形的原理、方法和技术的学科。有限元方法是进行工程和产品结构分析计算和结构优化的重要方法和工具。CAD 的技术基础主要涉及图形图像处理技术、人机交互技术、工程分析技术、数据管理与数据交换技术、文档处理技术和软件开发技术等。

CAD 系统由硬件系统和软件系统组成。CAD 硬件系统主要包括计算机主机和外围设备两大部分。一个理想的 CAD 软件系统应包括科学计算、图形系统和数据库三个方面。

科学计算包括通用数学库、系统数学库以及设计过程中占有很大比例的常规设计、优化设计、有限元分析等，它是实现相应专业的工程设计、计算分析及绘图等具体专用功能的程序系统，是 CAD 技术应用于工程实践的技术保证。

图形系统包括几何建模、绘制工程设计图、绘制各种函数曲线、绘制各种数据表格、在图形显示器上进行图形变换以及分析和模拟与仿真等内容，是 CAD 系统进行图形操作的平台。

数据库是一个通用的、综合性的以及减少数据重复存储的"数据集合"。它按照信息的自然联系来构成数据，用各种方法来对数据进行各种组合和管理，以满足各种需要，使设计所需要的数据便于提取，新的数据易于补充。数据库的内容包括原始资料、设计标准及规范、中间结果、图表和文件等。

1.2　CAD 的发展及其在土木工程中的应用

1. CAD 的发展历史

CAD 的发展可追溯到 20 世纪中期，1949 年利用计算机处理物体外形，应用于飞机制造的数控加工领域；1950 年第一台图形显示器诞生；1958 年美国 GERBER 公司用光笔代替数控机床的刀具，发展成平板绘图仪，奠定了 CAD 发展的物质基础；这段时间被称为 CAD 的准备阶段。1962 年美国麻省理工学院林肯实验室的 I. E. Sutherland 发表题为《Sketchpad：人机通信图形系统》的博士论文，首次将光笔和图形显示器连接在计算机上，通过操作光笔在图形显示器上生成和识别图形。人们公认的第一个真正应用于设计工作中的 CAD 系统，是 1963 年 Sutherland 博士研制的 Sketchpad-A 系统。该系统由显示器和计算机组成，设计者用光笔操作，以人机对话方式输入设计草图，并可以随心所欲地对图形进行修改、追加和删除，实现了最初的人机交互系统。这一新技术的发展，促成了计算机图形学和交互技术的产生。

CAD 技术的发展与计算机软硬件技术的发展紧密相连。20 世纪 60 年代为大型机 CAD 发展阶段，其典型的硬件设备为大型计算机、刷新式随机扫描图形显示器和光笔。典型的 CAD 系统有美国通用汽车公司的 DAC—I 系统和美国洛克希德公司的 CADAM 系统。前者能最终输出工程图的硬拷贝，主要用于汽车玻璃线形设计，后者用于飞机制造设计。这一阶段的硬件设备价格昂贵，软件研究不完善，CAD 处于试验阶段。

20 世纪 60 年代末至 70 年代末，为小型机 CAD 发展阶段，其典型的硬件设备为小型计算机、存储管式图形显示器和图形输入板。典型的 CAD 系统有美国 Applicon 公司的 AGS 系统和 Computer Vision 公司的 CADDS 系统，主要用于集成电路设计和印刷电路板的设计。这一时期硬件设备和 CAD 技术都得到较快发展，CAD 进入到应用阶段。

20 世纪 70 年代末至 90 年代，为微机和工作站 CAD 发展阶段，其典型的硬件设备为微机（工作站）、光栅扫描图形显示器、绘图仪、图形输入设备，图形支撑软件由二维升级到为三维图形系统。典型的 CAD 系统有美国 Autodesk 公司的 AutoCAD 系统和 Bentley 公司的 MicroStation 系统。这两个系统由于具有良好的操作界面、强大的二维和三维图形功能、几乎完全开放的二次开发功能，而被广泛应用于各个工业设计和制造领域。这一时期硬件设备性能不断提高，价格大幅下降，使越来越多的用户能够采用 CAD 系统进行工程和产品的设计，是 CAD 高速发展和普及应用阶段。

20 世纪 90 年代至今，CAD 技术与可视化技术、集成技术、数据库技术、网络技术、人工智能技术紧密结合，使 CAD 技术向着可视化、集成化、网络化和智能化方向发展。

2. CAD 技术在土木工程中的应用

土木工程是 CAD 技术应用最早、发展最快的领域。早在 20 世纪 60 年代 CAD 技术就被应用于道路工程、铁道工程进行工程土石方数量计算和纵断面设计。随后在土木工程的其他方面如建筑工程、桥梁工程、隧道和地下工程、机场工程、港口工程、水利水电工程等也引入了 CAD 技术，到了 20 世纪 90 年代 CAD 技术在土木工程的各个专业方向都得到了快速发展。目前，我国工程设计已普遍采用计算机绘图和设计，CAD 技术已经成为土木工程设计不可缺少的重要手段和工具，并贯穿于工程规划、设计和施工管理的全过程。CAD 技术已成为提高设计质量、缩短设计工期、节省设计成本的重要途径。CAD 技术的应用和开发水平已成为衡量设计单位现代化程度的一个重要标志。

目前 CAD 技术不仅应用于设计，还被广泛应用于设计前的规划方面，以及设计后工程施工和管理方面。

工程规划主要包括项目可行性研究、方案比选等内容。规划过程中要考虑很多因素，如土地应用、经济、交通、法律、景观等社会因素，还要考虑资源、气象、地质、地形、水文等自然因素。将 CAD 技术与人工智能、GIS 技术结合起来，可以辅助支持决策过程，从而避免过分依赖人的主观经验，提高决策水平，使规划结果更加科学合理。规划阶段的 CAD 系统主要有三大类：

1）规划信息管理系统：用于规划信息的存储、查询和管理，包括地理信息管理系统、资源信息管理系统、规划政策信息系统等。

2）规划决策支持系统：用于提供城市、地域乃至工程项目建设规划的方案制订和决策支持，包括规划信息分析系统、规划方案评估系统等。

3）规划设计系统：用于展示规划的表现和效果，包括规划总图设计系统、景观表现系统、交通规划系统等。

对于一般的土木工程设计项目而言，需要经过包括初步设计、技术设计和施工图设计等阶段。由于土木工程的各个专业方向不同，其设计内容和设计方法相差很大，所以对应于各设计过程的不同专业、不同结构应采用不同 CAD 系统。早期的 CAD 系统都是针对某一设计环节或结构的，具有功能介全、操作方便等特点。但为了完成整个工程设计项目往往需要使用多个 CAD 系统，由于各 CAD 系统之间没有统一的数据库管理系统，导致输入大量的重复数据，不仅降低了设计效率，还会增加数据错误。随着 CAD 技术的发展，面向设计全过程的集成化 CAD 系统日趋成熟，并得到了应用和推广。集成化 CAD 系统实现各设计阶段的信息共享，减少数据的冗余，极大地提高了 CAD 系统的效率和水平。

CAD 技术在土木工程设计中的应用主要包括下面几个方面：

1）建筑工程设计：包括建筑设计、结构设计和水、电、暖等设备设计。

2）城市规划和市政工程设计：包括城市道路、立交桥、高架桥、轻轨、地铁等设计。

3）市政管网设计：包括自来水、污水排放、煤气、天然气、电力、暖气、通信等各类市政管道线路设计。

4）交通工程设计：包括公路、桥梁、铁道、机场、港口、码头等工程设计。

5）水利水电工程设计：包括大坝、水渠、水利枢纽、河海工程等。

最近十几年 CAD 技术还应用于施工过程，具体包括下面几个方面：

1）工程施工技术：包括基坑支护设计、模板设计、脚手架设计、结构混凝土设计、工程材料设计等。

2）工程施工管理：包括施工组织设计、项目管理、工程项目造价管理、工程质量管理、施工安全管理、工程施工设备管理、工程材料管理、人力资源管理系统等。

　　3）施工企业管理：包括项目投标、合同管理、工程概预算、施工网络计划、工资及资金管理等方面。

1.3　土木工程 CAD 的发展趋势

　　当今计算机技术及相应支撑软件系统的发展日新月异、更新迅速，大大促进了 CAD 技术的发展。土木工程 CAD 技术在软件、系统方面的发展集中在可视化技术、集成化技术、智能化技术、网络化技术、虚拟现实技术和 3S（GIS、GPS、RS）技术等方面。

　　（1）可视化技术　随着 CAD 系统的深入发展其功能越来越多，而 CAD 系统的操作过程就越复杂，成果也越丰富，如何将工程设计和结果清晰直观地表现出来是 CAD 系统能否实用化的关键所在。科学计算可视化（Visualization In Scientific Computing，VISC）技术正是在基于上述需求，于 20 世纪 80 年代末期提出并发展起来的一门新技术，它是运用人的视觉对颜色、动作和几何关系等直观模式的识别能力，将科学计算过程、算法及计算结果通过图形、图表、动画等手段直观地表现出来的一门技术。可视化技术作为实现操作过程与功能对接的工具，不仅可以改进传统设计手段，还可以改变设计环境，如 CAD 虚拟环境，使设计者处于虚拟的三维空间进行工程设计，提高设计质量。可视化技术应包括良好的数据输入输出界面、中间数据的实时查询、人机交互的设计过程、可引导可控制的设计流程、设计结果自动处理等内容。

　　（2）集成化技术　集成化技术主要是实现对系统中各应用程序所需要的信息及所产生的信息进行统一的管理，达到软件资源和信息的高度共享和交换，避免不必要的重复和冗余，充分提高计算机资源的利用率。国外发达国家在工程设计领域集成化技术的研究与应用已日趋成熟，能够构成从市场分析、招标投标、工程规划、工程设计到计划进度、质量成本控制、施工与管理等一体的计算机辅助系统。发展集成化技术是当今 CAD 技术的主要趋势之一，与国外发达国家相比，我国工程设计领域在这一方面还存在很大差距，应加快研究、开发、建设和应用集成系统的步伐。

　　（3）智能化技术　智能化 CAD 系统是把人工智能的思想、方法和技术引进到 CAD 领域而产生的，它是 CAD 发展的必然方向。传统 CAD 系统基本上都是采用基于算法的技术，这种方法比较简单，处理的费用比较低，但处理能力局限性较大，特别是缺乏综合和选择、判断的能力，系统在使用时常常需要具有较高的专业知识和较丰富的实践经验的设计人员，通过人机交互手段才能完成设计。智能化 CAD 系统是具有某种程度人工智能的 CAD 系统，它是基于知识的技术，目前主要通过在 CAD 系统中运用专家系统、知识库系统和人工神经网络等人工智能技术来实现。知识库系统包括知识库的建立和知识库的管理。人工神经网络是以一种简单的方式从结构上来模拟人脑神经元，从而实现模拟人脑思维活动的功能。目前智能化技术已经在光谱分析与解释、疾病诊断、石油探测、市场分析、仪器故障分析、产品分级、图像识别、运动员训练优化、质量控制、语言教学、计算机辅助翻译、金属试验等方面得到了应用，在土木工程领域地基处理中布桩方案的确定也得到了应用。

　　（4）网络化技术　网络化技术利用计算机网络资源共享的特点，可实现网络中的硬件、软件和数据共享，优化资源配置。利用网络信息快速传输、远程通信的特点，它可以将一个复杂的大型工程划分为若干个较小的子工程，分散在几个不同地点的终端上进行协同设计，通过网络将各子工程数据和设计结果进行传输、交换、更新和汇总，最后完成全部设计任务，从而可以加快设计速度，提高设计效率。计算机网络可分为局域网、城域网和广域网。局域网的地理范围一般在 10km 之内，如一个学校的校园网。广域网的地理范围可以很大，从几十千米到几万千米，即采用远程通信技术把局域网连接起来，如一个城市、国家或洲际网络。城域网介于局域网和广域网之间，一般覆盖一个城市或地区。

（5）虚拟现实技术　虚拟现实技术是一种逼真地模拟人在自然环境中视觉、听觉、运动等行为的人机界面技术，它将真实世界的各种媒体信息有机地融合进虚拟世界，构造用户能与之进行各个层次的交互处理的虚拟信息空间。一个虚拟现实系统主要由实时计算机图像生成系统、立体图形显示系统、三维交互式跟踪系统、三维数据库及相应的软件组成。虚拟技术的第一个特征是沉浸，让参与者有身临其境的真实感觉；第二个特征是交互，它主要通过使用虚拟交互接口设备实现人类利用自然技能对虚拟环境对象的交互考察与操作；第三个特征是构想，它强调的是三维图形的立体显示。运用虚拟现实技术，可以用狭小的空间代替广阔的空间，可以体验到由于危险、经济代价高昂等原因而达不到的地方，还可以体验到因大小关系而无法体验的事情。利用虚拟现实技术还可以检验设计的合理性，如建筑物的外观、道路线形等。虚拟现实技术在土木工程领域也有广阔的应用前景，如景观表现系统、交通规划系统等。

（6）3S 技术　3S 技术是地理信息系统（GIS）、全球定位系统（GPS）和遥感（RS）技术的一种简称。GIS、GPS、RS 三者紧密结合，共同构成一个对地观测、处理、分析、制图和工程应用的系统。GIS 是用于采集、模拟、处理、检索、分析和表达地理空间数据的计算机系统。它将现实世界表达成一系列的地理要素和地理现象等地理信息，通过对信息的处理、分析来提供多种空间和动态地理信息，为地理研究和地理决策服务。目前 GIS 技术在城市规划和管理、农作物规划与管理、地下管网规划与管理以及灾害风险预测等方面得到了广泛的应用。GPS 是通过卫星通信、测距和导航来获取地面上静止点和动态点的三维空间坐标。它是一种全新的测量手段，具有测量精度高、速度快、全天候作业、不受通视条件和点位限制等优点。如今 GPS 技术在测绘方面的应用范围越来越广阔，它被用于大地测量、海洋测绘、监测地球板块运动、工程测量等。此外，在军事、交通、通信、地矿、石油、建筑、气象、土地管理等部门也开展了 GPS 技术的研究和应用。RS 技术是综合了空间技术、无线电技术、光学技术和计算机技术在 20 世纪 60 年代发展起来的一门新技术。它利用光学、电子学、电子光学传感器，不经与被测物体直接接触，远距离接收物体辐射或反射的电磁波信息，经过处理分析，从中提取对研究目标有用的信息。RS 技术促使摄影测量发生了革命性的变化，目前已经发展到比较成熟的阶段，在地理学和环境学方面有着广泛的应用。利用 RS 技术可以对灾害范围进行实时跟踪和监控。利用卫星照片或航片上含有的丰富信息，通过立体观察和照片判读来获取道路沿线的各种地质、地貌、水文、建材等资料。

练习与思考题

1-1　CAD 技术有哪些优点？试举例说明。

1-2　CAD 技术的发展经历了哪几个阶段？

1-3　CAD 技术在土木工程领域中有哪些应用？试举例说明。

1-4　智能化 CAD 系统包括哪些内容？

第 2 章　土木工程 CAD 软硬件环境

本章提要

■ 土木工程 CAD 系统硬件环境

■ 土木工程 CAD 系统软件环境

CAD 技术是以计算机硬件、软件为基础，并随之改进而快速发展起来的一门新技术。随着计算机各种新技术的开发和应用，土木工程 CAD 系统经历了几十年的发展历史，从最初的仅能满足单一功能的简单系统已发展成为能够完成多种设计任务、兼有各种功能的综合设计系统。目前 CAD 技术已逐步成为一种先进的、成熟的实用技术。土木工程 CAD 系统由硬件、软件两大部分组成。一个完整的 CAD 系统的硬件部分包括主机、图形输入设备、图形显示及输出等设备，软件部分通常由系统软件、支撑软件和应用软件三个层次组成。

2.1　土木工程 CAD 系统硬件环境

CAD 系统的硬件设备与计算机技术和性能的发展密切相关，其功能要求也是逐步提高的。目前认为 CAD 系统的硬件环境应能满足图形显示、交互设计、计算分析、自动绘图制表、数据处理与存储、网络通信功能等多方面要求。按硬件设备配置的不同，CAD 系统的硬件环境可分为大型机系统、小型机系统、工作站系统、微机 CAD 系统等。由于微型计算机技术的快速发展，性能迅速提高，使得微型计算机 CAD 系统几乎可以满足土木工程设计领域内的所有任务。本节将着重介绍微机 CAD 系统硬件环境。

所谓硬件是指计算机系统实际存在的物理设备，包括计算机本身及其外围设备。CAD 硬件系统根据工作需要可以是单机系统，也可以是由多台计算机组成的网络系统，目前常用的类型有普通 PC 系统、工作站系统和网络工作站系统等。普通 PC 系统应用最为广泛，其硬件系统的配置由主机、外存储器、输出设备和输入设备四部分组成，如图 2-1 所示。而大型 CAD 系统则可以采用工作站网络系统。

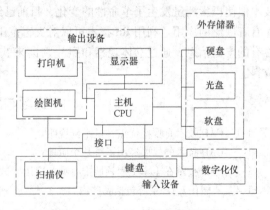

图 2-1　普通 PC 系统的硬件配置

2.1.1　主机

主机主要由中央处理器及内存储器两部分组成。中央处理器简称 CPU，它是计算机系统的核心，其主要功能是控制程序的执行，完成数据的处理和对输入输出设备的控制。CPU 主要由运算器和控制器组成。运算器负责对数据的加工处理，包括对数据的算术和逻辑的运算。控制器是指挥与控制计算机各功能部件协同动作、自动执行计算机程序的部件。它把运算器、存储器以及输入输出设备组成一个有机的整体，其基本功能是解释指令的执行。内存储器是 CPU 可以直接访问的存储器，它用来容纳当前正在使用的或者经常要使用的程序和数据。衡量主机的指标主要有三项：运算速度、字长和内存容量。

（1）运算速度　以 CPU 每秒钟可执行的指令数目或可进行浮点运算次数表示，常以 MIPS 为单位，即每秒可执行一百万条指令，或用时钟频率（主频）来表示运算速度。目前由美国英特尔公司生产的 Inter Core 2 双核处理器的主频已达到 2.0～4.0GB。

（2）字长　CPU 在一个指令周期内能从内存提取并进行处理的数据位数称为字长。字长越多，则计算机速度越快，计算精度也越高。字长取决于计算机芯片的类型，目前一般微机的 CPU 为 32 位，最近美国英特尔公司推出了 64 位的处理器，用于服务器和工作站。

（3）内存容量　是指能够存放信息的总数量，通常以字节（Byte）为单位，内存容量的大小要受 CPU 地址总线位数的限制。目前生产的台式微机内存容量可达 4.0GB。

2.1.2　外存储器

计算机的外存储器是区别于内存储器由操作系统控制的存储设备，它可以弥补内存储器容量小的不足。在 CAD 作业中，将那些暂时不用的应用程序、数据和图像存储在外存储器中，待需要时再调入内存。

微机系统常用的外存储器主要有软盘、可移动盘、硬盘和光盘等 4 种。

（1）软盘　软盘曾是计算机广泛配置的外设之一，其特点是容量小、价格便宜。常用的软盘有 5.25in、3.5in 和 2.5in 等几种类型。由于软盘存在容量小，读盘速度慢，数据保存时间短等缺点，目前已被 U 盘和活动硬盘所替代。

（2）可移动盘　包括 U 盘和活动硬盘，是一种可移动的外存储器，它与主机的 USB 插口连接，在 Windows 2000 以上系统中使用，无需驱动程序可即插即用。U 盘也称闪存盘，其常用的容量有 1.0GB、2.0GB、4.0GB、8.0GB、16GB、32GB。活动硬盘也是一种即插即用的可移动外存储器，存储量可达到 500GB。

（3）硬盘　硬盘是计算机系统中重要的外存储器，固定安装在计算机主机机箱内，其特点是存储数据量大，读盘速度快，使用频率高。硬盘的容量和性能是影响计算机系统的两个重要因数，目前硬盘容量发展迅速，从几十 GB 至 2TB，硬盘的旋转速度已经超过 10000r/min。目前市面上流行的硬盘种类繁多，主要有希捷、迈拓、钻石、鲲鹏、西部数据、三星、日立等硬盘。

（4）光盘　光盘是一种采用激光技术制作的存储器，其特点是存储数据量大，价格便宜，携带方便。现在流行的光盘存储器主要有三类：CD（Compact Dist）、DVD（Digital Versatile Dist）和蓝光光盘。CD 光盘大致可分成只读光盘、只写一次光盘和可读写光盘 3 种，其容量一般可达800MB。DVD 光盘也称数字视频光碟，是利用 MPEG2 的压缩技术来存储影像，具有高密度、高兼容性和高可靠性等特点，其容量可达 4.7GB。蓝光光盘的容量可达到 25GB。目前，微机中已经普遍配置了光盘刻录器，可读写光盘已经普及，光盘的旋转速度已达 10000r/min 的惊人速度。

2.1.3　输入设备

用于 CAD 系统的输入设备主要有：键盘、鼠标器、扫描仪、数字化仪、光笔等。

（1）键盘　键盘是计算机中不可缺少的输入设备，其使用频率最高。通常微机键盘有 83、84、101、102、104 个按键，分为功能键、符号数字键、控制键和编辑键等。微机键盘与主机机箱分离，通过 PS/2 插头或 USB 插头与主机主板相连，二者之间实行半双工串行通信。

（2）鼠标器　鼠标器是计算机中重要的输入设备之一，分为光电式和机电式两种。其控制光标移动的原理是把鼠标器的移动距离和方向变位脉冲信号送给计算机，再由计算机把信号转换成显示器光标的坐标，从而达到指示位置的目的。鼠标器按计算机通信方式又可分为有线鼠标和无线鼠标两种。无线鼠标包括红外线型和无线电型。

（3）扫描仪　扫描仪有手持式扫描仪、平板式扫描仪和滚筒式扫描仪三种。用于 CAD 系统的扫描仪多为滚筒式扫描仪，也称图形扫描仪。扫描仪有三个主要指标：

1）扫描幅面：A0、A1、A2、A3、A4 等。

2）扫描速度：约 1min 输入 1 张 A0 图样。

3）扫描分辨率：用每英寸生成的像素数目 DPI（Dots Per Inch）来表示。普通扫描仪的分辨率为 300～1200DPI；适用于图像扫描的小型扫描仪其分辨率可达 5347DPI，如日本生产的 SMART 720 扫描仪。由于扫描仪分辨率高，扫描图幅大，每个彩色像素需用 3 个字节表示，一幅 A0 图样扫描后生成的数字信息高达 800MB。因此，在扫描仪输出信号之前总要先进行压缩，通常的压缩比为 20，然后再输入计算机。信息还要经过矢量化处理后才能输入到计算机系统内；输入计算机内后，还要经由专门软件对其进行各种校正和平滑处理，以提高图形图像的质量。

（4）数字化仪　数字化仪是读取图形信息的输入设备，其主要功能是将图形转换成坐标数据并输入到计算机中。数字化仪按操作方式可分为自动式和非自动式（手扶跟踪式）两大类，人们通常所指的是手扶跟踪式数字化仪。

1）数字化仪主要由数字化平面板（也称感应板）和定点设备（也称定标器、游标、鼠标）两大部分组成。图形数字化的工作原理是：在感应板内印制了正交两个方向格网阵列的等距平行线路，当定标器在感应板上移动时，定标器线圈发射正弦交流信号，它被格网阵列接收进而产生电磁耦合，据此可以检测出定标器的相位变化，计算出定标器的相对位置，并将这种位置信息以数字信号的形式通过计算机接口送入计算机，从而实现对图形的数字化。

2）数字化仪的种类繁多，一般有点方式、开关流方式、步进方式、连续式、增量式等几种。数字化幅面有 A0～A4 几种。对地形图进行数字化时，主要采用点方式和开关流方式。点方式每次数字化一个点，其精度高但速度慢。开关流方式是一种动态数据采样方法，适用于对等高线的数字化，其数据采样是连续的、动态的，数据量大，但数据采集精度偏低。

（5）光笔　其外形像钢笔，一般用电缆与主机相连，与显示器配合使用，可以在屏幕上进行绘图等操作。在工程设计中光笔的主要功能是进行图形的绘制、修改、旋转、移动和放大等。此外，光笔也可以选择菜单，实现人机交互接口。

2.1.4　输出设备

CAD 系统的输出设备主要有：显示器、打印机、绘图机。

1. 显示器

显示器分 3 种类型：阴极射线管（CRT）、液晶显示器（LCD）和 OLED 显示器。CRT 主要用于台式计算机，后两种可用于台式计算机，也可用于便携式计算机。显示器的主要性能指标有屏幕尺寸、点间距、彩色数量（灰度等级）、对比度、行频、帧频、扫描方式和分辨率等。

1）屏幕尺寸用显示器的对角线长度表示，单位是英寸（in）[⊖]。

2）点间距是指显示器屏幕上像素间的距离，常用的有 0.28mm、0.25mm 和 0.22mm。

3）彩色数量是指每个像素可以显示出的颜色总数，颜色数越多，显示色彩越真实。对于单色显示器，用灰度等级表示，即像素的亮暗程度。

4）对比度又称反差，是指图像和背景的浓度差，对比度越大则清晰度越高。

5）行频单位时间内电子束从屏幕左边扫到右边的扫描次数，即扫描频率。

⊖　1in = 0.0254m。

6）帧频也称刷新频率，是指字符或图像每秒钟在屏幕上出现的次数，即画面更新次数。频率越高，屏幕闪烁越少。一般在 75Hz 以上。

7）扫描方式分为逐行扫描和隔行扫描。采用逐行扫描方式图像比较稳定。

8）分辨率是指显示器上光栅的行数和列数。例如，分辨率为 640 × 480 就是指横向可分辨 640 个光点，纵向可分辨 480 个光点。光点也称像素。

2. 打印机

从打印方式上将打印机分为击打式和非击打式。非击打式打印机主要有激光打印机和喷墨打印机两种。

（1）激光打印机 由激光机头和打印控制器组成。激光机头由激光光源、旋转反射镜、聚焦透镜、感光鼓等几部分组成。打印控制器的主要功能是接受主机传来的数据与控制码，经过处理后交给激光机头输出。激光打印机是输出设备，以每分钟输出的页数来确定印刷速度（ppm），一般每分钟能印刷 8 ~ 12 页。

（2）喷墨打印机 喷墨打印机是墨水通过精细的喷头喷到纸面而产生图像。由于各著名生产厂所掌握的喷墨专利技术各不相同，喷墨打印机可分为三类产品：

1）HP 喷墨打印机。采用喷嘴后方加热设计，使在喷嘴管内的墨水能经由加热过程的体积变化所产生的推力而自喷嘴喷出。

2）CANON 喷墨打印机。采取气泡喷墨原理，经由在喷嘴管壁上的加热器加热产生气泡，气泡膨胀使其前端的墨水被挤出喷嘴。

3）EPSON 喷墨打印机。采取电压式喷嘴技术，它以薄膜压电振荡器产生高频振荡，激发墨水自喷嘴喷出。

以 HP 喷墨打印机为例，它采用热敏喷墨技术，墨水与打印头集成为一体。喷头底部有 50 个细微的小孔，分成两列，每个小孔的直径仅为头发丝直径的一半。墨水从这些小孔中以每秒近万次的高频喷射，它具有 300DPI 的输出效果，对打印纸没有特殊要求。

喷墨打印机的不足是耗材成本约为激光打印机的一倍以上。近年来国内外开始使用填允式墨水，用户将用完的墨盒重灌墨水即可再次使用。

3. 绘图机

（1）绘图机的分类 绘图机可分为两大类：笔式绘图机和无笔绘图机。

1）笔式绘图机，也称为向量绘图机，由控制器和插补器组成。控制器主要承担与主机交换信息、解释绘图命令、处理加工绘图数据等功能。插补器则完成直线插补、速度和加速的控制。控制器与插补器之间的信息交换，采用内存共享方法实现。

2）无笔绘图机，也称为点阵绘图机，包括静电绘图机、喷墨绘图机、热敏绘图机、激光绘图机等多种。

（2）绘图机的主要性能参数 绘图机的主要性能参数有：

1）最大绘图幅面：国内标号一般用 A0 ~ A4 表示，欧洲标号则采用 A、B、C、D、E。

2）最大绘图速度：指绘图机的最大轴向速度，通常在 1.5m/s 以下。

3）绘图分辨率：绘图机驱动的最小步长，其选择范围为 0.01 ~ 0.1mm。选用的分辨率越高，绘出的曲线越平滑，但绘图速度越慢。

4）适用的绘图纸类型：指能实现最大绘图速度和最高分辨率时所要求的绘图用纸。静电式、热敏式绘图机均要求使用特殊的专用绘图纸。喷墨式绘图机对用纸也有一定的要求，否则不能保证图形质量。

5）接口标准：指与计算机进行连接时的接口选择类型。一般绘图机都有 RS-232C、DB-25P

等多种接口，可以方便地与计算机连接。

2.1.5　网络设备

计算机网络是利用通信线路和通信设备将多台计算机通过特定的通信模式连接起来的计算机群，一般由计算机系统、数据通信系统、网络软件及网络协议组成。计算机系统和数据通信系统组成了网络硬件系统，网络软件和网络协议组成了网络软件系统。CAD 系统通常采用局域网，其网络硬件系统由网络服务器、工作站、网络适配器（俗称网卡）、传输介质、网络互联设备（中继器、集线器、网桥、路由器、网关和交换机）等组成。

(1) 网络服务器（Server）　它是整个网络系统的核心，负责数据处理和网络控制，为网络用户提供服务并管理整个网络，在网络 CAD 系统中主要是小型机或高档计算机。根据其负责的网络功能不同可以分为文件服务器、通信服务器、应用程序服务器和打印服务器等类型。

(2) 工作站（Workstation）　工作站又称客户机，它是网络中数量多、分布广的终端设备，是用户进行网络操作、实现人机对话的工具。工作站的性能一般低于服务器，在局域网中，以 PC 替代终端为主，其优点是它既能作为终端使用又能作为独立的计算机使用。

(3) 网络适配器（Network Interface Card，NIC）　网络适配器又称网卡或网络接口卡，它是局域网中最基本和最重要的设备之一。网卡在网络中有双重功能，一方面负责接收网络中的数据包，并解包将其数据传输给本地计算机，另一方面它又将本地计算机的数据打包后送入网络。在局域网中网卡一般分为服务器网卡、工作站网卡、便携式计算机网卡和新型无线卡等。

(4) 传输介质　传输介质是传输数据信号的物理通道，将网络中各种设备连接起来。常用的有线传输介质有双绞线、同轴电缆、光纤线；无线传输介质有无线电微波信号、激光等。

(5) 中继器（Repeater）　中继器用于连接同类型的两个局域网或延伸一个局域网。当安装一个局域网但物理距离又超过了线路规定长度时，就可以用它来延伸，中继器也可以收到一个网络信号后将其放大发送到另一个网络，从而起到连接两个局域网的作用。中继器不能连接两个不同类型的网络，不能将网络中的通信分段。

(6) 集线器（Hub）　集线器是将网络中多台设备连接在仪器进行集中管理的重要设备。它的主要功能是对接收到的信号进行再生放大，以扩大网络的传输距离。除此之外，它还具有对信号的检错能力。在小型局域网中，按集线器传输信号速度的不同可分为 10MB、100MB 和 10/100MB 自适应型三类；在规模较大的局域网中使用 1000MB 和 100/1000MB 自适应型两类。

(7) 网桥（Bridge）　网桥是一种数据链路层上的网络互联设备，负责在数据链路层将信息帧进行存储和转发。可用于连接同构局域网，也可用于异构网。

(8) 路由器（Router）　它是网络层的互联设备，能实现局域网之间、局域网和广域网之间的互联，在不同的网络之间存储转发分组。它能从多条路径中选择最佳路由路径转发数据，能够识别多种网络协议，此外还可以利用它来监视网络的数据流动、网络设备的工作情况。

(9) 网关（Gateway）　网关用来互联完全不同的网络，其主要功能是把一种协议变成另一种协议，把一种数据格式变成另一种数据格式，把一种速率变成另一种速率，以求得两者统一。

(10) 交换机（Switch）　交换机是一种先进的网络互联设备，目前正在迅速代替集线器，成为组建和升级局域网的首选设备。集线器只是一个多端口的转发器，所有端口争用一个共享信道带宽。而交换机是一个多端口的网桥，它为用户提供独占的、点对点的连接、所有端口均有独享的信道宽度，能同时进行多端口的数据传输，提高效率，减少错误和共享冲突。

2.2　土木工程 CAD 系统软件环境

计算机软件是指计算机程序、方法、规则和相关的文档资料以及在计算机上运行时所必需的数据。在 CAD 系统中，硬件是系统的物质基础，而软件则是 CAD 系统的核心。一个完整的 CAD 系统软件应包括：系统软件、支撑软件和应用软件等三个部分。

2.2.1　系统软件

系统软件通常是与计算机硬件密切相关的那些比较底层的支持软件，起着扩充计算机功能、合理调度与正常运行计算机的作用。它包括操作系统、各种设备驱动程序、高级语言编译系统、网络协议等。系统软件具有两个明显的特点：一是公用性，在任何应用中都是不可缺少的；二是基础性，系统软件是一些底层支持软件，支撑软件和应用软件都需要在系统软件的支持下才能运行。

1. 操作系统

操作系统负责协调、统一管理和分配计算机资源，并控制用户在各个阶段对计算机硬件的使用。操作系统主要由进程管理、存储管理、作业管理、文件管理和设备管理 5 个部分组成。操作系统种类很多，目前在微机上常用的操作系统有 DOS 系统和 Windows 系统。DOS 系统是早期的磁盘操作系统，现已被 Windows 操作系统淘汰。Windows 操作系统由 Microsoft 公司于 1985 年发布以来（Ver1.0），迅速在整个计算机领域内扩展，1992 年发布了 16 位的 Windows（Ver3.1），现已发展到 32 位的 Windows XP 系统、Windows 8 系统，其性能更加优越、运算速度更快。为保证开发出的 CAD 系统能够在尽可能长的时间内维持其先进性和通用性，土木工程 CAD 系统可以采用微软公司的 Windows2000 以上作为操作系统。它是在 WindowsNT4.0 的基础上加以创新的 32 位操作系统，其操作简便，运行更加稳定、快速、可靠。Windows2000 主要有以下特点：

1）符合 SAA 规范的一致的用户界面 Win2000 与以前的 Win9X、WinNT 等版本相比，具有简单易用、相同的用户界面元素。

2）多任务处理。支持多任务、多进程、多线程操作，这是发挥高性能计算机潜力的重要手段。

3）硬件独立性。在 Windows 环境下，利用应用程序编程接口（API），可使用应用程序而不受任何硬件设备型号的约束。API 是动态链接库（DLL）和静态链接库（Lib）中各种函数的集合，它在应用程序和硬件之间提供接口程序，使程序员不必理会应用程序将运行在何种硬件环境下，也就不必编写各种硬件驱动程序，从而提高了工作效率。

4）事件驱动性。事件驱动思想符合人们的日常习惯，并与硬件设计思想一致，使在 Windows 平台上开发的系统具有开放式结构，为系统的功能扩充和升级换代提供了极大的便利。在 Windows 操作系统下，不同的应用程序之间可以相互通信，交换数据。应用程序之间的数据交换可通过系统消息、动态数据交换、动态链接等方式实现。

5）可视化集成开发工具 Windows 平台提供了可视化集成开发工具，使用户能够快速开发出功能强大的标准 Windows 应用程序。

2. 编译系统和程序设计语言

简单地说编译系统是把用高级语言编写的程序翻译成机器指令，并由计算机执行这些指令，而程序设计语言是用于编写计算机程序的计算机语言。随着计算机硬件的发展，计算机语言经历了机器语言、汇编语言、高级程序设计语言 3 个过程。机器语言是用二进制代码指令（0，1）

来表示的计算机能直接识别和操作的机器指令；汇编语言是以符号指令来替代机器指令的符号程序，符号指令不能直接被计算机识别和执行，必须将它翻译成机器语言后才能执行，这个翻译工作由汇编程序来完成；高级语言比较接近于人类自然语言和数学语言，它独立于机器，通用性强。用高级语言编写的源程序是不能被机器直接识别和执行的，必须通过编译系统将它翻译成机器语言，才能由机器执行。适用于微机土木工程 CAD 系统的程序设计语言有 C++、Visual Basic、Pascal、Fortran 和适用于 Windows 操作系统下的可视化编程软件 Visual Basic、Visual C++等。

2.2.2 支撑软件

支撑软件是 CAD 软件系统的核心，它是为满足 CAD 工作中一些用户的共同需要而开发的通用软件。它主要包括计算分析软件、图形支撑软件、数据库管理系统和网络通信系统等。

1. 计算分析软件

它主要解决工程设计中各种数值计算问题。主要有：

1）常用数学方法程序库。它提供了解微分方程、线性代数方程、数值微分、有限差分，以及曲线、曲面拟合等数学问题的计算程序。

2）有限元结构分析软件。目前有限元在理论上和方法上均已比较成熟，而且求解的范围也日益扩大，除了固体及流体力学问题外，还应用于金属及塑料成型、电磁场分析、无损探伤等领域，在工程设计上应用十分广泛。商品化的有限元分析软件很多，其中有国外开发的如 SAP、ADINA、NASTRAN、ANSYS 和国内开发的 DDJ、TBSA 等，它们均有较强的前后处理功能，能满足各种不同工程领域的需求。由美国 ANSYS 公司开发的大型有限元分析软件 ANSYS 已广泛用于我国工程设计领域，解决结构分析问题。该软件可运行于 PC、NT 工作站、UNIX 工作站及巨型机的各类计算机和操作系统。

3）优化设计软件。优化设计是在最优化数学理论和现代计算技术的基础上，运用计算机寻求设计的最优方案。常用于解决结构优化设计、规划、决策等问题。随着优化技术的发展，国内外已有许多成熟的算法和相应的计算程序。

2. 图形支撑软件

作为 CAD 系统的图形支撑软件应该满足交互绘图功能和开放性两个方面的要求，绘图功能可通过人机交互方式进行图形绘制、编辑、尺寸标注、文本标注、三维建模等操作。开放性包括良好的二次开发能力、方便的开发工具、实体扩充机制、数据交换和数据库操纵能力。

目前，国际上比较流行的通用图形系统件有 AutoCAD、CADKey、Microstation、3D-DCM、IronCAD 等。比较流行的三维实体建模件有 CATIA、ICEM、EUCLID、IDEAS 等。此外还有著名的机械设计和制造领域内的软件 UG、Pro/Engineer、SolidWorks、SolidEdge 等。

获取图形支撑软件的方式有两种：一种是开发有自主产权的图形支撑系统，这种方法需要投入大量的人力资源，研制周期长，需要很高的开发水平，实力雄厚的软件公司可以采用这种方法，如德国的 IB&T 软件公司开发的土木工程设计软件 CARD/1，具有独自的图形平台；另一种是选用已有的功能强大、性能稳定、具有开放功能的交互式绘图软件，这种方法可以充分发挥人力资源，将主要开发力量投入在研制 CAD 应用软件上，国内外许多优秀 CAD 应用软件均采用这种方式，如美国的 Eagle Point 软件是基于 AutoCAD 平台的，挪威的 NovaCAD 软件是在 Microstation 上开发的。

在基于 PC 平台的图形系统中，美国 Autodesk 公司的 AutoCAD 系统因其功能强大、性能价格比高、易学易用而被广泛应用。此外 AutoCAD 还具有开放的体系结构，允许用户和开发者在几乎所有方面对其进行扩充和修改，即进行二次开发，能最大限度满足用户的特殊要求。特别是该软件提供的各种编程工具和接口，为用户的二次开发创造了十分便利的条件。AutoCAD 程序开发是通过 AutoCAD 应用程序接口（API）来实现的，AutoCAD 提供的 API 方式主要有四种：AutoLISP、ADS、ARX、ActiveX Automation。ActiveX Automation 是从 R14 起，AutoCAD 提供的全新开发技术。借助 ActiveX Automation 的强大功能，开发者可以在自己的程序中控制和访问 AutoCAD 中实现的对象，可以最大限度地利用以前和其他厂商的控件，用 Visual Basic、Visual C++等进行系统集成和软件开发。选择 AutoCAD 作为土木工程 CAD 集成系统的图形支撑，不仅具有广泛的应用基础和广阔的推广前景，而且系统本身具备良好的开放性，能够满足土木工程 CAD 的要求。

3. 数据库管理系统

土木工程 CAD 系统要处理大量的设计数据和建立设计模型，为保证这些信息的一致性、完整性、安全性和实现多用户共享等，土木工程 CAD 系统必须具备数据库管理能力。采用数据库管理系统的主要目的是有效地在各功能模块之间进行数据交换和信息管理，为用户与数据之间提供接口。采用核心数据库支撑，系统从数据库中读取前面模块生成的各种数据和信息，通过分析、处理后又将结果保存到数据库中，供后面模块和其他软件访问。它不用编制数据转换程序，这样可以减少数据冗余，实现数据共享，使维护和扩充工作变得相对简单。

数据库模型主要有：层次模型、网状模型、关系模型、对象-关系模型和面向对象模型等。目前，关系型数据库产品可分为两大类，即桌面数据库和大型数据库。国内外比较流行的桌面数据库产品有 Borland 公司的 DBase 和 Paradox，微软公司的 Foxbase/Foxpro、Visual FoxPro、Access，IBM 公司的 Approach。常见的大型数据库有 Oracle、Sybase、Informix、Microsoft SQL Server、IBM DB2 等。

适用于 CAD 系统的工程数据库系统，要求数据量大，数据类型和关系复杂。选择数据库支撑系统的是 CAD 系统研制开发中的重要问题。长期以来，一直存在着自主研制开发专用数据库系统和引用商品化数据库系统两种不同看法。商品化数据库系统以各个领域通用为目标，功能强但庞大的系统规模不仅对平台要求高，而且也影响整个 CAD 系统的性能。研制专用数据库系统，针对性强，对平台要求低，进一步开发潜力大。但开发一个实用的数据库系统需要大量的投入和较长的开发周期，需要多学科领域的交叉，具有相当大的难度。

对于小型 CAD 系统而言，由于无需跨平台操作数据库，可以采用桌面数据库系统作为系统数据库，如较为流行的 Access 等。

2.2.3　CAD 应用软件

这类软件是以系统软件、支撑软件为依托，针对专门应用领域中全部设计工作而研制的 CAD 软件。应用软件开发也称"二次开发"，目前国际上应用 AutoCAD 二次开发技术开发的产品有数千种之多，如基于 Windows 95 和 AutoCAD 上开发的美国的 Eagle Point 软件，基于 Microstation 上开发的挪威的 NovaCAD 软件、加拿大的 GWN-ROAD 软件。

在面向对象的软件开发模式下，系统的集成是开发 CAD 应用软件的重要方法，它包括界面集成、工具集成和数据集成三个方面。界面是 CAD 系统直接与用户交流的部分，用户界面集成化可方便人机交互，一个界面一致、灵活的操作环境能充分发挥用户技能，减少操作困惑，保证设计过程自然流畅。工具集成就是把各种功能不同的软件系统按不同用途有机的结合，各系统功能内聚，系统间松散耦联，保证模块可动态移除和扩充，用统一控制程序组织各种信息的传递，保证系统内信息流畅通，协调各子系统有效运行。数据集成是系统集成的根本，紧密连接各个工具模块，实现 CAD 系统整体动态协作，采用标准化接口实现程序内部维护和功能扩充。

练习与思考题

2-1 描述和说明工程 CAD 的微机系统硬件配置。

2-2 数字化仪的主要功能是什么？它有哪几种操作方式？

2-3 外存储器和内存有何区别，外存储器有哪些类型？

2-4 扫描分辨率用什么表示？

2-5 绘图机的主要参数有哪些？

2-6 通常 CAD 软件系统的支撑软件包括哪些软件系统？

2-7 目前国际上比较流行的通用图形系统软件有哪些？获得图形系统软件的方法有哪几种？

2-8 数据库管理系统在 CAD 系统中起什么作用？

2-9 什么是软件，它有哪些特点？

第 3 章　AutoCAD 基础知识

本章提要

- AutoCAD 概述
- AutoCAD 2010 工作界面
- AutoCAD 的命令启动
- AutoCAD 的文件操作
- AutoCAD 的坐标系及坐标表示方法
- 设置 AutoCAD 的绘图环境
- 图层、线型、线宽及颜色控制

3.1　AutoCAD 概述

AutoCAD 是美国 Autodesk 公司研制的计算机辅助绘图和设计软件，从 1982 年推出 AutoCAD V1.0 版起，经过 30 多年的发展和完善，版本不断升级和更新，现在已经发展到 AutoCAD 2014 版。目前该软件已发展成为集二维绘图和编辑、三维建模、图形管理、互联网通信、二次开发为一体的通用计算机辅助绘图和设计软件，其性能更加稳定，功能更加强大。归纳起来 AutoCAD 的性能主要包括如下几个方面。

1）二维绘图功能。用 AutoCAD 命令直接绘制的二维图元包括绘直线、多边形、矩形、圆、圆弧、椭圆、点、多段线、样条曲线、云线等，由这些二维图元可以组合成复杂的工程设计图。

2）二维图形编辑功能。AutoCAD 的二维图形编辑命令包括"删除"、"移动"、"缩放"、"旋转"、"镜像"、"复制"、"拉伸"、"偏移"、"修剪"、"延伸"、"打断"、"倒角"等，使用这些命令可以快速地按设计标准完成工程设计图的绘制。

3）文字标注和标注尺寸。AutoCAD 的文字和尺寸标注功能包括"尺寸样式定义"、"各类尺寸标注"、"文字样式定义"、"单行及多行文字标注"。利用该功能可以轻松地按行业标准或国家标准对工程设计图进行文字标注和标注尺寸操作。

4）图形参数的测试和计算。计算闭合图形面积、三维实体体积、查询距离、点的坐标等。

5）设置图层、线型、线宽、颜色和字体。

6）填充图案功能。AutoCAD 提供了数十种图案，用户可以在封闭或未封闭的区域内任意选择图案进行填充。

7）图形的输出和输入功能。AutoCAD 支持多种外围设备，如打印机、绘图仪、扫描仪、数字化仪等。

8）强大的三维作图和编辑功能，形象逼真的图形渲染。

9）在 AutoCAD 2010 系统中，新增加了参数化绘图功能。可以按设计意图对图形建立几何尺寸约束，并将此约束关联保存在已修改的图形中，以此提高设计效率。

10）完善的数据交换功能。用户可以十分方便地在 AutoCAD 和 Windows 其他应用软件及 Windows 剪贴板之间进行文件、数据的共享和交换，也可以和 3DS 等软件进行数据交换。

11）几乎完全开放的体系结构，强大的二次开发工具，使用户可以使用多种高级语言对

AutoCAD 进行专业应用开发。其二次开发工具已发展到第三代，如具有 C 语言开发环境的 ObjectARX、具有 VB 语言开发环境的 VBA、AutoCAD 本身内嵌的 AutoLISP 语言和 Visual LISP 环境。

12）用户可通过 AutoCAD 直接进入 Internet，在互联网上与远程用户进行文件传输和通信。

自 20 世纪 80 年代末 AutoCAD 作为通用图形软件引入我国后，因其强大的功能、易学易用的特点和良好的二次开发环境，而被广泛应用于航空、汽车、机械、电子、建筑、公路、铁路、港口、机场、桥梁、隧道及地下工程、水利电力等工程设计和制造领域中。

AutoCAD 在我国土木工程设计、施工和管理领域中应用广泛，拥有众多的用户，已成为土木工程设计中最主要的图形支撑系统，其强大的二次开发工具已成为开发专业设计软件的主要手段。鉴于上述 AutoCAD 在我国土木工程行业内普遍应用的情况，并考虑目前许多学校 CAD 教学设备配置和 AutoCAD 软件版本使用情况，本教材选择 AutoCAD 2010 中文版为教学内容。本章所介绍 AutoCAD 的基本操作内容包括操作基础、二维绘制和图形编辑、文字和尺寸标注、三维绘图功能等。在本书的编写上编者尽可能做到通俗易懂，简单易行，深入浅出，循序渐进。使用户通过学习可以轻松掌握 AutoCAD 的基本操作命令、方法和操作技巧。

3.2 AutoCAD 2010 工作界面

启动 AutoCAD 2010 后，系统将显示出如图 3-1 所示的工作界面。它主要包括标题栏、"应用程序菜单"按钮、"快速访问"工具栏、信息中心、主菜单栏、功能区面板、标准工具栏、绘图区、命令行和状态栏等 10 个部分。下面将逐一介绍它们的主要功能。

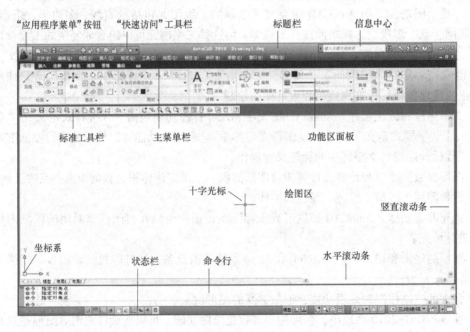

图 3-1   AutoCAD 2010 工作界面

1. "应用程序菜单"按钮

"应用程序菜单"按钮位于工作界面的左上角，通过该按钮可以快速创建、打开或保存文件，检查、修复或清除文件，打印或发布文件，访问"选项"按钮对话框，关闭 AutoCAD 系统。

2. "快速访问"工具栏、标准工具栏和其他工具栏

使用工具栏是启动 AutoCAD 命令的主要操作方法之一，AutoCAD 的工具栏包含"快速访问"工具栏、标准工具栏和其他工具栏。"快速访问"工具栏位于 AutoCAD 2010 界面的顶部，"应用程序菜单"按钮右侧。它包含了一些常用工具，如新建、打开、保存、撤销、重做、打印和匹配等，此外单击该工具栏右侧的下三角按钮可以定制"快速访问"工具栏的内容和显示或关闭主菜单栏。

标准工具栏是 AutoCAD 的传统工具栏，如图 3-2 所示。它包含两类 AutoCAD 的命令，第一类用于 AutoCAD 与 Windows 之间传递和共享数据，如创建、打开、保存和打印图形等，第二类命令是用户经常要用到的操作命令，如缩放、平移、捕捉等。

![标准工具栏]

图 3-2 标准工具栏

为了保持操作界面的清晰简洁，其他工具栏在系统默认状态下是隐藏的。在 AutoCAD 2010 中有三十几个工具栏，除了标准工具栏外，还有工作空间、属性、绘图、修改、图层和特性等工具栏。在任何一个工具栏上（快速访问工具栏除外）单击鼠标右键会弹出如图 3-3 所示工具栏菜单，选择行前没有"√"的某个菜单即可加载该工具栏。如若在图 3-3 中选择了"工作空间"，加载后的工作空间工具栏如图 3-4 所示。

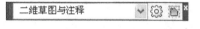

图 3-3 工具栏菜单　　　　　　　　图 3-4 工作空间工具栏

3. 标题栏和主菜单栏

标题栏位于屏幕的最顶部，它的左侧显示了软件的名称和图形文件的名称，右侧有一个"缩小窗口按钮"、一个"还原窗口按钮"和一个"关闭应用程序按钮"。

标题栏的下面是主菜单栏，它是 AutoCAD 的传统菜单栏，主菜单栏包括"文件"、"编辑"、"视图"、"插入"、"格式"、"工具"、"绘图"、"标注"、"修改"、"参数"、"窗口"、"帮助"等 12 个下拉菜单。使用菜单栏是启动 AutoCAD 命令的主要操作方法之一。在默认状态下 AutoCAD 2010 的主菜单是隐藏的，用户可以通过"快速访问"工具栏来显示或关闭主菜单栏。

4. 功能区面板

功能区面板即 Ribbon，其位于绘图区的上部，如图 3-5 所示。它由一组选项卡及相应面板组成，每个选项卡中包含多个面板，每个面板则包含多个工具，用户通过这些工具可以启动 Auto-CAD 的相关命令。图 3-5 所示的是"常用"选项卡，该选项卡包含了"绘图"、"修改"、"图层"、"注释"、"块"、"特性"、"实用工具"、"剪贴板"等 8 个面板。面板还可以扩展，这样就可以访问更多的工具，如单击 绘图 ▼ 按钮，可以展示该面板的完整内容。

图 3-5　功能区面板

用户如果想让 Ribbon 占据更少的屏幕空间，可以单击选项卡右侧的 ▼ 图标，隐藏 Ribbon 的面板和选项卡。再次单击 ▼ 图标可以恢复面板和选项卡。将光标移至选项卡上单击右键，选择"关闭"菜单，可以关闭功能区面板。用户在命令行输入"Ribbon"按〈Enter〉键后可加载功能区面板。

5. 绘图区

绘图区也称视图窗口，它是用户绘图的工作区域。窗口的右边和下边分别是两个滚动条，可使窗口上下或左右移动，便于观看绘图区中的图形。绘图区的左下角，有两个互相垂直的箭头的图形，它是 AutoCAD 2010 默认的世界坐标系（WCS）的标志或用户坐标系（UCS）标志。

6. 命令行和文本窗口

命令行位于绘图区的下方，是用户和 AutoCAD 进行对话的窗口，用户可以在此窗口内发出任何绘图命令，其功能与菜单和工具的操作完全等效。按〈F2〉键系统将显示一个文本窗口，它记录了用户从键盘上输入的全部命令、参数及系统提示信息，再次按〈F2〉键将关闭该文本窗口。

7. 状态栏

界面的最底部是状态栏，如图 3-6 所示。状态栏的左侧数字动态显示当前十字光标的三维坐标，中间部分是绘图辅助工具的切换按钮，如"捕捉"、"栅格"、"正交"、"极轴"、"对象捕捉"、"对象追踪"、"DYN"、"线宽"等，右侧是模型和布局按钮及其他一些工具按钮。

图 3-6　状态栏

8. 工作空间

AutoCAD 2010 的工作界面可以通过工作空间来切换，系统默认的工作空间是"二维草图与注释"，如图 3-1 所示。此外还有"三维建模""AutoCAD 经典"工作空间。通过单击图 3-4 的"工作空间"工具栏或状态栏中的 ⚙二维草图与注释 ▼ 按钮即可切换工作空间。图 3-7 所示的是"三维建模"工作空间。

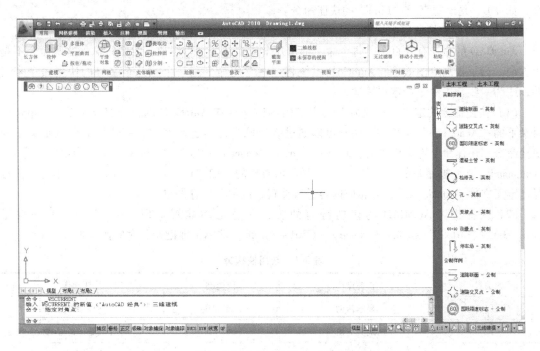

图 3-7　"三维建模"工作空间

3.3　AutoCAD 的命令启动

AutoCAD 系统中大多数操作是用命令来驱动的，每一个命令都有一个对应的命令名。为了便于用户操作，AutoCAD 的大多数命令都允许用户采用菜单操作、工具栏操作和命令行操作方式来启动。对于初学者来说采用菜单和工具栏方式启动一些常规命令比较直观和方便，但它们不是最高效的操作方式。高效的绘图方式是"左手键盘，右手鼠标"，即左手在命令行输入命令，右手控制鼠标进行对象选择或确定。但这种方式需要用户熟记大量命令，在初学阶段用户可以命令行操作方式为主，以菜单操作、工具栏操作为辅来学习，逐步掌握高效绘图的操作方式。

1. 菜单操作

AutoCAD 的菜单操作与 Windows 软件的菜单操作大致一样，将光标指向主菜单栏上某个下拉菜单，单击展开下级菜单，选择某个菜单项单击左键即可启动该命令。有些菜单项拥有多级菜单，用户可以用左键逐级展开。

2. 工具栏操作

工具栏由一组命令按钮组成的，大多数命令按钮是以单个图标形式展示的，只要单击该图标按钮即可启动相应的命令。还有一种命令按钮是以弹出式图标形式来展示的，如"缩放"按钮，将光标移至该按钮并按住左键不松，将弹出菜单，移动光标至所需的命令按钮上，松开左键即可激活该命令。

3. 命令行操作

用户通过键盘输入 AutoCAD 的命令，然后按〈确认〉键启动操作命令。这是一种最直接也是最快捷的一种操作方式，AutoCAD 的绝大多数命令都支持这种操作方式，但需要用户熟记操作命令。为了便于记忆和输入这些操作命令，AutoCAD 的大多数绘图和编辑命令都有相应的快捷命令，如"L"是绘制直线"Line"的快捷命令。

4. 快捷命令与快捷键的操作

AutoCAD 的命令有几百个，每个命令都由几个或十几个字母组成，绘图时输入这些命令不是很方便。为了提高绘图效率，AutoCAD 系统将一些常用命令用一个或几个字母的快捷命令来代替，或为一些常用命令指定快捷键。

(1) 快捷命令的定义　快捷命令的定义内容被保存在 AutoCAD 的自定义文件夹"Support"目录下的"Acad. pgp"文件中，用户可以通过修改该文件内容来修改已有快捷命令或定义新的快捷命令。快捷命令定义格式为：abbreviation，＊command，其中"abbreviation"为快捷命令名，"command"是要被缩写的命令名，"＊"是不可省略的，如"L，＊Line"。用户只要用写字板打开自定义文件"Acad. pgp"，对相应内容进行编辑，以原名保存即可。

(2) 快捷键　AutoCAD 的快捷键有两类，一类是功能键〈F1〉~〈F12〉，另一类是〈Ctrl + 0〉~〈Ctrl + 9〉键或〈Ctrl + A〉~〈Ctrl + Z〉键。常用快捷键及其对应操作见表3-1。

表3-1　常用快捷键

快捷键	快捷操作	快捷键	快捷操作
〈F1〉	显示帮助	〈Ctrl + B〉	切换捕捉
〈F2〉	切换文本窗口	〈Ctrl + C〉	将对象复制到剪贴板
〈F3〉	切换对象捕捉	〈Ctrl + D〉	切换坐标显示
〈F4〉	切换数字化模式	〈Ctrl + E〉	在等轴测平面之间循环
〈F5〉	切换等轴测视图	〈Ctrl + F〉	切换执行对象捕捉
〈F6〉	切换动态 UCS	〈Ctrl + G〉	切换栅格
〈F7〉	切换栅格	〈Ctrl + H〉	切换 PICKSTYLE
〈F8〉	切换正交模式	〈Ctrl + I〉	切换坐标显示
〈F9〉	切换栅格捕捉模式	〈Ctrl + J〉	重复上一个命令
〈F10〉	切换极轴追踪	〈Ctrl + K〉	插入超链接
〈F11〉	切换对象追踪捕捉	〈Ctrl + L〉	切换正交模式
〈F12〉	切换动态输入	〈Ctrl + M〉	重复上一个命令
〈Ctrl + 0〉	切换清屏	〈Ctrl + N〉	创建新图形
〈Ctrl + 1〉	切换特性选项板	〈Ctrl + O〉	打开现有图形
〈Ctrl + 2〉	切换设计中心	〈Ctrl + P〉	打印当前图形
〈Ctrl + 3〉	切换工具选项板窗口	〈Ctrl + Q〉	退出 AutoCAD
〈Ctrl + 4〉	切换图纸集管理器	〈Ctrl + R〉	循环当前布局中的视口
〈Ctrl + 5〉	切换信息选项板	〈Ctrl + S〉	保存当前图形
〈Ctrl + 6〉	切换数据库链接管理器	〈Ctrl + T〉	切换数字化模式
〈Ctrl + 7〉	切换标记集管理器	〈Ctrl + V〉	粘贴剪贴板中的数据
〈Ctrl + 8〉	切换"快速计算"计算器	〈Ctrl + X〉	将对象剪贴到剪贴板中
〈Ctrl + 9〉	切换命令窗口	〈Ctrl + Y〉	恢复上一个操作
〈Ctrl + A〉	选择所有图形对象	〈Ctrl + Z〉	取消之前的操作

3.4　AutoCAD 的文件操作

AutoCAD 的文件操作主要包括新建图形文件、打开图形文件和保存图形文件等。

1. 新建图形文件

与手工作图一样，计算机绘图前也要先准备好纸张和绘图工具，而不同的是计算机绘图时用户只要新建一个空白图形文件，AutoCAD 系统就设置好了标准的通用绘图环境，初学者通常采用这种方式开始绘制新图。

在 AutoCAD 2010 中，创建新图有三种途径：

1）打开"文件"菜单，单击"新建"子菜单。

2）单击"快速访问"工具栏中的图标。

3）在"命令:"提示符下，输入"New"后按〈Enter〉键。

上述操作后，屏幕上会弹出图3-8所示的"选择样板"对话框。在 AutoCAD 中总是选用某个样板文件作为

图 3-8　"选择样板"对话框

新文件的绘图环境，其默认的样板图形文件是 Acadiso. dwt。在列表框中系统列出了全部几十个样板文件供用户选择，选择某个样板文件后，按"打开"按钮进入样板文件绘图环境。

2. 打开图形文件

如果是对已有图形文件进行修改或继续绘图，就需要打开这些图形文件。打开已有图形文件有如下三种方法：

1）打开"文件"菜单，单击"打开"子菜单项。

2）单击"快速访问"工具栏上的图标。

3）在"命令:"提示符下，输入"Open"后按〈Enter〉键。

进行以上操作后，会弹出图 3-9 所示的"选择文件"对话框。在该对话框内，用户可以在"文件名"文本框中直接输入已存在的文件名，按"打开"按钮打开已有文件，也可在选择框中双击需打开的文件。

右边是"预览"区，用户可以对要打开的图形文件进行预览，找到所需的文件。

图 3-9　"选择文件"对话框

3. 保存图形文件

用户在绘图结束后，或在绘图过程中需要将所绘制的图形保存在软盘中。将当前的图形文件存盘有如下三种方法：

1) 打开"文件"菜单，单击"保存"子菜单项。

2) 单击"快速访问"工具栏上的 图标。

3) 在"命令:"提示符下，输入"Save"后按〈Enter〉键。

如果当前图形文件尚未命名，在您执行存盘命令后，会弹出如图 3-10 所示的"图形另存为"对话框，在对话框中选择存盘的文件夹、图形文件名，然后按"保存"按钮存盘。如果当前的文件

图 3-10　"图形另存为"对话框

已被命名，则 AutoCAD 会以此名存盘，并不弹出此对话框。图形文件的类型用"文件类型"选项来指定，文件扩展名可以为 . dwg、. dwt、. dxf，其中 . dwg 文件是 AutoCAD 的图形文件，允许保存为 AutoCAD R13/R14/2007 等版本文件。

3.5　AutoCAD 的坐标系及坐标表示方法

在 AutoCAD 中图形的空间位置及几何形状是用坐标来确定的，因此用户必须首先了解和掌握 AutoCAD 的坐标系。AutoCAD 有两个坐标系，默认坐标系是世界坐标系，用 WCS 表示，除此之外用户也可以定义自己的坐标系，即用户坐标系，用 UCS 来表示。

1. 世界坐标系

世界坐标系由三个互相垂直的坐标轴 X 轴，Y 轴和 Z 轴组成。坐标原点在绘图区的左下角，X 轴的正方向水平向右，Y 轴的正方向垂直向上，Z 轴的正方向垂直屏幕向外，指向用户。图纸上的任意一点都可以用从原点的位移来表示。例如，某点的坐标是（2，3，0）表示该点距离原点在 X 方向上 2 个单位，在 Y 方向上 3 个单位，在 Z 方向上 0 个单位。用户在绘制二维图形时，只需输入 X，Y 坐标，Z 坐标由 AutoCAD 自动赋值为 0。为了使用户更容易地辨识在哪个坐标系中，AutoCAD 在图形窗口左下角处显示出世界坐标系 WCS 的图标。此图标中除了表明了 X 轴和 Y 轴的正方向外，还有一个明显的"□"符号。

2. 用户坐标系

为了方便绘图，用户需要经常变换坐标系的原点和坐标轴的方向，改变后的坐标系称为用户坐标系（UCS）。在 AutoCAD 中，用户可以用"UCS"命令来定义用户坐标系。与世界坐标系相同用户坐标系的三个轴也是相互垂直的，三个轴之间的关系服从右手规则（即伸出右手，大拇指与食指相互垂直，中指与手掌垂直，大拇指指向 X 方向，食指指向 Y 方向，中指指向 Z 方向）。但用户坐标轴的原点和方向由用户根据需要来确定，具有较大的灵活性。用户坐标系 UCS 的图标和 WCS 的图标基本相同，只是少了"□"符号，图 3-11 表示了坐标原点和坐标轴变化后的用户坐标系图标。

图 3-11　用户坐标系图标

3. 坐标表示方法

在绘制工程图时，需要输入图形各点的坐标来确定图形的空间位置和几何形状。为方便绘图 AutoCAD 有四种表示坐标的方法，它们分别是绝对坐标、相对坐标、绝对

极坐标和相对极坐标。下面分别介绍各种坐标的含义及表示方法：

（1）绝对坐标　绝对坐标是以原点（0，0，0）为基点，用 X，Y，Z 的坐标来定义未知点坐标的方法。AutoCAD 默认的坐标原点在绘图区的左下角。在绝对坐标中，任意一点的位置都可以用（x，y，z）来表示，二维点用（x，y）来表示。

（2）相对坐标　相对坐标是以某已知点为基点，用相对于已知点的 X，Y，Z 的坐标来定义未知点坐标的方法。例如 A 点为已知点，B 点相对于 A 点，在 X 方向上为 3 个绘图单位，在 Y 方向上为 4 个绘图单位。用户可以用（@3，4）来表示 B 点坐标，通式为（@x，y）。在大多数的情况下，用相对坐标来绘制工程图比用绝对坐标要方便得多。

绝对坐标与相对坐标的关系如图 3-12 所示。图中直线端点 A 点的绝对坐标为（200，150，0），另一端点 B 点的绝对坐标为（350，250，0），而 B 点相对 A 点的相对坐标为（@150，100，0）。

（3）绝对极坐标　绝对极坐标是以坐标原点为基点，用相对于原点的距离和角度来定义未知点坐标的方法。AutoCAD 默认的角度是以逆时针方向来测量角度的。水平向右为默认的起始方向，定为0°，垂直向上为90°，水平向左为180°，垂直向下为270°。用户也可以通过 AutoCAD 的系统变量设置来定义起始方向。绝对极坐标用一个距离 l、"＜"符号、和一个角度值 a 来表示点的位置。例如，"200＜30"，则表示该点离原点的距离为 200 个绘图单位，而该点的连线与0°方向之间的夹角为30°，如图 3-13 所示。

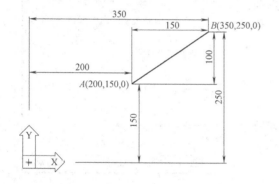

图 3-12　绝对坐标与相对坐标的关系

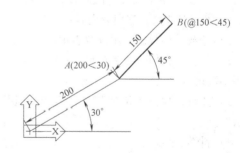

图 3-13　绝对极坐标和相对极坐标

（4）相对极坐标　相对极坐标是以某已知点为基点，用相对于已知点的距离和角度来定义未知点坐标的方法，用"@l＜a"的形式来表示，其中 l 表示距离，a 表示角度。例如，"@20＜30"表示的意思是相对于某一点 20 个单位的距离与水平线的夹角为30°。

图 3-13 中，直线端点 A 用绝对极坐标表示（200＜30），而另一端点 B 则用相对于 A 的相对极坐标来表示（@150＜45）。

3.6　设置 AutoCAD 的绘图环境

在绘图之前应设置好 AutoCAD 的绘图环境，主要包括设置绘图范围、绘图单位、绘图比例、正交模式、栅格与捕捉等内容。

1. 绘图范围

绘图范围也称绘图界限，它限定了用户的绘图工作区和图纸的边界，其目的是为了避免用户所绘制的图形超出了绘图边界。用户可以用下面两种方法之一设置绘图范围：

1）在"命令:"提示符下，直接输入"Limits"命令，并按〈Enter〉键。

2）单击"格式"菜单项中的"图形界限"子菜单项。

执行如上操作后，在命令行出现如下提示：

指定左下角点或 [开（ON）/关（OFF）] 〈0.0000，0.0000〉：

该提示请用户设置绘图范围的左下角，尖括号中的坐标值为系统默认值〈0.0000，0.0000〉。如果用户接受此默认值单击回车键来响应，或输入新值再单击回车键。

系统会继续提示用户设置绘图范围的右上角的位置：

指定右上角点〈420.0000，297.0000〉：

用户可以用回车来响应接受默认值，或输入一个新值。

2. 绘图单位

同手工绘图一样，在 AutoCAD 中需要设置绘图单位，其默认的绘图单位是十进制单位。设置绘图单位的方法有：

1）单击"格式"菜单项，选择"单位"子菜单项。

2）在"命令:"提示符下，直接输入"Units"命令，并按〈Enter〉键。

执行上述操作后，系统将打开如图 3-14 所示的"图形单位"对话框，设置单位类型和数据精度。在该对话框中，用户可通过"长度"和"角度"两个选项区来选择单位类型和精度。用户单击"长度"选项区中的"类型"下拉框，将显示 5 个长度单位类型（type）供用户选择。它们分别是：

1）分数，小数部分用分数表示。

2）工程，数值单位为英尺（ft）[注]、英寸（in），英寸用小数表示。

3）建筑，数值单位为英尺、英寸，但英寸用分数表示。

4）科学。

5）小数。

图 3-14　"图形单位"对话框

在"精度"下拉框中，用户可以根据需要选择长度精度和角度精度。

在"角度"选项区中的"类型"下拉框中含有如下 5 个角度单位可供用户选择：

1）百分度。

2）度/分/秒，按 60 进制划分。

3）弧度，180 度为 π。

4）勘测单位，角度从北南线开始量测。

5）十进制度数，默认单位。

单击"方向"按钮将弹出"方向控制"对话框，（见图 3-15）用于角度测量的起始位置和方向。系统默认是水平向右为角度测量的起始位置，逆时针方向为正值，顺时针方向为负值，用户可以重新设置。

图 3-15　"方向控制"对话框

[注] 1ft = 0.3048m。

3. 绘图比例

图形中构件要素的线性尺寸与实际构件相应要素的线性尺寸之比称为比例。国标规定绘制图样时一般应采用表 3-2 中规定的比例。

表 3-2 绘图比例

与实物相同	1:1
缩小的比例	$2:1$、$2.5:1$、$4:1$、$(10 \times n):1$
放大的比例	$1:1.5$、$1:2$、$1:2.5$、$1:3$、$1:4$、$1:5$、$1:10n$、$1:1.5 \times 10n$、$1:2 \times 10n$、$1:2.5 \times 10n$、$1:5 \times 10n$

注：n 为正整数

图形不论放大或缩小，在标注尺寸时，应按构件的实际尺寸标注。每张图样上均应在标题栏的"比例"一栏填写比例，如"1:100"或"1:500"等。

计算机绘制图形时，应尽可能按构件的实际大小（1:1）画出，以便直接从图形上看出构件的真实大小。由于构件的大小及其结构复杂程度不同，对大而简单的构件可采用缩小的比例，对小而复杂的构件则可采用放大的比例。

如果用户希望按 $1:n$ 的比例出图，那么比例因子就是 n。比例因子的确定要考虑所绘构件的尺寸大小以及所采用的图纸幅面两个因素。假定我们要绘制一座桥长为 100m 的桥梁布置图，使用的图纸为 A3（297mm × 420mm）。根据《道路工程制图标准》，A3 图纸留出边框后实际绘图区域为 277mm×385mm，按长度方向布置计算，$100000 \div 385 = 259.7$，则取比例因子为大于该值的整百数 300。

4. 正交模式

用户在绘图中经常要绘制水平线和垂直线，用坐标来控制固然可行，但需要输入坐标。AutoCAD 提供了一个正交功能，利用此功能绘制水平线和垂直线就会变得简单快捷。用户可以选择下面任一方式来打开或关闭正交功能。

1）在状态栏上单击左键，按下 ⊏ 按钮。

2）按〈F8〉键，建议用此方法比较方便。

5. 栅格与捕捉

栅格是由一系列排列规则的点组成，它类似于方格纸上的交叉点，帮助用户定位。如果栅格与捕捉配合使用时，能大大提高绘图的效率。用户可以采用下面任一操作来显示或关闭栅格：

1）在状态栏上单击 ▦ 按钮。

2）按〈F7〉键。

执行上面操作后，在绘图区将显示按一定间隔均匀排列在绘图界限内栅格点。栅格只是定位图形的一种辅助工具，不是图形文件的一部分，因而不能被打印输出。

栅格捕捉是 AutoCAD 用鼠标绘图的一种快速工具，打开栅格捕捉功能后，光标在栅格区内移动能够自动捕捉到各个栅格点，利用此功能用户可以实现输入点的准确定位。栅格点的密度可以设置，用户可以在状态栏上单击 ▦ 按钮来打开和关闭栅格捕捉。栅格捕捉只在栅格范围内有效，栅格捕捉在栅格显示和关闭两种状况下都有效。

3.7 图层、线型、线宽及颜色控制

1. 图层操作与控制

（1）图层的基本概念　AutoCAD 中图形是绘制在某一图层上的，图层就好像是一张透明纸，

一个实体图形可以分别绘制在不同的图层上，如果将这些透明纸"叠放"在一起，可以显示实体所有的图形。如果"抽去"其中一些透明纸，则显示实体的局部图形。AutoCAD 理论上允许有无限多个图层，用户根据需要建立若干个图层，并为每一个图层取不同的名称、设置不同的线型、颜色、线宽以示区别。熟练地应用图层技术是提高绘图效率和组织管理图形的有效手段。当启动 AutoCAD 后其默认的图层为"0"层，用户可以直接在"0"层上绘制图形。用户可以用图层命令来创建其他新图层。

（2）新建图层　用户可以采用下面两种方法之一打开"图层特性管理器"对话框：

1）单击图层工具栏上 图标。

2）在"命令"：提示符下，输入"Layer"并按〈Enter〉键。

打开的"图层特性管理器"对话框如图 3-16 所示。

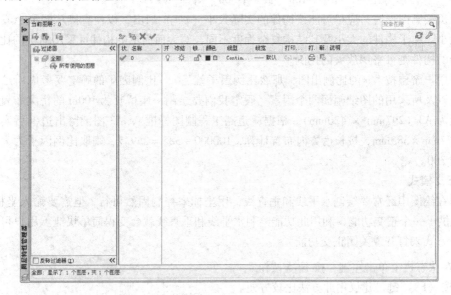

图 3-16　"图层特性管理器"对话框

用户可以通过此对话框创建新图层，操作步骤如下：

单击该对话框中 按钮。系统会自动生成一个名为"图层 1"的图层，以后每按一下便会依次自动生成"图层 2"、"图层 3"等。用户也可以将图层名称更改为自己需要的名称，如将"图层 4"改名为"TC4"。

图层名称不能够重复，否则系统不予承认。图层名最长可达 31 个字符，可以是数字、字母和 $ （美元符号）、"-"和"_"，但不允许出现空格和逗号。

（3）删除图层　对一些不用的图层应及时删除，以节省空间。用"图层特性管理器"对话框删除图层的操作步骤如下：

1）在"图层特性管理器"对话框中选择要删除的图层，选中的图层名称呈高亮度显示。

2）单击 按钮，即可删除该图层。

注意：下列图层不能删除：①0 层和 Defpoint 层；②当前层和含有实体的图层；③外部应用依赖层（Xref-Dependent Layers）。

（4）设置当前层　所谓当前层就是用户当前使用的图层，只能在当前层上进行绘图。当前层的层名和属性状态都显示在属性工具栏上。

设置当前层有以下四种方法：

1）在"图层特性管理器"对话框中选择用户欲设为当前层的图层，使其呈高亮度显示，然后单击 ✔ 按钮，单击"确认"按钮。

2）单击图层工具栏上的 ☝ 工具按钮，然后在绘图区选择某个实体，系统即将该实体所在的图层设置为当前层。

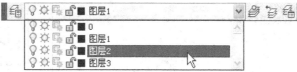

3）单击图层工具栏上的下拉列表框，单击下拉箭头，选择某一图层后该图层呈高亮显示，单击鼠标左键，新选的当前层即出现在图层控制区内（见图3-17）。

图 3-17　用图层工具栏设置当前层

4）在"命令:"提示符下，输入"Clayer"并按〈Enter〉键，出现下列提示：

输入 CLAYER 的新值〈"图层 2"〉：

输入新选的图层名并按〈Enter〉键。尖括号中"图层 2"是设置之前的当前图层名。

（5）图层状态控制　在 AutoCAD 中图层状态由状态按钮来控制，状态按钮有：

1）ON/OFF（打开 💡/关闭 💡）。图层关闭后，该层上的实体不能在屏幕上显示，也不能由打印设备输出，但图形可以被重生成。

2）Freeze/Thaw（冻结 ❄/解冻 ☀）。图层被冻结后，该层上的实体不能在屏幕上显示，也不能由打印设备输出，图形也不能被重生成。

3）Lock/Unlock（锁住 🔒/解锁 🔓）。图层被锁住后，用户能看见该层上的实体，也可以打印，但不能对这些实体进行编辑和修改。

图层状态是相互切换的，用户在"图层特性管理器"对话框中，选择某个图层，再单击相应的图层状态按钮，即可设置图层状态。如图 3-18 所示，"图层 1"被关闭，"图层 2"被冻结，"图层 3"被锁住。

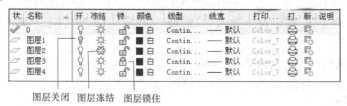

图 3-18　图层状态控制

2. 图层线型控制

图层具有线型的属性，在 AutoCAD 中有几十种线型可供用户选用，但每一个图层只能选择一种线型，"0"层以及新建的图层，在默认情况下为实线（Continuous）。用户可以根据需要为不同的图层设置不同的线型。

（1）加载线型　AutoCAD 的所有线型都放在 acad. lin 和 acadiso. lin 线型文件库中。在设置线型之前，必须把它加载到当前图形中。用户可以通过以下方法之一来加载线型：

1）单击图层工具栏中的"线型"控制按钮，见图 3-19。

2）打开"格式"菜单项，单击"线型"子菜单项。

3）在"命令"：提示符下输入"Linetype"并按〈Enter〉键。

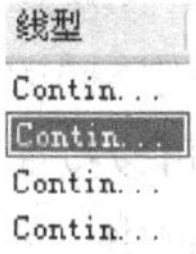

执行上面操作后会打开"选择线型"对话框（见图 3-20），在该对话框中显示了当前层的线型名称，单击"加载"按钮后，将打开"加载或重载线型"对话

图 3-19　加载线型

框（见图3-21），然后按以下操作步骤来加载线型。

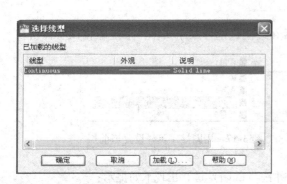

图 3-20　"选择线型"对话框

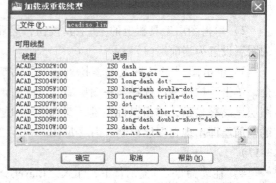

图 3-21　"加载或重载线型"对话框

1）在"可用线型"列表框中用光标选择要加载的线型，选中的线型呈高亮显示，每种线型都有一个线型名称，说明栏内列出了该种线型的点线状态，再单击"确定"按钮，返回"选择线型"对话框，在该对话框中就可以看到刚才被加载的线型。

2）单击"确定"按钮，退出该对话框，结束加载线型。

（2）设置线型　加载了线型后，就可以为每个图层配置线型了。具体操作如下：在"图层特性管理器"对话框中，选中某个图层，单击线型栏内某一线型名称，（如"continuous"）系统将弹出"选择线型"对话框；该对话框内列出了所有已加载的线型，选择需要的线型后，单击"确定"按钮，返回"图层特性管理器"对话框，此时就会发现线型已被重新设置。

（3）设置线型比例（Ltscale）　在众多的线型中除实线外，其余线型均由一系列长度不同的短线、空格和点组成。用户可以用"Ltscale"命令来调试线型的比例，线型比例的默认值为1:1。

线型比例是一个全局的系统变量值，它的改变将会影响到所有线型的比例。用户在设置线型比例时应考虑比例因子的影响，选择正确的线型比例值，使图形的线条符合专业制图的规范。

用户可以在"命令："提示符下输入"Ltscale"（或"Lts"）并按〈Enter〉键，出现如下提示：

LTSCALE 输入新线型比例因子〈1.0000〉：

请用户输入新的线型比例。改变线型比例后，系统会重新生成图形。

3. 图层线宽控制

图层具有线宽的属性，在 AutoCAD 2010 中用户可以根据需要设置不同的线宽，以满足工程制图的要求。系统规定一个图层只能有一种线型及线宽，具体操作如下：

打开"图层特性管理器"对话框，单击某一图层的"线宽"栏，将弹出如图 3-22 所示的"线宽"对话框，在线宽列表框内选择需要的线宽，然后单击"确定"按钮，返回前面对话框。

4. 图层颜色控制

图层还具有颜色的属性，为便于图层管理，通常对不同图层采用不同的颜色。在 AutoCAD 2010 中有 256 种不同的颜色，用户可以按如下的方法来选择：首先，在"图层特性管理器"对话框中，单击某一图层下的"颜色"栏，系统将弹出如图 3-23 所示的"选择颜色"对话框；然后，在该对话框中选择一种颜色，单击"确定"按钮；最后，返回前面对话框，单击"确认"

图 3-22　"线宽"对话框

按钮，结束颜色设置。

5. 随层（Bylayer）颜色、线型和线宽

经过前面的学习，你可以为每一个图层设置不同的颜色、线型和线宽。当使用特性工具栏改变当前层时，如将"图层 2"设置为当前层，工具栏的中颜色、线型和线宽栏内容也随之改变，但是颜色、线型和线宽的名称还是"Bylayer"，我们将这种颜色、线型和线宽称为随层颜色、随层线型和随层线宽。在图 3-24 中，如果已经设置了"Layer1"、"Layer 2"和"Layer 3"，并为每个图层设置了不同的颜色、线型和线宽。当前层分别为"Layer 1"、"Layer 2"和"Layer 3"时，它们所对应的颜色、线型和线宽的名称均为

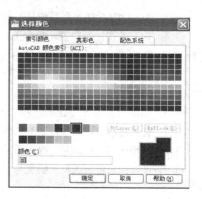

图 3-23　"选择颜色"对话框

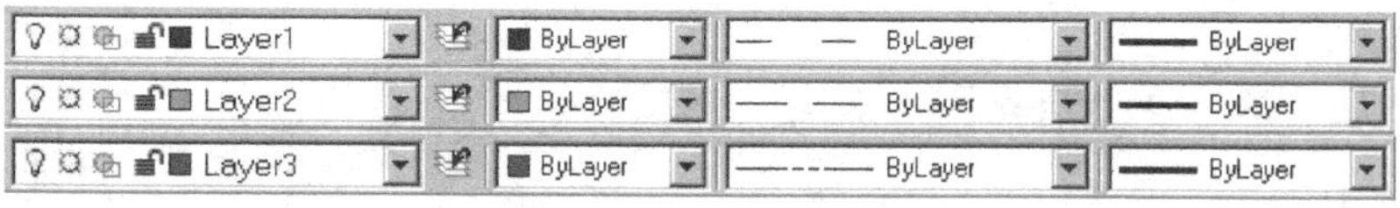

"Bylayer"。但当前层为"Layer 1"时的颜色为蓝色，线型为"ACAD ISO03W100"，线宽为"0.4mm"；当前层为"Layer 3"时的颜色为红色，线型为"ACAD ISO09W100"，线宽为"0.2mm"。由此可见，"Bylayer"是随图层而变化的。

图 3-24　不同图层下的"随层"

6. 实体的颜色、线型和线宽选择

图形实体具有颜色、线型和线宽等属性，在绘制工程图时，为便于管理图形，一般都需要将图层的特性设置为"Bylayer"，使绘制在该图层上的图形的颜色、线型和线宽与图层的属性相同。图形实体的颜色、线型和线宽等属性也可以与图层的属性不同，这时只要将这些属性改为具体的颜色、线型和线宽即可。为某个实体配置颜色、线型和线宽，可以在绘制该实体之前，分别打开"特性"工具栏中的颜色、线型、线宽栏目，选择需要的颜色、线型、线宽；也可以在实体绘制完以后，用"特性"工具栏重新配置颜色、线型、线宽。操作要点是，先选择要重新配置的实体，然后打开"特性"工具栏单击相应的颜色、线型、线宽，如图 3-25 所示，将蓝色圆改为红色。

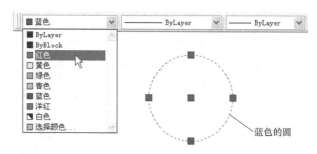

图 3-25　改变实体颜色

练习与思考题

3-1　怎样新建一个图形文件？模板文件有何作用？

3-2　怎样加载工具栏？从工具栏启动 AutoCAD 命令与从菜单栏启动该命令其效果是一样的吗？

3-3　AutoCAD 中的坐标系统是如何定义的？AutoCAD 中有哪几种表示坐标的方法？

3-4　在"绘图比例"这个概念上，计算机绘图与手工绘图有什么不同？在计算机绘图中如何正确选用绘图比例。

3-5　新建三个图层"tc1"、"tc2"和"tc3"，它们的颜色依次为"红"、"蓝"、"绿"，线型依次为"ISO02W100"、"Center2"、"Dashed2"。

3-6　图层"关闭"、"冻结"和"锁定"三者之间有何不同？

3-7　在工程图中对图层控制有何作用？

3-8　线型比例"Ltscale"的作用是什么？

3-9　图层的颜色、线型、线宽与实体的颜色、线型、线宽是同一个概念吗？

第4章 二维图形的绘制和编辑

本章提要
- 绘制二维图形
- 实体选择方法
- 对象的捕捉和追踪
- 编辑二维图形

4.1 绘制二维图形

工程设计中的复杂对象往往由多种二维图形所构成，而二维图形是由一些最基本的元素组成，如点、直线、圆或圆弧等。因此，熟练掌握各种基本图形的绘制方法是绘制复杂图形的基础。本节将学习 AutoCAD 的二维图形绘制命令和操作方法。

4.1.1 绘制直线、射线、多线和构造线

1. 绘制直线

在 AutoCAD 中绘制直线段是最常见、最简单的操作。绘制直线段的命令是"Line"，执行一次"Line"命令可以画一条线段，也可以连续画多条线段，但每一线段都彼此相互独立。直线段是由起点和终点来确定的。

（1）命令启动　用户可以采用下列 3 种方法之一来启动"Line"命令：

1）在"命令:"提示符下，键入"Line"或"L"并按〈Enter〉键。

2）在"绘图"工具栏上，单击 ✏ 按钮。

3）打开"绘图（D）"下拉菜单，单击"直线（L）"菜单项。

（2）操作步骤

命令：Line。

指定第一点：指定线段的起始点位置。

指定下一点或 [放弃（U）]：指定线段的另一端点位置 [放弃]。

指定下一点或 [闭合（C）/放弃（U）]：按〈Enter〉键或按〈Esc〉键退出画直线状态。

提示：

1）结束绘制直线操作，也可在下次出现"指定下一点或 [闭合（C）/放弃（U）]:"时，单击鼠标右键，在弹出的快捷菜单中选择"确定"。如果还想画多条线段，可在"指定下一点或 [闭合（C）/放弃（U）]:"提示下继续输入端点。如果想使所画图形为一个闭和折线形，可键入"Close"或"C"。

2）在绘制直线过程中，有时可能出现错误，需要删除这些线段并重新绘制。这时不必退出"Line"命令，可在"指定下一点或 [闭合（C）/放弃（U）]:"提示下键入"Undo"或"U"，即可取消上次确定的端点或起点。

3）输入线段起点和终点有两种方法，一种是在命令中使用键盘输入坐标值，另一种是用光标在屏幕上直接点取。在使用 AutoCAD 作图中，几乎所有点的输入都可采用这两种方式。

【例 4-1】　用"Line"命令绘制如图 4-1 所示的六边形。

【解】　绘制步骤如下：

在绘图工具栏上单击直线工具按钮，或在命令行输入 Line，按〈Enter〉键；在绘图区用光标确定一点 A。

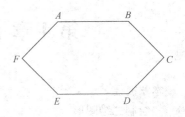

图 4-1　用"Line"命令绘制六边形

指定下一点或 [放弃 (U)]: @10，0（输入下一点 B）。

指定下一点或 [放弃 (U)]: @5，-5（输入下一点 C）。

指定下一点或 [闭合 (C)/放弃 (U)]: @-5，-5（输入下一点 D）。

指定下一点或 [闭合 (C)/放弃 (U)]: @-10，0（输入下一点 E）。

指定下一点或 [闭合 (C)/放弃 (U)]: @-5，5（输入下一点 F）。

指定下一点或 [闭合 (C)/放弃 (U)]: C（使其与 A 点闭和）。

2. 绘制射线

射线为一端固定、另一端无限延伸的直线。在 AutoCAD 中，射线主要用于绘制辅助线。绘制射线的命令是"RAY"。

（1）命令启动　用户可以采用下列两种方法来启动"RAY"命令：

1）在"命令:"提示符下，键入"RAY"并按〈Enter〉键。

2）打开"绘图 (D)"下拉菜单，单击"射线"菜单项。

（2）操作步骤

命令: RAY。

指定起点: 指定射线的起始点位置。

指定通过点: 确定射线通过的任一点。确定后 AutoCAD 绘制出过起点与该点的射线。

指定通过点: 可以继续指定通过点，绘制过同一起始点的一系列射线，直到按〈Esc〉键或〈Enter〉键退出为止。

3. 绘制多线

在工程绘图中，常需要绘制一组平行线，如建筑制图中的墙线，如图 4-2 所示。

AutoCAD 可以绘制以多条平行线组成的复合线（可包括 1 ~ 16 条平行直线），其中的每一条直线称为多线的元素；可以根据需要定义元素的数目和每个元素的特性，包括每根线相对于多线原点（0，0）的偏移量、颜色、线型；还可决定起点和端点是否闭合及闭合样式（如是用直线还是圆弧），设定转折点处是否连线以及多线是否填充。AutoCAD 绘制多线的默认样式只包含两个元素。

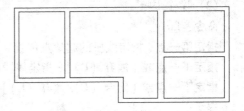

图 4-2　建筑制图中的墙线

（1）命令启动　用户可以采用下列两种方法之一来启动多线命令：

1）在"命令:"提示符下，键入"Mline"并按〈Enter〉键。

2）打开"绘图 (D)"下拉菜单，单击"多线"菜单项。

（2）操作步骤

命令: Mline

命令行提示信息如下：

当前设置: 对正 = 上，比例 = 20. 00，样式 = Standard

指定起点或 [对正 (J)/比例 (S)/样式 (ST)]：指定起点 1。

指定下一点：指定点 2。

指定下一点或 [放弃 (U)]：指定点 3。

指定下一点或 [闭合 (C)/放弃(U)]：指定点 4。

指定下一点或 [闭合 (C)/放弃(U)]：按〈Enter〉键，结束命令。

（3）选项说明　在该提示信息中，第一行说明当前的绘图格式：对正方式为上，比例为 20.00，多线样式为标准型（Standard）；第二行为绘制多线时的选项，各选项意义如下：

1）对正 (J)。确定绘制多线时的对正方式，即多线上的哪条线将随光标移动。执行该选项，AutoCAD 提示：

输入对正类型 [上 (T)/无 (Z)/下 (B)]〈上〉：

各选项意义如下：

上 (T)：该选项表示当从左向右绘制多线时，多线上位于最顶端的线将随着光标进行移动。

无 (Z)：该选项表示绘制多线时，多线的中心线将随着光标点移动。

下 (B)：该选项表示当从左向右绘制多线时，多线上最底端的线将随着光标进行移动。

2）比例 (S)。确定多线的宽度，比例越大则多线越宽。比例不影响线型的比例。执行该选项时，AutoCAD 提示：

输入多线比例：在该提示下输入新比例因子值即可。

3）样式 (ST)。确定绘制多线时采用的多线样式，默认样式为标准（Standard）型。执行该选项，AutoCAD 提示：

输入多线样式名或 "?"：

此时可直接输入已有的多线样式名，也可以输入 "?" 来显示已有的多线样式。用户可以根据需要定义多线样式。系统默认的样式为 Standard。

【例 4-2】　已知 A、B、C、D、E 五个点，绘制如图 4-3b 所示的多线。

【解】　绘制步骤如下：

命令：Mline，启用绘制 "多线" 命令。

当前设置：对正 = 上，比例 = 20.00，样式 = Standard。

指定起点或 [对正 (J)/比例 (S)/样式 (ST)]：单击 A 点位置。

指定下一点：单击 B 点位置。

指定下一点或 [放弃 (U)]：单击 C 点位置。

指定下一点或 [闭合 (C)/放弃 (U)]：单击 D 点位置。

指定下一点或 [闭合 (C)/放弃 (U)]：单击 E 点位置。

指定下一点或 [闭合 (C)/放弃 (U)]：按〈Enter〉键。

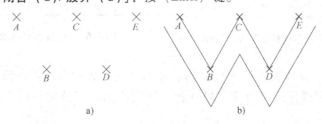

图 4-3　绘制多线

（4）设置多线样式　用户可以采用下列两种方法之一来启用 "多线样式" 对话框，如图 4-4 所示：

1）在"命令:"提示符下，键入"Mlstyle"并按〈Enter〉键。

2）打开"格式"下拉菜单，单击"多线样式"菜单项。

图 4-4 所示"多线样式"对话框中的元素说明如下：

"样式（S）"文本框：用于显示所有已定义的多线样式。选中样式名称，单击"置为当前"按钮，即可以将已定义的多线样式作为当前的多线样式。

"说明"选项：显示对当前多线样式的说明。

"置为当前（U）"按钮：将在样式列表框中选中的多线样式作为当前使用的样式。

"修改（M）"按钮：用于修改在样式列表框中选中的多线样式。

"重命名（R）"按钮：用于更改在样式列表框中选中的多线样式的名称。

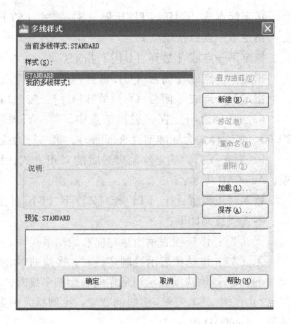

图 4-4 "多线样式"对话框

"删除（D）"按钮：用于删除列表框中选中的多线样式。但是默认的样式"STANDARD"、当前多线样式或正在使用的多线样式不能被删除。

"加载（L）"按钮：用于加载已定义的多线样式。单击该按钮，弹出"加载多线样式"对话框，如图 4-5 所示。从中可以选择"多线样式"中的样式或从文件中加载多线样式。

"保存（A）"按钮：用于将当前的多线样式保存到多线文件中。

"新建（N）"按钮：用于新建多线样式。单击该按钮，系统将弹出如图 4-6 所示，"创建新的多线样式"对话框，通过该对话框可以新建多线样式。

图 4-5 "加载多线样式"对话框

图 4-6 "创建新的多线样式"对话框

在"新样式名"文本框中输入所要创建新的多线样式的名称：墙线，系统将弹出如图 4-7 所示的"新建多线样式：墙线"对话框。下面详细介绍该对话框中的各个选项与按钮的功能。

"说明（P）"文本框：对所定义的多线样式进行说明，其文本不能超过 256 个字符。

"封口"选项组：该选项组中的直线、外弧、内弧以及角度复选框分别用于设置多线的封口为直线、外弧、内弧和角度形状，见表 4-1。

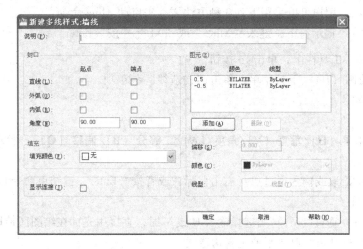

图 4-7　"新建多线样式"对话框

表 4-1　封口形式和显示连接

封口形式	无封口（显示连接）	有封口（显示连接）
直线		
外弧		
内弧		
角度		
显示连接		

"填充颜色（F）"：用于设置填充的颜色，用户设置好颜色后，绘制多线会自动填充设置的颜色。

"显示连接（J）"复选框：用于选择是否在多线的拐角处显示连接线。

"图元（E）"选项组：用于显示多线中线条的偏移量、颜色、线型设置。

"添加"按钮：用于添加一条新线，其间距可在"偏移（S）"文本框中输入。

"删除"按钮：用于删除在元素列表框中选定的直线元素。

"偏移（S）"文本框：为多线样式中的每个元素指定偏移值。

"颜色（C）"下拉框：用于设置元素列表框中选定的直线元素的颜色。

"线型"按钮：用于设置元素列表框中选定的直线元素的线型。

4. 绘制构造线

构造线是两端无限长的直线，一般不作为图形的构成元素，仅作为绘图过程中的辅助参考线。

（1）命令启动　用户可以采用下列 3 种方法之一来启动 Xline 命令：

1）在"命令:"提示符下，键入"Xline"或"XL"并按〈Enter〉键。

2）在"绘图"工具栏上，单击 ╱ 按钮。

3）打开"绘图（D)"下拉菜单，单击"构造线"菜单项。

（2）操作步骤

命令：Xline

指定点或［水平（H)/垂直（V)/角度（A)/二等分（B)/偏移（O)]： 拾取或输入起始点或选择构造线选项。

指定通过点： 拾取或输入通过点（右击鼠标，或者按〈Enter〉键结束命令）。

（3）选项说明

1）**［水平（H)/垂直（V)]** 当选择输入 H 或 V 时，直接用光标在绘图区拾取通过点或用键盘输入通过点的坐标即可绘制水平或竖直构造线。

2）**［角度（A)]** 如果键入"A"并按〈Enter〉键，命令行窗口接着提示如下：

输入构造线的角度（0）或［参照（R)]： 键入角度数值并按〈Enter〉键。

指定通过点： 单击指定点并接着右击鼠标，一条通过该指定点，并与 X 轴成指定角度的构造线绘制出来了。

3）**［偏移（O)]** 若键入"O"并按〈Enter〉键，就可以在距离已有直线或构造线指定尺寸的地方绘制一条与它平行的构造线。

4）**［二等分（B)]** 键入"B"并按〈Enter〉键，可以绘制角平分线。

【例 4-3】　画一条构造线，使其平分∠AOB，如图 4-8 所示。

【解】　绘制步骤如下：

命令：Xline。

指定点或［水平（H)/垂直（V)/角度（A)/二等分（B)/偏移（O)]： B 然后按〈Enter〉键。

指定角的顶点： 单击 O 点。

指定角的起点： 单击 B 点。

指定角的端点： 单击 A 点。

指定角的端点： 按〈Enter〉键结束命令。

绘制结果如图 4-9 所示。

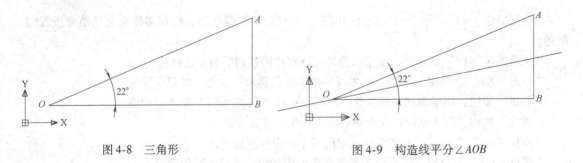

图 4-8　三角形　　　　　　　　　　　　图 4-9　构造线平分∠AOB

4.1.2　绘制多段线

多段线是一种非常有用的线段对象，它是由多段直线或圆弧组成的一个组合体。这些直线或圆弧既可以一起编辑，也可以分别编辑，还可以具有不同的宽度，它可以绘制出不同宽度、厚度、标高和线型的直线与圆弧、渐尖的直线等。在复杂图形中突出表现某对象的最好方法之一，就是改变线的宽度。多段线有一些独特的优点，当使用 Line 命令绘制线时，每条线段都是一个独立的对象。但使用多段线绘制不规则形状的对象，每条线都是整个对象的一部分。

（1）命令启动　多段线的绘制命令是 Pline。用户可以采用下列 3 种方法来启动 Pline 命令：

1）在"命令："提示符下，键入"Pline"或"PL"并按〈Enter〉键。

2）在"绘图"工具栏上，单击⇆按钮。

3）打开"绘图（D）"下拉菜单，单击"多段线（P）"菜单项。

（2）操作步骤

命令： Pline。

指定起点： 通过坐标方式或者光标拾取方式确定多段线第一点。

当前线宽为 0.0000： 系统提示当前线宽，第一次使用显示默认线宽 0，多次使用显示上一次线宽。

指定下一个点或〔圆弧（A）/半宽（H）/长度（L）/放弃（U）/宽度（W）〕： 指定多段线的下一点，生成一段直线。

指定下一点或〔圆弧（A）/闭合（C）/半宽（H）/长度（L）/放弃（U）/宽度（W）〕： 可以继续输入下一点，连续不断地重复操作。之后直接按〈Enter〉键，结束命令。

（3）选项说明

"圆弧（A）"：用于绘制圆弧并添加到多段线中。绘制的圆弧与上一线段相切。

"半宽（H）"：用于指定从有宽度的多段线线段的中心到其一边的宽度，起点半宽将成为默认的端点半宽。端点半宽在再次修改半宽之前将作为所有后续线段的统一半宽，宽线线段的起点和端点位于宽线的中心。

"长度（L）"：在与前一段相同的角度方向上绘制指定长度的直线段。如果前一线段为圆弧，AutoCAD 将绘制与该弧线段相切的新线段。

"放弃（U）"：删除最近一次添加到多段线上的弧线段或直线段。

"宽度（W）"：用于指定下一条直线段或弧线段的宽度。与半宽的设置方法相同，可以分别设置起始点与终止点的宽度，可以绘制箭头图形或者其他变化宽度的多段线。

在绘制多线过程中，特别是在绘制直线与圆弧的时候，还有很多其他的选项可以选择，如：

"闭合（C）"：从当前位置到多段线的起始点绘制一条直线段用以闭合多段线。

"角度（A）"：指定圆弧线段从起始点开始的包含角。输入正值将按逆时针方向创建弧线段；输入负值将按顺时针方向创建弧线段。

"方向（D）"：用于指定弧线段的起始方向。绘制过程中可以用鼠标单击，来确定圆弧的弦方向。

"直线（L）"：用于退出绘制圆弧选项，返回绘制直线的初始提示。

"半径（R）"：用于指定弧线段的半径。

"第二个点（S）"：用于指定三点圆弧的第二点和端点。

（4）提示　在绘制多段线时，与绘制直线一样可以在命令行里输入"C"来闭合多段线。如果不用闭合选项来闭合多段线，而是使用捕捉起点闭合，则闭合处有锯齿。在绘制多段线的过程中，如果想放弃前一次绘制的多段线，在命令行输入"U"即可。

【例 4-4】　绘制如图 4-10 所示的多段线。

【解】　绘制步骤如下：

命令：Pline（启动多段线命令）。

指定起点：指定一点。

当前线宽为 **0.0000**。

指定下一个点或［圆弧（A）/半宽（H）/长度（L）/放弃（U）/宽度（W）］：W（设定线宽）。

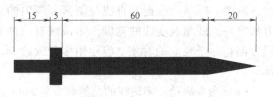

图 4-10　绘制多段线形

指定起点宽度〈**0.0000**〉：5（设定起点线宽，按〈F8〉键打开正交）。

指定端点宽度〈**5.0000**〉：5（设定端点线宽）。

指定下一个点或［圆弧（A）/半宽（H）/长度（L）/放弃（U）/宽度（W）］：15（光标向右，输入剑柄长度）。

指定下一点或［圆弧（A）/闭合（C）/半宽（H）/长度（L）/放弃（U）/宽度（W）］：W（设定线宽）。

指定起点宽度〈**5.0000**〉：15（设定起点线宽）。

指定端点宽度〈**15.0000**〉：15（设定端点线宽）。

指定下一点或［圆弧（A）/闭合（C）/半宽（H）/长度（L）/放弃（U）/宽度（W）］：5（设定第二段长度）。

指定下一点或［圆弧（A）/闭合（C）/半宽（H）/长度（L）/放弃（U）/宽度（W）］：W（设定线宽）。

指定起点宽度〈**15.0000**〉：7（设定起点线宽）。

指定端点宽度〈**7.0000**〉：7（设定端点线宽）。

指定下一点或［圆弧（A）/闭合（C）/半宽（H）/长度（L）/放弃（U）/宽度（W）］：60（设定剑身长度）。

指定下一点或［圆弧（A）/闭合（C）/半宽（H）/长度（L）/放弃（U）/宽度（W）］：W（设定线宽）。

指定起点宽度〈**7.0000**〉：7（设定起点线宽）。

指定端点宽度〈**7.0000**〉：0（设定端点线宽）。

指定下一点或［圆弧（A）/闭合（C）/半宽（H）/长度（L）/放弃（U）/宽度（W）］：20（设定剑尖长度）。

指定下一点或［圆弧（A）/闭合（C）/半宽（H）/长度（L）/放弃（U）/宽度（W）］：按〈Enter〉键结束命令。

4.1.3　绘制多边形

1. 绘制矩形

矩形是图形绘制的常见元素之一，该功能绘制出的矩形为封闭的单一实体。启动"Rectangle"命令后，只需先后确定矩形对角线上的两个点便可绘制。可以通过光标直接在屏幕上点取，也可输入坐标。选择这两个点时没有顺序，用户可以从左到右选取，也可以从右到左选取。

（1）命令启动　用户可以采用下列 3 种方法来启动"Rectangle"命令：

1）在"命令："提示符下，键入"Rectangle"或"REC"并按〈Enter〉键。

2）在"绘图"工具栏上，单击▭按钮。

3）打开"绘图（D）"下拉菜单，单击"矩形（G）"菜单项。

（2）操作步骤

命令：Rectangle。

指定第一个角点或［倒角（C）/标高（E）/圆角（F）/厚度（T）/宽度（W）］：指定点或输入选项。

指定另一个角点或［面积（A）/尺寸（D）/旋转（R）］：指定点或输入选项。

（3）选项说明 命令各个选项的含义如下：

"面积（A）"：使用面积与长度或宽度创建矩形。如果"倒角"或"圆角"选项被激活，则区域将包括倒角或圆角在矩形角点上产生的效果。

输入以当前单位计算的矩形面积〈100〉：输入一个正值。

计算矩形标注时依据［长度（L）/宽度（W）］〈长度〉：输入 L 或 W。

输入矩形长度〈10〉：输入一个非零值或**输入矩形宽度〈10〉**：输入一个非零值。

"尺寸（D）"：使用长和宽创建矩形。

指定矩形的长度〈0.0000〉：输入一个非零值。

指定矩形的宽度〈0.0000〉：输入一个非零值。

指定另一个角点或［面积（A）/尺寸（D）/旋转（R）］：移动光标以显示矩形可能位于的四个位置之一并在期望的位置单击。

"旋转（R）"：按指定的旋转角度创建矩形。

指定旋转角度或［拾取点（P）］〈0〉：通过输入值、指定点或输入 P 并指定两个点来指定角度。

指定另一个角点或［面积（A）/尺寸（D）/旋转（R）］：移动光标以显示矩形可能位于的四个位置之一并在期望的位置单击。

"倒角（C）"：设置矩形的倒角距离。

指定矩形的第一个倒角距离〈当前距离〉：指定距离或按〈Enter〉键。

指定矩形的第二个倒角距离〈当前距离〉：指定距离或按〈Enter〉键。

以后执行"Rectangle"命令时此值将成为当前倒角距离。

"标高（E）"：指定矩形的标高。

指定矩形的标高〈当前标高〉：指定距离或按〈Enter〉键。

以后执行"Rectangle"命令时此值将成为当前标高。

"圆角（F）"：指定矩形的圆角半径。

指定矩形的圆角半径〈当前半径〉：指定距离或按〈Enter〉键。

以后执行"Rectangle"命令时此值将成为当前圆角半径。

"厚度（T）"：指定矩形的厚度。

指定矩形的厚度〈当前厚度〉：指定距离或按〈Enter〉键。

以后执行"Rectangle"命令时此值将成为当前厚度。

"宽度（W）"：为要绘制的矩形指定多段线的宽度。

指定矩形的线宽〈当前线宽〉：指定距离或按〈Enter〉键。

以后执行"Rectangle"命令时此值将成为当前多段线宽度。

【例4-5】 画一个标高为5，厚度为5，圆角半径为1，大小为 10×5 的矩形，如图4-11所示。

【解】 绘制步骤如下：

命令：Rectangle （输入绘制矩形命令）。

指定第一个角点或［倒角（C）/标高（E）/圆角（F）/厚度（T）/宽度（W）］：E（输入标高命令）。

指定矩形的标高〈0.0000〉：5（输入标高为5）。

指定第一个角点或［倒角（C）/标高（E）/圆角（F）/厚度（T）/宽度（W）］：T（输入厚度命令）。

指定矩形的厚度〈0.0000〉：5（输入厚度为5）。

指定第一个角点或［倒角（C）/标高（E）/圆角（F）/厚度（T）/宽度（W）］：F（输入圆角命令）。

指定矩形的圆角半径〈0.0000〉：1（输入圆角半径为1）。

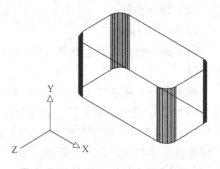

图 4-11　带标高、厚度的圆角矩形

指定第一个角点或［倒角（C）/标高（E）/圆角（F）/厚度（T）/宽度（W）］：（单击任意一点）。

指定另一个角点或［面积（A）/尺寸（D）/旋转（R）］：D（以输入尺寸的方法绘制矩形）。

指定矩形的长度〈0.0000〉：10（输入长度为10）。

指定矩形的宽度〈0.0000〉：5（输入宽度为5）。

指定另一个角点或［面积（A）/尺寸（D）/旋转（R）］：（单击另一角点）完成矩形创建。

2. 绘制正多边形

在 AutoCAD 中可以精确绘制边数为 3～1024 的正多边形，并提供了边长、内接圆、外切圆3种绘制方式。该功能绘制的正多边形是封闭的单一实体。

（1）命令启动　绘制正多边形的命令是"Polygon"，用户可以通过三种方式启动"Polygon"命令。

1）在"命令："提示符下，键入"Polygon"或"Pol"并按〈Enter〉键。

2）在"绘图"工具栏上，单击" ⬠ "按钮。

3）打开"绘图（D）"下拉菜单，单击"正多边形（Y）"菜单项。

（2）操作步骤　绘制正多边形的操作过程以【例4-6】和【例4-7】来说明。

【例4-6】　如图4-12所示，已知一个圆，画出其内接五边形与外切六边形。

【解】　绘制步骤如下：

1）绘制圆的内接五边形

命令：Polygon。

输入边的数目〈4〉：5　（输入边数5）。

指定正多边形的中心点或［边（E）］：（捕捉圆心）。

输入选项［内接于圆（I）/外切于圆（C）］

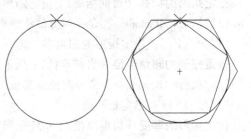

图 4-12　内接多边形与外接多边形

〈I〉：（选择内接于圆）。

指定圆的半径：（捕捉上面的象限点）。

2）绘制圆的外切六边形

命令：Polygon 输入边的数目〈5〉：6（输入边数6）。

指定正多边形的中心点或［边（E）］：（捕捉圆心）。

输入选项［内接于圆（I）/外切于圆（C）］〈I〉：C　（选择外切于圆）。

指定圆的半径：（捕捉上面的象限点）。

【例4-7】　如图4-13所示，已知直线 *AB*，以其为底边，画正五边形。

【解】 绘制步骤如下：

命令：Polygon。

输入边的数目〈4〉：5 （输入边数 5）。

指定正多边形的中心点或 [边（E）]：E
（选择边，输入 E）。

**指定边的第一个端点：指定边的第二个端
点：**（单击 A 点，然后单击 B 点）。

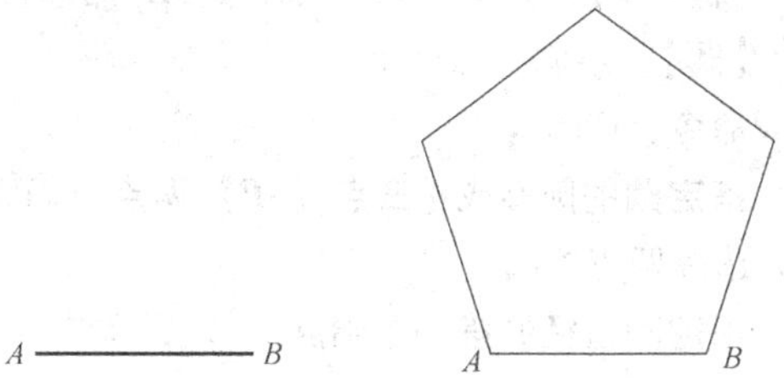

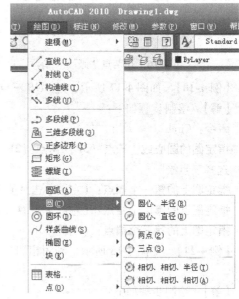

图 4-13 已知边绘制正五边形

4.1.4 绘制圆

圆、圆弧、椭圆、椭圆弧与圆环等都属于曲线，它们的绘制过程比较复杂。AutoCAD 提供了强大的曲线绘制功能。利用该功能，用户可以方便地绘制圆、圆弧等图形对象。

（1）命令启动 圆的绘制命令是"Circle"，用户可以通过下面 3 种方法启动"Circle"命令：

1）在"命令："提示符下，键入"Circle"或"C"并按〈Enter〉键。

2）在"绘图"工具栏上，单击 ⊙ 按钮。

3）打开"绘图（D）"下拉菜单，单击"圆（C）"菜单项，如图 4-14 所示。

（2）操作步骤 如图 4-14 所示，AutoCAD 2010 提供了 6 种绘制圆的方法，其具体操作步骤分别举例如下。

【例 4-8】 用圆心和半径或者圆心和直径绘制如图 4-15 所示半径为 22 的圆。

【解】 绘制步骤如下：

命令：Circle。

图 4-14 绘制圆的菜单栏

**指定圆的圆心或 [三点（3P）/两点（2P）/切
点、切点、半径（T）]：**（启用绘制圆的命令），在绘图窗口中选定圆心位置。

指定圆的半径或 [直径（D）]：22 输入半径值，按〈Enter〉键。

如果采用直径画圆，此时输入 D，按〈Enter〉键，然后输入直径值，按〈Enter〉键结束命令。

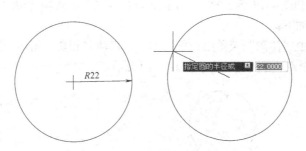

图 4-15 圆心半径画圆

【例 4-9】　如图 4-16 所示，过 *AB* 两点使用两点绘圆。

【解】　绘制步骤如下：

命令： Circle。

指定圆的圆心或 ［三点 （3P）/两点 （2P）/切点、切点、半径 （T）］： 2P（启用绘制圆的命令）选择两点绘圆。

指定圆直径的第一个端点：（左键单击 *A* 点）。

指定圆直径的第二个端点：（左键单击 *B* 点），结束命令。

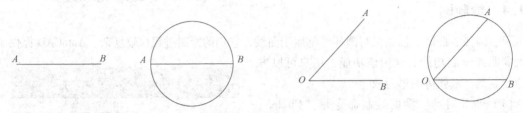

图 4-16　用两点法画圆　　　　　　　　　　图 4-17　用三点法画圆

【例 4-10】　如图 4-17 所示，过 *AOB* 三点绘圆。

【解】　绘制步骤如下：

命令： Circle。

指定圆的圆心或 ［三点 （3P）/两点 （2P）/切点、切点、半径 （T）］： 3P（启用绘制圆的命令）选择三点绘圆。

指定圆上的第一个端点：（左键单击 *A* 点）。

指定圆上的第二个端点：（左键单击 *O* 点）。

指定圆上的第三个端点：（左键单击 *B* 点），结束命令。

【例 4-11】　如图 4-18 所示，利用相切、相切、半径画一个半径为 15 的圆，与圆 *O* 和直线 *L* 相切。

【解】　绘制步骤如下：

命令： Circle。

指定圆的圆心或 ［三点 （3P）/两点 （2P）/切点、切点、半径 （T）］： T
（启用绘制圆的命令）选择相切、相切、半径绘圆。

指定对象与圆的第一个切点：（单击圆 *O* 上的一点）。

指定对象与圆的第二个切点：（单击直线 *L* 上的一点）。

指定圆的半径 〈22.0000〉： 15（输入圆的半径）结束命令。

【例 4-12】　已知如图 4-19 所示的三个小圆，画出与三个小圆均外切的圆。

【解】　绘制步骤如下：

选择"标题栏"中"绘图"菜单中"圆"命令，启动"相切、相切、相切 （A）"。

指定圆上的第一个点： _tan 到（单击第一个切点）。

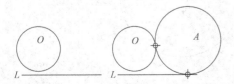

图 4-18　用相切、相切、半径画圆

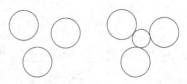

图 4-19　相切、相切、相切画圆

指定圆上的第二个点：_tan 到　（单击第二个切点）。

指定圆上的第三个点：_tan 到　（单击第三个切点）。

如果没有限定条件，相切、相切、相切画圆就会有很多选择，切点不同，相切圆也不同。

4.1.5　绘制圆弧

绘制圆弧的命令是"Arc"。用户可以通过以下 3 种方法启动"Arc"命令：

1）在"命令："提示符下，键入"Arc"并按〈Enter〉键。

2）在"绘图"工具栏上，单击 按钮。

3）打开"绘图（D）"下拉菜单，单击"圆弧（A）"菜单项，如图 4-20 所示。

如图 4-20 所示，AutoCAD 提供了 11 种绘制圆的方法：

1）用"三点（P）"画圆弧：默认的绘制方法，给出圆弧的起点、圆弧上的一点、端点画圆弧。

2）用"起点、圆心、端点（S）"画圆弧：以逆时针方向开始，按顺序分别单击起点、圆心、端点三个位置来绘制圆弧。

3）用"起点、圆心、角度（T）"画圆弧：以逆时针方向开始，按顺序分别单击起点、圆心两个位置，再输入角度值来绘制圆弧。

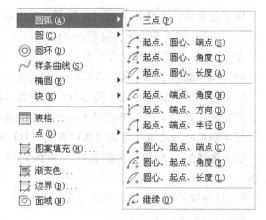

图 4-20　绘制圆弧的菜单项

4）用"起点、圆心、长度（A）"画圆弧：以逆时针方向开始，按顺序分别单击起点、圆心两个位置，再输入圆弧的长度值来绘制圆弧。

5）用"起点、端点、角度（N）"画圆弧：以逆时针方向为开始，按顺序分别单击起点、端点两个位置，再输入圆弧的角度值来绘制圆弧。

6）用"起点、端点、方向（D）"画圆弧：是指通过起点、端点、方向使用定点设备绘制的圆弧。向起点和端点的上方移动光标，将绘制出凸的圆弧；向下移动光标将绘制出凹的圆弧。

7）用"起点、端点、半径（R）"画圆弧：是通过起点、端点和半径绘制的圆弧。可以输入长度，通过顺时针或逆时针移动定点设备并单击确定一段距离来指定半径。

8）用"圆心、起点、端点（C）"画圆弧：以逆时针方向开始，按顺序分别单击圆心、起点、端点三个位置来绘制圆弧。

9）用"圆心、起点、角度（E）"画圆弧：按顺序分别单击圆心、起点两个位置，再输入圆弧的角度值来绘制圆弧。

10）用"圆心、起点、长度（L）"画圆弧：按顺序分别单击圆心、起点两个位置，再输入圆弧的长度值来绘制圆弧。

11）用如果选择最后的"继续（D）"命令，系统将默认最后一次绘制的线段或是圆弧过程中确定的最后一点作为新圆弧的起点，以最后所绘方向或者圆弧终止点处的切线方向为新圆弧在起始点处的切线方向，然后再指定一点，就可以绘制出一个圆弧。

【例 4-13】　用几种不同的方法绘制圆弧，如图 4-21 所示。

【解】　绘制步骤如下：

1）绘制直线 *AB*。

2）绘制圆弧 1（起点、圆心、角度）。

命令：Arc　（输入圆弧命令）。

指定圆弧的起点或［圆心（C）］：单击 *A* 点。

指定圆弧的第二个点或［圆心（C）/端点（E）］：C（选择圆心）。

指定圆弧的圆心：（选择 *O* 点）。

指定圆弧的端点或［角度（A）/弦长（L）］：A（选择输入角度）。

指定包含角：–180（顺时针绘图，角度取负值）。

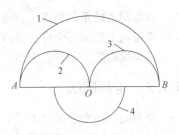

图 4-21　多种方法绘制圆弧

3）绘制圆弧 2（起点、端点、方向）。

命令：Arc　（输入圆弧命令）。

指定圆弧的起点或［圆心（C）］：单击 *A* 点。

指定圆弧的第二个点或［圆心（C）/端点（E）］：E　（第二点未知，输入 E）。

指定圆弧的端点：单击直线 *AB* 的中点 *O* 点。

指定圆弧的圆心或［角度（A）/方向（D）/半径（R）］：D　（选择圆弧的方向，输入 D）。

指定圆弧的起点切向：圆弧在 *A* 点的切线方向垂直 *AB*，方向向上，在 *AB* 线的上面单击左键。

4）绘制圆弧 3（起点、端点、角度）。

命令：Arc（输入圆弧命令）。

指定圆弧的起点或［圆心（C）］：单击 *B* 点。

指定圆弧的第二个点或［圆心（C）/端点（E）］：E　（第二点未知，输入 E）。

指定圆弧的端点：单击直线 *AB* 的中点 *O* 点。

指定圆弧的圆心或［角度（A）/方向（D）/半径（R）］：A（选择圆弧的角度，输入 A）。

指定包含角：180（逆时针绘图，角度取正值）。

5）绘制圆弧 4（圆心、起点、端点）。

命令：Arc　（输入圆弧命令）。

指定圆弧的起点或［圆心（C）］：C（选择圆心）。

指定圆弧的圆心：单击直线 *AB* 的中点 *O* 点。

指定圆弧的起点：单击圆弧 2 的圆心。

指定圆弧的端点或［角度（A）/弦长（L）］：单击圆弧 3 的圆心。

4.1.6　绘制圆环

圆环是填充环或实体填充圆，即带有宽度的闭合多段线。创建圆环，需要确定其内外直径和圆心。通过指定不同的中心点，可以继续创建具有相同直径的多个副本。创建实体填充圆可将内径值指定为 0。

（1）命令启动　AutoCAD 2010 为用户提供了直接绘制圆环命令是"Donut"，用户可以通过以下三种方法启动 Donut 命令：

1）在"命令："提示符下，键入"Donut"并按〈Enter〉键。

2）打开"绘图（D）"下拉菜单，单击"圆环（D）"菜单项。

（2）绘图步骤

命令： Donut　（输入命令）。

指定圆环的内径〈10.0000〉： 5　（输入内径 5）。

指定圆环的外径〈12.0000〉： 14（输入外径 14）。

指定圆环的中心点或〈退出〉： 任意指定一点为圆环中心。

指定圆环的中心点或〈退出〉： 按〈Enter〉键退出，如图 4-22a 所示。

提示：此时圆环内部被颜色填充，我们可以改变其填充的颜色，也可以选择不填充，命令如下：

命令： Fill　（输入命令）。

输入模式[开（ON)/关（OFF)]〈开〉： Off　（输入 Off，关闭填充），重新绘制的不填充圆环如图 4-22b 所示。

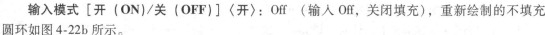

图 4-22　绘制圆环

a）填充圆环　b）不填充圆环

如果输入的内径值大于外径的值，系统会默认大的为外径；如果输入的内径值为 0，外径值大于 0，则为一个实心圆；如果圆环内径等于外径，则绘制的圆环为一个圆，如图 4-23 所示。

图 4-23　圆环与内径的关系

a）内外径不相等　b）内径为零

c）内外径相等

4.1.7　绘制椭圆和椭圆弧

1. 绘制椭圆

绘制椭圆的命令是"Ellipse"。AutoCAD 2010 中启用绘制椭圆命令的方法有 3 种：

1）在"命令："提示符下，键入"Ellipse"或"EL"并按〈Enter〉键。

2）在"绘图"工具栏上，单击💿按钮。

3）打开"绘图（D）"下拉菜单，单击"椭圆（E）"菜单项。

当启用【椭圆】命令后，有 3 种方式绘制椭圆：

（1）轴端点方式　指定椭圆的 3 个轴端点来绘制椭圆，结果如图 4-24 所示。

命令： Ellipse（输入命令）。

指定椭圆的轴端点或[圆弧（A）/中心点（C）]： 指定长轴 a 点。

指定轴的另一个端点： 指定长轴另一个端点 b。

指定另一条半轴长度或[旋转（R)]： 指定 c 点确定短轴长度。

（2）中心点方式　指定椭圆中心和长、短轴的一端点来绘制椭圆，如图 4-25 所示。

命令： Ellipse（输入命令）。

指定椭圆的轴端点或[圆弧（A）/中心点（C）]： C（输入 C）。

指定椭圆的中心点： 指定中心点 O。

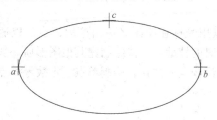

图 4-24　轴端点方式绘制椭圆

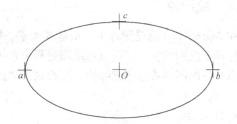

图 4-25　中心点方式绘制椭圆示例

指定轴的端点：指定长轴端点 a。

指定另一条半轴长度或〔旋转（R）〕：指定短轴端点 c。

（3）旋转角方式　通过指定旋转角来绘制椭圆。旋转角是指其中一轴相对另一轴的旋转角度，当旋转角度为 0 时，将画成一个圆；当旋转角度大于 89.4 时，命令无效。绘图结果如图 4-26 所示。

命令：Ellipse（输入命令）。

指定椭圆的轴端点或〔圆弧（A）/中心点（C）〕：指定长轴端点 a。

指定轴的另一个端点：指定长轴另一端点 b。

指定另一条半轴长度或〔旋转（R）〕：R（输入 R）。

指定绕长轴旋转的角度：45（输入 45）。

2. 绘制椭圆弧

AutoCAD 2010 中启用绘制椭圆弧命令的方法有 3 种：

1）在"命令："提示符下，键入"Ellipse"或"EL"并按〈Enter〉键，在"指定椭圆的轴端点或〔圆弧（A）/中心点（C）〕"提示下输入 A。

2）在"绘图"工具栏上，单击 按钮。

3）打开"绘图（D）"下拉菜单，单击"椭圆（E）""圆弧（A）"菜单项。

【例 4-14】　画出如图 4-27 所的椭圆弧。

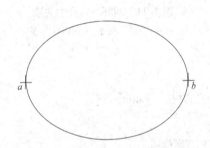

图 4-26　旋转角方式绘制椭圆示例

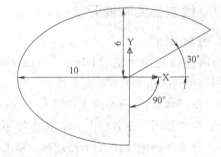

图 4-27　椭圆弧

【解】　绘制步骤如下：

命令：Ellipse。

指定椭圆的轴端点或〔圆弧（A）/中心点（C）〕：A（输入命令）。

指定椭圆弧的轴端点或〔中心点（C）〕：指定右边端点，选取之后，将光标移向左边。

指定轴的另一个端点：20（长轴为 20）。

指定另一条半轴长度或〔旋转（R）〕：6（短轴为 12）。

指定起始角度或〔参数（P）〕：30（输入起始角度）。

指定终止角度或〔参数（P）/包含角度（I）〕：270（输入终止角度）。

4.1.8　绘制点

在 AutoCAD 中点是图样中的最基本元素，既可以用光标在绘图区单击拾取，也可以通过输入坐标确定点的位置。这些点在绘图过程中常用做临时的辅助点，待绘制完其他图形后一般冻结这些点所在的图层或直接删除掉。在绘制点之前可以设置点的样式，绘制单点、定数等分点、定距等分点。

1. 绘制点

（1）命令启动　绘制点的命令是 Point，用户可以采用下列 3 种方法之一来启动 Point 命令：

1）在"命令:"提示符下,键入"Point"或"PO"并按〈Enter〉键。

2）在"绘图"工具栏上,单击 · 按钮。

3）打开"绘图（D）"下拉菜单,单击"点（O）"菜单项。

注意:如果是选择工具栏中的按钮 · ,将默认的是要绘制多个点。

（2）操作步骤

命令：Point（启动绘制点命令）。

当前点模式：PDMODE = 0，PDSIZE = 0.0000（系统提示信息,显示点的类型和大小）。

指定点：（要求用户输入点的坐标）。

2. 设置点的样式

为了能够使图形中的点具有很好的可见性,并同其他图形区分开,可以相对于屏幕或使用绝对单位来设置点的样式和大小。

设置点的样式操作步骤如下:

打开"格式"下拉菜单,单击"点样式"菜单项。系统会弹出如图 4-28 所示的"点样式"对话框。

在"点样式"对话框中,当选择"相对于屏幕设置大小"单选按钮时,表示按屏幕尺寸的百分比设置点的显示大小。当进行缩放时,点的显示大小并不改变。当选择"按绝对单位设置大小"单选按钮时,表示按指定的实际单位设置点显示的大小,原来点大小处的"%"改成"单位"。当进行缩放时,AutoCAD 显示的点的大小随之改变。

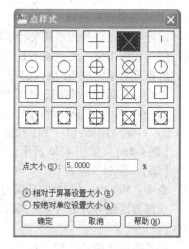

图 4-28 "点样式"对话框

3. 绘制定数等分点

定数等分点是在 AutoCAD 中通过分点将某个图形对象分为指定数目的几个部分,各个等分点之间的间距相等,其大小由对象的长度和等分点的个数来决定。使用定数等分点,可以按指定等分段数等分线、圆弧、样条曲线、圆、椭圆和多段线。

AutoCAD 2010 中启用定数等分点命令的方法有两种:

1）在"命令:"提示符下,键入"Divide"或"DIV"并按〈Enter〉键。

2）打开"绘图（D）"下拉菜单,单击"点（O）""定数等分点（D）"菜单项。

【例 4-15】　绘制如图 4-29a 所示的图形,并把直线 *A*、样条曲线 *B* 和椭圆 *C* 分别进行 3、5、7 等分。

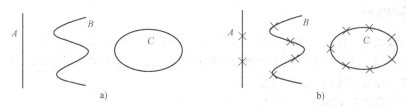

图 4-29　绘制定数等分点

a）等分之前图形　b）等分之后图形

【**解**】　绘制步骤如下:

1）把直线 *A* 进行 3 等分。

命令：Divide（选择定数等分菜单命令）。

选择要定数等分的对象：选择要进行等分的直线。

输入线段数目或［块（B）］：3（输入等分数目）。

2）把样条曲线 B 进行 5 等分。

命令：Divide（选择定数等分菜单命令）。

选择要定数等分的对象：选择要进行等分的样条曲线。

输入线段数目或［块（B）］：5（输入等分数目）。

3）把椭圆 C 进行 7 等分。

命令：Divide（选择定数等分菜单命令）。

选择要定数等分的对象：选择要进行等分的椭圆。

输入线段数目或［块（B）］：7（输入等分数目）。

4）打开"格式"下拉菜单，单击"点样式"菜单项。系统会弹出如图 4-28 所示的"点样式"对话框。选择第 4 个点样式（可以根据自己的喜好任意选择），单击"确定"按钮，点样式设置完毕，绘制结果如图 4-29b 所示。

注意：用户也可以在等分之前对点样式进行设置，对绘图操作没有影响。

4. 绘制定距等分点

定距等分点就是按照某个特定的长度对图形对象进行划分标记，这里的特定长度可以在命令执行的过程中指定。当对象不是特定长度的整数倍时，AutoCAD 2010 会先按特定长度划分，最后放置点到对象的端点的距离小于特定长度。

AutoCAD 2010 中启用定距等分点命令的方法有两种：

1）在"命令："提示符下，键入"Measure"或"ME"并按〈Enter〉键。

2）打开"绘图（D）"下拉菜单，单击"点（O）""定距等分点（ME）"菜单项。

【例 4-16】 如图 4-30 所示，把长度为 70 的直线按照每 20 一段进行定距等分。

【解】 绘制步骤如下：

命令：Measure（选择定距等分菜单命令）。

选择要定距等分的对象：选择要进行等分的

图 4-30　定距等分图

直线。

指定线段长度或［块（B）］：20（输入指定的间距）。

提示：如果所分对象的总长不能被指定间距整除，肯定会剩下一段距离。为什么上题进行定距等分剩下的一段在最左边，而不在最右边呢？这在 AutoCAD 2010 中并没有规定，而是在系统提示"选择要定距等分的对象"时，默认以靠近选择点处的端点作为起始位置。除直线外，定距等分的对象可以是圆弧、多段线及样条曲线等。

4.1.9　绘制面域

面域可以看成是一张没有厚度的纸，相当于一个有边界的平面区域。在 AutoCAD 2010 中，面域既可以是由圆、椭圆、多边形等封闭的图形转变而来的，也可以是由圆弧、直线、多段线、椭圆弧以及样条曲线等构成的封闭区域。

创建面域的方式有 4 种：

1）在"命令："提示符下，键入"Region"或"REG"并按〈Enter〉键。

2）打开"绘图（D）"下拉菜单，单击"面域（N）"菜单项。

3）打开"绘图（D）"下拉菜单，单击"边界（N）"菜单项，弹出"边界创建"对话框，如图 4-31 所示。在对象的类型中选择"面域"，然后单击"确定"按钮。

4）在"命令:"提示符下，键入"Boundary"或"BO"，并回车。

【例 4-17】　将图 4-32 所示的圆转化成面域。

图 4-31　"边界创建"对话框

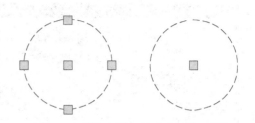

图 4-32　圆与面域都被选中时的区别

【解】　绘制步骤如下：

命令：Boundary（边界创建命令）。

拾取内部点：正在选择所有对象...（单击圆内任意一点）。

正在选择所有可见对象...

正在分析所选数据...

正在分析内部孤岛...

拾取内部点：按〈Enter〉键结束命令。

已提取 1 个环。

已创建 1 个面域。

Boundary 已创建 1 个面域。

注意：在边界创建过程中，如果选择的图形不是闭合的，则系统会警告提示边界定义错误，没能找到有效的图案填充边界。

4.1.10　图案填充

在绘制建筑图时，常需要绘制建筑剖面图，以及平面布置图。剖面图图案填充被用来显示剖面结构关系和表达建筑中各种建筑材料的类型、地基轮廓面、房屋顶的结构特征，以及墙体材料和立面效果等。在 AutoCAD 2010 中文版中，根据图案填充与其填充边界之间的关系将填充分为关联的图案填充和非关联的图案填充。关联的图案填充，在修改边界时填充会得到自动更新；而非关联的图案填充则与其填充边界保持相对的独立性。填充时可以使用预定义填充图案填充区域，也可以使用当前线型定义简单的线图案，或者创建更复杂的填充图案去填充区域，还可以用实体颜色去填充区域。

图案填充的命令是"Hacth"，用户可以采用下列 3 种方法之一来启动 Hacth 命令：

1）在"命令:"提示符下，键入"Hacth"或"H"并按〈Enter〉键。

2）在"绘图"工具栏上，单击▨按钮。

3）打开"绘图（D）"下拉菜单，单击"图案填充（H）"菜单项。

启用命令后，系统将弹出如图 4-33 所示的"图案填充和渐变色"对话框。打开"图案填充"选项卡，其中包含类型和图案、角度和比例、边界、选项和图案填充原点 5 个选项组。下面分别介绍这几方面的内容。

1. 类型和图案

在"图案填充"选项卡的"类型和图案"选项组中可以设置填充的类型和图案，如图 4-33 所示，"类型"下拉列表框用于确定填充图案的类型，"预定义"选项是指图案已经在 ACAD. PAT 中定义好。此时，"图案"下拉列表框可用，单击其右侧的按钮 ... ，可打开"填充图案选项板"对话框，如图 4-34 所示。

图 4-33　"图案填充和渐变色"对话框

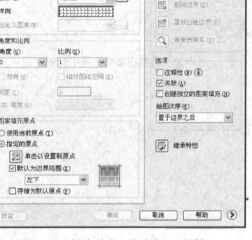

图 4-34　"填充图案选项板"对话框

图 4-34 中各个选项卡的含义如下：

1) "ANSI"选项卡：用于显示系统附带的所有 ANSI 标准图案。

2) "ISO"选项卡：用于显示系统附带的所有 ISO 标准图案。

3) "其他预定义"选项卡：用于显示所有其他样式的图案。

4) "自定义"选项卡：用于显示所有已添加的自定义图案。

2. 角度和比例

图 4-33 中"角度"下拉列表框用于选择预定义填充图案的角度，用户也可在该列表框中输入其他角度值，当角度分别为 0 和 45 时，填充图案示例如图 4-35 所示。

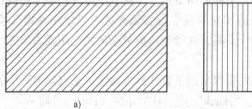
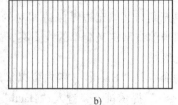

a)　　　　　　　　　　　　　　　　　b)

图 4-35　填充角度设置示例

a) 角度为 0 时　b) 角度为 45 时

"比例"下拉列表框用于指定放大或缩小预定义或自定义图案，用户也可在该列表框中输入其他缩放比例值，当比例分别为 1 和 2 时，填充图案如图 4-36 所示。

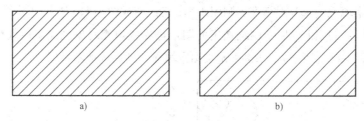

图 4-36　填充比例设置示例
a）比例为 1 时　b）比例为 2 时

3. 边界

在图 4-33 的"边界"选项组中"添加：拾取点"按钮 用于根据图中现有的对象确定填充区域的边界，对象必须构成一个闭合区域。单击该按钮，系统将暂时关闭"图案填充和渐变色"对话框，提示用户在封闭区域内拾取一个点。此时就可以在闭合区域内单击鼠标，系统自动以虚线形式显示用户选中的边界，进行填充，如图 4-37 所示。

"添加：选择对象"按钮 用于选择图案填充的边界对象，该方式需要用户逐一选择图案填充的边界对象，选中的边界对象将变为虚线。此时，系统不会自动检测内部对象，如图 4-38 所示。

图 4-37　添加：拾取点进行图案填充的过程

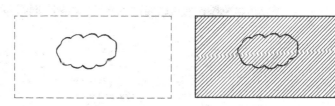

图 4-38　选中对象与填充效果

注意：对于一些不闭合的图形来说，用拾取点的方式就不能进行填充，而可以用选择对象来填充，如图 4-39 和图 4-40 所示。

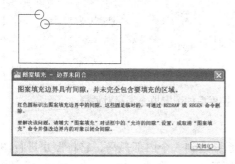

图 4-39　拾取点不能填充不闭合的图形

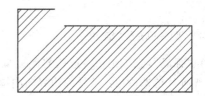

图 4-40　"选择对象"方式边界不封闭的填充结果

"删除边界"按钮 用于从边界定义中删除以前添加的任何对象，如图 4-41 所示。图 4-41a 为已填充的图形，双击填充图案，如图 4-41b 所示，返回"图案填充编辑"对话框，单击"删除边界"按钮 ，选中左边的小圆，如图 4-41b 所示，按〈Enter〉键结束命令，单击"确定"按钮，退出"图案填充编辑"对话框，则图 4-41a 已经变成图 4-41d 所示的图形。

"重新创建边界"按钮 用于围绕选定的图形边界或填充对象创建多段线或面域，并使其与图案填充对象相关联（可选）。如果未定义图案填充，则此选项不可用。

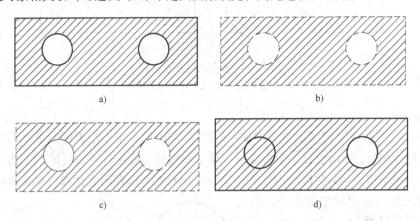

a)　　　　　　　　　　　　　　　　　　b)

c)　　　　　　　　　　　　　　　　　　d)

图 4-41　图案填充"删除边界"

拾取内部点时，可以随时在绘图区域右击以显示包含多个选项的快捷菜单，如图 4-42 所示，该快捷菜单定义了部分对封闭区域操作的命令。下面详细介绍一下与孤岛检测相关的 3 个命令。用户也可以在"图案填充和渐变色"对话框中单击按钮 ，将对话框扩展开并进行孤岛检测设置，如图 4-43 所示。

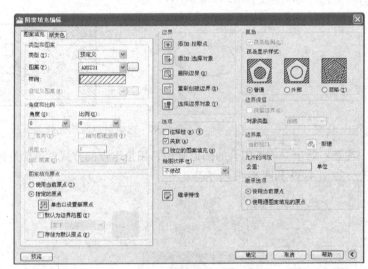

图 4-42　图案填充快捷菜单　　　　　图 4-43　扩展后的图案填充编辑对话框

1）"孤岛"选项组中各选项的含义如下：

"普通"单选按钮：从外部边界向内填充。如果系统遇到一个内部孤岛，它将停止进行图案填充，直到遇到另一个孤岛，其填充效果如图 4-44a 所示。

"外部"单选按钮：从外部边界向内填充。如果系统遇到内部孤岛，它将停止进行图案填充。此选项只对结构的最外层进行图案填充，而图案内部保留空白，其填充效果如图 4-44b 所示。

"忽略"单选按钮：忽略所有内部对象，填充图案时将通过这些对象，其填充效果如图 4-44c 所示。

2）"边界保留"选项组：在"边界保留"选项组中，指是否将边界保留为对象，并确定应用于这些对象的对象类型。

3）"边界集"选项组：在"边界集"选项组中，是定义当从指定点定义边界时要分析的对象集。当使用"选择对象"定义边界时，选定的边界集无效。新建 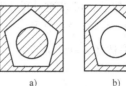 按钮是提示用户选择用来定义边界集的对象。

图 4-44 三种不同的孤岛检测模式的效果
a）普通型 b）外部型 c）忽略型

4）"允许的间隙"选项组：在"允许的间隙"选项组中，设置将对象用做图案填充边界时可以忽略的最大间隙。默认值为 0，此值指定对象必须是封闭区域而没有间隙。公差是按图形单位输入一个值（0～700），以设置将对象用做图案填充边界时可以忽略的最大间隙。任何小于等于指定值的间隙都将被忽略，并将边界视为封闭。

5）"继承选项"选项组：使用该选项创建图案填充时，这些设置将控制图案填充原点的位置。"使用当前原点"单选按钮是指使用当前的图案填充原点的设置。"使用源图案填充的原点"单选按钮是指使用源图案填充的图案填充原点。

4. 选项

在图 4-33 的"选项"选项组中，"关联"复选框用于创建关联图案填充。关联图案是指图案与边界相链接，当用户修改边界时，填充图案将自动更新，图 4-45 所示为拖动五边形的一个顶点时，关联与不关联的区别。

"创建独立的图案填充"复选框用于控制当指定了几个独立的闭合边界时，是创建单个图案填充对象，还是创建多个图案填充对象。

"绘图顺序"选项用于指定图案填充的绘图顺序，图案填充可以放在所有其他对象之后、所有其他对象之前、图案填充边界之后或图案填充边界之前。

"继承特性"按钮 用指定图案的填充特性填充到指定的边界。单击"继承特性"按钮 ，并选择某个已绘制的图案，系统即可将该图案的特性填充到当前填充区域中。

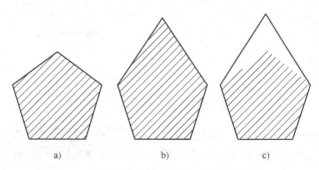

图 4-45 不关联图案填充与关联图案填充的区别
a）原始图 b）关联 c）不关联

5. 图案填充原点

"图案填充原点"选项组的功能是 AutoCAD 2010 中文版的新增功能，如图 4-46 所示。在默认情况下，填充图案始终相互对齐，但是有时可能需要移动图案填充的起点（称为原点）。例如，如果用砖形图案填充建筑立面图，可能希望在填充区域的左下角以完整的砖块开始，如图 4-47 所示。在这种情况下，需要在"图案填充原点"选项组中重新设置图案填充原点。选择"指定的原点"单选按钮后，可以通过单击按钮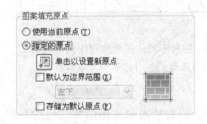，用光标拾取新原点，或者选择"默认为边界范围"复选框，并在下拉菜单中选择所需点作为填充原点。另外还可以选择"存储为默认原点"复选框，保存当前选择为默认原点。

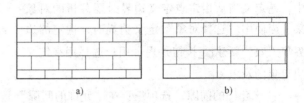

图 4-46 "图案填充原点"选项组   图 4-47 改变图案填充原点效果

a）默认图案填充原点 b）新的图案填充原点

6. 渐变色填充

AutoCAD 2010 不仅提供了各种图案填充，还提供了渐变色填充。在"图案填充和渐变色"对话框中，就提供了"渐变色"选项卡，填充图案为渐变色。也可以直接单击标准工具栏上"渐变色填充"按钮□来打开"渐变色"选项卡，界面如图 4-48 所示。

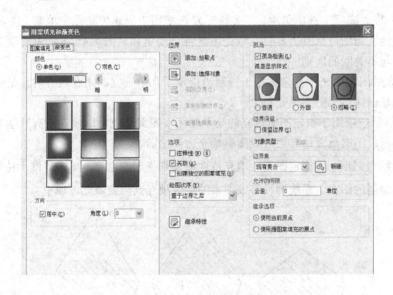

图 4-48 "渐变色"选项卡

在"渐变色"选项卡中，用户可以选从较深的着色到较浅色调平滑过渡的单色填充，也可选择两种颜色混合，默认的颜色为蓝色，但是用户可以选择颜色按钮 . . . ，系统弹出如图 4-49 所示的"选择颜色"对话框，从中可以选择系统所提供的"索引颜色"、"真彩色"或"配色系统"颜色。

"居中"复选框：用于指定对称的渐变配置。如果选定该选项，渐变填充将朝左上方变化，创建光源在对象左边的图案。

"角度"文本框：用于指定渐变色的角度。此选项与指定给图案填充的角度互不影响。

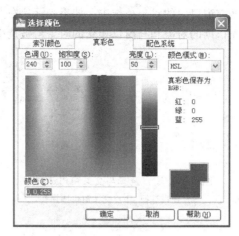

图 4-49 "选择颜色"对话框

4.2 实体选择方法

AutoCAD 2010 提供了两种编辑图形的顺序：先输入命令，后选择要编辑的对象；或者先选择对象，然后进行编辑。

打开"选项"对话框，在"选择"选项组中的"选择模式"选项区域中可以设置对象选择模式。

注意：建议初学者无特殊需要，可以不作更改，沿用系统默认值。

AutoCAD 2010 为用户提供了多种选择对象的方式，对于不同图形、不同位置的对象，可使用不同的选择方式，这样可提高绘图的工作效率。当选择了对象之后，AutoCAD 2010 用虚线显示被选中的对象以示醒目。每次选定对象后，"选择对象："提示会重复出现，直至按〈Enter〉键或右击才能结束选择。

1. 单击点选方式

单击点选方式是一种默认的选择方式，如果先启用了某个编辑命令，当提示"选择对象"时，在图形区内的光标形状变为一个小方框，称为拾取框。当拾取框压住所选择的对象后，单击鼠标，当该对象变为虚线时表示被选中，如果还要选择其他图形，可以继续单击其他对象，如图4-50 所示。

在绘图对象十分密集的图形中，由于对象之间距离太近，或者对象之间有重叠，这样就使得选择所需要的对象变得十分困难。在单独拾取对象时，AutoCAD 2010 提供循环选择对象的功能。选择时轮换拾取框中的对象，一直到所需选择的对象亮显。具体操作步骤为：将拾取框移动到所需要选择对象的上方，然后在按住〈Ctrl〉键的同时单击，这样就可以进行循环选择了。

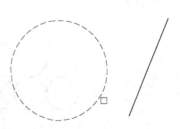

图 4-50 拾取框选择对象

2. 窗口选择方式

用户可以以窗口的方式来选择图形对象，当系统提示"选择对象"，或者是在执行编辑命令之前，用光标指定窗口的一点，然后移动光标，再单击另一点确定一个矩形窗口。这个矩形窗口可以选中图形对象。但是需要注意的是：如果在白色的背景下，光标从左向右移动来确定矩形，则窗口区域呈淡蓝色，完全处在窗口内的对象被选中；如果光标从右向左移动来确定矩形，则窗口区域呈淡绿色，完全处在窗口内的对象和与窗口相交的对象均被选中，如图4-51所示。

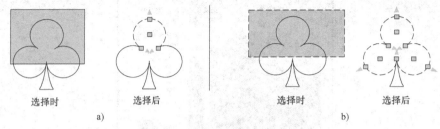

a)   b)

图 4-51　窗口选择与交叉窗口选择

a) 窗口选择　b) 交叉窗口选择

3. 其他选择方式

AutoCAD 2010 提供了多种选择方式，除了上面介绍的单击点选方式、窗口选择与交叉窗口选择外，还有一系列的选择方式。这些选择方式在命令行"选择对象："的提示后输入"？"后，命令行会出现如下的提示：

```
需要点或窗口 (W) /上一个 (L) /窗交 (C) /框 (BOX) /全部 (ALL) /栏选 (F) /圈围 (WP) /圈交 (CP) /编组 (G) /添加 (A) /删除 (R) /多个 (M) /前一个 (P) /放弃 (U) /自动 (AU) /单个 (SI) /子对象 (SU) /对象 (O)
```

下面介绍常用的几个选项：

1）全部（ALL）。当用户执行编辑命令时，系统提示"选择对象"，此时输入"All"后按〈Enter〉键，即选中绘图区中的所有对象。

2）前一个（P）。当提示"选择对象"时，输入"P"（Previous）后按〈Enter〉键，在当前操作之前的操作中所设定好的对象将被选中。

3）栏选（F）。当系统提示"选择对象"时，输入"F"（Fence），选取栏选路径后按〈Enter〉键，以图4-52所示为例，如下

命令：Copy，并按〈Enter〉键。

选择对象：F。

指定第一个栏选点：

指定下一个栏选点或［放弃（U）］：

……

指定下一个栏选点或［放弃（U）］：（按〈Enter〉键）。

找到5个

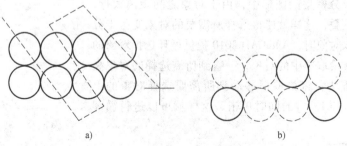

a)   b)

图 4-52　栏选示意图

a) 围栏选择时　b) 围栏选择后

4. 快速选择

使用快速选择功能可以将符合条件的对象添加到当前选择集中，也可以替换掉当前选择集。

例如，颜色、线型、线宽或者是图层相同，如果我们需要对这些具有共同属性的对象进行编辑的时候，使用快速选择功能，就可以快速将指定类型的对象选中。启用"快速选择"命令有以下四种方法：

1) 在"命令："提示符下，键入"Qselect"并按〈Enter〉键。

2) 在"实用程序"面板中单击"快速选择"按钮 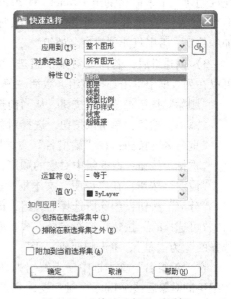 。

3) 打开"工具 (T)"下拉菜单，单击"快速选择 (K)"菜单项。

4) 使用右键快捷菜单，在绘图窗口内单击鼠标右键，并在弹出的快捷菜单中选择"快速选择"选项。

当启用"快速选择"命令后，系统弹出如图 4-53 所示的"快速选择"对话框，通过该对话框可以快速选择所需的图形元素。该对话框中各部分的具体含义如下：

"应用到"：单击该下拉列表框，选择过滤条件应用的范围，可以应用到整个图形。

选择对象按钮单击该按钮，窗口切换到绘图窗口，可以根据当前的过滤条件来选择对象，选择完毕后，按〈Enter〉键返回到"快速选择"对话框中。此时，系统自动将"应用到"下拉列表框中设置为"当前选择"。

"对象类型"下拉列表框：用于设置选择对象的类型。

"特性"列表框：指定对象特性作为过滤的条件。

"运算符"下拉列表框：用于控制过滤器的范围。

"值"下拉列表框：为过滤指定特定值。

"包括在新选择集中"单选按钮：选择符合条件的对象构成一个选择集。

"排除在新选择集之外"单选按钮：选择不符合条件的对象构成一个选择集。

图 4-53　"快速选择"对话框

"附加到当前选择集"复选框：将所选择的对象添加到当前选择集中。

5. 对象编组

AutoCAD 2010 提供了将选择的对象定义为一组对象的功能，称之为对象编组。这个选择集与普通选择集不一样，普通选择集只能保存最近的选择对象集合，而对象编组之后，编组和图形一起保存。即使用图形作为外部参照或将它插入到另一图形中时，编组的定义仍然有效。在命令行输入 Group，将弹出"对象编组"对话框，如图 4-54 所示。

在"对象编组"对话框的"编组名"列表框中列出了图形文件中存在的编组名称和可以选择的信息。

1) "编组标识"选项组中各项含义如下：

"编组名"文本框：显示当前组的名称，可以在此输入编组的名称。

"说明"文本框：可以输入对新编组的描述。为了便于区分编组，建议输入描述编组特征的简要信息。

"查找名称"按钮：列出包含某个选定对象的组名。

"亮显"按钮：高亮度显示图形中当前组所包含的对象。

"包含未命名的"复选框：选择该复选框，将在列表框中显示包括未命名的组在内的所有组，否则只列出命名组。

2）"创建编组"选项组中各项含义如下：

"新建"按钮：为新创建的组选定对象。

"可选择的"复选框：选择该复选框，表示可以通过选择一个对象来选择整个组，否则为不可选择的编组，即单击该组中的一个对象时不能选择整个组。

"未命名的"复选框：选择该复选框，将允许创建一个未命名的组，AutoCAD 2010 将其命名为 $^*An$，这里 n 是一个随新组的增加而增加的数字，否则只能创建命名的组。

图 4-54　"对象编组"对话框

3）创建组后，若需要对某个组进行修改，可以在列表框中单击选择该组，激活"修改编组"选项组中的各个选项，其含义如下：

"删除"按钮：单击该按钮，从当前选择的组中删除对象。

"添加"按钮：单击该按钮，选择对象添加到当前组。

"重命名"按钮：在"编组名"文本框中输入新名称，然后单击该按钮重新命名组。

"重排"按钮：改变组中对象的顺序，并显示"编组重排"对话框。

"说明"按钮：在"说明"文本框中输入新名称，然后单击该按钮改变对组的描述。

"分解"按钮：删除所选择的编组，即取消选择组的定义。

"可选择的"按钮：控制选择方式，即修改前面可选择性。若"编组名"列表框中显示"可选择的"为"是"，单击则变成"否"。

在"编组名"文本框中输入编组的名称后，单击"新建"按钮，进入选择对象状态，选择欲编组的对象后按〈Enter〉键，返回到"对象编组"对话框。

对已经编组的对象，可以使用"对象编组"对话框取消对象编组，取消编组的方法是先在"编组名"列表中选择欲取消编组的组名，单击"分解"按钮，再单击"确定"按钮，返回到图形绘制界面，该对象编组便被取消了。

4.3　对象的捕捉和追踪

为了方便用户进行各种图形的绘制，AutoCAD 2010 提供了多种辅助工具以便能够快速准确地绘图，本节将介绍对象捕捉、极轴追踪和对象捕捉追踪的使用。

4.3.1　对象捕捉

"草图设置"对话框中的"对象捕捉"选项卡如图 4-55 所示。选择"启用对象捕捉"复选框可以启动对象捕捉功能。在绘图过程中，使用对象捕捉功能可以标记对象上某些特定的点，例如端点、中点、垂足等。每一种设置方式左边的图形就是这种捕捉方式的标记，使用时，在所选实体捕捉点上会出现对应的标记。用户可设置其中一项或几项，运行对象捕捉方式后，AutoCAD 2010 会自动显示出目标区，以便让用户确定已经有一种对象捕捉方式在起作用。如果尚未选择一种捕捉方式，目标区一般不会出现。

　　要停止运行对象捕捉方式，可以在"对象捕捉"选项卡中单击"全部清除"按钮，取消所选的对象捕捉方式。

　　若同时设置了几种捕捉方式，在靶区就会同时存在这几种捕捉方式，可按〈Tab〉键选择所需捕捉点。按〈Shift + Tab〉键可作反向选择。

　　还可以在任意一个工具栏上右击，在弹出的快捷菜单里选择"对象捕捉"命令，将弹出浮动的"对象捕捉"工具栏，如图4-56所示。"对象捕捉"工具栏提供的命令只是临时对象捕捉，对象捕捉方式打开后，只对后续一次选择有效。对于常用的对象捕捉方式，则需在图4-55所示的"对象捕捉"选项卡中设置对象捕捉方式。这样，在每次执行命令时，所设定的对象捕捉方式都会被打开。

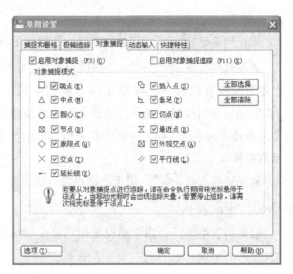

图 4-55　"对象捕捉"选项卡

图 4-56　"对象捕捉"工具栏

　　在"对象捕捉"工具栏中，各个按钮的意义如下：

　　"临时追踪点 ⊶"：用于设置临时追踪点，使系统按照正交或者极轴的方式进行追踪。

　　"捕捉自 ⌐"：选择一点，以所选的点为基准点，再输入需要点对于此点的相对坐标值来确定另一点的捕捉方法。

　　"捕捉到端点 ✎"：用于捕捉线段、矩形、圆弧等线段图形对象的端点，光标显示"□"形状。

　　"捕捉到中点 ✎"：用于捕捉线段、弧线、矩形的边线等图形对象的线段中点，光标显示"△"形状。

　　"捕捉到交点 ✕"：用于捕捉图形对象间相交或延伸相交的点，光标显示"✕"形状。

　　"捕捉到外观交点 ✕"：在二维空间中，与捕捉到交点工具 ✕ 的功能相同，可以捕捉到两个对象的视图交点，该捕捉方式还可以在三维空间中捕捉两个对象的视图交点，光标显示"⊠"形状。

　　"捕捉到延长线 ┄"：使光标从图形的端点处开始移动，沿图形一边以虚线来表示此边的延长线，光标旁边显示对于捕捉点的相对坐标值，光标显示"➖∙∙"形状。

　　"捕捉到圆心 ◎"：用于捕捉圆形、椭圆形等图形的圆心位置，光标显示"⊙"形状。

　　"捕捉到象限点 ◈"：用于捕捉圆形、椭圆形等图形上象限点的位置，如0°、90°、180°、270°位置处的点，光标显示"◇"形状。

　　"捕捉到切点 ⌒"：用于捕捉圆形、圆弧、椭圆图形与其他图形相切的切点位置，光标显示

"○"形状。

"捕捉到垂足 ⊥"：用于绘制垂线，即捕捉图形的垂足，光标显示"⌐"形状。

"捕捉到平行线 ∥"：以一条线段为参照，绘制另一条与之平行的直线。在指定直线起始点后，单击捕捉直线按钮，移动光标到参照线段上，出现平行符号"∥"表示参照线段被选中，移动光标，与参照线平行的方向会出现一条虚线表示轴线，输入线段的长度值即可绘制出与参照线平行的一条直线段。

"捕捉到插入点 🔖"：用于捕捉属性、块、或文字的插入点，光标显示"◻"形状。

"捕捉到节点 ○"：用于捕捉使用点命令创建的点的对象，光标显示"⊗"形状。

"捕捉到最近点 ⋋"：用于捕捉到对象实体上的最近点，光标显示"⊠"形状。

"无捕捉 ⃥⃥"：用于取消当前所选的临时捕捉方式。

"对象捕捉设置 ⌂."：单击此按钮，弹出草图设置对话框，可以启用自动捕捉方式，并对捕捉方式进行设置。

"对象捕捉"快捷菜单。使用临时对象捕捉方式还可以利用右键快捷菜单来完成。

图 4-57　"对象捕捉"快捷菜单

按住〈Ctrl〉或〈Shift〉键，在绘图窗口中单击鼠标右键，将弹出如图 4-57 所示的"对象捕捉"快捷菜单。在该菜单中列出捕捉方式的命令，选择相应的捕捉命令即可完成捕捉操作。

4.3.2　极轴追踪

极轴追踪是按事先的角度增量，通过临时路径进行追踪。该追踪功能通常是在指定一个点时，按预先设置的角度增量显示一条无限延伸的辅助线，这时就可以沿辅助线追踪获得光标点。在创建或修改对象时，可以使用该功能捕捉极轴角度对应的临时对齐路径。

启动极轴追踪的方法有以下 3 种：

1）直接按〈F10〉键。

2）在"草图设置"对话框上的"极轴追踪"选项卡中，选择"启用极轴追踪"复选框。

3）在状态栏中的"极轴"功能 ⌀ 上右击，并在弹出的快捷菜单中选择"设置"选项，即可在打开的对话框中设置极轴追踪对应参数，如图 4-58 所示。

在该对话框的"增量角"下拉列表中选择系统预设的角度，即可设置新的极轴角，如果该下拉列表中的角度不能满足需要，可选中"附加角"复选框，并单击

图 4-58　设置"极轴追踪"对话框

"新建"按钮，然后在下面列表框中输入新的角度。图 4-59 所示的新建附加角为 20°，绘制角度线将显示该附加角的极轴跟踪。

"极轴追踪"选项卡中的"对象捕捉追踪设置"选项组，用来确定按何种方式确定临时路径进行追踪。当选择"仅正交追踪"单选按钮时，则只显示正交即水平和垂直的追踪路径。

当选择"用所有极轴角设置追踪"单选按钮时，可将极轴追踪的设置运用到对象追踪中。

此外，在"极轴角测量"选项组中可以设置极轴对齐角度的测量基准，其中选择"绝对"单选按钮，可基于当前 UCS 坐标系确定极轴追踪角度。选择"相对上一段"单选按钮，可基于最后绘制的线段确定极轴追踪的角度。

图 4-59　设置"极轴追踪"角度

4.3.3　对象追踪捕捉

在图 4-55 所示"对象捕捉"选项卡中，选择"启用对象捕捉追踪"复选框可以启动对象捕捉追踪功能。

启用对象捕捉追踪后，将光标移至一个对象捕捉点，只要在该处短暂停顿，无须单击该点，便可临时获得该点，在该点将显示一个小加号"＋"。获取该点后，当在绘图路径上移动光标时，相对于该点的水平、垂直临时路径就会显示出来。

若在"极轴追踪"选项卡中的"对象捕捉追踪设置"选项组中选择了"用所有极轴角设置追踪"单选按钮，则极轴临时路径也会显示出来。可以在临时路径上选择所需要的点。

如图 4-60 所示，启用了"端点"对象捕捉和"对象追踪"功能，单击直线的起点 2 开始绘制直线，将光标移动到另一条直线的端点 1 处临时获取该点，然后沿着水平对齐临时路径移动光标，定位要绘制的直线的端点 3。

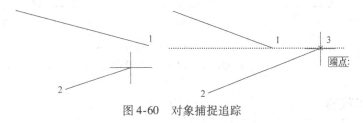

图 4-60　对象捕捉追踪

4.4　编辑二维图形

计算机绘图与手工绘图相比最大的优势在于它的编辑修改功能。绘制一个圆或三角形，计算机绘图不一定能快过手工绘图，但若绘制多个圆或三角形，计算机将体现其绝对优势。在绘制复杂图形的过程中，仅靠绘图工具是远远不行的，还需要借助编辑图形的工具。

AutoCAD 2010 提供的常用编辑功能包括删除、移动、旋转、复制、镜像、修剪、延伸、拉伸、打断、合并、偏移、阵列、缩放、倒角、圆角和分解等。相应的编辑工具栏如图 4-61 所示。掌握了图形的编辑命令，就可以快速完成一些复杂的工程图样。

图 4-61　编辑工具栏

4.4.1　删除

删除命令在 AutoCAD 2010 中是常用的命令之一。在绘图过程中难免出现错误绘制，这时需要删除错误的图形，此外在绘制复杂图形的过程中不仅需要添加辅助图形，有时也需要删除辅助图形。

启动删除命令的方法有以下 3 种：

1）在"命令："提示符下，键入"Erase"或"E"并按〈Enter〉键。

2）在"编辑"工具栏上，单击 按钮。

3）打开"修改（M）"下拉菜单，单击"删除（E）"菜单项。

启动删除命令以后，系统会提示用户"选择对象"，选中对象后，按〈Enter〉键或者空格键结束对象的选择，同时也删除了所选的对象。

【例 4-18】　删除图 4-62 中的圆。

【解】　操作步骤如下：

命令：Erase　　（单击工具栏上的删除按钮，用拾取框单击圆）。

选择对象：找到 1 个。

选择对象：按〈Enter〉键结束命令，删除圆。

在实际绘图过程中，还可以单击选择要删除的对象，在绘图区域中单击鼠标右键，然后单击"删除"命令；或者直接按〈Delete〉键进行删除，以提高绘图速度。

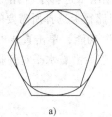 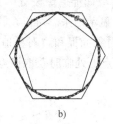 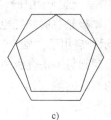

a)　　　　　　　　　　　　b)　　　　　　　　　　　　c)

图 4-62　删除圆的过程

a）原始图　b）删除中　c）删除后

4.4.2　移动和旋转

1. 移动

在 AutoCAD 2010 中移动对象是对对象的重新定位，将图形对象从一个位置移动到另一个指定的位置，整个过程是连续的。在移动对象的过程中，图形对象的大小和方向不会改变。

移动的命令是"Move"，用户可以通过以下 4 种方法启动 Move 命令：

1）打开"修改（M）"下拉菜单，单击"移动（V）"选项。

2）单击工具栏上的"移动"按钮 。

3）在命令行输入命令："Move"或"M"。

4）使用快捷菜单：选择要移动的对象，并在绘图区域中单击鼠标右键，在弹出的快捷菜单中单击"移动"命令。

在 AutoCAD 2010 中要准确地将图形移动到所需位置，结合使用对象捕捉等辅助绘图工具是十分必要的。所谓基点，也就是移动中的参照基准点。一般都是通过捕捉命令拾取基点，然后选择新的位置点。移动中还会出现橡皮筋线，它代表的是移动的方向。另外动态提示还会显示新位置的极坐标，如图 4-63 所示。若不选择第二点，直接按〈Enter〉键，系统将会把基点的坐标值作为移动的位移。

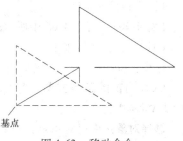

图 4-63　移动命令

启动"移动"命令，选择好移动对象后，系统提示指定基点或"［位移（D）］〈位移〉:"如果输入"D"，则位移是相对图形对象现在的位置；如果是选择基点位移，则图形对象是相对于基点的位移。例如，如果将基点指定为（6，8），然后在下一个提示下按〈Enter〉键，则对象将从当前位置沿 X 方向移动 6 个单位，沿 Y 方向移动 8 个单位。

【例 4-19】　将图 4-64 中的圆从直线 A 的顶端移至直线 B 的顶端。

【解】　操作步骤如下：

1）按基点移动：

命令： Move（启动移动命令，单击圆）。

选择对象： 找到 1 个。

选择对象： 按〈Enter〉键，确定选择。

指定基点或［位移（D）］〈位移〉：指定第二个点或〈使用第一个点作为位移〉：

选择圆心作为基点，在直线 B 的端点单击左键，结束移动命令。

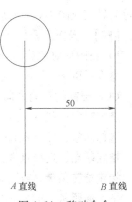

50

A 直线　　　B 直线

图 4-64　移动命令

2）直接位移：

命令： Move（启动移动命令，单击圆）。

选择对象： 找到 1 个。

选择对象： 按〈Enter〉键，确定选择。

指定基点或［位移（D）］〈位移〉： D　　（选择位移）。

指定位移〈100.0000，100.0000，0.0000〉： 40，0

（输入相对坐标，按〈Enter〉结束命令）。

2. 旋转

旋转命令可以改变对象的方向，按指定的基点和角度定位新的方向。执行旋转命令，选择的对象将绕着指定的基点旋转指定的角度。

旋转的命令是"Rotate"。用户可以通过以下 4 种方式启动 Rotate 命令：

1）打开"修改（M）"下拉菜单，单击"旋转（R）"选项。

2）单击工具栏上的"旋转"按钮🔄。

3）在命令行输入命令："Rotate"或"RO"。

4）使用快捷菜单：选择要移动的对象，并在绘图区域中单击鼠标右键，在弹出的快捷菜单中单击"旋转"命令。

启动旋转命令以后，系统会提示"UCS 当前的正角方向：ANGDIR = 逆时针 ANGBASE = 0"，意思是告诉用户，当前正角度方向为逆时针，零角度方向与 X 轴正方向相同，夹角为零。旋转分 3 种形式，下面举例说明。

1）直接输入角度。

【例 4-20】　将图 4-65 中所示的矩形逆时针旋转 45°。

【解】　操作步骤如下：

命令：Rotate　　　　　（启动旋转命令）。

UCS 当前的正角方向：ANGDIR = 逆时针

ANGBASE = 0。

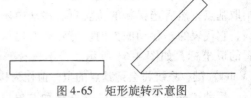

选择对象：指定对角点：找到 1 个（选择旋转对象"矩形"）。

图 4-65　矩形旋转示意图

选择对象：按〈Enter〉键，确定选择。

指定基点：左键单击矩形的左下角。

指定旋转角度，或［复制（C）/参照（R）]〈340〉：45（输入 45，按〈Enter〉键结束命令）。

2）参照旋转。

【例 4-21】　将图 4-66a 中的矩形经过旋转变成 4-66b 图的形式，然后再将 4-66b 图中的矩形经过旋转变成图 4-66c 的形式。

【解】　操作步骤如下：

1）将图形对象旋转到给定的位置，角度未知。

命令：Rotate　　　　　（启动旋转命令）。

UCS 当前的正角方向：ANGDIR = 逆时针　　ANGBASE = 0。

选择对象：找到 1 个　　（选择矩形）。

选择对象：按〈Enter〉键结束选择。

指定基点：选择点 A。

指定旋转角度，或［复制（C）/参照（R）]：R（未知角度，选择参照）。

指定参照角〈0〉：捕捉矩形的 A 点。

指定第二点：捕捉矩形的 B 点。

指定新角度或［点（P）]〈0〉：捕捉三角形的 C 点。

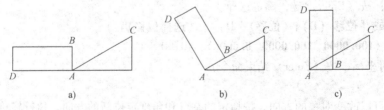

图 4-66　矩形旋转

2）将图形对象旋转到给定的位置，角度已知。

命令：Rotate　　　　　（启动旋转命令）。

UCS 当前的正角方向：ANGDIR = 逆时针　　ANGBASE = 0　　（提示当前的相关设置）。

选择对象：找到 1 个　　（选择矩形）。

选择对象：按〈Enter〉键结束选择。

指定基点：选择点 A。

指定旋转角度，或［复制（C）/参照（R）]：R（未知角度，选择参照）。

指定参照角〈0〉：捕捉矩形的 A 点。

指定第二点：捕捉矩形的 D 点。

指定新角度或［点（P）］〈30〉：90（AD 与 X 轴夹角 90°）。

3）复制旋转：复制旋转是将原始图复制然后旋转到指定的位置，而原始图保持不变，与旋转后的图构成一幅新图。

【例 4-22】　将图 4-67a 经过旋转变成图 4-67b。

【解】　操作步骤如下：

命令：Rotate　　　　　　　　　　　　　　　　　　　（启动旋转命令）。

UCS 当前的正角方向：ANGDIR = 逆时针　ANGBASE = 0　（提示当前的相关设置）。

选择对象：指定对角点：找到 3 个　　　　　　　　　（选择整个图 4-67a）。

选择对象：按〈Enter〉键结束选择。

指定基点：捕捉中点 O。

指定旋转角度，或［复制（C）/参照（R）]〈0〉：C（输入复制命令）。

旋转一组选定对象。

指定旋转角度，或［复制（C）/参照（R）]〈0〉：180（输入旋转角度，按〈Enter〉键结束）。

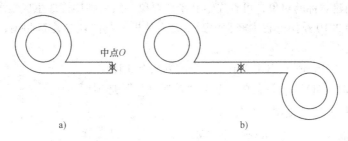

图 4-67　复制旋转示意图

4.4.3　复制和镜像

1. 复制

复制命令用于对图中已有的对象进行复制。使用复制命令可以在保留原有对象的基础上，将选中的对象复制到图中的其他位置，这样可以减少绘制同样图形的工作量。复制的命令是"Copy"，用户可以通过以下 4 种方式启动 Copy 命令：

1）打开"修改（M）"下拉菜单，单击"复制（Y）"选项。

2）单击工具栏上的"复制"按钮。

3）在命令行输入命令："Copy"或"CO/CP"。

4）使用快捷菜单：选择要移动的对象，并在绘图区域中单击鼠标右键，在弹出的快捷菜单中单击"复制"命令。

复制分为单个复制与多重复制，系统默认的为多重复制。

【例 4-23】　使用复制命令。

【解】　操作步骤如下：

命令：Copy（单击按钮执行复制对象命令）。

选择对象：找到 1 个（选择小圆对象）。

选择对象：按〈Enter〉键结束对象选择。

当前设置：复制模式＝多个（系统提示信息，当前复制模式为多个）。

指定基点或［位移（**D**）/模式（**O**）］〈位移〉：拾取小圆的圆心为基点。

指定第二个点或〈使用第一个点作为位移〉：拾取矩形左上角点为位移点，如图 4-68 所示。

指定第二个点或［退出（**E**）/放弃（**U**）］〈退出〉：拾取矩形右上角点为位移点。

指定第二个点或［退出（**E**）/放弃（**U**）］〈退出〉：拾取矩形左下角点为位移点。

指定第二个点或［退出（**E**）/放弃（**U**）］〈退出〉：拾取矩形右下角点为位移点。

指定第二个点或［退出（**E**）/放弃（**U**）］〈退出〉：按〈Enter〉键，完成复制。

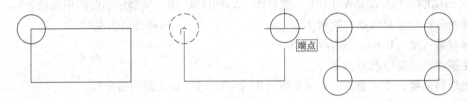

图 4-68　复制图例

2. 镜像

镜像适用于创建对称的对象，可首先绘制半个对象，然后利用镜像生成整个对象。因此，镜像命令在 AutoCAD 2010 绘图过程中经常用到，无论是机械制图还是建筑制图，使用镜像命令可以大大提高绘图效率。

镜像的命令是"Mirror"，启用 Mirror 命令的方法有 3 种：

1）打开"修改（M）"下拉菜单，单击"镜像（I）"选项。

2）单击工具栏上的"复制"按钮 ⚟。

3）在命令行输入命令："Mirror"或"MI"。

启用"镜像"命令后，命令行提示如下：

命令：Mirror。

选择对象：按〈Enter〉键结束对象选择。

选择对象：指定镜像线的第一点：

指定镜像线的第二点：

是否删除源对象？［是（**Y**）/否（**N**）］〈**N**〉：按〈Enter〉键结束绘图。

其中：

"选择对象"：选择要镜像的图形对象。

"指定镜像线的第一点"：两点确定镜像轴线，单击第一点。

"指定镜像线的第二点"：两点确定镜像轴线，单击第二点。

"是否删除源对象？［是（**Y**）/否（**N**）］〈**N**〉"：Y 删除原对象，N 不删除原对象。

【例 4-24】　使用复制命令。将图 4-69a 所示图通过镜像命令，制作成图 4-69c 所示图形。

【解】　操作步骤如下：

命令：Mirror（启用镜像命令）。

选择对象：指定对角点：找到 4 个（利用窗口选择图 4-69a 所示对象，按〈Enter〉键结束）。

选择对象：指定镜像线的第一点：单击 B 点。

指定镜像线的第二点：单击 C 点。

要删除源对象吗？［是（**Y**）/否（**N**）］〈**N**〉：按〈Enter〉键。

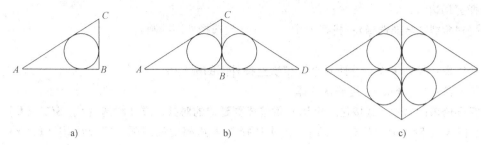

图 4-69　用"Line"命令绘制六边形

a）镜像前的图形　b）第 1 次镜像后的图形　c）第 2 次镜像后的图形

命令：Mirror（选择镜像工具）。

选择对象：指定对角点：找到 14 个（利用窗口选择镜像前后图形对象，按〈Enter〉键结束）。

选择对象：指定镜像线的第一点：单击 A 点。

指定镜像线的第二点：单击 D 点。

要删除源对象吗？[是（Y）/否（N）]〈N〉：按〈Enter〉键完成。

4.4.4　修剪和延伸

1. 修剪

AutoCAD 2010 中的修剪命令是使对象精确地终止于选定的由其他对象组成的边界。

修剪的命令是"Trim"，用户可以用以下 3 种方式启动 Trim 命令。

1）打开"修改（M）"下拉菜单，单击"修剪（T）"选项。

2）单击工具栏上的"修剪"修剪 ━/━ 。

3）在命令行输入命令："Trim"或"TR"。

启用"Trim"命令后，命令行提示如下：

命令：Trim。

当前设置：投影 = UCS，边 = 无。

选择剪切边…

选择对象或〈全部选择〉：

选择对象：选择要修剪的对象，或按住〈**Shift**〉键选择要延伸的对象，或 [栏选（**F**）/窗交（**C**）/投影（**P**）/边（**E**）/删除（**R**）/放弃（**U**）]：

其中：

"投影（P）：可以指定执行修剪的空间，主要应用于三维空间的对象修剪。

"边（E）"若选择该选项时，系统会提示："输入隐含边延伸模式 [延伸（E）/不延伸（N）]〈不延伸〉："，若选择"延伸（E）"，在剪切边太短而且没有与被修剪对象相交时，可以延伸修剪边，进行修剪；若选择"不延伸（N）"，则只有剪切边真正与被修剪对象相交时，才可以进行修剪操作。

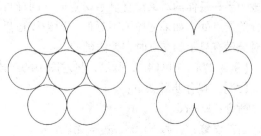

【例 4-25】　如图 4-70 所示，将左图修剪成右图。

【解】　操作步骤如下：

命令：Trim　　　　　（启动修剪命令）。

当前设置：投影 = UCS，边 = 无。

图 4-70　修剪图形对象

选择剪切边 …

选择对象或〈全部选择〉：找到 1 个　　　（依次选择外围的圆）。

…

选择对象：找到 1 个，总计 6 个（依次选择外围的圆）

选择对象：按〈Enter〉键确认选择。

选择要修剪的对象，或按住〈Shift〉键选择要延伸的对象，或〔栏选（F）/窗交（C）/投影（P）/边（E）/删除（R）/放弃（U）〕：依次选择与内圆相切的圆弧，完成后按〈Enter〉结束命令。

2. 延伸

延伸的命令是"Extend"，用户可以用以下 3 种方式启动 Extend 命令：

1）在"命令："提示符下，键入"Extend"或"EX"并按〈Enter〉键。

2）在"修改"工具栏上，单击按钮 ⊸⁄ 。

3）打开"修改（M）"下拉菜单，单击"延伸"菜单项。

要延伸对象，请首先选择边界，即让对象延伸到什么位置，按〈Enter〉键确认，然后选择要延伸的对象即可。如果要将所有对象用作边界，请在首次出现"选择对象"提示时按〈Enter〉键。

【例 4-26】　将图 4-71a 中的线段 1 延长至线段 2 处。

【解】　操作步骤如下：

命令：Extend　　　　　　　　　　　　　　　　（启动延伸命令）。

当前设置：投影 = UCS，边 = 无。

选择边界的边 …

选择对象或〈全部选择〉：找到 1 个　　　（选择线段 2 作为边界）。

选择对象：按〈Enter〉键确定选择。

选择要延伸的对象，或按住〈Shift〉键选择要修剪的对象，或〔栏选（F）/窗交（C）/投影（P）/边（E）/放弃（U）〕：选择延伸目标线段 1。

选择要延伸的对象，或按住〈Shift〉键选择要修剪的对象，或〔栏选（F）/窗交（C）/投影（P）/边（E）/放弃（U）〕：按〈Enter〉键结束命令。

在延伸命令的执行过程中，可能会出现延伸的对象即使延伸后也与边界无交点的情况，此时直接延伸对象不能操作成功，可以选择按"边（E）"的模式延伸。输入"E"后按〈Enter〉键选择该项后，提示输入隐含边延伸模式〔延伸（E）/不延伸（N）〕〈不延伸〉：在输入模式后，指定隐含边可否延伸。如果选择了延伸，则当该边界和延伸的对象没有显示交点时，同样可延伸到隐含的交点处。如果选择了不延伸，则当该边界和延伸的对象没有显示的交点时，无法延伸。

图 4-71　延伸图形展示

【例 4-27】　如图 4-72 所示，将左图中的线段 a 延长至线段 b 处，完成后如右图所示。

【解】　操作步骤如下：

命令：Extend　　　　　　　　　　　　　　　　（启动延伸命令）。

当前设置：投影 = UCS，边 = 无。

选择边界的边 …

选择对象或〈全部选择〉：找到 1 个（选择线段 2 作为边界）。

选择对象：按〈Enter〉键确定选择。

选择要延伸的对象，或按住〈Shift〉键选择要修剪的对象，或按 [栏选 (F)/窗交 (C)/投影 (P)/边 (E)/放弃 (U)]：E（按边的模式延伸）。

输入隐含边延伸模式 [延伸 (E)/不延伸 (N)]〈不延伸〉：E（选择延伸）。

选择要延伸的对象，或按住〈Shift〉键选择要延伸的对象，[栏选 (F)/窗交 (C)/投影 (P)/边 (E)/放弃 (U)]：选择延伸对象线段 a。

选择要延伸的对象，或按住〈Shift〉键选择要延伸的对象，或 [栏选 (F)/窗交 (C)/投影 (P)/边 (E)/放弃 (U)]：按〈Enter〉键结束命令。

4.4.5　拉伸

拉伸命令可以在一个方向上按指定的尺寸将对象进行拉伸或缩短，可进行拉伸的对象有圆弧、椭圆弧、直线、多段线、二维实体、射线和样条曲线等。拉伸命令是通过改变端点位置来拉伸或缩短图形对象的，拉伸过程中将拉伸交叉窗口部分包围的对象。完

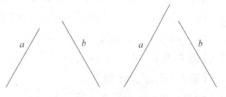

图 4-72　"边 (E)"的模式延伸

全包含在交叉窗口中的对象或单独选定的对象将会被移动而不被拉伸，其他图形对象间的几何关系将保持不变。

拉伸的命令是"Stretch"，用户启用 Stretch 命令有 3 种方法：

1）在"命令："提示符下，键入"Stretch"或"S"并按〈Enter〉键。

2）在"修改"工具栏上，单击按钮 。

3）打开"修改 (M)"下拉菜单，单击"拉伸"菜单项。

【例 4-28】　如图 4-73 所示，将左图中的右半部分拉伸，完成后如右图式样。

【解】　操作步骤如下：

命令：Stretch（启动拉伸命令）。

以交叉窗口或交叉多边形选择要拉伸的对象 …

选择对象：指定对角点：找到 3 个（选择拉伸对象）。

选择对象：按〈Enter〉键确定选择。

指定基点或 [位移 (D)]〈位移〉：在框选区域任选一点作为基点。

指定第二个点或〈使用第一个点作为位移〉：拉伸到指定位置。

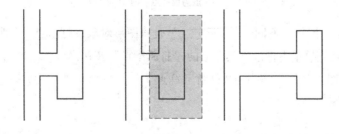

图 4-73　拉伸示意图

4.4.6　打断和合并

1. 打断

打断命令是在绘图过程中将图形对象从某处一分为二或者是删去一段，从而实现绘图目标。AutoCAD 2010 中提供了两种打断命令。分别是"打断"和"打断于点"，可以进行打断操作的对象包括直线、圆、圆弧、多段线、椭圆、样条曲线等。

"打断"是在指定的两个点将图形对象打断，并将两点之间的图形删除。单击标准工具栏上的"打断"按钮，或在"命令："提示符下，键入"break"并回车可启动打断命令。启用"打断"命令后，命令行提示如下：

命令：Break

选择对象：指定第二个打断点 或〔第一点（F）〕：

这里 AutoCAD 2010 默认选择对象时单击的点是第一打断点，如果用户希望重新选择第一个点，可以输入 F，重新定义第一个打断点。

【例 4-29】　将图 4-74 中的直线沿 *ab* 两点打断。

【解】　操作步骤如下：

命令：Break（启动打断命令）。

选择对象：单击直线上任意一点。

指定第二个打断点或〔第一点（F）〕：F（重新选择第一点）。

指定第一个打断点：单击 *a* **点。**

指定第二个打断点：单击 *b* **点。**

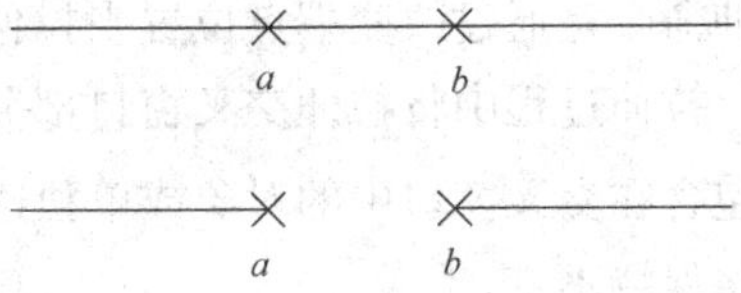

图 4-74　两点打断

注意：在执行打断命令的过程中需要注意捕捉打断点的先后顺序问题。如果是打断一个圆，要注意顺序所构成的方向，选择顺序不同，打断的结果也不同，如图 4-75 所示。

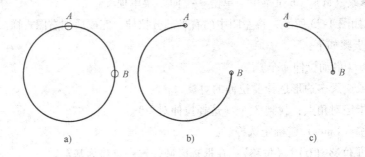

图 4-75　用"Break"命令打断图形
a）原始图　b）*B* 点为第一点　c）*A* 点为第一点

"打断于点"与"打断"不同，"打断于点"是将图形对象从打断点一分为二，启用"打断于点"命令的方法是直接单击标准工具栏上的"打断于点"按钮。

【例 4-30】　将图 4-76 所示圆弧 *AB* 打断于 *O* 点。

【解】　操作步骤如下：

命令：Break。

选择对象：（选择"打断于点"命令，单击圆弧）

指定第二个打断点 或 [第一点 (F)]: F

指定第一个打断点: 在圆弧上单击 O 点。

指定第二个打断点: @ （按〈Enter〉键结束命令）。

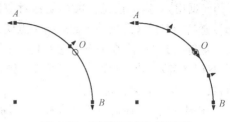

图 4-76　"打断于点"演示图

2. 合并

合并命令是将相似的对象合并成一个完整的对象。合并的对象可以是直线、多段线、圆弧、椭圆弧和样条曲线等。

合并的命令是 Join，启用 Join 命令有 3 种方法：

1）在"命令:"提示符下，键入"Join"或"J"并按〈Enter〉键。

2）在"修改"工具栏上，单击按钮 ➼ 。

3）打开"修改（D）"下拉菜单，单击"合并"菜单项。

【例 4-31】　将图 4-77 所示直线 A 与直线 B 合并成一条直线。

【解】　操作步骤如下：

命令: Join

直线A　　　　　　　　　　　直线B

选择源对象:（启用合并命令，单击直线 A）。

选择要合并到源的直线: 找到 1 个（单击直线 B）。

直线A　　　　　　　　　　　直线B

图 4-77　合并直线

选择要合并到源的直线: 按〈Enter〉键确定选择。

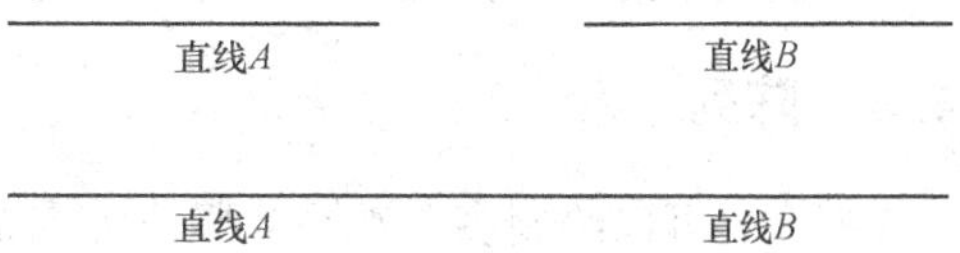

提示："选择源对象"并没有固定哪个是原对象，可以任意选择合并对象的其中一个作为源对象。如果合并的对象是圆弧，或者是椭圆弧，当系统提示"选择圆弧，以合并到源或进行 [闭合 (L)]:"时，如果输入 L，圆、椭圆这样的封闭图形就会自动闭合。

4.4.7　偏移

偏移对象可以是直线、圆弧、圆、椭圆和椭圆弧（形成椭圆形样条曲线）、二维多段线、构造线（参照线）和射线、样条曲线与封闭图形等。

偏移的命令是"Offset"，启用 Offset 命令有 3 种方法：

1）在"命令:"提示符下，键入"Offset"或"O"并按〈Enter〉键。

2）在"修改"工具栏上，单击按钮 ⬓。

3）打开"修改（M）"下拉菜单，单击"偏移"菜单项。

启用"偏移"命令后，命令行提示如下：

命令: Offset

当前设置: 删除源 = 否　图层 = 源　OFFSETGAPTYPE = 0

指定偏移距离或 [通过 (T)/删除 (E)/图层 (L)]〈通过〉:

选择偏移的对象:

其中各参数的意义如下：

"指定偏移距离"：输入偏移距离，该距离可以通过键盘输入，也可以通过点取两点来定，然后选定偏移对象，指定偏移方向。

"通过 (T)"：在命令行输入 T，命令行中提示**选择要偏移的对象，或 [退出 (E)/放弃**

(U)] 〈退出〉：提示信息，选择偏移对象以后，命令行提示**指定通过点或 [退出 (E)/多个 (M)/放弃 (U)] 〈退出〉：**，此时指定点使偏移对象复制过来或者输入 M 选择偏移多次。

"删除 (E)"：在命令行中输入 E，命令行会提示用户**要在偏移后删除源对象吗？[是 (Y)/否 (N)] 〈否〉：**默认为否，如果是 Y，则偏移后原偏移对象将不再存在，如果选择 N，则相当于将偏移对象复制到指定位置。

"图层 (L)"：在命令行中输入 L，则系统会提示用户输入偏移对象的图层选项。

【例 4-32】　将图 4-78 所示的图通过指定距离偏移使其完整。

【解】　操作步骤如下：

命令：Offset（启用偏移命令）。

当前设置：删除源 = 否　图层 = 源　OFFSETGAPTYPE = 0

指定偏移距离或 [通过 (T)/删除 (E)/图层 (L)] 〈0.0000〉：50（输入偏移距离）。

选择要偏移的对象，或 [退出 (E)/放弃 (U)] 〈退出〉：选中偏移对象。

指定要偏移的那一侧上的点，或 [退出 (E)/多个 (M)/放弃 (U)] 〈退出〉：向右侧单击。

选择要偏移的对象，或 [退出 (E)/放弃 (U)] 〈退出〉：按〈Enter〉键结束命令。

4.4.8　阵列

阵列命令可以绘制多个水平或竖直方向的等间距分布对象，或围绕一个中心旋转的图形。

阵列的命令是"Array"，启用 Array 命令有 3 种方法：

1）在"命令:"提示符下，键入"Array"或"Ar"并按〈Enter〉键。

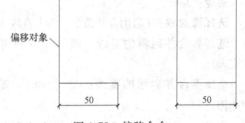

图 4-78　偏移命令

2）在"修改"工具栏上，单击按钮⊞。

3）打开"修改 (M)"下拉菜单，单击"阵列"菜单项。

启用"阵列"命令后，系统将弹出如图 4-79 所示的"阵列"对话框。

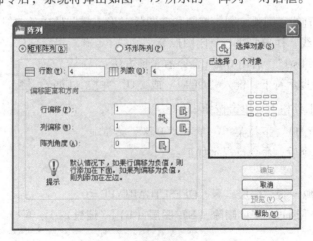

图 4-79　"阵列"对话框

1. 矩形阵列

矩形阵列是系统默认的选项，选择矩形阵列后"阵列"对话框显示如图 4-79 所示。

其中各参数解释如下：

"选择对象"按钮 ：单击该按钮，就可以选择要进行阵列的图形对象，完成后按〈Enter〉键或者单击鼠标右键结束。

"行数"文本框：用于输入阵列对象的行数。

"列数"文本框：用于输入阵列对象的列数。

"行偏移"文本框：用于输入阵列对象的行间距。用户也可以单击其右侧的 按钮，然后在绘图窗口中拾取两个点来确定行间距。

"列偏移"文本框：用于输入阵列对象的列间距。用户也可以单击其右侧的 按钮，然后在绘图窗口中拾取两个点来确定列间距。

"阵列角度"文本框：用于输入阵列对象的旋转角度。用户也可以单击其右侧的 按钮，然后在绘图窗口中指定旋转角度。

在行偏移与列偏移的右侧还有 按钮，用户可以通过单击这个按钮在绘图区域指定一个单位单元，同时确定行偏移与列偏移的距离。

对于矩形阵列来说，主要是控制行和列的数目以及它们之间的距离。因此，必须学会设置行间距与列间距。如图 4-80 所示，要使行与行之间的空隙为 4，就必须将行间距设为 10（加上自身的高度 6）；要使列与列之间的空隙为 5，就必须将列间距设为 15（加上自身的宽度 10）。

阵列的角度可以自行设定，也可捕捉拾取，图 4-81 所示为 30° 的阵列角度。可以发现，阵列中图形对象的个体并没有旋转，但是每一行都以矩形的左下角（阵列对象）为基点，旋转了 30°。

图 4-80　行间距和列间距　　　　　　　　　　　图 4-81　阵列角度 30°

2. 环形阵列

"环形阵列"对话框如图 4-82 所示。

其中，各项意义如下：

"选择对象"按钮 ：单击该按钮，就可以选择要进行阵列的图形对象，完成后按〈Enter〉键或者单击鼠标右键结束选择。

"中心点"X、Y 文本框：用于输入环形阵列中心点的坐标值。用户也可以单击其右侧的 按钮，然后在绘图窗口中拾取阵列中心。

"方法"下拉列表框：用于确定阵列的方法，其中列出了 3 种不同的方法：

"项目总数和填充角度"选项：通过指定阵列的对象数目和阵列中第一个与最后一个对

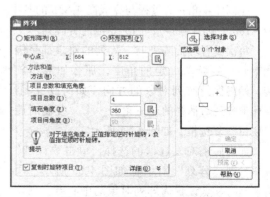

图 4-82　"环形阵列"对话框

象之间的包含角来设置阵列。

"项目总数和项目间的角度"选项：通过指定阵列的对象数目和相邻阵列的对象之间的包含角来设置阵列。

"填充角度和项目间的角度"选项：通过指定阵列中第一个与最后一个对象之间的包含角和相邻阵列的对象之间的包含角来设置阵列。

"项目总数"文本框：用于输入阵列中的对象数目。

"填充角度"文本框：用于输入阵列中第一个与最后一个对象之间的包含角，默认值是360，不能为0。当该值为负值时，沿逆时针方向作环形阵列；当该值为正值时，沿顺时针方向作环形阵列。

"项目间角度"文本框：用于输入相邻阵列对象之间的包含角，该数值只能是正值，默认值是90。

"复制时旋转项目"复选框：若选中该复选框，则阵列对象将相对中心点旋转，否则不旋转。

【例4-33】　将图4-83a变换成图4-83b、c。

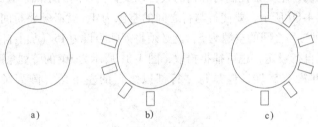

图4-83　环形阵列

【解】　操作步骤如下：

命令： Array（选择阵列工具）。

根据图形进行如下设置：

首先选择环形阵列： 用鼠标单击环形阵列选项。

选择对象： 找到1个（选择圆上面的矩形）。

指定阵列中心点： 鼠标单击圆心O点。

项目总数数值框： 6

填充角度数值框： 180

阵列对话设置完成： 按〈Enter〉键，结果如图4-83b所示。

绘制图4-83c的过程与完成图4-83b的基本一样，只是在"填充角度"文本框中输入的角度为 -180（见图4-84），因为是顺时针阵列。

每次设置环形阵列时，阵列的对象都是围绕中心点旋转了一定的角度，那么如果不旋转，始终保持阵列对象的方向，如何设置呢？在环形阵列对话框的左下角有一个"复制时旋转项目"复选框，如图4-84所示。

如果撤销对复选框的选择，单击"详细"按钮，则"阵列"对话框如图4-85所示。用拾取框将基点设置为阵列对象的中心点，则阵列的对象将始终保持着原始的方向不变，阵列

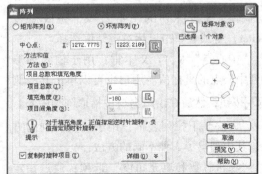

图4-84　复制时旋转项目位置示意

的结果如图 4-86 所示。

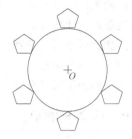

图 4-85　设置阵列时不旋转对象　　　　　　　　图 4-86　阵列时不旋转对象

4.4.9　比例缩放

比例缩放命令可以让图形对象按照要求的大小呈现，缩放前与缩放后的对象大小发生了改变，但是图形组成元素之间的比例（如长与宽）保持不变。这与图像显示中的"缩放"（Zoom）有着本质的区别，"缩放"（Zoom）命令只是改变了图形对象在屏幕上显示的大小，图形本身并没有任何的变化。

比例缩放的命令为"Scale"，启用 Scale 命令有 3 种方法：

1）在"命令:"提示符下，键入"Scale"或"Sc"并按〈Enter〉键。

2）在"修改"工具栏上，单击按钮 。

3）打开"修改（M）"下拉菜单，单击"缩放（L）"菜单项。

启用"Scale"命令后，命令行提示如下：

命令: Scale　　　　　　　　　　　　（启动缩放命令）。

选择对象: 找到 1 个　　　　　　　　（选择要缩放的对象）。

选择对象: 按〈Enter〉键确定选择。

指定基点: 指定缩放的中心。

指定比例因子或［复制（C）/参照（R）］〈1.0000〉: 此时指定比例缩放的比例因子即可完成对象的缩放。

各选项意义如下：

"比例因子"：按指定的比例放大选定对象的尺寸。大于 1 的比例因子使对象放大。介于 0 和 1 之间的比例因子使对象缩小。还可以拖动光标动态设定比例因子，使对象变大或变小，如图 4-87 所示。

"复制"：原图形对象不变，缩放选定对象并建立其副本。

"参照"：按参照长度（缩放选定对象的起始长度）和指定的新长度（选定对象缩放到的最终长度）缩放所选对象。

【例 4-34】　如图 4-88 所示，将左图中的圆以

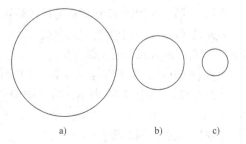

图 4-87　输入比例因子缩放图形

a）比例因子 2　b）原对象　c）比例因子 0.5

象限点 A 为基点，复制缩放 0.5 倍，完成后如右图式样。

【解】 操作步骤如下：

命令： Scale　　　　　　　　　　　　　（启动缩放命令）。

选择对象： 找到 1 个　　　　　　　　　　（选择圆）。

选择对象： 按〈Enter〉键确定选择

指定基点： 捕捉 A 点。

指定比例因子或[复制（C）/参照（R）]〈0.5000〉： C（输入复制命令）。

缩放一组选定对象。

指定比例因子或[复制（C）/参照（R）]〈0.5000〉： 0.5（输入比例因子）。

4.4.10　倒角与圆角

倒角和圆角命令是用选定的方式，通过事先确定了的圆弧或直线段来连接两条直线、圆、圆弧、椭圆弧、多段线、构造线以及样条曲线等。

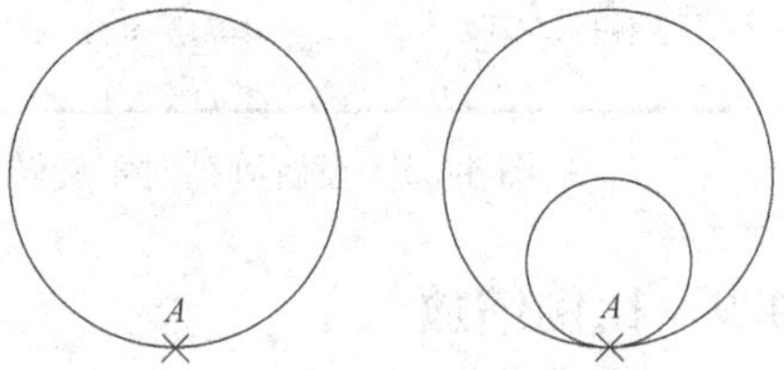

图 4-88　复制缩放图形

1. 倒角

倒角命令在绘图中是常用的命令之一，无论是建筑制图还是机械制图，都需要经常绘制倒角。

倒角的命令为"Chamfer"，启用 Chamfer 命令有 3 种方法：

1）在"命令："提示符下，键入"Chamfer"或"CHA"并按〈Enter〉键。

2）在"修改"工具栏上，单击按钮 。

3）打开"修改（M）"下拉菜单，单击"倒角（C）"菜单项。

启用"Chamfer"命令后，命令行提示如下：

命令： Chamfer　　　　（"修剪"模式）当前倒角距离 1 = 0.0000，距离 2 = 0.0000

选择第一条直线或[放弃（U）/多段线（P）/距离（D）/角度（A）/修剪（T）/方式（E）/多个（M）]： 单击选取第一条直线。

选择第二条直线，或按住〈Shift〉键选择要应用角点的直线：

其中，各选项含义如下：

"放弃（U）"：用于撤销刚刚执行的倒角操作。

"多段线（P）"：用于对多段线的顶点处相交线段倒直角，但是如果有的多段线长度小于倒直角距离，则不对这些线段进行倒直角。

"距离（D）"：用于设置倒直角的尺寸。

"角度（A）"：通过设置第一条线的倒直角距离以及第二条线的角度来进行倒直角。

"修剪（T）"：用于控制倒直角操作是否修剪对象。

"方式（E）"：用于控制倒直角的方式，可指定通过设置倒直角的两个距离或是通过设置一个距离和角度的方式来创建倒直角。

"多个（M）"：用于重复对多个对象进行倒直角操作。

【例 4-35】 如图 4-89 所示，将左图中的矩形倒直角，倒角距离分别是 15 与 10，完成后如右图式样。

【解】 操作步骤如下：

命令： Chamfer（启动倒角命令）。

（"修剪"模式）当前倒角距离 1 = 0.0000，距离 2 = 0.0000

选择第一条直线或〔放弃（U）/多段线（P）/距离（D）/角度（A）/修剪（T）/方式（E）/多个（M）〕：D（设定倒角距离）。

指定第一个倒角距离〈0.0000〉：15（输入第一个倒角距离）。

指定第二个倒角距离〈0.0000〉：10（输入第一个倒角距离）。

选择第一条直线或〔放弃（U）/多段线（P）/距离（D）/角度（A）/修剪（T）/方式（E）/多个（M）〕：单击边 a。

选择第二条直线，或按住〈Shift〉键选择要应用角点的直线：单击边 b。

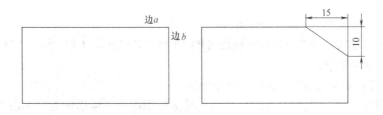

图 4-89　设定距离倒直角

【例 4-36】　如图 4-90 所示，将左图中的图形倒直角，倒角距离分别为 0 与 10，完成后如右图。

【解】　绘制步骤如下：

1）命令：Chamfer（启动倒角命令）。

（"修剪"模式）当前倒角距离 1 = 0.0000，距离 2 = 0.0000。

选择第一条直线或〔放弃（U）/多段线（P）/距离（D）/角度（A）/修剪（T）/方式（E）/多个（M）〕：D（选择输入倒角距离）。

指定第一个倒角距离〈0.0000〉：0（输入第一倒角距离 0）。

指定第二个倒角距离〈0.0000〉：0（输入第二倒角距离 0）。

选择第一条直线或〔放弃（U）/多段线（P）/距离（D）/角度（A）/修剪（T）/方式（E）/多个（M）〕：单击水平直线。

选择第二条直线，或按住〈Shift〉键选择要应用角点的直线：单击竖直直线。

2）命令：Chamfer（启动倒角命令）。

（"修剪"模式）当前倒角距离 1 = 0.0000，距离 2 = 0.0000。

选择第一条直线或〔放弃（U）/多段线（P）/距离（D）/角度（A）/修剪（T）/方式（E）/多个（M）〕：D（选择输入倒角距离）。

指定第一个倒角距离〈0.0000〉：10（输入第一倒角距离 10）。

指定第二个倒角距离〈0.0000〉：10（输入第二倒角距离 10）。

选择第一条直线或〔放弃（U）/多段线（P）/距离（D）/角度（A）/修剪（T）/方式（E）/多个（M）〕：单击水平直线。

选择第二条直线，或按住〈Shift〉键选择要应用角点的直线：单击竖直直线。

图 4-90　不相交的直线倒角

2. 圆角

圆角是将两个图形对象之间以光滑的圆弧连接，绘制成光滑的过渡圆弧线。

圆角的命令为"Fillet"，启用 Fillet 命令有 3 种方法：

1）在"命令："提示符下，键入"Fillet"或"F"并按〈Enter〉键。

2）在"修改"工具栏上，单击按钮 。

3）打开"修改（M）"下拉菜单，单击"倒角（C）"菜单项。

启用圆角命令后，命令行提示如下：

命令： Fillet

当前设置： 模式 = 修剪，半径 = 0.0000。

选择第一个对象或 [放弃（U）/多段线（P）/半径（R）/修剪（T）/多个（M）]：

其中各选项含义如下：

"放弃（U）"：用于撤销刚刚执行的圆角操作。

"多段线（P）"：用于在多段线的每个顶点处进行倒圆角，可以使整个多段线的圆角相同。如果多段线的距离小于圆角的距离，将不被倒圆角。

"半径（R）"：用于设置圆角的半径。

"修剪（T）"：用于控制倒圆角操作是否修剪对象。

"多个（M）"：用于重复为多个对象进行倒圆角操作。

【例 4-37】　如图 4-91 所示，将左图中的直线倒圆角，倒角半径为 10。

【解】　操作步骤如下：

命令： Fillet（启动倒圆角命令）。

当前设置： 模式 = 修剪，半径 = 0.0000。

选择第一个对象或 [放弃（U）/多段线（P）/半径（R）/修剪（T）/多个（M）]： R（选择半径）。

指定圆角半径〈0.0000〉： 10（输入半径）。

选择第一个对象或 [放弃（U）/多段线（P）/半径（R）/修剪（T）/多个（M）]： 选择直线 a。

选择第二个对象，或按住〈Shift〉键选择要应用角点的对象： 选择直线 b。

图 4-91　设置半径倒圆角

修剪与不修剪之间的区别在于是否保留原来的倒角对象，如图 4-92 所示。

4.4.11　分解命令

分解命令可以分解多段线、标注、图案填充或块参照等复合对象，将其转换为单个的元素。例如，分解多段线将其分为简单的线段和圆弧。

分解的命令为"Explode"，启用 Explode 命令有 3 种方法：

1）在"命令："提示符下，键入"Explode"或"X"并按〈Enter〉键。

2）在"修改"工具栏上，单击按钮 。

3）打开"修改（M）"下拉菜单，单击"分解（X）"菜单项。

【例4-38】 将图4-93a中的矩形分解成4条直线。

【解】 操作步骤如下：

命令： Explode（选择分解工具 ）。

选择对象： 找到1个（选择四边形）。

选择对象： 按〈Enter〉键结束命令，此时四边形已经被分解，变成首尾相接的四条直线，如图4-93b所示，可以直接将四条直线拉开，如图4-93c所示。

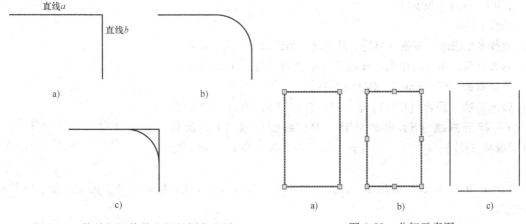

图4-92　修剪与不修剪之间的倒角差异

a）原始图形　b）修剪　c）不修剪

图4-93　分解示意图

4.4.12　编辑多段线

多段线编辑命令可以用来编辑二维多段线、三维多段线和三维多边形网格。这里只介绍对二维多段线的操作。该命令可以闭合一条非闭合的多段线，或打开一条已闭合的多段线；可以改变多段线的宽度，把整条多段线改变为新的统一宽度，也可以改变多段线中某一条线段的宽度或锥度；可以移去两顶点间的曲线，移动多段线的顶点，或增加新的顶点。

多段线编辑命令为"Pedit"，启用Pedit命令有3种方法：

1）在"命令："提示符下，键入"Pedit"或"PE"并按〈Enter〉键。

2）在"修改Ⅱ"工具栏上，单击按钮 。

3）打开"修改（M）"下拉菜单，"对象（O）"展开栏，单击"多段线（P）"菜单项。

（1）编辑一条多段线

命令： Pedit。

选择多段线或［多条（M）］： 单击一条多段线。

输入选项［闭合（C）/合并（J）/宽度（W）/编辑顶点（E）/拟合（F）/样条曲线（S）/非曲线化（D）/线型生成（L）/反转（R）/放弃（U）］：

（2）编辑多条多段线

命令： Pedit。

选择多段线或［多条（M）］： M

选择对象：指定对角点：找到 3 个（按〈Enter〉键结束选择）。

输入选项［闭合（C）/打开（O）/合并（J）/宽度（W）/拟合（F）/样条曲线（S）/非曲线化（D）/线型生成（L）/反转（R）/放弃（U）］：

（3）命令功能

"闭合（C）"：使多段线闭合，自动将多段线的最后一段（直线或者圆弧均可）与起始多段线的起点相连，如图 4-94 所示。

"合并（J）"：将形式上首尾相连的直线、圆弧、多段线连在一起，形成一条多段线。如果编辑的是直线或者是圆弧，系统将提示输入合并多段线的允许距离。

【例 4-39】 将图 4-94a 转化为图 4-94b。

【解】 操作步骤如下：

命令：Pedit。

选择多段线或［多条（M）］：M（输入编辑命令，选择多条）。

选择对象：指定对角点：找到 3 个（光标选择三个多段线）。

选择对象：按〈Enter〉键确定选择。

输入选项［闭合（C）/打开（O）/合并（J）/宽度（W）/拟合（F）/样条曲线（S）/非曲线化（D）/线型生成（L）/反转（R）/放弃（U）］：C　　　（输入 C，然后按〈Enter〉键确定选择）。

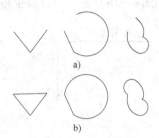

图 4-94　闭合多段线
a）闭合前　b）闭合后

【例 4-40】 如图 4-95 所示，左图是由 4 条直线和两个圆弧构成的小鸟头图案，要求将其转换成多段线。

【解】 操作步骤如下：

命令：Pedit。

选择多段线或［多条（M）］：M（输入编辑命令，选择多条）。

选择对象：指定对角点：找到 6 个（全选左图）。

选择对象：按〈Enter〉键确定选择。

是否将直线、圆弧和样条曲线转换为多段线？［是（Y）/否（N）］?〈Y〉（按〈Enter〉键确定选择，转换成多段线）。

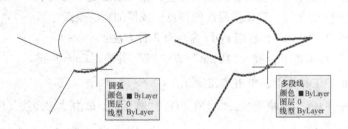

图 4-95　编辑多线"合并"

输入选项［闭合（C）/打开（O）/合并（J）/宽度（W）/拟合（F）/样条曲线（S）/非曲线化（D）/线型生成（L）/反转（R）/放弃（U）］：J　　　（输入 J，选择合并命令）。

合并类型 = 延伸

输入模糊距离或［合并类型（J）］〈0.0000〉：提示输入合并多段线的允许距离多段线已增加 5 条线段。

输入选项［闭合（C）/打开（O）/合并（J）/宽度（W）/拟合（F）/样条曲线（S）/非曲线

化（D）/线型生成（L）/反转（R）/放弃（U）]：按〈Enter〉键结束命令。

"宽度 W"：重新设置所编辑的多段线的宽度，输入新的宽度后，所选的多段线均变成新的宽度。

"编辑顶点 E"：编辑多段线的顶点，只能对单个的多段线进行操作。在编辑多段线顶点的过程中，系统将在屏幕上用叉号标记出多段线的当前编辑点，命令行提示如下信息：

输入顶点编辑选项 [下一个（N）/上一个（P）/打断（B）/插入（I）/移动（M）/重生成（R）/拉直（S）/切向（T）/宽度（W）/退出（X）]〈N〉：

"拟合 F"：采用双圆弧曲线拟合多段线的拐角，如图 4-96 所示。

"样条曲线 S"：指用样条曲线来拟合多段线，如图 4-97 所示。

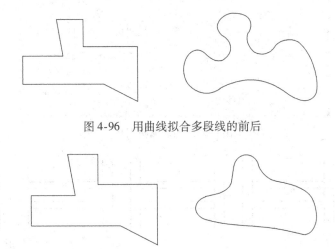

图 4-96　用曲线拟合多段线的前后

图 4-97　用样条曲线拟合多段线的前后效果

4.4.13　编辑多线

普通的 AutoCAD 编辑命令，如修剪命令、延伸命令、圆角命令、倒角命令、偏移命令以及打断命令，都不能应用于多线对象。为了可以对多线进行此类编辑，实现前面提到的命令所能达到的编辑效果，AutoCAD 2010 提供了多线编辑命令 "Mledit"。启用 Mledit 命令有两种方法：

1）在 "命令："提示符下，键入 "Mledit" 并按〈Enter〉键。

2）打开 "修改（M）" 下拉菜单，"对象（O）" 展开栏，单击 "多线（M）" 菜单项。

打开多线编辑工具，如图 4-98 所示。多线编辑工具直观地说明编辑多线的方法。

十字编辑工具和 T 形编辑工具中的具体内容如图 4-99 和图 4-100 所示。如果选择单个剪切，则需要选择多线上的某一个线条的两个点。如图 4-101 所示，原始多线的右边线上有 A、B 两点，以此为例，操作如下：

命令：Mledit（启动单个剪切命令）。

选择多线：单击 A 点位置。

选择第二个点：单击 B 点位置。

选择多线或 [放弃（U）]：按〈Enter〉键结束命令。

添加顶点与删除顶点在多线的修改中也较常见。如图 4-102 所示，原始多线上有 AB 两点，现要求删除 A 点的顶点，在 B 点增加一个顶点。

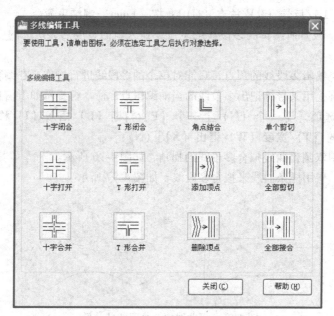

图 4-98　多线编辑工具

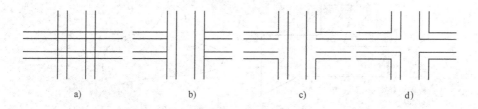

图 4-99　十字编辑工具

a）原始多线　b）十字闭合　c）十字打开　d）十字合并

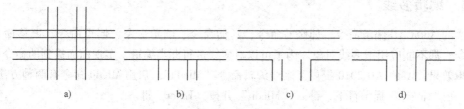

图 4-100　T 形编辑工具

a）原始多线　b）T 形闭合　c）T 形打开　d）T 形合并

打开"修改（M）"下拉菜单，"对象（O）"展开栏，单击"多线（M）"菜单项，选择删除顶点

命令：Mledit（启动命令）。

选择多线：选择 A 点。

选择多线或[放弃（U)]：按〈Enter〉键结束命令。

打开"修改（M）"下拉菜单，"对象（O）"展开栏，单击"多线（M）"菜单项，选择增加顶点。

命令：Mledit（启动命令）。

选择多线：选择 B 点。

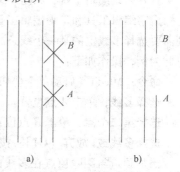

图 4-101　剪切多线

a）原始多线　b）单个剪切

选择多线或[放弃（U）]： 按〈Enter〉键结束命令。

提示：此时，图好像没什么变化，与原始多线一样，但只要选中多线，就会发现有所区别了。修改后的多线多了一个节点，只需要按鼠标左键拖动这个节点即可增加多线的顶点，具体操作如图 4-103 所示。

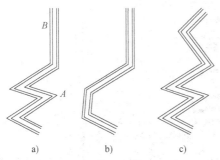

图 4-102　添加顶点与删除顶点
a）原始多线　b）删除顶点　c）增加顶点

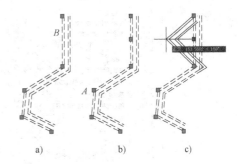

图 4-103　添加顶点的操作过程
a）原始多线　b）删除顶点　c）增加顶点

4.4.14　利用夹点编辑图形

在 AutoCAD 2010 中，当用户选择了某个对象后，对象的控制点上将出现一些小的蓝色正方形框，这些正方形框被称为对象的夹点。当光标经过夹点时，AutoCAD 2010 可自动将光标与夹点精确对齐。单击左键可选中夹点，并可拖动这些夹点对对象进行移动、镜像、旋转、比例缩放、拉伸和复制等操作。一些常见的图形夹点如图 4-104 所示。

1. 控制夹点的显示

AutoCAD 2010 允许用户根据自己的喜好和要求来设置夹点的显示方式。选择"工具"→"选项"命令，弹出"选项"对话框，选择对话框中的"选择集"选项卡，其中包含了与夹点有关的选项，用户可以设置拾取框的大小、夹点大小、夹点的颜色等，如图 4-105 所示。

2. 移动

移动不会改变对象的大小和方向，只是对象位置上的改变，利用夹点编辑可以移动对象。确定基点以后单击鼠标右键，选择移动（M），或者是直接输入"Mo"，即可将图形对象移动到指定位置，如图 4-106 所示。

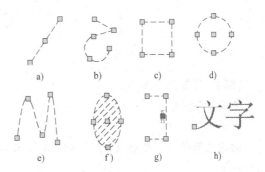

图 4-104　常见对象的夹点
a）直线　b）多段线　c）矩形　d）圆
e）样条曲线　f）图案填充　g）尺寸标注　h）文字

【例 4-41】　如图 4-106 所示，使用夹点编辑的方式将五边形移动到线段的端点 A 上。

【解】　操作过程如下：

＊＊拉伸＊＊　　　　　　　　　　　　　　　　　　（单击五边形，选择基点）

指定拉伸点或[基点（B）/复制（C）/放弃（U）/退出（X）]： Mo（输入 Mo）。

＊＊移动＊＊

指定移动点或[基点（B）/复制（C）/放弃（U）/退出（X）]： 单击 A 点。

对于一些图形来说，如果有夹点正好处于图形的中心点上，则可以直接单击拖动，并可以复制多个。

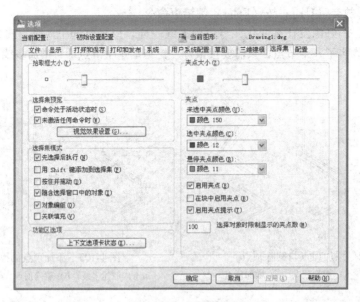

图 4-105　夹点设置

【例 4-42】　如图 4-107 所示，使用夹点编辑的方式将圆 O 复制并移动到线段的端点 ABC 上。

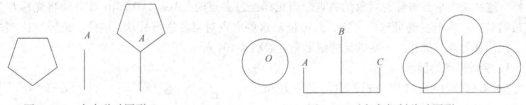

图 4-106　夹点移动图形　　　　　　　　　图 4-107　夹点复制移动图形

【解】　绘制过程如下：

命令：左键单击圆心 O。

＊＊拉伸＊＊

指定拉伸点或［基点（B）/复制（C）/放弃（U）/退出（X）］：C（输入 C 复制，按〈Enter〉键）。

＊＊拉伸（多重）＊＊

指定拉伸点或［基点（B）/复制（C）/放弃（U）/退出（X）］：捕捉单击 A 点。

＊＊拉伸（多重）＊＊

指定拉伸点或［基点（B）/复制（C）/放弃（U）/退出（X）］：捕捉单击 B 点。

＊＊拉伸（多重）＊＊

指定拉伸点或［基点（B）/复制（C）/放弃（U）/退出（X）］：捕捉单击 C 点。

＊＊拉伸（多重）＊＊

指定拉伸点或［基点（B）/复制（C）/放弃（U）/退出（X）］：按〈Enter〉键结束命令。

3. 拉伸

在没有输入任何命令的状态下，选中图形对象，然后单击其中某一个夹点，进入编辑状态。此时 AutoCAD 2010 默认将这个基点作为拉伸的基点，系统提示：

＊＊拉伸＊＊

指定拉伸点或〔基点（B）/复制（C）/放弃（U）/退出（X）〕:

"基点（B）"：重新选定基点。

"复制（C）"：允许一系列的多次拉伸。

"放弃（U）"：取消上一次操作。

"退出（X）"：退出当前操作。

【例 4-43】　如图 4-108 所示，使用夹点编辑的方式将左图编辑成右图。

【解】　操作步骤如下：

命令：单击三角形。

命令：单击三角形右顶点的夹点。

* * 拉伸 * *

指定拉伸点或〔基点（B）/复制（C）/放弃（U）/退出（X）〕: 将夹点拉伸到直线。

图 4-108　夹点拉伸

4. 旋转

利用夹点可将选定的对象进行旋转。在操作过程中用户选中的夹点可以是对象的旋转中心，也可以指定其他点作为旋转中心。

在夹点编辑的状态下，确定基点后，在命令行输入"Ro"，即可进入旋转模式。

【例 4-44】　如图 4-109 所示，使用夹点编辑的方式将左图编辑成右图。

【解】　操作步骤如下：

命令：单击箭头。

命令：选择底边中点为基点。

* * 拉伸 * *

指定拉伸点或〔基点（B）/复制（C）/放弃（U）/退出（X）〕: Ro（选择旋转命令）。

* * 旋转 * *

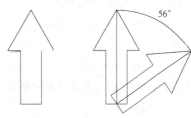

图 4-109　夹点编辑旋转图形

指定旋转角度或〔基点（B）/复制（C）/放弃（U）/参照（R）/退出（X）〕: C（选择复制命令）。

* * 旋转（多重）* *

指定旋转角度或〔基点（B）/复制（C）/放弃（U）/参照（R）/退出（X）〕: −56（输入旋转角度）。

* * 旋转（多重）* *

指定旋转角度或〔基点（B）/复制（C）/放弃（U）/参照（R）/退出（X）〕: 按〈Enter〉键确定。

取消

命令：按〈Esc〉键退出选择。

5. 缩放

在夹点编辑的状态下，确定基点后，在命令行输入"Sc"，进入缩放模式。此时系统提示：

命令：

＊＊拉伸＊＊

指定拉伸点或 ［基点（B）/复制（C）/放弃（U）/退出（X）］：Sc。

＊＊比例缩放＊＊

指定比例因子或 ［基点（B）/复制（C）/放弃（U）/参照（R）/退出（X）］：

当比例因子在大于 0 且小于 1 时，缩小原对象，如果大于 1，则按比例因子放大对象。

6. 镜像

在夹点编辑的状态下，确定基点后，在命令行输入"Mi"进入镜像模式。此时系统提示：

命令：

命令：

＊＊拉伸＊＊

指定拉伸点或 ［基点（B）/复制（C）/放弃（U）/退出（X）］：Mi。

＊＊镜像＊＊

指定第二点或 ［基点（B）/复制（C）/放弃（U）/退出（X）］：

【例 4-45】　如图 4-110 所示，使用夹点编辑的方式将左图编辑成右图。

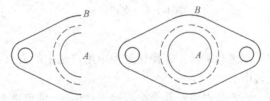

图 4-110　夹点编辑镜像图形

【解】　操作步骤如下：

命令：指定对角点：全选左图。

命令：单击 A 点。

＊＊拉伸＊＊

指定拉伸点或 ［基点（B）/复制（C）/放弃（U）/退出（X）］：MI（选择镜像命令）。

＊＊镜像＊＊

指定第二点或 ［基点（B）/复制（C）/放弃（U）/退出（X）］：C（选择复制命令）。

＊＊镜像（多重）＊＊

指定第二点或 ［基点（B）/复制（C）/放弃（U）/退出（X）］：（单击镜像轴上的 B 点）。

＊＊镜像（多重）＊＊

指定第二点或 ［基点（B）/复制（C）/放弃（U）/退出（X）］：〈Enter〉确定。

＊取消＊

命令：〈Esc〉退出选择。

练习与思考题

4-1　简述在 AutoCAD 2010 中可以创建哪些二维图形。

4-2　简述在 AutoCAD 2010 中圆有哪些绘图方法。

4-3　简述面域的使用方法。

4-4　利用本节相关知识绘制图 4-111 所示图形。

4-5　绘制图 4-112 所示图形并进行图案填充。

4-6　有哪几种对象捕捉的方式？它们有何不同？

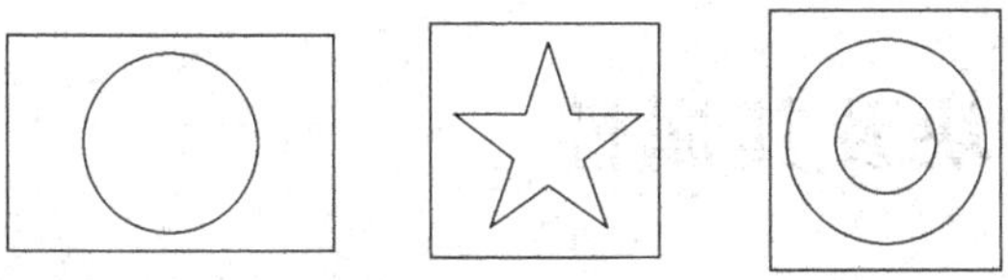

图 4-111　练习题 4-4 图 　　　　　　　　图 4-112　练习题 4-5 图

4-7　绘制一面五星红旗。

4-8　绘制一面展开的七色折扇。

4-9　绘制三路交叉的道路平面图。

4-10　用 Pline 命令绘制简单的钢筋图。

4-11　什么是对象追踪，极轴追踪？

4-12　分别用 3 种不同的方法绘制平行线。

4-13　绘制边长为 15 的等边三角形，内接 6 个相同半径的圆。

4-14　Fill 命令的作用是什么？

4-15　用 Stretch 命令拉伸图形，在选择图形时要注意些什么？

第 5 章　图块及其属性

本章提要
- 定义图块与存盘
- 插入图块
- 图块属性

在工程图中有一些图形具有使用频率高、线条简单、形状固定等特点，如标高符号、水准点符号、钢筋符号、地形图中地物符号等。如果每次都一笔一笔地重复画这些图符，既显得枯燥乏味又缺乏效率。AutoCAD 2010 的图块功能可以将常用的图形符号制作成图块，在应用时将其插入到图形的指定位置，也可以对整个图块进行复制、移动、旋转、比例缩放、镜像、删除和阵列等操作。这样可以大大地节省操作时间，提高作图效率，此外保存图块比保存 .dwg 图形文件要节省磁盘空间。

5.1　定义图块与存盘

5.1.1　图块定义

在 AutoCAD 2010 中图块是由一组基本图形或图块组成的一种特殊的组合实体，图块具有整体性，不允许对图块中的图线进行单独修改和编辑。定义图块就是将一组图线通过块定义命令制作成图块，并保存在计算机中。定义图块的命令是"Block"，用户根据系统的提示，输入组成图块的三个要素图块名、组成图块的实体和插入点。启动 Block 命令的方法有：

1）在"命令:"提示符下，输入"Block"或"B"或"Bmake"，按〈Enter〉键。

2）选择菜单"绘图"→"块"→"创建"。

3）单击绘图工具条上 ⏚ 按钮。

启动 Block 命令后，系统弹出如图 5-1 所示的"块定义"对话框。

对话框中各选项的含义如下：

（1）"名称"　用户给欲定义的块取名，块名命名规则与文件名的相同。

（2）"基点"　当插入图块时，"基点"变为块的坐标系原点，所以，最好选择图形的特征点作为插入点。确定基点的方法：可以直接在"基点"区的 X、Y、Z 文本框中输入插入基点的坐标；也可以单击"拾取点"前的按钮，用光标在图中拾取插入基点。

（3）"对象"　选择组成块的实体，称为块实体。用户可以单击"选择对象"前的按钮，在绘图区选取构成图块的实体；也可以选择"在屏幕上指定"的方式定义图块；或单击快速选择键 定义图块。在定义块的同时，系统提供 3 种处理块实体的方法：

1）"保留"。当定义图块时，原图形仍然保留在绘图区。

2）"转化为块"。当定义图块时，系统将原图形自动转化为图块。

3）"删除"。当定义图块时，系统将原图形从图中删掉。此时，用户可以用"Oops"命令进

图 5-1　"块定义"对话框

行恢复。

（4）"设置"　指定块的设置。

1）"块单位"：确定插入块时的尺寸单位，系统默认值为毫米。

2）"超链接"按钮：建立一个与块定义相关的超级链接。

（5）"方式"

1）"注释性"：可以创建注释性图块，使用注释性图块可以将多个对象合并为可用于注释图形的单个对象。

2）"使块方向与布局匹配"：指定在图样空间视口中的图块方向与布局方向匹配。

3）按统一比例缩放：图块是否按统一的比例缩放。

4）"允许分解"：图块是否分解。

（6）"说明"　预览图块时关于块的文字描述。

在上述选项中一般没有先后顺序，确定各选项后单击"确定"按钮，系统在当前图形中定义了一个块。

5.1.2　图块定义步骤

图块定义的操作步骤如下：

1）先绘制（或打开）要定义块的图形（文件）。

2）在命令行输入"Block"，并按〈Enter〉键，启动"块定义"对话框。

3）在"名称"框中输入块名，如"k1"。

4）单击"选择对象"前的按钮后，在屏幕上选择要定义块的图形实体。

5）单击"拾取点"前的按钮后，在屏幕上指定插入图块的基点。

6）按"确定"按钮，结束定义图块。

需要指出的是用"Block"命令定义的图块，其图块信息只附着在当前图形文件中。如果没有保存当前图形，那么附着在该图形中的所有块也随之消失。要想使块信息永久地保存在磁盘中，就必须使用"Wblock"命令来写块。

5.1.3　图块存盘

图块存盘就是将创建的图块信息永久地保存在计算机中，以便插入图块时使用。图块存盘的命令是"Wblock"，启动 Wblock 命令的方法是在"命令："提示符下，输入"Wblock"或"W"，启动 Wblock 命令后，系统弹出如图 5-2 所示的"写块"对话框。

图 5-2 所示对话框中各选项的含义如下：

（1）"源"选项区　进行块存盘的源（图形、块），系统提供下面 3 种选择：

1）"块"。选择已建立的图块，选择此项后块右边的下拉列表框被激活，系统显示所有已存在的图块，用户选择其一。

2）"整个图形"。选择此项后系统将当前图形所有的实体定义为块。

3）"对象"。当选择此项后，对话框中"基点"选项区和"对象"选项区被激活，用户按照定义块的方法选择插入点和块实体。

图 5-2　"写块"对话框

（2）"目标"选项区　在该区中用户确定要存盘的目标文件的文件名、路径和插入时的尺寸单位。

确定上述块源和目标后，单击"确定"按钮，系统将图块永久保存在用户指定的位置上。

【例 5-1】　用 Wblock 命令将图块存到磁盘上。

【解】　操作步骤如下：

1）先绘制要定义块的图形，用块定义的方法定义一个名为"k1"的块。

2）命令：Wblock，并按〈Enter〉键，系统弹出"写块"对话框。

3）在"源"区选择"块"单选按钮，在右侧下拉列表框中，选择"k1"图块。

4）在文件名和路径区中，取存盘文件名为"k1"，也可以与块名不同，选择存盘路径。

5）单击"确定"按钮，结束图块存盘操作。

用"Wblock"命令保存的文件，称为块文件，其文件格式也是（ * . dwg）。块文件是保存在磁盘中的文件，其信息可以永久保存。

5.2　插入图块

定义图块的目的是使用图块，用户可以用 Insert 命令将已创建的图块插入到指定的位置上。在插入图块时，要确定以下 4 个参数，插入的图块名、插入的位置、插入的比例系数和图形的旋转角度。启动 Insert 命令有以下 3 种方法：

1）在"命令："提示符下，输入"Insert"或"I"或"DDinsert"，并按〈Enter〉键。

2）选择菜单"插入"→"块（B）...."。

3）单击绘图工具条上 🔲 按钮。

启动 Insert 命令后，系统弹出如图 5-3 所示的"插入"对话框。

用户通过图 5-3 所示对话框选择要插入的图块名称、插入点、比例和旋转角度等参数。对话框中各选项的含义及其使用方法如下：

（1）"名称"　图形文件名称或块名。用户可以单击下拉按钮，从当前图形所有的块中选择某一图块，也可以单击"浏览"按钮，用浏览方式从所有文件中选择要插入的图块或图形，若

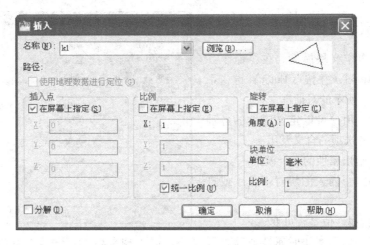

图 5-3 "插入"对话框

选择图形在插入时，系统自动将其转化为图块。

（2）"比例" 给出块在 X、Y、Z 坐标轴方向的比例系数，默认值均为 1。也可以选中"在屏幕上指定"复选框后，在屏幕上指定。比例系数如果小于 0，那么插入块将作镜像变换。

（3）"旋转" 确定插入块的旋转角度，默认值为 0。用户可以直接在"角度"文本框中输入角度值，也可以选中"在屏幕上指定"复选框后，在屏幕上指定。系统规定角度为正时，按逆时针方向旋转；角度为负时，则顺时针方向旋转。

（4）"分解" 选中该复选框后，插入图块时，图块被系统自动分解成普通实体，而不是一个图块。

（5）"插入点" 确定图块插入点位置，用户可以在对话框中直接输入插入点 X、Y、Z 的坐标，也可以选中"在屏幕上指定"复选框后，在屏幕上指定插入点位置。

【例 5-2】 用 Insert 命令在当前图形中插入一个图块。

【解】 操作步骤如下：

1）在"命令:"提示符下，输入"Insert"或"I"并按〈Enter〉键，系统弹出"插入"对话框。

2）在名称区输入图块名"k1"。

3）在缩放比例区确定图块的插入比例，按系统默认值 X = 1、Y = 1、Z = 1 输入。

4）在旋转区输入图块的旋转角度为 0。

5）选中"插入点"区的"在屏幕上指定"复选框后，按"确定"按钮，系统自动切换到图形屏幕，用光标来指定插入点，完成图块插入。

当要求插入多个图块时，可以用系统提供的块阵列插入命令"Minsert"插入图块。在插入过程中，用户除了要输入图块名、插入点、插入比例外，还要输入阵列的行数、列数以及行间距和列间距。

5.3 图块属性

图块属性就好比附在商品上的标签一样，它包含关于图块的各种信息，如图块的格式、标题、类别、属性值等。在绘制工程图中插入具有属性的图块时可以直接给图块添加信息，使图块应用更具灵活性。定义图块属性的命令是"Attdef"或"Ddattdef"或缩写命令"Att"。

5.3.1　定义图块属性

用 Attdef 命令定义块属性。在"命令:"提示符下输入 Attdef，并按〈Enter〉键，系统将弹出如图 5-4 所示的对话框。

在对话框中，用户可以定义属性的各种选项，下面介绍各选项的含义及用法。

（1）模式　给出属性的 6 个模式。

1）"不可见"：插入图块时不显示或打印属性值。

2）"固定"：属性值是否可变。

3）"验证"：插入图块时属性值是否可

图 5-4　"属性定义"对话框

以验证。

4）"预设"：插入包含预设属性值的图块时，将属性值设为默认值。

5）"锁定位置"：锁定图块属性的位置。

6）"多行"：指定属性值可以包含多行文字。选定此项后，可以指定属性的边界宽度。

（2）"属性"　系统给出三个属性数据。

1）"标记"：输入属性标志，可以包含除空格或惊叹号之外的任何字符。

2）"提示"：插入属性块时，出现在命令行的提示信息。

3）"默认"：输入默认属性值。

（3）"插入点"　确定属性文字的插入点，可以输入插入点 X、Y、Z 坐标，也可以选中"在屏幕上指定"复选框后在屏幕上指定。

（4）"文字设置"　确定属性文字的对正方式、文字样式、字高和旋转角度。

1）"对正"：指定文本对齐方式。

2）"文字样式"：选定文字样式。

3）"文字高度"：指定属性文本字高。

4）"旋转"：指定属性文本的文字角度。

5）"边界宽度"：指定属性的边界宽度。

（5）"在上一个属性定义下对齐"　按前属性对齐。对于多个属性时，选中此项后系统会使属性标注自动对齐前属性。

5.3.2　建立带属性的块

属性只有与图块在一起才有意义，单独的属性是毫无意义的。一个图块可以有多个属性，从使用图块方便的角度来说一般图块不要超过 3 个属性。下面将通过一个例子来说明如何给一个图块添加属性值，以及如何插入带属性的图块。

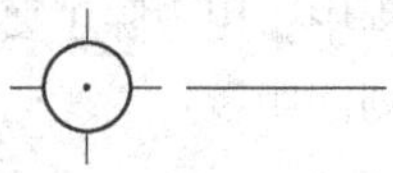

【例 5-3】　建立带两个属性的图块。

【解】　操作步骤如下：

1）绘制如图 5-5 所示的导线点符号图形。

2）命令：DDattdef 弹出如图 5-6 所示"属性定义"对话框；（定义第一个属性）。

3）在对话框中输入各选项如图 5-6 所示。

4）选中"在屏幕上指定"复选框，按"确定"按钮，将返回图 5-5，在横线上面单击左键，

图 5-5　导线点
符号图形

图 5-6 输入第一个属性参数

结束第一个属性的定义。结果如图 5-7 所示，图中加入了一个"导线点编号"属性。

5）命令：DDattdef 再次弹出"属性定义"对话框；（定义第二个属性）。

6）在对话框的"标记"中输入"高程"，"提示"中输入"输入导线点高程"，在"默认"中输入"165"，如图 5-8 所示。

图 5-7 增加"导线点编号"属性

7）选中"在屏幕上指定"复选框，按"确定"按钮，将返回图 5-7，在横线下面单击左键，结束第二个属性的定义。结果如图 5-9 所示，图中加入了第二个"高程"属性。

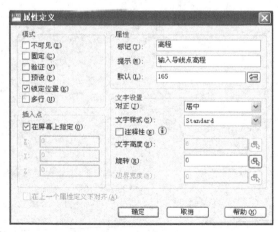

图 5-8 输入第二个属性参数

图 5-9 增加"高程"属性

图 5-10 具有两个属性的导线点图块

8）在"命令:"提示符下输入"Block"并按〈Enter〉键，系统弹出"块定义"对话框。

9）在对话框中"名称"文本框中输入块名"dxd"。

10）单击"拾取点"按钮后，在屏幕上用光标拾取圆中心作为图块的插入点。

11）单击"选择对象"按钮后，选择包括属性在内的全部图形。

12）按"确定"按钮，定义图块结束。

5.3.3　插入带属性的块

【例 5-4】　插入带两个属性的图块 dxd。

【解】　操作步骤如下：

1）命令：Insert，并按〈Enter〉键，系统打开"插入"对话框。

2）在"名称"文本框中选择"dxd"。

3）选中"在屏幕上指定"复选框，用光标在屏幕上拾取插入点，系统出现如下提示：

输入导线点高程：〈165〉：156.95（按〈Enter〉键）。

输入导线点编号〈3〉：7（按〈Enter〉键）。

操作结束后，在图中插入了具有两个属性的导线点符号图块，如图 5-10 所示。在每次插入带属性的图块时，系统均会向用户提示输入属性值。

练习与思考题

5-1　使用图块有哪些优点？

5-2　用"Block"命令定义图块后，图块信息是否被保留在磁盘中？

5-3　用"Wblock"命令保存图块和用"Save"命令保存图形有何不同？

5-4　定义一个带"高程"属性的标高图块。

5-5　图块可以嵌套吗？试定义一个嵌套图块。

5-6　分解图块的命令是什么？

第6章 文字和尺寸标注

本章提要

▨ 文字标注
▧ 尺寸标注

文字和尺寸在土木工程制图中是非常重要的内容，文字可用于图样的各种说明、设计标高、编号、材料规格和数量、技术要求、图框及标题栏等的注释和标注。尺寸用于表示图中构件的大小和相对位置。本章将介绍 AutoCAD 2010 的文字标注和尺寸标注的基本方法和命令，主要包括：定义文字样式、创建文字、编辑文字、尺寸标注基础、创建尺寸标注样式、修改尺寸标注样式、创建尺寸标注、编辑尺寸标注等内容。

6.1 文字标注

通常在一幅工程图中需要使用不同的文字字体、字高来标注不同的内容，为了适应这种要求在标注文字之前先要定义各种文字样式，然后选用不同文字样式进行标注。

6.1.1 定义文字样式

文字样式包括样式名、字体、字高、高宽比、倾斜角度、书写方式等内容。在一幅工程图中如果要求使用多种字体和字高，应该定义多种文字样式。定义文字样式的命令是"Style"，可通过下面 3 种方式之一来启动该命令：

1）在"命令:"提示符下，键入"Style"或"St"并按〈Enter〉键。

2）选择菜单"格式（O）"→"文字样式（S）"。

3）单击"文字"工具栏上 按钮。

启动文字样式命令"Style"后，AutoCAD 2010 将弹出如图 6-1 所示的"文字样式"对话框。

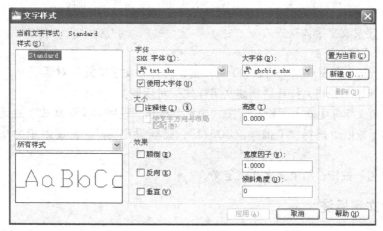

图 6-1 "文字样式"对话框

该对话框中各选项的含义和功能如下：

（1）"样式"　显示已定义的样式名。"Standard"是 AutoCAD 2010 系统的默认样式。

（2）"字体"　选择文字字体。文字字体分为"大字体"和"非大字体"两类。汉字属于非大字体，定义汉字字体时，不要选中"使用大字体"复选框。在字体下拉列表框中选择某一字体，如"仿宋_GB2312"。

（3）"大小"　"高度"选项用来设定文字的字高，默认情况下字高为 0。

（4）"效果"　是指文字的效果，它包括"宽度因子"、"倾斜角度"、"颠倒"和"反向"等参数。

1）"宽度因子"是指文字的宽度与高度的比值。当宽度因子为 1 时，表示按系统定义的高宽比标注文字；当宽度因子小于 1 时，字会变窄；当宽度因子大于 1 时，则变宽。工程图样中的文字宽度因子一般采用 0.7，如图 6-3a 所示。

2）"倾斜角度"是指文字字头的偏移角度。角度为 0 时不倾斜；角度为正值时字头向右倾斜；为负值时字头向左倾斜。图 6-3b 所示倾斜角度为 10°。

3）"颠倒"将文字倒转 180°，字头向下，如图 6-3c 所示。

4）"反向"将文字左右旋转 180°反向文字，如图 6-3d 所示。

（5）"新建"按钮　定义新的文字样式。单击它，AutoCAD 2010 弹出如图 6-2 所示的"新建文字样式"对话框。在样式名文本框中输入新建文字样式的名称后，单击"确定"按钮。

（6）"删除"按钮　删除某一文字样式。从样式名称下拉列表框中选择要删除的文字样式，然后单击该按钮。

（7）"置为当前"按钮　将选中的文字样式设为当前文字样式。

图 6-2　"新建文字样式"对话框

（8）"应用"按钮　确认设置的文字样式。

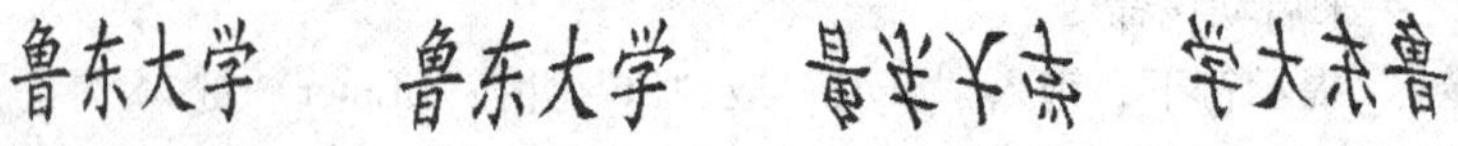

图 6-3　各种文字效果

a）比例为 0.7　b）倾斜角度为 10°　c）颠倒　d）反向

【例 6-1】　定义文字字体样式。

【解】　操作步骤如下：

1）在命令行输入"Style"，并按〈Enter〉键，打开"文字样式"对话框。

2）单击"新建"按钮，打开"新建文字样式"对话框。

3）在样式名文字框中输入"Kt7"，按"确定"按钮，返回"文字样式"对话框。

4）在字体下拉框中选择"T 楷体_GB2312"，高度设定为 7，宽度因子为 0.7，倾斜角度为 0。

5）按"应用"按钮，结束文字样式定义。

6.1.2　创建文字标注

在图中标注文字可以使用单行文字（Single Line Text）命令，也可以使用多行文字（Multiline Text）命令。前者以命令行的形式输入文字，后者以对话框的形式输入文字。

1. 创建单行文字

（1）命令启动　可通过下面3种方式启动标注单行文字命令：

1）在命令行键入"Dtext"或"Text"并按〈Enter〉键。

2）选择菜单"绘图（D）"→"文字（X）"→"单行文字（S）"。

3）单击"文字"工具栏上 **A** 按钮。

（2）操作步骤

在命令行提示符下键入"text"，并按〈Enter〉键。

当前文字样式："Kt7"文字高度：7.0000 注释性：否

指定文字的起点或［对正（J）/样式（S）］： 选取标注位置。

指定文字的旋转角度〈0〉： 输入需要旋转的角度后，按〈Enter〉键，开始输入文字。

（3）选项说明　指定文字的起点时，用鼠标在图上要标注的位置点一下；如果设定的文字高度为0的话，AutoCAD 2010会接着提示：**指定高度 <2.5000>：** 用户输入文字高度。

1）"对正（J）"。设定文字插入点，以确定文字行的排列方式。执行该选项（即键入"J"并按〈Enter〉键），AutoCAD 2010提示：

输入选项［对齐（A）/布满（F）/居中（C）/中间（M）/右（R）/左上（TL）/中上（TC）/右上（TR）/左中（ML）/正中（MC）/右中（MR）/左下（BL）/中下（BC）/右下（BR）］：

①"对齐（A）"。要求确定所标注文字行基线的左端点和右端点，保持文字宽度因子不变。

②"布满（F）"。要求确定文字行基线的左端点和右端点，保持文字高度不变。

③"居中（C）"。要求确定一点，AutoCAD 2010把该点作为所标注文字行基线的中点。

④"中间（M）"。要求确定一点，AutoCAD 2010把该点作为所标注文字行中线的中点。

⑤"右（R）"。要求确定一点，AutoCAD 2010把该点作为文字行基线的右端点。

⑥"左上（TL）"。要求确定一点，AutoCAD 2010把该点作为文字行顶线的左端点。

⑦"中上（TC）"。要求确定一点，AutoCAD 2010把该点作为文字行顶线的中点。

⑧"右上（TR）"。要求确定一点，AutoCAD 2010把该点作为文字行顶线的右端点。

⑨"左中（ML）"。要求确定一点，AutoCAD 2010把该点作为文字行中线的左端点。

⑩"正中（MC）"。要求确定一点，AutoCAD 2010把该点作为文字行中线的中点。

⑪"右中（MR）"。要求确定一点，AutoCAD 2010把该点作为文字行中线的右端点。

⑫"左下（BL）"。要求确定一点，AutoCAD 2010把该点作为文字行底线的左端点。

⑬"中下（BC）"。要求确定一点，AutoCAD 2010把该点作为文字行底线的中点。

⑭"右下（BR）"。要求确定一点，AutoCAD 2010把该点作为文字行底线的右端点。

输入上面任一选项后，AutoCAD 2010均会提示用户确定相应的插入点、文字高度、文字行的旋转角度，然后输入文字。

文字行顶线、中线、基线和底线的含义，以及各插入点的位置如图6-4所示。

2）"样式（S）"。确定当前使用的文字样式。选择该选项，AutoCAD 2010提示：

输入样式名或［?］<Standard>：

在此提示下，用户可以输入当前的文字样式名称，也可输入"?"，显示当前已有的文字样式。

【**例6-2**】在屏幕上写单行文字"春暖花开蜂蝶忙"。

图6-4　文字行对齐方式

【解】 操作步骤如下：

命令：text，并按〈Enter〉键。

指定文字的起点或[对正（J）/样式（S）]：J（选择对正）。

输入选项[对齐（A）/调整（F）/中心（C）/中间（M）/右（R）/左上（TL）/中上（TC）/右上（TR）/左中（ML）/正中（MC）/右中（MR）/左下（BL）/中下（BC）/右下（BR）]：BL（选择对正方式）。

指定文字的左下点：用鼠标在屏幕上拾取一点作为文字行的左下点。

指定高度<2.5000>：7（设定文字高度）。

指定文字的旋转角度<0>：按〈Enter〉键。

输入文字："春暖花开蜂蝶忙"。

输入文字：按〈Enter〉键结束，结果如图6-5所示。

注意：有时屏幕上汉字处出现"？"，这是因为没有相应的字库来支持它。解决方法为：在"命令："提示符下，键入"Style"并按〈Enter〉键，出现图6-1的对话框，选择字体为"宋体"，按"应用"按钮即可。

春暖花开蜂蝶忙

图6-5 单行文字

2. 创建多行文字

在 AutoCAD 2010 中用"Text"命令标注多行文本时，各行之间的位置对齐比较困难，而且各行又是独立的文本，编辑起来不方便。因此系统提供了一个多行文本标注文字的方法，多行文字的所有文本为一个对象。

（1）命令启动　可通过下面3种方式启动标注多行文字命令：

1）在命令行键入"Mtext"并按〈Enter〉键。

2）选择菜单"绘图（D）"→"文字（X）"→"多行文字（S）"。

3）单击"文字"工具栏上 **A** 按钮。

（2）操作步骤

命令："Mtext"并按〈Enter〉键。

指定第一角点：指定文字框的左上角位置。

指定对角点或[高度（H）/对正（J）/行距（L）/旋转（R）/样式（S）/宽度（W）]：给定另一个角点位置。

（3）选项说明

1）指定对角点。用于输入矩形框的对角点坐标。文字默认按左上角对齐方式排列，矩形框内箭头表示文字的扩展方向。指定位置后，AutoCAD 2010 自动弹出文字输入框，如图6-6所示。

图6-6 文字格式工具栏和输入框

2）高度（H）/对正（J）/行距（L）/旋转（R）/样式（S）/宽度（W）的含义与单行文字基本相同。

【例6-3】 应用多行文字命令在屏幕上创建图纸说明。

【解】 操作步骤如下：

1）在命令行键入"Mtext"并按〈Enter〉键。

2）用鼠标左键在屏幕上选取两个对角点，来确定一个矩形框。

3）在文字输入框中输入多行文字，如图 6-7 所示。

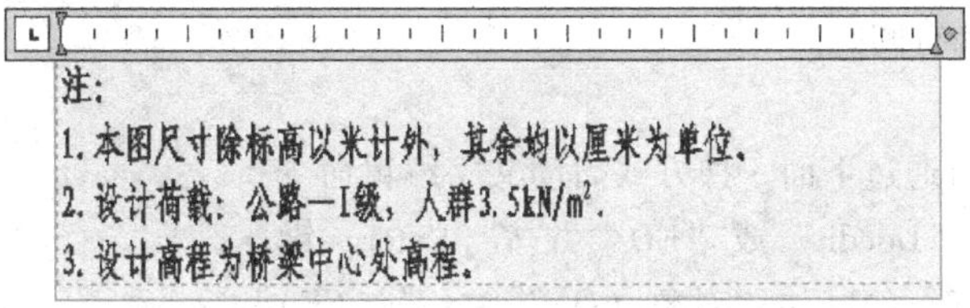

注：

1. 本图尺寸除标高以米计外，其余均以厘米为单位。

2. 设计荷载：公路—Ⅰ级，人群 $3.5kN/m^2$。

3. 设计高程为桥梁中心处高程。

图 6-7　输入的图注

3. 创建控制码和特殊字符

在工程制图中，经常要标注一些特殊字符，而这些字符不能直接从键盘输入，为此，Auto-CAD 2010 提供了各种控制码来输入这些特殊字符。控制码一般由两个百分号（％％）和一个字母组成，符号及其含义见表 6-1。

表 6-1　控制码及其含义

控制码	含　义	说　明
％％O	添加或终止上画线	适合于单行文字
％％U	添加或终止下画线	适合于单行文字
％％D	添加（°）符号	适合于单行和多行文字
％％P	添加（±）正负符号	适合于单行和多行文字
％％C	添加（Φ）直径符号	适合于单行和多行文字
％％％	添加（％）百分号	适合于单行和多行文字

【例 6-4】　应用控制码创建图 6-8 所示特殊符号。

【解】　操作步骤如下：

命令：text。

当前文字样式："Fs7" 文字高度：7.0000　注释性：否

指定文字的起点或 [对正（J）/样式（S）]：在屏幕上单击左键。

指定文字的旋转角度〈0〉：按〈Enter〉键。

在文字框中输入 "％％U 风和日丽％％U％％O 草木葱绿"，按〈Enter〉键。

在屏幕上显示的文字如图 6-8a 所示。第一个控制码 "％％U" 是添加下画线，第二个控制码 "％％U" 是中断下画线。

如果在文字框中输入 "％％U％％P180％％D"，按〈Enter〉键。在屏幕上显示的文字则如图 6-8b 所示，此处用了 3 个控制码。

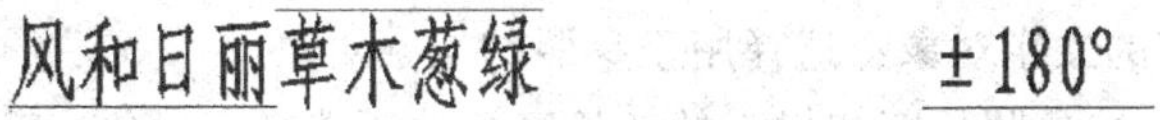

a)　　　　　　　　　　　　　　b)

图 6-8　控制码创建的特殊符号

a）控制码创建的上、下画线　b）控制码创建了 3 个特殊符号

6.1.3　编辑文字

用户不但可以控制文字高度、字体，添加颜色、分数和特殊符号，还可以调整文字边界的宽度、文字的对齐方式和行间距。

1. 文字的编辑

（1）命令启动　可通过下面 3 种方式启动文字编辑命令：

1）在命令行键入"Ddedit"或"ED"并按〈Enter〉键。

2）选择菜单"修改（M）"→"对象（O）"→"编辑（E）"。

3）单击"文字"工具栏上 Ａ⁄ 按钮。

（2）操作步骤

命令：Ddedit，按〈Enter〉键。

选择注释对象或［放弃（U）］：单击左键，选择要编辑的文本。

选择注释对象或［放弃（U）］：在文字框中修改文字。

注意：也可以用鼠标双击要编辑的文本，进行编辑。

2. 文字样式的修改

修改文字样式在"文字样式"对话框中进行。选中需要修改的样式后，直接修改各属性设置。修改完毕单击"应用"和"关闭"按钮，所有用该样式标注的文字格式被一次修改完成。

3. 文字的缩放

文字的缩放是指修改一个或多个文字对象的比例，即放大或缩小文字对象。

（1）命令启动　可通过下面 3 种方式启动文字缩放命令：

1）在"命令："提示符下，键入"ScaleText"并按〈Enter〉键。

2）单击菜单"修改（M）"→"对象（O）"→"文字（T）"。

3）单击"文字"工具栏上 Ａ⃞ 按钮。

（2）操作步骤

命令：Scaletext，按〈Enter〉键。

选择对象：选择要编辑的实体。

选择对象：按〈Enter〉键，结束选择。

输入缩放的基点选项［现有（E）/左对齐（L）/居中（C）/中间（M）/右对齐（R）/左上（TL）/中上（TC）/右上（TR）/左中（ML）/正中（MC）/右中（MR）/左下（BL）/中下（BC）/右下（BR）］＜现有＞：C（按〈Enter〉键）。

指定新模型高度或［图纸高度（P）/匹配对象（M）/比例因子（S）］〈8〉：5（按〈Enter〉键）。

（3）选项说明

"指定新模型高度"：通过直接输入文字的新高度值来缩放选定的文字对象。

"匹配对象（M）"：缩放选定目标文字对象与指定文字对象的大小进行匹配。输入 M，系统提示：

选择具有所需高度的文字对象：选择用于参照的文字对象。

"比例因子（S）"：按参照长度和指定的新长度缩放所选文字对象。输入 S，系统提示：

指定缩放比例或［参照（R）］〈2〉：R（利用参照进行缩放）。

指定参照长度〈1〉：输入参照长度的值。

指定新长度：输入新长度的值。

选定文字将按新长度和参照长度中输入的值进行缩放，新长度和参照长度的比值就是缩放比例。如果新长度小于参照长度，选定的文字对象将缩小。

4. 文字的对正

文字的对正是用于修改文字对象的对齐点。

（1）命令启动　可通过下面 3 种方式启动文字对正命令：

1）在"命令："提示符下，键入"JustifyText"并按〈Enter〉键。

2）选择菜单"修改（M）"→"对象（O）"→"对正（J）"。

3）单击"文字"工具栏上 Ａ 按钮。

（2）操作步骤

命令： Justifytext，按〈Enter〉键。

选择对象： 选择需要对正的对象。

选择对象： 按〈Enter〉键，结束选择。

输入对正选项 [左对齐（L）/对齐（A）/布满（F）/居中（C）/中间（M）/右对齐（R）/左上（TL）/中上（TC）/右上（TR）/左中（ML）/正中（MC）/右中（MR）/左下（BL）/中下（BC）/右下（BR）]〈居中〉： M，按〈Enter〉键。

6.2　尺寸标注

尺寸标注是工程制图中必不可少的重要部分，也是计算机绘图中较难掌握的部分。本节介绍尺寸标注基础、创建尺寸标注样式、修改尺寸标注样式、创建尺寸标注和编辑尺寸标注。

6.2.1　尺寸标注基础

（1）尺寸标注的组成　一个完整的尺寸标注由尺寸线、尺寸界线、尺寸箭头和尺寸文本四个部分组成。对照图 6-9 用户可以弄清楚尺寸标注各部分的名称。

1）尺寸线（Dimension Line）。尺寸线是一条平行于尺寸标注长度方向的直线段，当进行角度标注时，尺寸线是一段圆弧。尺寸线的方向表明尺寸标注的测量方向。

2）尺寸界线（Extension Line）。尺寸界线是由测量点引出的延伸线，用来表明标注尺寸的范围，它位于尺寸箭头的端部，通常情况下尺寸界线与尺寸线相互垂直。当图中线段太多或线段太密时，为使图面清晰利于读图，尺寸界线一般都标注在图形的外面，国家标准允许用中心线或图形轮廓线代替尺寸界线，如图 6-10 所示。

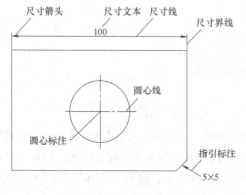

图 6-9　尺寸标注组成

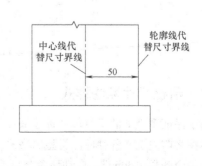

图 6-10　各种尺寸界线

3）尺寸箭头（Dimension Arrowheads）。尺寸箭头在尺寸线的端部，表示了所标尺寸的起止位置。AutoCAD 2010 中的尺寸箭头形状有十多种，除了常见的箭头形状外，还有短斜线、点圆等供用户选择。此外用户还可以根据需要自定义尺寸箭头。同一张图中的箭头大小要一致，形状要符合规定。

4）尺寸文本（Dimension Text）。尺寸文本是标注尺寸中最重要的部分，它表明了所标尺寸的距离值或角度值。在 AutoCAD 2010 中，尺寸文本可以是基本尺寸，也可以是公差尺寸或极限尺寸。

（2）尺寸标注的关联性（Associative）　在默认情况下，AutoCAD 2010 的尺寸标注是一个整体，即尺寸线、尺寸界线、尺寸箭头和尺寸文本是不可分离的。如果对某尺寸进行拉伸，该尺寸文本将自动更改，我们把上述性能称为尺寸标注的关联性，称该尺寸标注为关联性尺寸。如果一个尺寸标注的各部分都是单独的实体，相互之间没有联系，我们称这种尺寸标注为非关联性尺寸。

用户可以用系统变量"DIMASO"来控制尺寸标注的关联性。当 DIMASO = ON 时，为关联性尺寸；当 DIMASO = OFF 时，为非关联性尺寸。

（3）尺寸标注的类型　在 AutoCAD 2010 中，尺寸标注可分为 6 大类，即线性标注、径向标注、角度标注、中心标注、引线标注、坐标标注。

1）线性标注包括水平标注（Horizontal Dimension）、垂直标注（Vertical Dimension）、平齐标注（Aligned Dimension）、旋转标注（Rotated Dimension）、连续标注（Continue Dimension）和基线标注（Baseline Dimension）6 种类型。

2）径向标注包括半径标注（Radial Dimension）和直径标注（Diameter Dimension）。

3）中心标注包括圆心标注（Contermark Dimension）和圆心线标注（Centerline Dimension）。

用户可以对照图 6-11 进一步熟悉各种尺寸标注的类型。

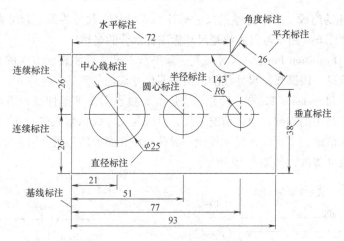

图 6-11　各种尺寸标注类型

6.2.2　创建尺寸标注样式

为了保证图纸上的所有尺寸标注都具有相同的形式和统一的风格，使图面清晰易读，通常在尺寸标注之前先定义各种标注类型的格式，并为这些格式命名，称为创建标注样式。创建尺寸标注样式的命令是"ddim"。启动该命令只需在"命令:"提示符下，输入"ddim"并回车，也可输入快捷命令"d"。

启动 ddim 命令后，系统将弹出如图 6-12 所示的"标注样式管理器"对话框。利用该对话框用户可以新建、修改、替代标注样式，还可以对两个标注样式进行比较等。

创建尺寸标注样式的操作步骤如下：

1）在命令行输入"ddim"并按〈Enter〉键，打开"标注样式管理器"对话框。

2）单击"新建"按钮，打开"创建新标注样式"对话框，如图 6-13 所示。

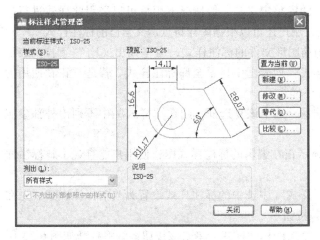

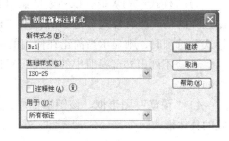

图 6-12　"标注样式管理器"对话框　　　　　　图 6-13　"创建新标注样式"对话框

在"新样式名"文字框中输入新的样式名，如"Bz1"；"基础样式"一般选择"ISO-25"，它是系统默认的标注样式，提供了关于标注的完整定义；在"用于"文字框中选择"所有标注"，新标注样式将控制所有类型的尺寸，当然也可以根据需要选择某一类型标注作为控制尺寸；单击"继续"按钮，将打开"新建标注样式：Bz1"对话框。

3）打开"新建标注样式：Bz1"对话框，如图 6-14 所示。该对话框含有线、符号和箭头、文字、调整、主单位、换算单位、公差 7 个选项卡。

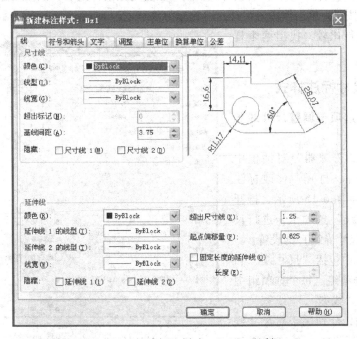

图 6-14　"新建标注样式：Bz1"对话框

4）分别打开上述选项卡，根据需要对各选项卡中的选项进行选择和相应参数的设置。

5）单击"确定"按钮，返回"标注样式管理器"对话框，单击"置为当前"按钮，使"新标注样式 Bz1"成为当前尺寸样式。

"标注样式管理器"对话框中各选项的含义和功能如下：

1）"当前标注样式"。在当前样式区中显示的是系统默认样式：ISO-25。该样式是 AutoCAD 2010 的标准标注样式，它提供了关于标注的完整定义，一般情况下用户可以采用此样式进行标注。但由于工程图样的标注要求各不相同，用户还可以根据图样特点定义自己的标注样式。

2）"样式"列表框。该列表框显示当前图形文件的标注样式，当"列出（L）"下拉列表框中选择的是"所有样式"选项时，则"样式"列表框中显示全部标注样式。若是"正在使用的样式"选项时，则显示当前正在使用的标注样式。

3）"不列出外部参照中的样式"复选框。选中该复选框，则在"样式"中不列出外部参照中的样式。

4）"预览"图形框。该图形框中，显示正在编辑的标注样式图，使用户能直观了解标注样式的具体形式。

5）"置为当前"按钮。该按钮将在"样式"中选中的标注样式设置为当前标注样式。先在"样式"中选中某个标注样式，然后单击该按钮。

6）"新建"按钮。该按钮用于创建一个新的标注样式。单击该按钮系统将打开如图 6-13 所示的"创建新标注样式"对话框。

7）"修改"按钮。该按钮用于修改已存在的标注样式。单击该按钮系统将弹出与图 6-14 相似的对话框，只是对话框的标题为"修改标注样式"。

8）"替代"按钮。该按钮用于设置无效当前样式。单击该按钮系统将弹出与图 6-14 相似的对话框，只是对话框的标题为"替代当前样式"。在该对话框中用户修改当前样式，按"确定"按钮后，返回"标注样式管理器"对话框，系统将在当前样式下自动添加一个"替代样式"标注样式，此样式是当前样式的一个替换样式。当重新指定当前样式后，该样式自动无效消失。

9）"比较"按钮。单击该按钮将打开"比较标注样式"对话框，在该对话框中用户可以对已创建的样式进行比较，找出两个样式之间的区别。

6.2.3 修改尺寸标注样式

1. 用"线"选项卡调整尺寸线和延伸线

在"标注样式管理器"对话框中单击"修改"按钮，打开"修改标注样式"对话框，如图 6-15 所示。打开该对话框中的"线"选项卡，进行尺寸线和延伸线（尺寸界线）的设置。

"线"选项卡中包括"尺寸线"和"延伸线"两个选项组，每个选项组中都含有"颜色"、"线型"、"线宽"和"隐藏"4 个选项，分别用于对尺寸线和延伸线的线特征设置，预览区用于

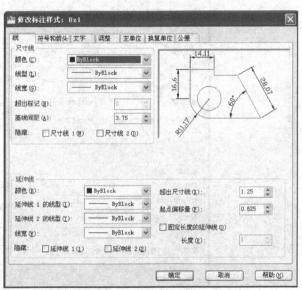

图 6-15 "修改标注样式"对话框

显示设置后的效果。

（1）尺寸线选项组

1）"超出标记"是指尺寸线超出尺寸界线的距离，一般情况设为 0，当尺寸箭头为短斜线时，用变量 Dimdle 来控制尺寸线超出尺寸界线的长度。图 6-16 表示了 Dimdle 取不同值的情况。只有在尺寸箭头为短斜线时，"超出标记"文本框才被激活，否则呈淡灰色而无效。

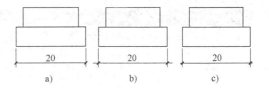

图 6-16 Dimdle 取不同值的情况

a）Dimdle = 0.0 b）Dimdle = 3 c）Dimdle = 1

2）基线间距：当采用基线方式标注尺寸时，用填入该文本框中的数字来控制两个尺寸线之间的距离，如图 6-17 所示。

（2）延伸线选项组

1）"超出尺寸线"用填入该文本框中的数字来控制延伸线超出尺寸线的距离，通常可以选择 2 ~ 3mm。

2）"起点偏移量"用填入该文本框中的数字来控制延伸线起始点与所标对象端点之间的偏移量，如图 6-18 所示。为了容易区分尺寸标注与被标对象，工程制图标准规定该值大于 0。

3）"固定长度的延伸线"用填入该文本框中的数字设置延伸线的固定值。

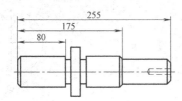

图 6-17 控制尺寸线之间的距离

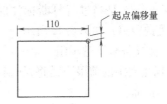

图 6-18 起点偏移量

2. 用"符号和箭头"选项卡设置箭头和圆心标记

在"修改标注样式"对话框中，打开该对话框中的"符号和箭头"选项卡，进行箭头、圆心标记、折断标注、弧长符号、半径折弯标注、线性折弯标注的设置，如图 6-19 所示。

下面分别介绍各选项的含义：

（1）"箭头"选项组

1）"第一个（T）"下拉列表框。控制第一尺寸箭头的形状，单击该框后边的下拉箭头，将显示出系统所有尺寸箭头的名称，如图 6-20 所示，用户可根据需要选择合适的箭头。

2）"第二个（D）"下拉列表框。控制第二尺寸箭头的形状。系统允许第一箭头和第二箭头的形状可以不一样。单击该框后边的下拉箭头，可以定义第二尺寸箭头。

3）"引线（L）"下拉列表框。控制引线标注尺寸箭头的形状。

4）"箭头大小（I）"。在该框中填入适当的数字来设置尺寸箭头的大小。

（2）"圆心标记"选项组

1）"无（N）"单选按钮。不创建圆心标记或中心线，如图 6-21a 所示。

2）"标记（M）"单选按钮。创建圆心标记，圆心标记是指表明圆或圆弧位置的小十字线，如图 6-21b 所示。

3）"直线（E）"单选按钮。创建中心线，中心线是指过圆心并延伸至圆周的水平线和垂直线，如图 6-21c 所示。

（3）"折断标注"选项组

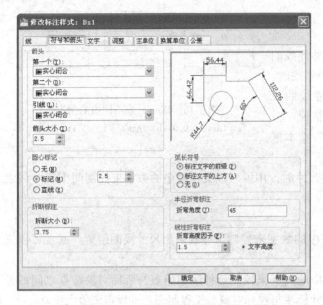

图 6-19　"符号和箭头"选项卡

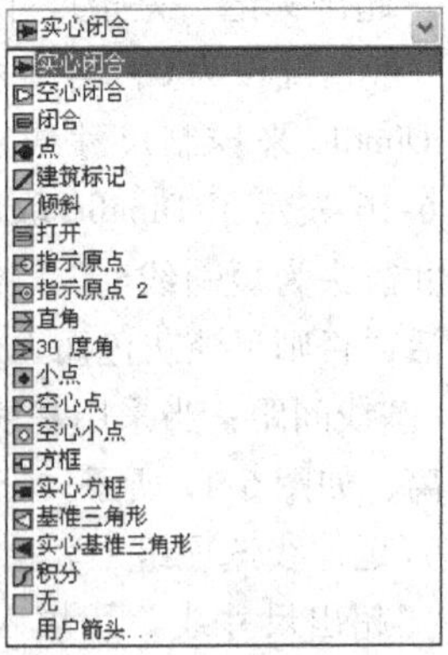

图 6-20　各种箭头类型

"折断大小"是当进行打断标注时，尺寸线在打断处的距离，如图 6-22 所示。

（4）"弧长符号"选项组

1）"标注文字的前缀"是将弧长符号放在标注文字的前面。

2）"标注文字的上方"是将弧长符号放在标注文字的上方。

3）"无"是不显示弧长符号。

（5）"半径折弯标注"选项组

"折弯角度"。用输入文本框中的数值来控制折弯标注的角度值，如图 6-23 所示。

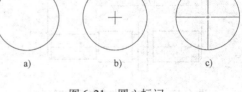

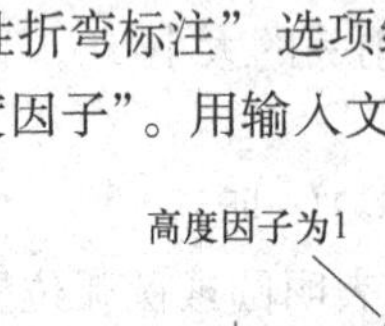

图 6-21　圆心标记

a）无标记　b）圆心标记　c）中心线

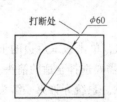

图 6-22　打断标注

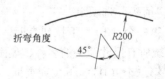

图 6-23　折弯标注

（6）"线性折弯标注"选项组

"转弯高度因子"。用输入文本框中的数值来控制线性标注中折弯的高度值，如图 6-24 所示。

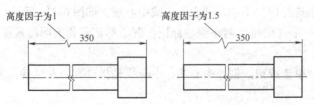

图 6-24　线性折弯标注

3. 用"文字"选项卡控制尺寸文本的外观和位置

在"修改标注样式"对话框中，打开该对话框中的"文字"选项卡，可以调整文字外观和控制文字位置，如图6-25所示。该选项卡中包括"文字外观"、"文字位置"和"文字对齐"3个选项组。下面分别介绍各选项的含义。

（1）"文字外观"选项组

1）"文字样式"。在下拉列表框中选择已有文字样式用于尺寸文本，也可以单击后面的按钮，创建新的文字样式。

2）"文字高度"。指定当前尺寸文字的字高。注意：只有在"文字样式"对话框中，指定文字高度为0时该选项才有

图6-25　"文字"选项卡

效。如图6-25所示文字样式"Standard"指定的字高为5，而图中"文字字高"为2.5，则绘图时文字的字高为5，而不是2.5。

3）"分数高度比例"。显示和指定相对于标注文字的标注分数和公差高度的比例。

4）"绘制文字边框"复选框：在尺寸文字周围添加边框。

（2）"文字位置"选项组

该组共有4个选项，可设置文字垂直位置、文字水平位置、观察方向和文字从尺寸线偏移距离。

1）"垂直"下拉列表框。控制标注文字在尺寸线上的垂直对齐方式。用户可以选择如下参数来定位文字垂直位置。居中（尺寸文字在尺寸线中间）、上（尺寸文字在尺寸线之上）、外部（尺寸文字在尺寸线外侧）、JIS（尺寸文字位置符合日本工业标准）、下（尺寸文字在尺寸线之下）。

2）"水平"下拉列表框。控制标注文字的水平对齐方式。用户可以选择如下参数来定位文字水平位置。居中（文字在尺寸线中间）、第一条延伸线（文字沿尺寸线与第一延伸线左对齐）、第二条延伸线（文字沿尺寸线与第二延伸线右对齐）、第一条延伸线上方（标注文字沿第一条延伸线放置或放在第一延伸线之上）、第二条延伸线上方（标注文字沿第二条延伸线放置或放在第二延伸线之上）。

3）"观察方向"用来控制文字方向。观察方向从左到右时，水平标注字头向上，垂直标注字头向左；观察方向从右到左时，则字头方向与上相反。

4）"从尺寸线偏移"用于指定文字从尺寸线偏移的距离，值越大文本离尺寸线的距离就越大。

（3）文字对齐选项组

该组共有3个单选项，用于指定文字对齐方式。

1）"水平"。所有尺寸文本均按水平放置。

2）"与尺寸线对齐"。所有尺寸文本均与尺寸线平齐。

3）"ISO标准"。尺寸文本按ISO标准放置，即当尺寸文本在两条尺寸界线之间时，尺寸文本与尺寸线对齐，否则，尺寸文本水平放置。

不同文本对齐方式的情况如图 6-26 所示。

4. 用"调整"选项卡调整箭头、文字和延伸线的位置关系

在"修改标注样式"对话框中，打开该对话框中的"调整"选项卡，可以调整箭头、文字和延伸线的位置关系，如图 6-27 所示。该选项卡中包括"调整选项"、"文字位置"、"标注特征比例"和"优化"4 个选项组。下面分别介绍各选项的含义。

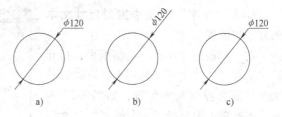

图 6-26　不同文本对齐方式
a）水平　b）与尺寸线对齐　c）ISO 标准

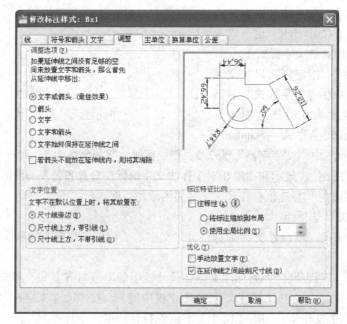

图 6-27　"调整"选项卡

（1）"调整选项"选项组　该组有 5 个单选项和一个复选项，用于调整文字与箭头的位置关系。标注尺寸时，如果两延伸线之间有足够距离时，AutoCAD 2010 将把文本和箭头都放在两延伸线之间。如果两延伸线之间的距离不很大，AutoCAD 2010 将按此选项卡中的设置来调整箭头或文字的位置。

1）"文字或箭头（取最佳效果）。"AutoCAD 2010 将对文字和箭头作综合考虑，自动选择其中之一放在延伸线之间，以达到最佳效果。

2）"箭头"。选中此项后，AutoCAD 2010 首先将箭头放在两延伸线之外，文字放在两延伸线之内。如果文字也无法放在两延伸线之内的话，则将文字和箭头都放在两延伸线之外。

3）"文字"。选中此项后，AutoCAD 2010 首先将文字放在两延伸线之外，箭头放在两延伸线之内。如果箭头也无法放在两延伸线之内的话，则将文字和箭头都放在两延伸线之外。

4）"文字和箭头"。选中此项后，当文字和箭头不能全都放在两延伸线之内的话，就将文字和箭头都放在两延伸线之外。

5）"文字始终保持在延伸线之间"。选中此项后，AutoCAD 2010 将强迫文字放在两延伸线之内。

（2）文字位置选项组　该组有 3 个单选项，用于调整文字的位置。

1）"尺寸线旁边"。将文字放在尺寸线旁。

2）"尺寸线上方，带引线"选项：将尺寸文字放在尺寸线上方，并加引线。

3）"尺寸线上方，不带引线"选项：将尺寸文字放在尺寸线上方，不加引线。

（3）"标注特征比例"选项组 该组有两个单选项，用于设置标注特征比例。

1）"将标注缩放到布局"。该项系统自动根据当前模型空间视口比例因子设置标注比例因子。

2）"使用全局比例"。该项影响尺寸标注的全部参数，如选用比例为 2 时，所有的尺寸参数都将乘以 2。

（4）"优化"选项组 该组有两个复选项，用于优化选择文字位置。

1）"手动放置文字"。表示标注尺寸时允许手工放置文字。

2）"在延伸线之间绘制尺寸线"。AutoCAD 2010 总在延伸线之间绘制尺寸线。否则，当将箭头移出延伸线时，不绘制尺寸线。

5. 用"主单位"选项卡设置线性和角度尺寸标注参数

在"修改标注样式"对话框中，打开该对话框中的"主单位"选项卡，可以对线性和角度尺寸标注的单位、精度进行设置，并给尺寸文本加前缀或后缀，还可以用测量比例因子来调整尺寸文本的数值，如图 6-28 所示。该选项卡中包含"线性标注"、"测量单位比例"、"消零"和"角度标注"4 个选项组，下面分别介绍各选项的含义。

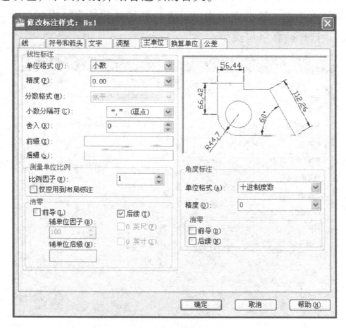

图 6-28 "主单位"选项卡

（1）"线性标注"选项组 该选项组用于设置线形尺寸标注的单位格式和精度，添加尺寸文本前缀或后缀。

1）"单位格式"。可选的单位格式有科学、小数、工程、建筑、分数、Windows 桌面。

2）"精度"。设置长度单位尺寸数字的精度（小数保留位数）。

3）"分数格式"。设置分数的堆叠格式，仅当选择为分数格式时才有效。

4）"小数分隔符"。若采用十进制单位时，可在此选择分隔符的形式。分隔符包括逗号、句点和空格三种。

5）"舍入"。设置所有尺寸数字的尾数舍入规则。例如，输入 0.05，则系统将标注文字的小数部分近似到最接近 0.05 的整倍数。

6）"前缀"和"后缀"。设置输入尺寸文本的前缀和后缀。这在工程制图中非常有用，如要将尺寸文本后面加上"cm"，则可设置后缀为"cm"。

（2）"测量单位比例"选项组　该选项组中"比例因子"用于设置尺寸数字相对于实际尺寸的比例。若该比例因子设置为 2 时，则所有的测量值将乘以 2。若选中"仅应用到布局标注"复选框，则表示比例因子只对布局标注有效。

（3）"消零"选项组

1）"前导"是消除前导零，即不输出小数点前面的零。例如，尺寸是 0.65，则显示为 .65。

2）"后续"是消除后面零，即不输出小数部分尾数位的零。例如，尺寸是 5.80，则显示为 5.8。

（4）"角度标注"选项组　该组用于设置角度测量单位格式、精度、前导零和后导零，各选项含义与线性标注选项组中的对应选项相似，在此不再详述。

6. 用"换算单位"选项卡设置不同单位尺寸间的换算格式和精度

在"修改标注样式"对话框中，打开该对话框中的"换算单位"选项卡，可以将一种标注单位换算到另一种测量系统的单位，如图 6-29 所示。该选项卡中包含"换算单位"、"消零"和"位置"3 个选项组，下面分别介绍各选项的含义。

（1）"换算单位"选项组　该选项组用于设置换算尺寸的外观格式。

1）"单位格式"。选择换算单位类型。

图 6-29　"换算单位"选项卡

2）"精度"。设置换算单位精度。

3）"换算单位倍数"。设置主单位转换到换算单位之间的换算因子。换算单位尺寸等于主单位尺寸乘以换算因子。例如，如果主单位为英制，换算单位为十进制，则换算因子应设置为 25.4。

4）"舍入精度"。设置换算单位尺寸数字的尾数舍入规则。

5）"前缀"和"后缀"。在标注尺寸数值中添加前缀或后缀。

（2）"位置"选项组　该选项组用于设置换算单位尺寸的位置。

1）主值后。选择此项后，换算单位尺寸放置在主单位尺寸后面。

2）主值下。选择此项后，换算单位尺寸放置在主单位尺寸下面。

7. 用"公差"选项卡设置标注尺寸的公差

在"修改标注样式"对话框中，打开该对话框中的"公差"选项卡，可以指定公差格式和输入上下偏差，如图 6-30 所示。

图 6-30　"公差"选项卡

该选项卡中包括"公差格式"、"公差对齐"、"消零"、"换算单位公差" 4 个选项组。下面分别介绍各选项的含义。

（1）"公差格式"选项组

1）"方式"。选择标注公差尺寸的类型。单击下拉箭头，显示"无"、"对称"、"极限偏差"、"极限尺寸"、"基本尺寸"五种公差尺寸类型：

①"无"。只显示标注基本尺寸，不标注公差，即尺寸文本后面不带任何尺寸公差，如图 6-31a 所示。

②"对称"。当上、下偏差的绝对值相等时，在公差值前加注" ± "号，只需输入上偏差值，如图 6-31b 所示。

③"极限偏差"。该选项是分别设置上、下偏差值。自动加注" + "符号在上偏差值前面；加注" - "符号在下偏差值前面，如图 6-31c 所示。

④"极限尺寸"。该选项是直接标注最大和最小极限尺寸数值，即 AutoCAD 2010 标注两个并排的尺寸文本，排在上面的为最大极限值，排在下面的为最小极限值，如图 6-31d 所示。此时，用户可在"上偏差（V）"文本框中输入最大极限偏差值，在"下偏差（W）"文本框中输入最小极限偏差值。尺寸的最大权限值等于基本尺寸值加上"上偏差（V）"文本框中所确定的最大极限偏差值。尺寸的最小极限值等于基本尺寸值减去"下偏差（W）"文本框中所确定的最小极限偏差值。

⑤ "基本尺寸"。该选项是只标注基本尺寸，不标注上、下偏差，并在基本尺寸文本外面加上一个文字框，如图6-31e所示。

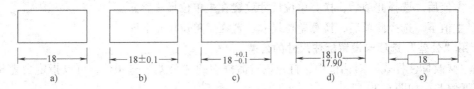

图 6-31　五种尺寸公差类型

a) 无尺寸公差　b) 上下偏差相等　c) 上下偏差不相等　d) 最大最小极限值　e) 加文字框

2) "精度"。设置公差尺寸的精度。

3) "高度比例"。用于设置公差和基本尺寸的文字高度的比值。

4) "垂直位置"。用于设置公差尺寸与基本尺寸在垂直方向上的相对位置。

① "下"是公差尺寸文字与基本尺寸文字的底部对齐。

② "中"是公差尺寸文字与基本尺寸文字的中间对齐。

③ "上"是公差尺寸文字与基本尺寸文字的顶部对齐。

(2) "公差对齐"选项组　该选项组是指定公差对齐的符号。

1) "对齐小数分隔符"。指定上、下偏差文字在小数点处对齐。

2) "对齐运算符"。指定上、下偏差文字在运算符号处对齐。

(3) 换算单位公差选项组　该选项组仅在选择了"显示换算单位"复选框才可以使用，用于对换算单位尺寸的公差精度和消零进行设置。

6.2.4　创建尺寸标注

线性尺寸用于标注两点间的距离，包括水平标注、垂直标注、对齐标注、基线标注、连续标注。标注线性尺寸一般可使用两种方法：第一种是在所标对象上指定尺寸线的起点和终点位置，创建尺寸标注；第二这是直接选取要标注的对象创建尺寸标注。在标注过程中用户可以根据需要随时修改尺寸文字及文字倾斜角，还能动态调整尺寸线的位置。

1. 创建水平、垂直尺寸

(1) 命令启动　用命令"Dimlinear"可以标注水平、垂直或倾斜的线性尺寸。可通过下面3种方式启动该命令：

1) 在"命令："提示符下，键入"Dimlinear 或 DLI"并按〈Enter〉键。

2) 选择菜单"标注"→"线性"。

3) 单击"标注"工具栏上■按钮。

(2) 操作步骤

命令：Dimlinear 并按〈Enter〉键。

指定第一条尺寸界线原点或 <选择对象 >：系统要求用户指定第一条尺寸界线的起点或按〈Enter〉键。如果直接按〈Enter〉键，则系统利用默认自动以所选对象的端点作为尺寸界线的起点进行标注。如果用户选择一点作为第一尺寸界线的起点，系统将会继续下面提示：

指定第二条尺寸界线原点：要求用户指定第二尺寸界限的起点。给出第二点，系统将会继续下面提示：

指定尺寸线位置或 [多行文字（M）/文字（T）/角度（A）/水平（H）/垂直（V）/旋转

（R）]:

（3）选项说明

1）指定尺寸线位置。通过鼠标拖动确定尺寸线的位置，按测定的尺寸完成标注。

2）"多行文字（M）"。通过文本对话框来输入文本。用户输入"M"并按〈Enter〉键，系统将打开"多行文字编辑器"对话框。用户可以利用此对话框来更改或确定尺寸文本，单击"确定"按钮返回。

3）"文字（T）"。用户输入"T"并按〈Enter〉键，即选择了用命令行来输入尺寸文本的方式。系统将提示：**输入标注文字 <当前值>**：括号内的"当前值"是系统自动测量或计算的基本尺寸文本。如果用户直接按〈Enter〉键，即表示默认这个基本尺寸文本。用户如果输入另一个尺寸文本并按〈Enter〉键，则系统按输入的文本尺寸进行标注。

4）"角度（A）"。确定尺寸文本的旋转角度。输入"A"并按〈Enter〉键，系统提示：**指定标注文字的角度**：输入尺寸文本的旋转角度。如果直接按〈Enter〉键则按默认的角度进行标注。

5）"水平（H）"。标注水平尺寸。键入"H"并按〈Enter〉键，将出现如下提示：**指定尺寸线位置或 [多行文字（M）/文字（T）/角度（A）]**：指定尺寸线位置或选择其他选项。各选项的含义同前。

6）"垂直（V）"。标注垂直尺寸。键入"V"并按〈Enter〉键，系统将出现如下提示：**指定尺寸线位置或 [多行文字（M）/文字（T）/角度（A）]**：指定尺寸线位置或选择其他选项。各选项的含义同前。

7）"旋转（R）"。确定尺寸线的旋转角度。键入"R"并按〈Enter〉键，系统将出现如下提示：**指定尺寸线的角度 <0>**：直接按〈Enter〉键则选用默认值，或键入新的旋转角度。

【**例6-5**】　标注水平和垂直尺寸。

【**解**】　选择菜单"标注"→"线性"，选取图中 A 点指定第一尺界线起点，选取图中 B 点指定第二尺寸界线起点。拖动光标将尺寸线放置在水平线上方。选择菜单"标注"→"线性"，选取图中 C 点指定第一尺寸界线起点，选取图中 B 点指定第二尺寸界线起点。拖动光标将尺寸线放置在垂直线右边，如图 6-32 所示。

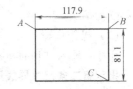

图 6-32　标注水平、
垂直尺寸

2. 创建对齐标注

用 Dimlinear 命令标注尺寸只限于水平和垂直尺寸两种，即使是斜线也只能标注斜线的水平长度和垂直长度，而不能标注斜长。在工程制图中，经常要标注斜线、斜面的尺寸标注。AutoCAD 2010 提供了 Dimaligned 命令，用户可方便地标注斜线、斜面的尺寸，标注的尺寸线与被标注的对象的边界平行。

（1）命令启动　可通过下面 3 种方式启动对齐标注命令：

1）在"命令："提示符下，键入"Dimaligned 或 Dal"并按〈Enter〉键。

2）选择菜单"标注"→"对齐"。

3）单击"标注"工具栏上 ✎ 按钮。

（2）操作步骤

命令：Dimaligned 并按〈Enter〉键。

指定第一条尺寸界线原点或 <选择对象>：在此提示下，用户可指定一点作为第一条尺寸界线的起始点，或直接按〈Enter〉键让系统自动确定两尺寸界线的起始点。当用户指定第一条尺寸界线的起始点后，AutoCAD 2010 将继续提示：

指定第二条尺寸界线原点：要求用户指定另一点作为第二条尺寸界线的起始点。

指定尺寸线位置或［多行文字（M）/文字（T）/角度（A）］：要求用户选择一点以确定尺寸线的位置或选择某一选项。

如果在"指定第一条尺寸界线原点或 ＜选择对象＞："提示符下，直接按〈Enter〉键，则是利用"选择对象"标注，AutoCAD 2010 将提示：

选择标注对象：要求用户直接选择要标注尺寸某一实体。AutoCAD 2010 将把选择实体的两端点自动地确定为两尺寸界线的起始点。

【例6-6】 利用 Dimaligned 命令标注对齐尺寸。

【解】 命令：Dimaligned 并按〈Enter〉键，选取图中 A 点指定第一尺寸界线起点，选取图中 B 点指定第二尺寸界线起点，拖动光标将尺寸线放置在斜线上方，如图 6-33 所示。

图 6-33 对齐尺寸标注

3. 创建基线标注

在工程图中，如果一组尺寸标注共用一条尺寸界线，就称这条共用尺寸界线为基线，称这组尺寸标注为基线标注。AutoCAD 2010 中基线标注的命令是 Dimbaseline。

（1）命令启动 可通过下面 3 种方式启动基线标注命令：

1）在"命令："提示符下，键入"Dimbaseline 或 Dba"并按〈Enter〉键。

2）选择"标注"→"基线"。

3）单击"标注"工具栏上 按钮。

基线标注必须是线性尺寸、角度尺寸或坐标尺寸的某一类型尺寸。在进行基线标注之前，用户必须先标注出一个尺寸，以便系统默认基线或用户指定基线。系统默认基线标注之前的第一尺寸界线为基线。

（2）操作步骤

命令：输入"Dimbaseline"或"Dba"并按〈Enter〉键。

指定第二条尺寸界线原点或［放弃（U）/选择（S）］＜选择＞：系统要求用户输入另外一个尺寸的第二尺寸界线的起点，指定后马上标注出尺寸。此后，系统会反复出现以上提示，直到用户按〈Esc〉键退出基线标注为止。如果用户输入"U"并按〈Enter〉键，系统将会删除最近一次基线标注。如果用户在上面提示符下，直接按〈Enter〉键，则会出现下面提示：

选择基准标注：要求用户选择基线标注的基线。

【例6-7】 利用 Dimbaseline 命令对图 6-34 所示图形创建基线标注。

【解】 操作步骤如下：

先绘制如图 6-34 所示的图形，并用线性标注命令标注尺寸 120。

命令：输入"Dba"，启动基线标注命令。

指定第二条尺寸界线原点或［放弃（U）/选择（S）］＜选择＞：按〈Enter〉键。

选择基准标注：选取尺寸 120 左边尺寸界线。

指定第二条延伸线原点或［放弃（U）/选择（S）］＜选择＞：选取图中 A 点。

指定第二条延伸线原点或［放弃（U）/选择（S）］＜选择＞：选取图中 B 点。

指定第二条延伸线原点或［放弃（U）/选择（S）］＜选择＞：选取图中 C 点。

指定第二条延伸线原点或［放弃（U）/选择（S）］＜选择＞：按〈Enter〉键结束操作，结果如图 6-34 所示。

4. 创建连续标注

在一组尺寸标注中，如果后一个尺寸的第一尺寸界线与前一个尺寸的第二尺寸界线相重合，也即尺寸界线首尾相连，称这组尺寸为连续标注。AutoCAD 2010 中连续标注的命令是"Dimcontinue"。

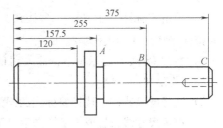

图 6-34　基线标注

（1）命令启动　可通过下面 3 种方式启动连续标注命令：

1）在"命令："提示符下，键入"Dimcontinue"或"Dco"并按〈Enter〉键。

2）选择菜单"标注"→"连续"。

3）单击"标注"工具栏上 按钮。

连续标注必须是线性尺寸、角度尺寸或坐标尺寸的某一类形尺寸。在进行连续标注之前，用户必须先标注出一个尺寸，以便系统默认基线或用户指定基线。系统默认连续标注之前的尺寸界线为连接界线。

（2）操作步骤

命令： 输入"Dimcontinue"或"Dco"并按〈Enter〉键。

指定第二条尺寸界线原点或［放弃（U）/选择（S）］<选择>： 系统要求用户确定下一个连续标注的第二尺寸界线的起点。如果用户键入"U"并按〈Enter〉键，系统将自动取消上一个连续标注尺寸。

如果用户直接按〈Enter〉键，将出现下面提示：

选择连续标注： 用户选择某个尺寸标注后根据提示进行连续标注。

【例 6-8】　用 Dimcontinue 命令对图 6-35 所示图形进行连续标注。

【解】　操作步骤如下：

先绘制如图 6-35 所示的图形。

命令： 输入"Dli"并按〈Enter〉键，启动 Dimlinear 命令。

利用捕捉功能，捕捉 A 点和 B 点，进行第一个尺寸标注。

命令： 输入"Dco"并按〈Enter〉键，启动连续尺寸标注命令。

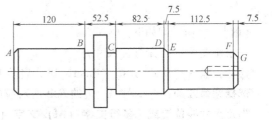

图 6-35　连续标注尺寸

指定第二条尺寸界线原点或［放弃（U）/选择（S）］<选择>： 捕捉点 C。

指定第二条尺寸界线原点或［放弃（U）/选择（S）］<选择>： 捕捉点 D。

指定第二条尺寸界线原点或［放弃（U）/选择（S）］<选择>： 捕捉点 E。

指定第二条尺寸界线原点或［放弃（U）/选择（S）］<选择>： 捕捉点 F。

指定第二条尺寸界线原点或［放弃（U）/选择（S）］<选择>： 捕捉点 G。

操作结果如图 6-35 所示。

5. 创建半径标注和直径标注

（1）标注半径尺寸　AutoCAD 2010 中标注半径尺寸的命令是"Dimradius"，可通过下面 3 种方式启动半径标注命令：

1）在"命令："提示符下，键入"Dimradius"或"Dra"并按〈Enter〉键。

2）选择菜单"标注"→"半径"。

3）单击"标注"工具栏上🕙按钮。

标注半径尺寸的操作步骤如下：

1）在"命令："提示符下，输入"Dimradius"或"Dra"并按〈Enter〉键。启动 Dimradius 命令后，将出现如下提示：

2）**选择圆弧或圆**：选择要标注的圆弧或圆。

3）**指定尺寸线位置或［多行文字（M）/文字（T）/角度（A）］**：四项选择：指定尺寸线的位置；输入"M"，选择多行文字（M）选项；输入"T"，选择文字（T）选项；输入"A"，选择角度（A）选项。

（2）标注直径尺寸　AutoCAD 2010 中标注直径尺寸的命令是"Dimdiameter"，可通过下面 3 种方式启动直径标注命令：

1）在"命令："提示符下，键入"Dimdiameter"或"Ddi"并按〈Enter〉键。

2）选择菜单"标注"→"直径"。

3）单击"标注"工具栏上🕙按钮。

标注直径尺寸的操作步骤如下：

命令：输入"Dimdiameter"或"Ddi"并按〈Enter〉键，启动 Dimdiameter 命令后，将出现如下提示：

选择圆弧或圆：选择要标注的圆弧或圆。

指定尺寸线位置或［多行文字（M）/文字（T）/角度（A）］：四项选择：指定尺寸线的位置；输入"M"，选择多行文字（M）选项；输入"T"，选择文字（T）选项；输入"A"，选择角度（A）选项。

【例6-9】　用 Dimradius 和 Dimdiameter 命令对图 6-36 所示图形进行标注半径尺寸和直径尺寸。

【解】　操作步骤如下：

先绘制图 6-36（未标注尺寸）。

命令：输入"Dra"并按〈Enter〉键，启动 Dimradius 命令。

选择圆弧或圆：选择图中左边的 R32 所对应的圆弧线。

指定尺寸线位置或［多行文字（M）/文字（T）/角度（A）］：选择一点确定半径尺寸的位置。结束半径标注。

用同样的方法标注圆弧 1（R5）、圆弧 2（R8）。

命令：输入"Ddi"并按〈Enter〉键，启动 Dimdiameter 命令。

选择圆弧或圆：选择图中右边的大圆（Φ30）。

指定尺寸线位置或［多行文字（M）/文字（T）/角度（A）］：选择一点确定直径尺寸的位置。结束直径标注。

用同样的方法标注其他圆，操作结果如图 6-36 所示。

6. 创建角度标注

AutoCAD 2010 中标注角度尺寸的命令是"Dimangular"。

（1）命令启动　可通过下面 3 种方式启动角度标注命令：

1）在"命令："提示符下，键入"Dimangular"或"Dan"并按〈Enter〉键。

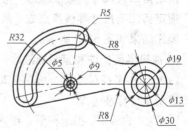

图 6-36　半径和直径标注

2）选择菜单"标注"→"角度"。

3）单击"标注"工具栏上△按钮。

（2）操作步骤

命令：输入"Dimangular"或"Dan"并按〈Enter〉键，启动 Dimangular 命令后，将出现如下提示：

选择圆弧、圆、直线或 <指定顶点>：选择要标注的圆弧、圆或直线。也可以直接按〈Enter〉键选择三点来标注角度。

1）选择圆弧。如果用户选择了某段圆弧，系统会自动以圆弧的两个端点作为尺寸界线的起点来标注角度，并提示如下：

指定标注弧线位置或〔多行文字（M）/文字（T）/角度（A）〕：四项选择：确定尺寸线的位置；输入"M"，选择多行文字（M）选项；输入"T"，选择文字（T）选项；输入"A"，选择角度（A）选项。

2）选择圆。如果用户选择了一个圆，系统则将该点作为角度尺寸的第一尺寸界线的起点，并提示如下：

指定角的第二个端点：选择角度尺寸的第二尺寸界线的起点。

指定标注弧线位置或〔多行文字（M）/文字（T）/角度（A）〕：含义同上。

3）选择直线进行角度标注。如果用户选择了一条直线，系统会自动将该直线作为角度尺寸的第一尺寸界线的起点，并提示如下：

选择第二条直线：选择两直线中的第二条直线。系统会自动把该直线作为第二尺寸界线的起点。

4）直接按〈Enter〉键，选择三点来标注角度。系统会作如下的提示：

指定角的顶点：选择标注角的顶点。

指定角的第一个端点：选择第一边的终点。

指定角的第二个端点：选择第二边的终点。

指定标注弧线位置或〔多行文字（M）/文字（T）/角度（A）〕：含义同上。

【例 6-10】　用 Dimangular 命令对图 6-37 所示图形进行角度标注

【解】　操作步骤如下：

先绘制如图 6-37 未标注之前的图形。

命令：输入"Dan"并按〈Enter〉键，启动角度标注命令。

选择圆弧、圆、直线或 <指定顶点>：选择图中的圆弧。

指定标注弧线位置或〔多行文字（M）/文字（T）/角度（A）〕：选择一点确定尺寸线的位置。

按〈Enter〉键，重新启动 Dimangular 命令。

选择圆弧、圆、直线或 <指定顶点>：选择图中圆上的 A 点。

指定角的第二个端点：选择图中圆上的 B 点。

指定标注弧线位置或〔多行文字（M）/文字（T）/角度（A）〕：选择一点确定尺寸线的位置。

按〈Enter〉键，重新启动 Dimangular 命令。

选择圆弧、圆、直线或 <指定顶点>：选择图中直线 C。

选择第二条直线：选择图中直线 D。

指定标注弧线位置或 [**多行文字 (M)/文字 (T)/角度 (A)**]：选择一点确定尺寸线的位置。

按〈Enter〉键，重新启动 Dimangular 命令，再按〈Enter〉键，选择三点方式标注角度。

指定角的顶点：选择图中 E 点作为标注角的顶点。

指定角的第一个端点：选择图中 F 点作为第一边的终点。

指定角的第二个端点：选择图中 G 点作为第二边的终点。

指定标注弧线位置或 [**多行文字 (M)/文字 (T)/角度 (A)**]：选择一点确定尺寸线的位置。操作结果如图 6-37 所示。

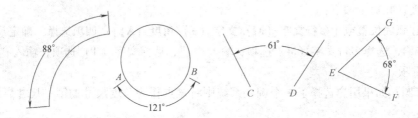

图 6-37　角度标注

7. 创建坐标标注

AutoCAD 2010 中标注坐标尺寸的命令是 "Dimordinate"。

（1）命令启动　可通过下面 3 种方式启动坐标标注命令：

1）在"命令："提示符下，键入 "Dimordinate" 或 "Dor" 并按〈Enter〉键。

2）选择菜单"标注"→"坐标"。

3）单击"标注"工具栏上 按钮。

（2）操作步骤

命令：输入 "Dimordinate" 或 "Dor" 并按〈Enter〉键，启动 Dimordinate 命令。

指定点坐标：指定要标注坐标尺寸的点。

指定引线端点或 [**X 基准 (X)/Y 基准 (Y)/多行文字 (M)/文字 (T)/角度 (A)**]：有 5 个选项供用户选择。系统将根据用户所确定的两点之间的坐标差标注尺寸，并将该尺寸文本标注在指引线终点处。

"X 基准 (X)"：输入 X 并按〈Enter〉键，标注 X 坐标。

"Y 基准 (Y)"：输入 Y 并按〈Enter〉键，标注 Y 坐标。

其他选项的功能同上，不再重述。

【**例 6-11**】 用 Dimordinate 命令进行坐标标注。

【**解**】 操作步骤如下：

命令：输入 "Dor" 并按〈Enter〉键，启动坐标标注命令。

指定点坐标：在屏幕上指定 A 点。

指定引线端点或 [**X 基准 (X)/Y 基准 (Y)/多行文字 (M)/文字 (T)/角度 (A)**]：X（按〈Enter〉键）。

指定引线端点或 [**X 基准 (X)/Y 基准 (Y)/多行文字 (M)/文字 (T)/角度 (A)**]：移动光标向上，在适当的位置单击鼠标左键，完成 X 坐标标注。

命令：输入 "Dor" 并按〈Enter〉键，启动坐标标注命令。

指定点坐标：在屏幕上指定 A 点。

指定引线端点或〔X 基准（X）/Y 基准（Y）/多行文字（M）/文字（T）/角度（A）〕：Y（按〈Enter〉键）。

指定引线端点或〔X 基准（X）/Y 基准（Y）/多行文字（M）/文字（T）/角度（A）〕：移动光标向右，在适当的位置单击鼠标左键，完成 Y 坐标标注。操作结果如图 6-38 所示。

8. 创建引线标注

图 6-38 坐标标注

AutoCAD 2010 中标注引线尺寸的命令是"Leader"，可在"命令："提示符下，键入"Leader"或"le"并按〈Enter〉键来启动命令。

标注指引尺寸的操作步骤如下：

命令：输入"Leader"或"le"并按〈Enter〉键，启动 Leader 命令。

指定第一个引线点或〔设置（S）〕<设置>：指定指引线的起点，或按〈Enter〉键设置指引标注参数。

指定下一点：指定指引线的另一端点。

指定文字宽度 <0>：输入文本串宽度。

输入注释文字的第一行 <多行文字（M）>：输入单行注释文本或多行注释文本。

当在"指定第一个引线点或〔设置（S）〕<设置>："提示下直接按〈Enter〉键，系统将弹出"引线设置"对话框，如图 6-39 所示。该对话框有"注释"、"引线和箭头"和"附着" 3 个选项卡，其中"注释"选项卡用于设置注释文本类型；"引线和箭头"选项卡用于选择引线和箭头的类型、引线段数和角度；"附着"选项卡用于指定多行文字的位置。

【例 6-12】 用 Leader 命令对图 6-40 所示图形进行引线标注。

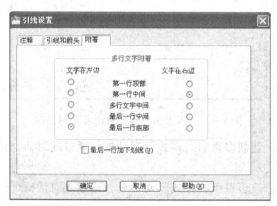

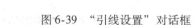

图 6-39 "引线设置"对话框

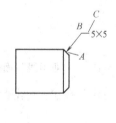

图 6-40 引线标注

【解】 绘制步骤如下：

先绘制如图 6-40 所示的未进行引线标注的图形。

命令：输入"le"并按〈Enter〉键，启动 Leader 命令。

指定第一个引线点或〔设置（S）〕<设置>：直接按〈Enter〉键，打开"引线设置（Leader Settings）"对话框，如图 6-39 所示。

单击"附着"选项卡，选中"最后一行底部"单选按钮，按"确定"按钮关闭对话框。

指定第一个引线点或〔设置（S）〕<设置>：指定图中 A 点。

指定下一点：指定图中 B 点。

指定下一点：指定图中 C 点。

指定文字宽度 <0>：10（输入注释文本宽度，按〈Enter〉键）。

输入注释文字的第一行 <多行文字（M）>：键入"5×5"，按〈Enter〉键。

输入注释文字的下一行：按〈Enter〉键结束操作，结果如图 6-40 所示。

9. 创建多重引线标注

多重引线标注是 AutoCAD 2010 新增的功能，创建多重引线标注的命令是"Mleader"，启动该命令可以直接在命令行输入命令，也可以选择菜单"标注"→"多重引线"命令，还可以通过面板选择"注释"→"引线"来实现，如图 6-41 所示。

（1）多重引线样式管理器　在创建多重引线标注之前一般需要定义多重引线标注样式，用户可以通过"多重引线标注样式管理器"对话框来定义多重引线标注样式。选择菜单"格式"→"多重引线样式"命令，系统打开"多重引线样式管理器"对话框，如图 6-42 所示。下面介绍此对话框中各选项的含义。

1）"样式"。显示多重引线样式列表，当前样式被加亮。

2）"列出"。控制样式列表的内容。

3）"预览"。显示样式列表框中选定样式的图像。

4）"置为当前"按钮。将样式列表框中选定样式设置为当前样式。

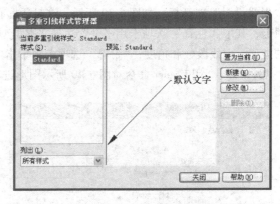

图 6-41 "多重引线"面板　　　　图 6-42 "多重引线样式管理器"对话框

5）"新建"按钮。单击此按钮可打开"创建新多重引线样式"对话框，通过此对话框可创建新样式。

6）"修改"按钮。单击此按钮可打开"修改多重引线样式"对话框，通过此对话框可进行样式修改。

7）"删除"按钮。删除样式列表框中选定的多重引线样式，但不能删除正在使用的样式。

（2）创建多重引线样式　单击"多重引线样式管理器"中的"新建"按钮，打开"创建新多重引线样式"对话框，如图 6-43 所示。在"新样式名"文本框中输入要创建的新样式名，如"Yx1"。在"基础样式"文本框中指定用于创建新样式的样本，一般情况选用"Standard"。单击"继续"按钮，系统将打开"修改多重引线样式"对话框，如图 6-44 所示。

（3）修改多重引线样式　"修改多重引线样式"对话框中包含"引线格式"、"引线结构"和"内容"3 个选项卡，用户可通过这些选项卡选择引线类型、设置引线外观和文字外观。

（4）创建多重引线标注　在命令行输入命令"Mleader"并按〈Enter〉键，系统出现如下提示：

指定引线箭头的位置或［引线基线优先（L）/内容优先（C）/选项（O）］<选项>：

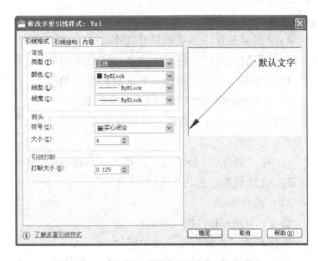

图 6-43　"创建新多重引线样式"
　　　　　　对话框

图 6-44　"修改多重引线样式"对话框

用户按下面操作步骤完成引线标注：

指定引线箭头位置： A 点。

指定引线基线位置： B 点。

指定基线距离 < 9.2297 >： 10。

输入属性值： 3。

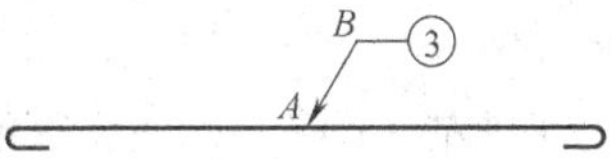

图 6-45　多重引线标注

完成的多重引线标注如图 6-45 所示。

多重引线标注 "Mleader" 命令的各选项含义如下：

"指定引线箭头的位置"：指定引线箭头的点位。

"引线基线优先"：先指定引线基线位置。

"内容优先"：指定与多重引线标注相关联的文字或块的位置。

"选项"：指定引线类型、基线类型、引线内容、引线点数和角度等。

6.2.5　编辑尺寸标注

在工程制图中，经常要对已有的尺寸标注进行编辑，以达到满意的效果。AutoCAD 2010 提供了多种编辑尺寸标注的方法。

1. 用 DDmodify 命令编辑尺寸标注

用户在命令行内输入 "DDmodify" 或 "MO" 并按〈Enter〉键，即可打开 "对象特性" 对话框。可以在该对话框内更改有关的选项，即可完成尺寸标注编辑。对话框中的各选项用法前面已作介绍，此处不再叙述。

2. 用 Dimedit 命令编辑尺寸标注

用户在 "命令"：提示符下，输入 "Dimed" 或 "Ded" 并按〈Enter〉键，即可启动 Dimedit 尺寸标注编辑命令。启动该命令后，系统将会出现如下的提示：

输入标注编辑类型〔默认（H）/新建（N）/旋转（R）/倾斜（O）〕 <默认>：

各选项的含义如下：

1) "默认（H）" 系统的默认项。将尺寸文本放回到它原来的位置上，如某尺寸文本系统默认的方向为字头向上，旋转角度为 0°，而现在旋转角度为 30°，执行 Home 选项后，又回到了默认的角度。

2）"新建（N）"。更新尺寸文本。

3）"旋转（R）"。将尺寸文本旋转某个角度。

4）"倾斜（O）"。将尺寸界线旋转某个角度。

3. 用 Dimtedit 命令修改标注文字位置

编辑标注文字可以修改标注文字的角度或对齐方式。可通过下面两种方式启动编辑标注文字命令：

1）在"命令:"提示符下，键入"Dimtedit"并按〈Enter〉键。

2）选择菜单"标注"→"对齐文字"。

（1）操作步骤

命令：Dimtedit 并按〈Enter〉键。

选择标注：选择需要修改的标注。

指定标注文字的新位置或［左（L）/右（R）/中心（C）/默认（H）/角度（A）］:

（2）选项含义

1）指定标注文字的新位置。输入标注文字的新位置坐标或拖曳时动态更新标注文字的位置。

2）"左（L）"。标注文字沿尺寸线左对齐。

3）"右（R）"。标注文字沿尺寸线右对齐。

4）"中心（C）"。标注文字沿尺寸线中心对齐。

5）"默认（H）"。将对齐方式恢复为系统默认。

6）"角度（A）"。将标注文字旋转一定角度。输入"A"，系统提示：指定标注文字的角度：（输入旋转角度）。

4. 用"Dimstyle"修改尺寸标注样式

修改尺寸标注样式的命令是"Dimstyle"。

（1）操作步骤

命令："Dimstyle"并按〈Enter〉键。

当前标注样式：ISO-25（显示当前的标注样式）。

输入标注样式选项［保存（S）/恢复（R）/状态（ST）/变量（V）/应用（A）/?］＜恢复＞:

（2）选项含义

1）"保存（S）"。将当前的样式作为一种新的尺寸样式进行保存。输入"S"，系统提示：输入新样式名或［?］。为要保存的标注样式命名；"?"是查看已有的尺寸标注样式。

2）"恢复（R）"。将保存的某一样式恢复为当前样式。

3）"状态（ST）"。查看尺寸变量的状态。输入"ST"，系统切换到文本窗口，显示各个尺寸系统变量及其当前设置。

4）"变量（V）"。显示指定标注样式的系统变量及设置。

5）"应用（A）"。根据当前尺寸变量更新指定的尺寸对象。

6）"?"：显示当前图形中命名的尺寸标注样式。

【例6-13】 用 Dimedit 命令修改尺寸界线。

【解】 操作步骤如下：

用 Line 命令绘制如图 6-46a 所示图形。用 Dimaligned 命令标注尺寸如图 6-46b 所示。

命令：输入"Dimed"并按〈Enter〉键，启动尺寸编辑命令。

输入标注编辑类型 [默认 (H)/新建 (N)/旋转 (R)/倾斜 (O)] <默认>： 0（按〈En-ter〉键）。

选择对象： 选择左边尺寸。

输入倾斜角度 (按〈ENTER〉表示无)： 180（按〈Enter〉键）。

选择对象： 选择上面尺寸。

输入倾斜角度 (按〈ENTER〉表示无)： 70（按〈Enter〉键）。

操作结果如图 6-46c 所示。

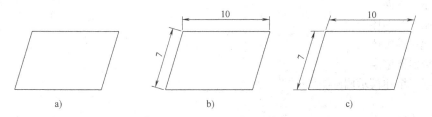

图 6-46　用 dimedit 选项修改尺寸

a）平行四边形　b）标注线性尺寸　c）修改尺寸界线

5. 用 Dimjogline 命令折弯尺寸线

Dimjogline 命令是 AutoCAD 2010 新增的命令，用于构件长度弯折情况的线性标注。用户可以在命令行直接输入命令 Dimjogline，也可以选择菜单"标注"→"折弯线性"命令，还可以选择面板"标注"→"折弯线性"来启动该命令。

练习与思考题

6-1　什么是尺寸的关联性？

6-2　如何创建新的标注样式？

6-3　在"新建标注样式"对话框中"直线与箭头"选项卡中的"基线距离"、"起点偏移量"、"超出尺寸线"这 3 个参数各表示什么含义？

6-4　在"新建标注样式"对话框中"主单位"选项卡中的"比例因子"与"调整"选项卡中的"使用全局比例"这两个参数有何区别？

6-5　在"新建标注样式"对话框中"换算单位"选项卡有何作用？

6-6　如何在尺寸标注中添加前缀和后缀？

6-7　如何改变尺寸文字的大小？

6-8　如何比较两个尺寸样式之间的不同？

6-9　如何设置角度标注的小数精度？

6-10　如何强制箭头放在尺寸界线之间？

6-11　如何单独移动尺寸文字？

6-12　怎样定义用户箭头？

第 7 章　三维建模技术

本章提要
- 三维建模基础
- 绘制三维面
- 绘制三维形体表面
- 创建三维实体
- 三维实体渲染
- 桥梁三维建模示例

在道路、桥梁、建筑结构初步设计方案比选时，经常需要设计者将设计方案制作成三维模型，以便从中找出设计方案的不合理之处，进行有针对性的修改，进而获得一个优秀的设计方案。由此可见，三维建模技术是检验结构设计方案是否合理的重要手段之一；三维建模也成为现代大跨径桥梁、大型建筑结构设计中不可缺少的设计环节。本章主要介绍三维建模的基础知识和创建三维面及三维实体的几种方法，最后，以桥梁结构为例，介绍三维建模的操作过程，以期收到举一反三的效果。

7.1　三维建模基础

7.1.1　三维构造模型

准确地描述一个三维物体的形态和空间位置对于产品设计是至关重要的。目前，在计算机中表示三维物体的构造模型主要有：线框模型、表面模型和实体模型。

（1）线框模型　线框模型由三维空间直线和曲线组成，用直线和曲线来表示物体的轮廓线，这些线是沿物体表面边界绘制的，只显示模型中的中空轮廓。它对所描述的三维物体没有实在的面和体的信息，因而不能对线框模型进行消隐、渲染和阴影处理，对于复杂物体用它表示存在着很大的局限性。线框模型是三维物体最简单的描绘方法，通常用于描述一些简单的三维物体。

（2）表面模型　表面模型描绘的是三维物体的表面，它用空间平面、曲面以及面之间的相贯线来模拟物体的表面。在建模时，需要确定用以模拟物体表面的每一个平面的空间位置，对于不规则形体可以通过增加模拟的平面（曲面）的数量来实现模拟物体的表面特征。例如，不规则的曲面，可以划分成有限个规则平面，用这些更小的面来拟合物体的表面。表面模型通常用来表示道路表面、地表面等。

（3）实体模型　实体模型描述的是物体的面和体的特征，在各类三维建模中，实体的信息最完整，歧义最少，不仅可以像表面模型那样对实体模型进行渲染处理，而且可以对实体模型进行剖切，得到其内部特征。与表面模型相比，实体模型需要更多的数据量来表示实体的信息。桥梁建模一般采用实体模型。

7.1.2　设置三维坐标系

构造三维模型必须在三维坐标系中进行，为了便于三维建模，用户应根据需要来设置三维坐标系。在 AutoCAD 2010 中设置三维坐标系的命令是"UCS"。

（1）操作步骤

命令：UCS（按 < Enter > 键）。系统给出如下提示信息：

指定 UCS 的原点或 [面（F）/命名（NA）/对象（OB）/上一个（P）/视图（V）/世界（W）/X/Y/Z/Z 轴（ZA）] <世界 >：确定新的坐标原点，坐标轴的方向保持不变。用户可输入新的坐标原点值，或用光标在屏幕上直接选取。坐标原点改变后，屏幕上的 UCS 图标会立即移动至新的位置。

提示：只有将 UCSICON（UCS 图标显示参数）的值设为在原点显示状态时，屏幕上的 UCS 图标才会随着原点位置的改变而变化。否则，即使设置了新的原点。UCS 图标也可能在原位不动。

（2）选项说明

1）"面（F）。"通过选取某个空间平面来设置坐标系。

2）"命名（NA）。"用命名方式来设置坐标系。选择该选项后系统将出现下面选项供用户选择：输入选项 [恢复（R）/保存（S）/删除（D）/?]。

① "恢复（R）"。调用存储的 UCS 系统，使之成为当前坐标系。

② "保存（S）"。存储当前坐标系统。

③ "删除（D）"。删除已存储的坐标系统。

3）"对象（OB）。"指定实体定义新的坐标系。被指定的实体将与新坐标系有相同的 Z 轴方向，原点及 X 轴正方向的取法见表 7-1 中规定。确定了 X 轴和 Z 轴之后，Y 轴方向则由右手定则确定。

表 7-1 坐标轴原点及 X 轴正向取法

实体类别	坐标轴原点及 X 轴正向取法
圆弧	圆心为新原点，X 轴通过拾取点最近点的端点
圆	圆心为新原点，X 轴通过拾取点
直线	距离拾取点较近的端点为新原点，X 轴正向沿此直线方向
2D 多段线	多段线的起点为新原点，X 轴通过多段线的第二个顶点
实体	实体的第一点为新原点，实体的第二点为 X 轴的正向
3D 面	3D 面上第一点为原点，X 轴通过其第二点，3D 面上第三点确定 Y 方向
点	选取点为新原点，X 轴方向由系统随机确定
文本	文本插入点为新原点，用户坐标系被旋转到与文本旋转角相匹配的位置
轨迹	轨迹第一点为新原点，轨迹自身为 X 轴方向
块	块插入点为新原点，块旋转角方向为 X 轴正向
尺寸标注	尺寸文本中心点为新原点，X 轴平行于绘制尺寸文本时的 X 轴

4）"上一个（P）"选项。返回上一坐标系统，重复使用此选项，可以退回至任一个用户曾经设置过的坐标系。

5）"视图（V）。"该选项将坐标系的 XY 平面设为与当前视图平行，且 X 轴指向当前视图下的水平方向，原点不变。

6）"世界（W）"。该选项即将坐标系统返回到世界坐标系统（WCS）。

7）"X/Y/Z"这三个选项可以将当前坐标系分别绕 X、Y、Z 轴旋转一定角度，以 X 选项为例，选择该选项，AutoCAD 2010 出现如下提示：

指定绕 X 轴的旋转角度 <90 >：用户可在此提示符下输入旋转角度，逆时针为正，顺时针为负。

8）"Z 轴（ZA）"选项，设定 Z 轴的高度，即 X、Y 轴方向不变，改变 Z 轴坐标。

在 AutoCAD 2010 中，除了可以用 UCS 命令设置用户坐标系统外，还提供了对话框操作方式，使用对话框来设置用户坐标系统的命令是"DDUCS"或"DDUCSP"。

该命令使用对话框管理用户坐标系统，当存储的坐标系统较多时比较方便。启动 DDUCS 命令后，将弹出如图 7-1 所示的对话框。该对话框中有 3 个选项卡。

（1）"命名 UCS"选项卡　在当前 UCS 列表框中，列出了所有的 UCS 名称，用户双击 UCS 名称，可以重新修改该 UCS 名称。单击"置为当前"按钮，可以将选中的 UCS 设置为当前坐标系。还可以单击"详细信息"按钮，查看被选中 UCS 的详细信息。

（2）"正交 UCS"选项卡　"正交 UCS"选项卡如图 7-2 所示。该对话框是用列表视图方式来选择 6 个正交面定义用户坐标系。在该对话框中用户可以选择任意一个面，然后单击"置为当前"按钮，将选中的面设为当前坐标系。

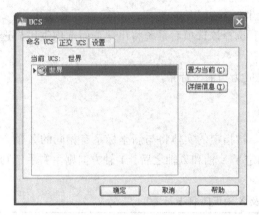

图 7-1　"命名 UCS"选项卡

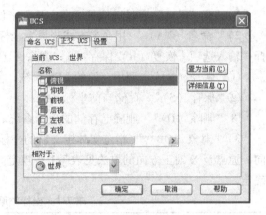

图 7-2　"正交 UCS"选项卡

（3）"设置"选项卡　如图 7-3 所示，用来设置 UCS 图标显示方式和用户坐标系保护方式。

1）"UCS 图标设置"区

①"开"选项。选择此项后，系统将显示 UCS 图标，否则不显示。

②"显示于 UCS 原点"选项。选择此项系统将在当前坐标系原点处显示 UCS 图标。

③"应用到所有活动视口"选项。选择此项系统将在所有激活的视口中显示 UCS 图标。

2）"UCS 设置"区

①"UCS 与视口一起保存"选项。选择此项系统将 UCS 图标与视口一起保存。

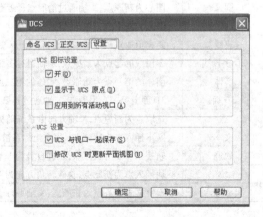

图 7-3　"设置"选项卡

②"修改 UCS 时更新平面视图"选项。当改变 UCS 时，视图也随之变化。

7.1.3　设置三维视点

所谓三维视点是指用户观察立体图形的位置及方向，假定用户绘制了一个正方体，如果用户位于平面坐标系中，即 Z 轴垂直于屏幕，则此时仅能看到正方体在 XY 平面上的投影，即一个正方形。如果用户将视点置于当前坐标系的左上方，则可以看到一个正方体。AutoCAD 2010 提供了多种灵活方便的选择视点的方法，下面分别予以介绍。

1. 用 DDVpoint 命令设置视点

用户可以在命令行内直接输入"DDVpoint"或"Vp"并按〈Enter〉键，即可启动该命令。启动后，将弹出如图 7-4 所示的对话框，用此对话框可以方便地设置视点。

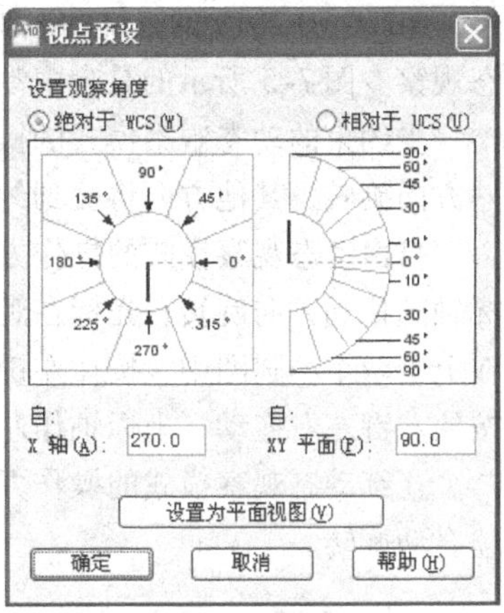

下面介绍对话框中各选项的含义：

1)"绝对于 WCS"单选按钮。确定是否使用绝对世界坐标系。

2)"相对于 UCS"单选按钮。确定是否使用用户坐标系。

3)"自 X 轴"文本框。在该框中可以确定新的视点方向在 XY 平面内的投影与 X 轴正向的夹角。

4)"自 XY 平面"文本框。在该文本框中用户可以输入新视点方向与 XY 平面的夹角。

5)"设置为平面视图"按钮。单击该按钮，可以返回到 AutoCAD 2010 初始视点状态，即与 Z 轴正方向相同的视点方向。

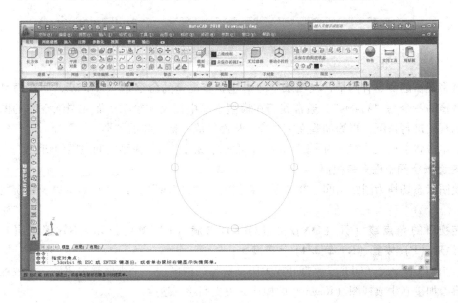

图 7-4　"视点预设"对话框

2. 用预置视点设置视点

预置视点就是系统预先设置的标准视图，它包括 6 个视图和 4 个轴测视图。预置视点的命令是"View"。启动 View 命令的方法有 3 种：

1)从"视图"工具条上启动。

2)选择菜单"视图"→"三维视图"→"俯视、仰视等"启动。

3)从"命令行"：输入"View"，按〈Enter〉键。

6 个视图分别是：俯视图（Top）、仰视图（Bottom）、左视图（Left）、右视图（Right）、主视图（Front）和后视图（Back）。4 个轴测视图分别是：西南等轴测视图（SW Isometric）、东南等轴测视图（SE Isometric ）、东北等轴测视图（NE Isometric）、西北等轴测视图（NW Isometric）。

3. 用三维动态观察器

用户可以通过三维动态观察器动态地观察三维图形。三维动态观察的命令是"3dorbit"。启动 3dorbit 命令后，屏幕显示如图 7-5 所示。

图 7-5　三维动态观察器

AutoCAD 2010 的三维动态观察有三种模式，即受约束的动态观察、自由动态观察和连续动态观察。图 7-5 所示的是自由动态观察模式。

受约束的动态观察模式的操作方法：用户按住鼠标左键沿任意方向拖动时，坐标轴只能按某一方向旋转，其他方向将受到约束。

自由动态观察模式的操作方法：光标在观察圆内，用户按住鼠标左键沿任意方向拖动时，坐标轴随拖动方向旋转；光标在观察圆外，当按住左键上下拖动时，坐标轴随拖动方向旋转。光标在上下两个小圆圈中，按住左键上下拖动，坐标轴作上下方向旋转；光标在左右两个小圆圈中，按住左键左右拖动，坐标轴作左右方向旋转。

连续动态观察模式的操作方法：用户按住鼠标左键沿任意方向拖动后，坐标轴随拖动方向连续自动旋转。

7.1.4　设置多视窗

在绘制二维图形时我们常把整个绘图区域作为一个视窗来观察和绘制图形。在绘制三维图形时，为了更加全面地观察物体，要将一个绘图区分割成几个视窗，而每个视窗设置不同的视点。图 7-6 所示的界面为三视窗界面。

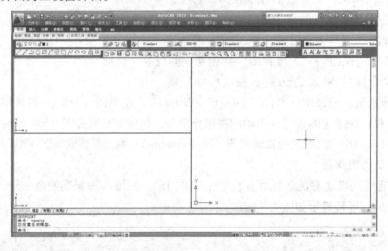

图 7-6　三视窗界面

设置多视窗的命令有两个，在图纸空间中建立多视窗的命令是"Mview"，而在模型空间中建立多视窗的命令是"Vports"。通常我们在模型空间中按尺寸绘图，而在图纸空间的图形以不同比例的视图进行搭配，再添加些文字注释，从而形成一幅完整的图形。

用户单击状态栏上"模型/图纸"按钮，可实现图纸空间与模型空间之间的切换。

1. 在图纸空间中设置多视窗

将绘图状态切换为图纸空间，在命令行直接输入"Mview"并按 < Enter > 键。系统将出现如下提示：

指定视口的角点或 ［开（ON）/关（OFF）/布满（F）/着色打印（S）/锁定（L）/对象（O）/多边形（P）/恢复（R）/2/3/4］＜布满＞：

1）"开（ON）/关（OFF）"。打开或关闭被选择的视区，一个视区被关闭后，该视区内的实体将不再参加重新生成视图（Regen）的操作，可提高绘图速度。

注意：在关闭的视区中，用户不能直接回到模型空间中工作，只有打开该视区才可返回到模型空间中。

2)"布满（F）"。使视窗充满整个绘图区域。

3)"着色打印（S）"。选择着色打印模式。当选择该选项后，系统接着提示：

是否着色打印？[按显示（A）/线框（W）/消隐（H）/渲染（R）] <按显示>：

4)"锁定（L）"。视窗是否锁定。当选择此选项后，系统提示如下：

视口视图锁定[开（ON）/关（OFF）]：

选项"ON"锁住视窗，当视窗锁住后，视窗不能缩放和移动。选项"OFF"打开锁定的视窗。当选择"ON"或"OFF"后，系统提示如下：**选择对象：**选择要进行操作的视窗。

5)"对象（O）"。系统允许用户选择任何连续封闭实体作为浮动视口，如圆、矩形、多边形等。

6)"多边形（P）"。创建多边形视口。用户根据提示，直接在图纸空间下建立一个由折线或弧段构成的封闭的多边形视口。

7)"2"。该选项表示将屏幕分为两个视区。选择该选项，AutoCAD 2010 有下面提示：**输入视口排列方式[水平（H）/垂直（V）] <垂直>：**

"水平（H）"选项表示将当前视区从水平方向分割成两个视图；"垂直（V）"选项则可以将当前视分割为两个垂直方向的视图。

8)"3"该选项将当前视区分成 3 个视区。选择该选项，AutoCAD 2010 提示如下：

输入视口排列方式[水平（H）/垂直（V）/上（A）/下（B）/左（L）/右（R）] <右>：选择不同选项分割视区。

9)"4"该选项将当前视区等分成 4 个视区。

10)"恢复（R）"。调用由 Vports 命令创建并存储的视窗分区。选择该选项，AutoCAD 2010 出现下提示符：**输入视口配置名或[？] < * Active >：**在此提示符下，用户可直接输入要调用的视窗名，也可输入"？"，AutoCAD 2010 将列表显示当前图形文件保存的所有视窗设置。

提示：如果用户在模型空间中使用 Mview 命令，则 AutoCAD 2010 将自动转换到图纸空间，在执行完 MvieW 命令后，再返回模型空间。

2. 在模型空间中设置多视窗

在模型空间中设置多个视窗的命令是"VPorts"，启动命令后，系统将弹出如图 7-7 所示的对话框。在该对话框中的"标准视口"选项列表中，用户可以选择要设置视窗的类型，右边的视窗预览区将显示视窗的布局。

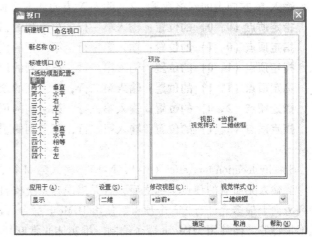

图 7-7 "视口"对话框

7.2 绘制三维面

绘制三维实体的方法之一是用三维面来表示三维形体的表面。在 AutoCAD 2010 中三维面有三维平面和曲面两种。

7.2.1　绘制三维平面（3Dface）

绘制三维平面的命令是"3Dface"，系统规定用该命令可以构造空间任意位置的三维平面，平面的顶点可以有不同的 X、Y、Z 坐标，但不能超过 4 个顶点。构造的三维平面在屏幕上只显示其轮廓线。

启动 3Dface 命令后，系统将会出现如下提示：

指定第一点或［不可见（I）］：输入第一顶点。

指定第二点或［不可见（I）］：输入第二顶点。

指定第三点或［不可见（I）］＜退出＞：输入第三顶点。

指定第四点或［不可见（I）］＜创建三侧面＞：输入第四顶点。

指定第三点或［不可见（I）］＜退出＞：输入第三顶点。

指定第四点或［不可见（I）］＜创建三侧面＞：输入第四顶点。

当输入完四个顶点之后，系统会自动将最后两个顶点当作下一个平面的第一、第二个顶点，并要求用户输入相邻平面的第三、第四个顶点。如果不想建立下一个三维面，可在"指定第三点或［不可见（I）］＜退出＞:"提示符下直接按＜Enter＞键，结束本次命令。

7.2.2　绘制三维多边形网格（3DMesh）

用三维平面只能构造比较简单的实体，而且只显示三维实体的轮廓线。AutoCAD 2010 提供的 3DMesh 命令可以构造三维多边形网格，这种多边形网格可以由若干个平面网格构成近似曲面或平面。

启动 3DMesh 命令后系统将给出下面提示：

输入 M 方向上的网格数量：3（输入 M 方向的网格顶点数目）。

输入 N 方向上的网格数量：2（输入 N 方向的网格顶点数目）。

指定顶点（0，0）的位置：输入第一行，第一列的顶点坐标。

指定顶点（0，1）的位置：输入第一行，第二列的顶点坐标。

指定顶点（1，0）的位置：输入第二行，第一列的顶点坐标。

指定顶点（1，1）的位置：输入第二行，第二列的顶点坐标。

指定顶点（2，0）的位置：输入第三行，第一列的顶点坐标。

指定顶点（2，1）的位置：输入第三行，第二列的顶点坐标。

……

Specify location for vertex（M-1，N-1）：输入第 M 行，第 N 列的顶点坐标

当输入完所有的顶点坐标之后，若无错误，系统将自动生成一组多边形网格曲面。规定在行和列方向上最多允许有 256 个顶点。使用 3DMesh 命令可以绘制较复杂的曲面，如构造道路模型，地形模型等。但使用 3DMesh 命令绘制三维实体非常麻烦，而且很难创建出理想的曲面，用户一般较少采用。

7.2.3　绘制直纹曲面（Rulesurf）

所谓直纹曲面是指由两条指定的直线或曲线为相对的两边而生成的一个用三维网格表示的曲面，该曲面在两相对直线或曲线之间的网格是直线的。

绘制直纹曲面的命令是"Rulesurf"，启动该命令之后，系统将给出如下提示：

选择第一条定义曲线：选择第一条曲线。

选择第二条定义曲线：选择第二条曲线。

选择两条曲线，系统检查满足要求后，便会自动在两条曲线之间生成一个直纹曲面。用来创建直纹曲面的曲线可以是线、点、弧、圆、样条曲线、二维多段线和三维多段线。直纹曲面的网格密度有系统变量 Surftab1 控制，其初始值为 6，值越大其网格密度越大。图 7-8 显示了不同的 Surftab1 值对网格密度的影响。

【例 7-1】　用 Rulesurf 命令绘制一个圆台直纹曲面。

【解】　绘制步骤如下：

1）选择菜单"视图"→"三维视图"→"东南等轴测"设置为东南轴测视图。

2）在命令行输入"Surftab1"，按 < Enter > 键后，输入 20。（将系统变量 Surftab1 设为 20）。

3）用 Circle 命令绘制两个圆，如图 7-9 所示。

4）**命令：**Rulesurf，按 < Enter > 键。

5）**选择第一条定义曲线：**选择小圆。

6）**选择第二条定义曲线：**选择大圆。

结束后绘图区就出现了如图 7-10 所示的圆台图形。

a)　　　　　　　　　　b)

图 7-8　不同 Surftab1 的直纹曲面
a）Surftab1 = 6　　b）Surftab1 = 20

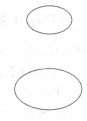

图 7-9　绘制两个圆

7.2.4　绘制旋转曲面（Revsurf）

和数学中的曲面一样，在 AutoCAD 2010 中有些曲面是由旋转曲面构成的，它是利用一条曲线围绕某一个轴旋转一定的角度，而生成一个光滑的旋转曲面。旋转面用三维多边网格来表示，网格的密度在旋转方向和轴线方向分别由"SURFTAB1"和"SURFTAB2"两个系统变量控制。绘制旋转曲面的命令是 Revsurf，启动该命令之后，系统将给出如下提示：

图 7-10　圆台图形

命令：Revsurf。

当前线框密度：SURFTAB1 = 20　SURFTAB2 = 6。

选择要旋转的对象：选择旋转曲线。

选择定义旋转轴的对象：选择旋转轴。

指定起点角度 <0 >：输入旋转起始角。

指定包含角（+ = 逆时针，- = 顺时针）<360 >：输入旋转角度，逆时针为正，顺时针为负。

【例 7-2】　用 Revsurf 命令来绘制一个旋转曲面。

【解】　绘制步骤如下：

1）选择菜单"视图"→"三维视图"→"东南等轴测"设置为东南轴测视图。

2）设置系统变量 SURFTAB1 = 20，SURFTAB2 = 12。

3）绘制如图 7-11 所示的旋转轴和旋转曲线。

4）**命令：**Revsurf。

5）**选择要旋转的对象**：选择旋转曲线。

6）**选择定义旋转轴的对象**：选择旋转轴。

7）**指定起点角度 <0>**：输入起点角度 0 并按 < Enter > 键。

8）**指定包含角（ + = 逆时针， - = 顺时针） <360 >**：输入包含角 360 并按 < Enter > 键。

命令执行后，绘图区就出现了如图 7-12 所示的旋转曲面。

图 7-11　旋转轴和旋转曲线　　　　　　　　　　图 7-12　旋转后曲面

7.2.5　绘制平移曲面（Tabsurf）

平移曲面是由一条初始轨迹线沿指定的矢量方向伸展而成的曲面。绘制平移曲面的命令是 Tabsurf，启动该命令之后，系统将会出现如下提示：

命令：Tabsurf

当前线框密度　SURFTAB1 = 20。

选择用作轮廓曲线的对象：选择欲拉伸的轨迹线。

选择用作方向矢量的对象：确定轨迹线的拉伸方向。

平移曲面是由多边形网格构造而成，其网格密度由系统变量 Surftab1 控制。

7.3　绘制三维形体表面

为便于绘制三维图形，AutoCAD 2010 提供了一些基本形体表面函数，利用这些函数可以直接绘制三维形体表面。这些形体表面有长方体表面、棱锥面、楔体表面、上半球面、球面、圆锥面、圆环面、下半球面、网格。绘制三维形体表面可以利用对话框，也可以利用绘图工具栏来操作。

打开"绘图"下拉菜单中"曲面"子菜单，选择其中的"三维曲面"子项，将激活"三维对象"对话框，该对话框中有 9 个图标菜单对应上述 9 个三维形体表面，如图 7-13 所示。

1. 绘制长方体（BOX）表面

选择对话框中的长方体表面图标之后，AutoCAD 2010 将给出如下提示：

命令：_ ai_ box。

指定角点给长方体表面：输入长方

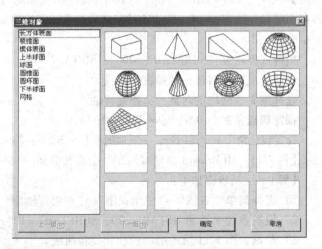

图 7-13　"三维对象"对话框

体的一个顶点坐标。

指定长度给长方体表面：输入长方体的长度。

指定长方体表面的宽度或 [立方体 (C)]：提示用户输入长方体的宽度值。

指定高度给长方体表面：输入长方体的高度值。

指定长方体表面绕 Z 轴旋转的角度或 [参照 (R)]：要求用户输入绕 Z 轴的旋转角。

2. 绘制棱锥体 (Pyramid) 表面

该命令既绘制三棱锥或四棱锥体表面，也可以绘制三棱台或四棱台形体表面。选择该选项后，AutoCAD 2010 出现如下提示：

命令：_ ai_ pyramid。

指定棱锥面底面的第一角点：输入第一基点。

指定棱锥面底面的第二角点：输入第二基点。

指定棱锥面底面的第三角点：输入第三基点。

指定棱锥面底面的第四角点或 [四面体 (T)]：该提示符中的两个选项含义如下：

1) 默认值输入第四基点，绘制四棱锥体表面或四棱台体表面。输入第四基点后，提示如下：**指定棱锥面的顶点或 [棱 (R)/顶面 (T)]**：有三个选项，"锥面顶点"选项，输入四棱锥顶点，绘制四棱锥，如图 7-14a 所示；"顶面 (T)"选项，要求用户输入四点确定一个平面，形成一个四棱台，如图 7-14b 所示；"棱 (R)"选项则要求用户输入两点确定一条线，形成一个特殊的四棱台，如图 7-14c 所示。

2) "四面体 (T)"绘制三棱锥或三棱台表面。选择该选项，AutoCAD 2010 提示：**指定四面体表面的顶点或 [顶面 (T)]**：利用"顶面 (T)"选项，用户可以输入三个顶点，绘制一个三棱台表面，如图 7-14d 所示；"顶点"选项则要求用户输入一个顶点，创建一个三棱锥表面，如图 7-14e 所示。

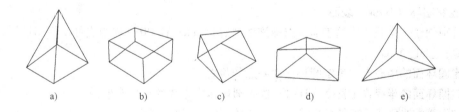

a)   b)   c)   d)   e)

图 7-14　棱锥形体示意图

a) 四棱锥　b) 四棱台　c) 特殊的四棱台　d) 三棱台　e) 三棱锥

3. 绘制楔形体 (Wedge) 表面

选择该项后，AutoCAD 2010 将出现如下提示，要求用户逐步确定楔形体的尺寸。

命令：_ ai_ wedge。

指定角点给楔体表面：确定楔形体角点坐标。

指定长度给楔体表面：输入楔形体长度。

指定楔体表面的宽度：输入楔形体宽度。

指定高度给楔体表面：输入楔形体高度。

指定楔体表面绕 Z 轴旋转的角度：输入楔形体绕 Z 轴的旋转角度，输入以上参数后，楔形体便绘制出来了。

4. 绘制上半球（Dome）表面

该选项绘制圆球的顶面，类似于一个球盖。选择这一选项，AutoCAD 2010 将出现如下提示：

命令：_ ai_ dome。

指定中心点给上半球面：输入圆顶表面中心的坐标。

指定上半球面的半径或 [直径（D)]：指定圆顶的直径或半径。

输入曲面的经线数目给上半球面 <16>：输入圆顶面在经度方向的网格数。

输入曲面的纬线数目给上半球面 <8>：输入圆顶面在纬度方向的网格数。

5. 绘制球形（Sphere）表面

在 3D Objects 对话框中选择该选项后命令行出现如下提示：

命令：_ ai_ sphere。

指定中心点给球面：指定球面中心位置。

指定球面的半径或 [直径（D)]：输入球面半径或直径。

输入曲面的经线数目给球面 <16>：输入球面经度方向网格数。

输入曲面的纬线数目给球面 <16>：输入球面纬度方向网格数。

6. 绘制圆锥体（Cone）表面

选择该选项后，AutoCAD 2010 命令行出现如下提示：

命令：_ ai_ cone。

指定圆锥面底面的中心点：确定圆锥底面圆的中心点。

指定圆锥面底面的半径或 [直径（D)]：输入圆锥底面圆的直径或半径。

指定圆锥面顶面的半径或 [直径（D)] <0>：输入圆锥顶面上圆的直径或半径，若取缺省值 0，则生成圆锥表面，若不为 0，则生成圆台表面。

指定圆锥面的高度：输入圆锥高度。

输入圆锥面曲面的线段数目 <16>：输入圆锥面经度方向的网格数。

7. 绘制圆环（Torus）表面

该选项创建一个圆环体的表面。选择该选项后，AutoCAD 2010 将给出如下提示：

命令：_ ai_ torus。

指定圆环面的中心点：确定圆环体中心点的位置。

指定圆环面的半径或 [直径（D)]：输入圆环体中心线的直径或半径。

指定圆管的半径或 [直径（D)]：输入圆环管体的直径和半径。

输入环绕圆管圆周的线段数目 <16>：输入圆环在圆周方向的网格表。

输入环绕圆环面圆周的线段数目 <16>：输入绕圆环横截面中心线方向的网格数。

8. 绘制圆盘（Dish）表面

该选项绘制圆盘表面，选择该选项后，AutoCAD 2010 出现下列提示：

命令：_ ai_ dish

指定中心点给下半球面：输入圆盘的中心点；

指定下半球面的半径或 [直径（D)]：输入圆盘的直径或半径。

输入曲面的经线数目给下半球面 <16>：输入圆盘表面经度方向的网格数。

输入曲面的纬线数目给下半球面 <8>：输入圆盘表面纬度方向的网络数。

注意：在上述基本形体表面的绘制过程中，形体控制点的坐标可以在命令行输入，也可以用光标在屏幕上直接点取。当用光标点取时，应注意所点取的点是否在希望的平面上。图 7-15 中列出了各种形体表面的形状。

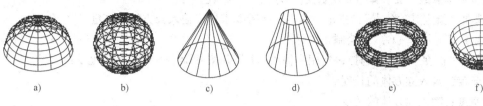

图 7-15　各种标准形体表面

a）圆顶　b）圆球　c）圆锥　d）圆台　e）圆环　f）圆盘

7.4　创建三维实体

前面所学的三维形体表面只是一个空壳，本节中要讲的三维实体（Solid）则具有实体的特征，即其内部是实体的，是三维图形中最重要的部分。用户可以对三维实体进行打孔、挖槽等三维操作，从而完成对更加复杂实体的建模。创建三维实体有三种途径：一种是直接输入实体的控制参数，由 AutoCAD 2010 相关函数自动生成；另一种是由二维图形以旋转或拉伸等方式生成；第三种方法，即布尔运算及三维操作。前两种方法是创建规则实体的主要方法，对于不规则实体则需要采用第三种方法。

创建三维实体可以输入命令，也可使用屏幕菜单或工具栏按钮。AutoCAD 2010 主菜单中"绘图"下拉菜单中的"建模"子菜单全部是绘制三维实体的命令。用户还可以通过"建模"工具栏绘制三维实体。加载"建模"工具栏的方法如下：

将光标停留在任何工具栏上，单击鼠标右键，在弹出的快捷菜单上选择"建模"即可将"建模"工具栏加载到屏幕上，如图 7-16 所示。本节将先介绍用命令

图 7-16　"实体"工具栏

直接绘制三维实体，然后再介绍用二维图形生成三维实体的方法，最后介绍布尔运算创建三维实体。

7.4.1　用命令直接绘制三维实体

在 AutoCAD 2010 中用命令可以直接绘制的三维实体有：长方体（Box）、圆锥体（Cone）、球体（Sdhere）、圆柱体（Cylinder）、楔形体（Wedge）、圆环（Torus）。

1. 绘制长方体（Box）

绘制长方体的命令是 Box，启动该命令有下面三种方法：

1）在命令行"命令"：提示符下，输入"Box"并按 < Enter > 键。

2）打开"绘图"下拉菜单中的"实体"子菜单，选择其中的"长方体"子项。

3）单击"实体"工具栏上▊按钮。

启动 Solids 命令之后，系统将会出现如下提示：

命令：box。

指定第一个角点或 [中心（C）]：有两个选项：

1）选项"第一个角点"，默认值为输入长方体的一个角点坐标。

2）选项"中心（C）"输入长方体中心点。

当用户输入长方体的一个角点坐标后，系统接着提示：

指定其他角点或［**立方体（C）/长度（L）**］：有两个选项：

1）选项"指定其他角点"，指定对角点，接着要求用户输入长方体的高度。

2）选项"立方体（C）"，绘制正方体。

3）选项"长度（L）"，选择；当用户输入"L"并按＜Enter＞键，系统提示：

指定长度：输入立方体的长度。

指定宽度：输入立方体的宽度。

指定高度：输入立方体的高度。

2. 绘制球体（Sphere）

绘制球体的命令是 Sphere，启动该命令有下面三种方法：

1）在命令行"命令"：提示符下，输入"Sphere"并按＜Enter＞键。

2）打开"绘图"下拉菜单中的"实体"子菜单，选择其中的"球体"子项。

3）单击"实体"工具栏上的 按钮。

启动"球体"命令之后，系统将会出现如下提示：

命令：sphere。

指定中心点或［**三点（3P）/两点（2P）/切点、切点、半径（T）**］：确定球体中心位置；

指定半径或［**直径（D）**］：确定球体的直径或半径。

用"球体"命令绘制的球体是用线框形式来表示的，线框的密度由系统变量 isolines 控制，其值越大线框越密。

3. 绘制圆柱体（Cylinder）

该命令用来绘制圆柱体或椭圆柱体，启动 Cylinder 命令有三种方式：

1）在命令行"命令"：提示符下输入"Cylinder"并按＜Enter＞键。

2）打开"绘图"下拉菜单中的"实体"子菜单，选择其中的"圆柱体"选项。

3）单击"实体"工具栏上的 按钮。

启动 Cylinder 命令后，用户可执行如下命令序列：

命令：cylinder

指定底面的中心点或［**三点（3P）/两点（2P）/切点、切点、半径（T）/椭圆（E）**］：该提示符中两个选项含义分别如下：（1）"椭圆（E）"该选项用来生成椭圆柱体，选择该选项后，AutoCAD 2010 提示：

指定第一个轴的端点或［**中心（C）**］：在此提示符下确定椭圆柱底面的形状，与绘椭圆命令相同，这里不再叙述。

"底面中心点"该选项为缺省项，用来绘制圆柱体，在该选项下确定圆柱体端面中心点的位置，AutoCAD 2010 便出现下列提示：

指定底面的半径或［**直径（D）**］：输入圆柱体的半径或直径。

指定高度或［**两点（2P）/轴端点（A）**］：输入圆柱的高度。

4. 绘制圆锥体（Cone）

该命令用来绘制圆锥体或椭圆锥体，启动 Cone 命令有三种方式：

1）在命令行 命令：提示符下输入 Cone 并按＜Enter＞键。

2）打开"绘图"下拉菜单中的"实体"子菜单，选择其中的"圆锥体"选项。

3）单击"实体"工具栏上的 按钮。

启动 Cone 命令后，用户可执行如下命令序列：

命令：cone。

指定底面的中心点或﹝三点（3P）/两点（2P）/切点、切点、半径（T）/椭圆（E）﹞：该提示符中两个选项含义分别如下：

"椭圆（E）"该选项用来生成椭圆锥体，选择该选项后，AutoCAD 2010 提示：

指定第一个轴的端点或﹝中心（C）﹞：在此提示符下确定椭圆锥底面的形状，与绘椭圆命令相同，这里不再叙述。

"底面中心"该选项为缺省项，用来绘制圆锥体，在该选项下确定圆锥体底面中心点的位置，AutoCAD 2010 便出现下列提示：

指定底面的半径或﹝直径（D）﹞：输入圆锥体底面的直径或半径。

指定高度或﹝两点（2P）/轴端点（A）/顶面半径（T）﹞：输入圆锥体或顶点位置。

5. 绘制楔形体（Wedge）

该命令用来绘制楔形体，启动 Wedge 命令有三种方式：

1）在命令行"命令"：提示符下输入"Wedge"并按 < Enter > 键。

2）打开"绘图"下拉菜单中的"实体"子菜单，选择其中的"楔体"选项。

3）单击"实体"工具栏上的 按钮。

启动 Wedge 命令后，用户可执行如下命令序列：

命令：wedge。

指定第一个角点或﹝中心（C）﹞：该提示符中两个选项含义分别如下：

"指定第一个角点"该选项为默认项，用户可以指定楔体的任意一个角点。

"中心点（CE）"该选项用于确定楔形体底面中心点位置。

指定其他角点或﹝立方体（C）/长度（L）﹞：其中选项"立方体（C）/长度（L）"的用法与前面相同，（2）输入楔形体底面另一个角点位置后，系统提示：

指定高度或﹝两点（2P）﹞：输入高度。

6. 绘制圆环体（Torus）

用该命令可以绘制实体圆环，绘制圆环体的命令是 Torus，启动该命令的方法有三种：

1）在命令行"命令"：提示符下输入"Torus"并按 < Enter > 键。

2）打开"绘图"下拉菜单中的"实体"子菜单，选择其中的"圆环体"选项。

3）单击"实体"工具栏上的 按钮。

启动 Torus 命令后，用户可执行如下命令序列：

命令：Torus。

指定中心点或﹝三点（3P）/两点（2P）/切点、切点、半径（T）﹞：确定圆环中心的位置。

指定半径或﹝直径（D）﹞：输入圆环中心线的直径或半径。

指定半径或﹝直径（D）﹞：输入圆环管体的直径或半径。

按照上面六种方法绘制的实体图形如图 7-17 所示。

图 7-17 六种实体图形

7.4.2　拉伸二维实体

用命令直接绘制的三维实体，都比较简单，对一个二维实体进行拉伸可以得到较为复杂的三维实体。被拉伸的二维实体必须是封闭的，它包括闭合多段线、多边形、3D 多段线、圆和椭圆以及上述二维组合闭合体。

拉伸实体的命令是 Extrude，启动该命令有下面三种方法：

1）在命令行"命令"：提示符下输入"Extrude"并按 < Enter > 键。

2）打开"绘图"下拉菜单中的"实体"子菜单，选择其中的"拉伸"选项。

3）单击"实体"工具栏上的 ⬆ 按钮。

启动该命令之后，系统将出现如下提示：

命令：Extrude。

选择要拉伸的对象：选择被拉伸的二维实体；

选择要拉伸的对象：按 < Enter > 键，结束选择；

指定拉伸的高度或［方向（D）/路径（P）/倾斜角（T）］：有两个选项其含义如下：

1）"路径（P）"选项，选择某实体作为要拉伸的路径。

2）"指定拉伸的高度"选项，按指定高度进行拉伸，该项为默认项。要求用户输入拉伸的高度，拉伸方向与 Z 轴相同。

【例 7-3】　用 Extrude 命令拉伸二维实体来创建一个三维实体。

【解】　绘制步骤如下：

XOY 平面上用 Ploygon 和 Line 命令绘制一个五角星。

命令：输入"Extrude"并按 < Enter > 键。

选择要拉伸的对象：选择五角星。

选择对象：按 < Enter > 键。

指定拉伸的高度或［方向（D）/路径（P）/倾斜角（T）］ < 378.43 >：D。

指定方向的起点：选择五角星某一点。

指定方向的端点：350。

拉伸结束后的三维图形如图 7-18 所示。

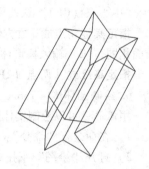

图 7-18　拉伸后的实体

7.4.3　旋转实体

旋转实体是将二维封闭的图形绕指定的旋转轴，旋转一周而生成的三维实体。用于旋转的二维对象包括是圆、椭圆、二维多段线及面域。

旋转实体的命令是 Revolve，启动该命令有三种方法：

1）在命令行"命令"：提示符下输入"Revolve"并按 < Enter > 键。

2）打开"绘图"下拉菜单中的"实体"子菜单，选择其中的"旋转"选项。

3）单击"实体"工具栏上的 ⬒ 按钮。

启动该命令之后，系统将出现如下提示：

选择要旋转的对象：选择要旋转的二维实体。

选择要旋转的对象：按 < Enter > 键，结束选择。

指定轴起点或根据以下选项之一定义轴［对象（O）/X/Y/Z］ < 对象 >：三种选择旋转

的方法：

"对象（O）"要求用户指定一条直线作为旋转轴。选定之后，系统出现如下提示：

指定旋转角度 ＜360＞：输入旋转角度，默认值为360°。

"X 轴（X）/Y 轴（Y）"该选项要求用户指定 X 或 Y 轴作为旋转轴。选择之后，系统出现如下提示：

指定旋转轴的起点：该选项为默认项，它是通过确定两点来指定旋转轴。指定第一点后，系统提示如下：**指定轴端点**：输入另一端点。

当用户确定旋转轴后，系统接着提示：

指定旋转角度 ＜360＞：输入旋转角度，默认值为360°

【例 7-4】　用 Revolve 命令旋转一个二维实体从而生成一个三维实体。

【解】　绘制步骤如下：

在 XOY 平面上绘制如图 7-19a 所示二维封闭图形。

命令：Revolve，按＜Enter＞键。

选择要旋转的对象：用鼠标选择二维封闭图形。

选择要旋转的对象：按＜Enter＞键，结束选择对象。

指定轴起点或根据以下选项之一定义轴［对象（O）/X/Y/Z］ ＜对象＞：用鼠标指定旋转轴的起点。

指定轴端点：用鼠标指定旋转轴的端点。

指定旋转角度 ＜360＞：按＜Enter＞键。

操作结束后，得到如图 7-19b 所示的三维实体图形。

7.4.4　布尔操作生成实体

用前述三种方法只能生成形态规则的三维实体，但在实际工程中还存在大量的不规则实体，如桥台、桥墩等。为了表示这些不规则的三维实体，可以先将它们分解成几个规则实体，然后经过布尔运算形成组合实体。AutoCAD 2010 中的布尔运算有布尔"并"、布尔"差"和布尔"交"三种。

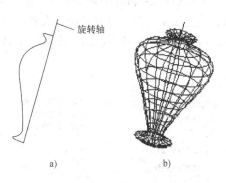

图 7-19　旋转生成的三维实体

a）旋转之前　b）旋转之后

（1）布尔"并"　布尔"并"是将几个实体合并成一个实体，AutoCAD 2010 中布尔"并"的命令是 Union，可以直接输入命令进行布尔"并"运算，也可以选择菜单"修改"→"实体编辑"→"并集"来启动该命令。启动该命令后，选择两个以上要进行布尔"并"的实体，运算结束后将生成一个新实体。图 7-20a 所示为两个彼此独立的实体，图 7-20b 所示为合并后的实体。

（2）布尔"差"　布尔"差"是从一个实体中去掉一个或多个实体。AutoCAD 2010 中布尔差的命令是 Subtract，可以直接输入命令进行布尔"差"运算，可以选择菜单"修改"→"实体编辑"→"差集"来启动该命令。启动该命令后，用户先选择被减实体，再选要减去的实体。进行布尔"差"运算的实体必须相交。图 7-20c 所示是求"差"后的实体。

（3）布尔"交"　布尔"交"是将多个实体的公共部分形成一个新的实体。AutoCAD 2010 中布尔"交"的命令是 Intersect，可以直接输入命令进行布尔"交"运算，可以选择菜单"修改"→"实体编辑"→"交集"来启动该命令。启动该命令后，选择两个以上要进行布尔"交"的实体，运算结束后将生成一个新实体。图 7-20d 所示是求"交"后的实体。

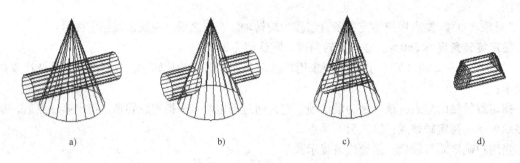

图 7-20　布尔运算

a）布尔操作前　b）布尔"并"　c）布尔"差"　d）布尔"交"

7.5　三维实体渲染

创建三维模型后，可以根据实际情况设置光源、材质和场景等，然后对其进行渲染，以达到具有相片级真实感的图像效果。

1. 光源设置

对三维模型可以用 Render 命令进行渲染，生成具有真实感的三维实体，提高建模效果。一般在进行渲染之前要设置光源，设置光源可选择菜单"视图"→"渲染"→"光源"命令，如图 7-21 所示。此外，还可以用"光源"工具栏来设置光源，如图 7-22 所示。

图 7-21　"光源"级联菜单

图 7-22　"光源"工具栏

在场景中施加不同的光线，可以影响到实体的颜色、亮度，并能生成阴影。在 AutoCAD 2010 主要光源有 3 种：即点光源、平行光和聚光灯。

（1）点光源　点光源（Point Light）光线近似电灯泡发出的光，由光源向各个方向照射，光的强度随距离增加明显减弱。用户可以用点光源打照实体产生特殊光照效果。影响点光源效果的有强度因子（I）、状态（S）、光度（P）、阴影（W）、衰减（A）和过滤颜色（C）6 个参数。

（2）平行光　平行光（Distant Light）是一组相互平行的光线，它很像太阳光，光线强度相等，方向一致，同一平面接受的光线强度相等，受光均匀。一般使用平行光统一照亮对象或背景。影响平行光效果有强度因子（I）、状态（S）、光度（P）、阴影（W）、衰减（A）和过滤颜色（C）6 个参数。

（3）聚光灯　聚光灯（Spotlight）的光束是一个圆锥，用户可以设置目标点，距离和圆锥的尺寸。聚光灯的强度由聚光角角度和照射角角度控制。

2. 渲染

渲染的命令是 Render，用户可以通过菜单、工具条和命令的方式来启动渲染命令。启动该命令后，系统开始对视窗内的三维实体进行渲染，简单渲染后的图像如图 7-23 所示。该渲染窗口由"图像"、"统计信息"和"历史记录"三个窗格组成。"图像"窗格用于显示图像；"统计信息"汇集了当前图像的设置信息；"历史记录"位于底部，提供了当前模型的渲染图像的近期历史记录。单击某条记录图像窗格便会显示该记录的渲染图像，当不需要该条记录，可以通过单击右键从快捷菜单中选择"从列表中删除"来实现。

3. 材质设置

在渲染环境中，使用材质可以描述对象的反射光线的情况，显著地增强渲染模型的真实感。在材质中使用贴图可以模拟纹理、凹凸效果、反射和折射等。

设置材质可以选择菜单"视图"→"渲染"→"材质"，打开"材质"选项板，如图 7-24 所示。利用该选项板可以创建新材质，并将材质应用到对象中。对于新创建的材质用户可以在选项板的材质编辑器、贴图、高级光源替代、材质缩放与平铺和材质偏移与预览等 5 组数据区进行设置。

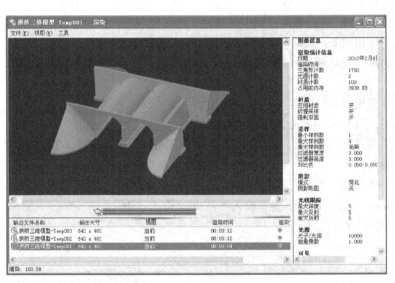

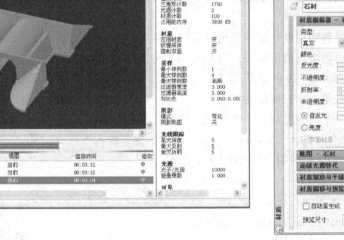

图 7-23　简单渲染的图像　　　　　　　　图 7-24　"材质"选项板

7.6　桥梁三维建模示例

7.6.1　等截面空腹式圆弧拱上部结构建模

等截面空腹式圆弧拱上部结构由主拱圈、腹拱圈、腹孔墩及侧墙 4 部分组成，对这种专业实体模型的建模通过 AutoCAD 2010 的三维绘图命令、三维编辑命令，再结合布尔运算等综合操作，一般可以完成大部分的建模工作。三维建模可按下面顺序进行：分别对主拱圈、腹拱圈、腹孔墩、侧墙进行建模，然后再组装成一个整体的上部结构。

1. 主拱圈建模

（1）基本资料　净跨径为 20m，净矢高为 4m，拱圈厚为 0.85m，拱宽为 11m，拱轴线型为圆弧线，2 孔等跨布置，墩顶宽 2.2m。

（2）操作步骤　先绘制主拱圈截面，用 Boundary 命令将其生成一个面域，再用拉伸命令拉伸该面域，得到一个拱圈，最后用 Copy 命令复制另一个拱圈。

1）坐标设置和视点设置。在命令行输入"UCS"，按 < Enter > 键，"x"，按 < Enter > 键，"-90"按 < Enter > 键。在命令行输入"Vp"，按 < Enter > 键，打开"视点预设"对话框，选择"相对于 UCS"，自 X 轴输入 300，自 XY 平面输入 30，按"确定"按钮。

2）绘制主拱圈截面。在命令行输入"UCS"，按 < Enter > 键，"x"，按 < Enter > 键，"90"按 < Enter > 键。在 XOY 平面上，用 Arc 命令绘制下弧线，用 Offset 命令绘制上弧线，具体操作步骤如下：

命令：ARC，按 < Enter > 键。

指定圆弧的起点或［圆心（C）］：用光标指定圆弧起点。

指定圆弧的第二个点或［圆心（C）/端点（E）］：输入"@1000，400"，按 < Enter > 键。

指定圆弧的端点：输入"@1000，-400"，按 < Enter > 键。

命令：输入 offset；按 < Enter > 键。

指定偏移距离或［通过（T）/删除（E）/图层（L）］ <通过>：输入"85"，按 < Enter > 键。

选择要偏移的对象，或［退出（E）/放弃（U）］ <退出>：选择圆弧。

指定要偏移的那一侧上的点，或［退出（E）/多个（M）/放弃（U）］ <退出>：点击圆弧上方。

选择要偏移的对象，或［退出（E）/放弃（U）］ <退出>：按 < Enter > 键。

然后，启动端点捕捉模式，用 Line 命令分别绘制左右拱脚线。

3）用 Boundary 命令将其生成一个面域，用实体拉伸命令 Extrude 拉伸实体，拉伸高度 1100cm，完成第一个拱圈的建模。

4）用 Copy 命令复制另一个拱圈，两个拱圈距离为 20m + 2.2m = 22.2m。

5）在命令行输入"isoLines"，按 < Enter > 键，输入参数 20。输入"Re"，按 < Enter > 键。

最后生成的主拱圈模型如图 7-25 所示。

净跨径为 20m，净矢高为 4m，拱圈厚为 0.85m，拱宽为 11m，拱轴线型为圆弧线，2 孔等跨布置，墩顶宽 2.2m。

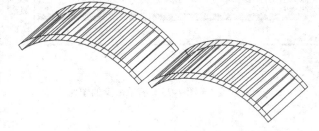

图 7-25　主拱圈模型

2. 腹拱圈建模

（1）基本资料　净跨径为 2.1m，净矢高为 0.7m，拱圈厚为 0.3m，腹拱圈宽为 11m，拱轴线型为圆弧线，2 孔等跨布置，墩顶宽 0.8m。

（2）操作步骤　腹拱圈建模方法与主拱圈相同，按主拱圈建模步骤输入腹拱圈的尺寸即可完成建模工作，其过程从略，完成后的一侧腹拱圈模型如图 7-26 所示。

3. 腹孔墩建模

（1）基本资料　墩宽为 0.8m，两侧为直立，拱座为梯形，顶宽为 0.25m，底宽为 0.8m，高为 0.12m，墩高一侧为 1.06m，另一侧为 1.56m。

（2）操作步骤　先绘制腹孔墩截面，用 Boundary 命令将其生成一个面域，再用拉伸命令 Extrude 拉伸该面域，拉伸长度为 11m，最后得到腹孔墩模型。建模方法和使用的命令同拱圈建模，过程从略，完成后的模型如图 7-27 所示。

图 7-26　腹拱圈模型

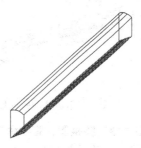

图 7-27　腹孔墩模型

4. 侧墙建模

（1）基本资料　侧墙横截面形状为外侧直立，内侧 4:1，顶宽为 75cm 的梯形，梯形高在拱圈顶部为 50cm，在拱脚处为 $50 + f_1$，f_1 为主拱圈拱背外弧线矢高，从拱顶到拱脚按拱背外弧线曲线变化。

（2）操作步骤　先创建外侧直立，内侧 4:1，顶宽为 75cm 的梯形，高度为 $50 + f_1$，长度为 $2L_1 + d_0$，L_1 为拱圈外弧线跨径，d_0 为相邻拱圈拱脚截面与外弧线交点间的距离。再创建与腹拱圈相对应的小弓形体 4 块，小弓形体弧线与腹拱圈上弧线一致。创建与主拱圈实腹段对应的大弓形体 1 块，大弓形体弧线与主拱圈上弧线一致。最后将 5 块弓形体置于侧墙对应的位置上，进行布尔差运算，侧墙剩余部分即为要建立的侧墙模型。

1）绘制侧墙截面。用 UCS 命令将坐标轴绕 Y 轴旋转 90°。在 XOY 平面上，绘制上顶宽为 0.75m，外侧直立，内侧 4:1，底宽为 1.1m，高为 1.38m 的梯形。

2）用 Boundary 命令将其生成一个面域，用实体拉伸命令 Extrude 拉伸实体，拉伸高度 21.73m，完成侧墙建模，如图 7-28 所示。

3）创建小弓形体。用 UCS 命令将坐标轴绕 Y 轴旋转 -90°。在 XOY 平面上，绘制高为 0.88m，长度为 2.65m，半径为 1.44m 的弓形截面。用 Boundary 命令将其生成一个面域，用拉伸命令 Extrude 拉伸弓形面域，拉伸高度 1.5m，完成第一个弓形体的建模，如图 7-29 所示。

4）创建大弓形体。在上面的 XOY 平面上，绘制高为 0.88m，长度为 10.27m，半径为 15.35m 的弓形截面。用 Boundary 命令将其生成一个面域，用拉伸命令 Extrude 拉伸弓形面域，拉伸高度 1.5m，完成大弓形体的建模，如图 7-30 所示。

5）用 Move 命令将弓形体移动至侧墙的下端，要求外侧小弓形体外角点与侧墙角点对齐，用 Copy 命令复制一个弓形体，要求第二个弓形体与第一个小弓形体的净距为 0.25m。用 Move 命令将大弓形体移动至侧墙的中部端，要求大弓形体与第二个弓形体的净距为 0.17m。用 Copy 命令复制 2 个小弓形体至侧墙的另一端。如图 7-31 所示。

6）用布尔差命令将弓形体从侧墙中挖去，完成一侧侧墙建模，如图 7-32 所示。

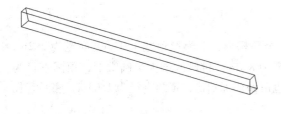

图 7-28　挖空前的侧墙

图 7-29　小弓形体

图 7-30　大弓形体

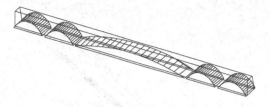

图 7-31　布尔运算前的侧墙和弓形　　　　　　　图 7-32　布尔差后的侧墙

5. 主拱圈、腹拱圈、腹拱墩与侧墙组合

先用 Mirror 命令镜像另一侧侧墙，把侧墙准确放置在拱圈顶部；用 Move 命令将腹拱圈及腹拱墩移至主拱圈上；用 Mirror 命令镜像右半拱上的腹拱结构；最后用布尔"并"命令合成一孔拱桥上部结构模型；用 Copy 命令复制另一孔模型。操作步骤如下：

1）用 UCS 命令将坐标轴绕 X 轴旋转 – 90°。先将侧墙放置在拱圈顶部的一侧，要求位置对齐。

2）用 Mirror 命令镜像另一侧侧墙，镜像轴选择在拱宽的中心位置。

3）用 Move 命令将腹拱圈及腹孔墩放在左侧主拱圈上，用 Mirror 命令镜像右侧腹拱圈和腹孔墩，镜像轴选择在拱顶的中心位置。

4）用布尔"并"命令将主拱圈、腹拱圈、腹孔墩和侧墙合成整体。

5）用 Copy 命令复制另一孔上部结构模型，两孔模型中间空缺一段侧墙，可以按上述侧墙建模方法创建，并用 Move 命令移至空缺位置。完成后的拱桥上部结构模型如图 7-33 所示。

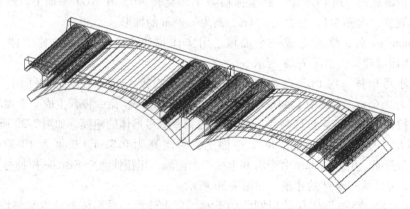

图 7-33　合成后的拱桥上部结构模型

7.6.2　拱桥实体墩台建模

拱桥桥墩由墩身和基础两部分组成，桥台由前墙、侧墙和基础三部分组成。三维建模可按下面顺序进行：分别对墩身和墩基础进行建模，再组装成一个整体桥墩；分别对前墙、侧墙和基础进行建模，然后再组装成一个整体桥台。

1. 桥墩墩身建模

（1）基本资料　桥墩中间部分为等截面的一个叠梯形，上梯形顶宽 1.03m，底宽为 2.2m，高为 0.62m；下梯形顶宽 2.2m，底宽为 3.0m，高为 8.0m。桥墩两端为半圆端形，顶圆直径为 2.2m，高为 8.0m，底圆直径为 3.0m。拱座端部也可做成圆端形，顶圆直径为 1.03m，底圆直径为 2.2m，高为 0.2m。

（2）操作步骤　先对桥墩中间部分建模，再对端部部分建模，最后用布尔"并"命令合成一个整体模型。

1）用 UCS 命令将坐标轴绕 X 轴旋转 90°。在 XOY 平面上，用 Line 命令按指定尺寸绘制一个叠梯形的封闭图形。

2）用 Boundary 命令将其生成一个面域，用拉伸命令 Extrude 拉伸梯形面域，拉伸高度 11.0m，完成中间部分的建模，如图 7-34a 所示。

3）用 Line 命令绘制半个叠梯形的封闭图形。

4）用 Boundary 命令将其生成一个面域，用实体旋转命令 Revolve，将面域绕直立边旋转 360°，得到一个圆台模型，如图 7-34b 所示。

5）用 Slice 命令对圆台进行剖切，剖切面为圆台中心并平行与 XOY 平面。剖切后的圆台一分为二。

6）用 Move 命令分别将两个半圆台移至桥墩两侧，用布尔"并"命令将圆台和梯形合成整体，如图 7-34c 所示。

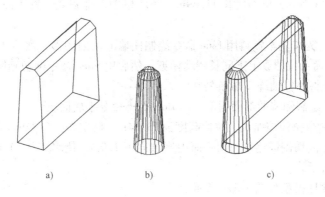

a)　　　　　　　　　　b)　　　　　　　　　　c)

图 7-34　拱桥桥墩墩身模型

2. 桥墩基础建模

（1）基本资料　桥墩基础为两层矩形基础，上层宽为 3.6m，长为 15.0m，下层基础宽为 4.2m，长为 15.0m，基础厚均为 0.75m。

（2）操作步骤　先用长方体命令绘制上下层基础，再将基础放置在墩身下面，保留襟边 50cm。

1）用 Box 命令，按指定尺寸绘制上下两层实体基础。

2）用 Move 命令，将基础移至墩身下面，保留襟边 50cm。

3）用布尔"并"命令将基础和墩身合成整体，如图 7-35 所示。

3. 桥台前墙建模

（1）基本资料　由于是空腹式拱桥的桥台，前墙由上墙和下墙两部分组成。上墙临水面直立，背坡斜坡。前墙顶宽为 0.69m，台口宽为 0.3m，台口高为 0.12m，台高为 3.23m，底宽为 1.92m，长为 11.0m。下墙临水面直立，背坡斜坡。前墙顶宽为 3.12m，台口宽为 0.59m，台口高为 0.62m，台高为 8.0m，底宽为 7.22m，长为 11.0m。

（2）操作步骤　先用 Line 命令按指定尺寸绘制前墙截面图形，再用拉伸命令 Extrude 沿截面法线方向拉伸。

1）在 XOY 平面上，用 Line 命令按指定尺寸绘制前墙截面图形，再用 Boundary 命令生成面域。

2）用 Extrude 命令拉伸该面域，拉伸高度为 11.0m，前墙模型如图 7-36 所示。

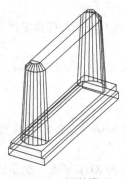

图 7-35　桥墩模型

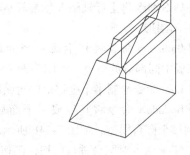

图 7-36　前墙模型

4. 桥台侧墙建模

（1）基本资料　侧墙断面为梯形，前坡直立，背坡 4:1。顶宽 0.75m，底宽 4.56m，侧墙高 13.35m，侧墙顶长 13.24m，侧墙底长 11.69m，侧墙尾端上部直立，直立高度为 1.0m，下部为倒坡。

（2）操作步骤　先按基本资料用 Line 命令绘制侧墙的剖面图形，然后用 Boundary 命令生成面域，再用 Extrude 命令拉伸成上下同长侧墙模型，然后用 Slice 命令剖切侧墙尾端。

1）用 UCS 命令将坐标轴绕 Y 轴旋转 90°。

2）用 Line 命令绘制侧墙的剖面图形，用 Boundary 命令生成面域。

3）用 Extrude 命令拉伸该面域，拉伸高度为 13.24m。模型如图 7-37a 所示。

4）用 Slice 命令剖切侧墙尾端，切平面由尾端向下 1.0m，侧墙底长 11.69m 处的 3 点控制。切平面如图 7-37b 所示。

操作结束后的侧墙模型如图 7-37c 所示。

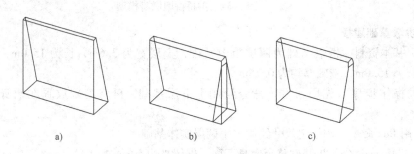

　　　　a)　　　　　　　　　　　　b)　　　　　　　　　　　　c)

图 7-37　侧墙模型

a）剖切前的侧墙　b）切平面剖切侧墙　c）剖切后的侧墙

5. 桥台基础建模

（1）基本资料　基础为单层长方体，横桥向宽为 12.0m，顺桥向长为 13.16m，厚度为 1.0m。

（2）操作过程　用 Box 命令，按指定尺寸绘制单层实体基础。

6. 桥台组合

先将前墙和基础拼在一起，再将一侧侧墙拼在基础一侧，利用 Mirror3D 命令，镜像生成另一侧侧墙。最后用布尔"并"命令将基础、前墙、侧墙合成整体。具体操作如下：

1）用 Move 命令将基础与前墙拼在一起，留出前襟边 0.5m，两侧襟边各 0.3m。

2）用 Move 命令将侧墙与基础拼在一起，留出前襟边 0.3m。

3）用 Mirror3D 命令镜像生成另一侧侧墙，镜像轴选择桥梁中轴线。

4）用 Union 命令将基础、前墙、侧墙合成一个桥台。操作结束后生成的桥台模型如图 7-38 所示。

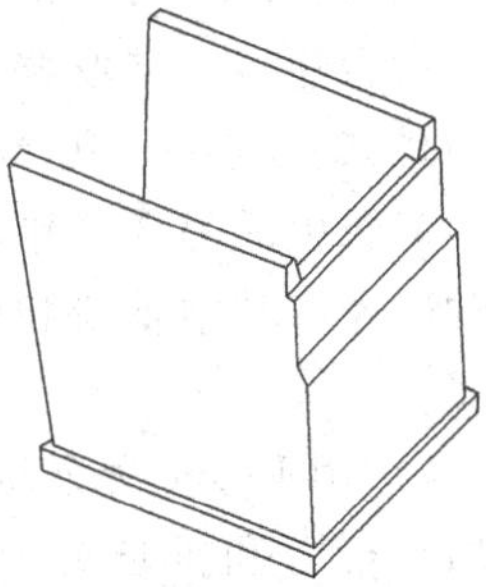

7.6.3　锥坡建模

桥梁有 4 个锥坡，分布在桥台侧墙外侧。每个锥坡由锥坡身和基础组成。

1. 锥坡身建模

图 7-38　桥台模型

锥坡平面形状为 1/4 的椭圆形，锥坡身为 1/4 的椭圆锥。先用椭圆锥命令生成一个椭圆锥模型，再用剖切命令切成均等的 4 份。

（1）基本资料　椭圆长半轴（横桥向）为 20.025m，椭圆短半轴（顺桥向）为 13.35m，椭圆锥高 13.35m。

（2）操作过程

1）用 UCS 命令将 XOY 置于水平面上。

2）用 Cone 命令按给定尺寸绘制一个椭圆锥，如图 7-39a 所示。

3）用 Slice 命令剖切椭圆锥，2 个切平面通过锥体中心，分别平行于 X、Y 轴。剖切后的椭圆锥模型如图 7-39b 所示。

2. 锥坡基础建模

（1）基本资料　锥坡基础截面为矩形，宽 1.0m，高为 0.8m，内外弧线平面形状均为 1/4 椭圆，其中外椭圆弧长半轴（横桥向）为 20.325m，短半轴（顺桥向）为 13.65m。

（2）操作过程

1）用 Ellipse 命令按给定尺寸绘制外椭圆弧，再用 Offset 命令绘制内椭圆弧，偏移距离为 100cm，用 Line 命令绘直线连接内外弧线，形成封闭图形。

2）用 Boundary 命令生成面域，用 Extrude 命令拉伸该面域，拉伸厚度为 60cm。生成的基础模型如图 7-39c 所示。

3）用 Move 命令将锥坡身和基础拼在一起，留出襟边 20cm。

4）用 Union 命令将基础和锥身合成整体。操作结束后生成的锥坡模型如图 7-39d 所示。

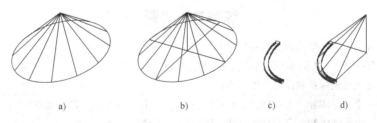

a)　　　　　　　b)　　　　　c)　　　d)

图 7-39　锥坡身、基础及整体模型

7.6.4　拱桥整体模型组合及渲染

1）用 Move 命令将拱圈、桥墩按指定关系拼在一起。

2）用 Move 命令将一侧桥台与拱圈连接，用 Mirror3D 命令镜像生成另一个桥台，镜像轴选择桥墩中轴线。

3）用 Move 命令将一个锥坡与桥台连接，锥坡坡脚与桥台前墙墙趾对齐。用 Mirror3D 命令镜像生成另 3 个锥坡，镜像轴选择桥墩中轴线和桥梁中心线。

4）用 Union 命令将拱圈、桥墩、桥台和锥坡合成整体。操作结束后生成的拱桥整体模型如图 7-40 所示。

5）单击工具栏材质按钮 ，打开材质选项板，选择材质为"石材"，进行贴图设置。

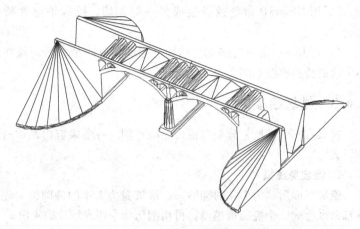

图 7-40 拱桥整体模型

6）单击工具栏平行光按钮 ，添加两束方向不同、强度不同的平行光。

7）单击工具栏阳光特性按钮 ，设置阳光特性。

8）单击工具栏渲染按钮 ，对模型进行渲染，渲染结束后生成的模型如图 7-41 所示。

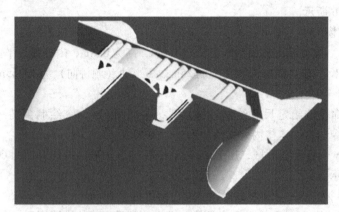

图 7-41 进行材质、灯光、贴图设置后模型效果

练习与思考题

7-1 在计算机中构造三维物体有哪些模型？

7-2 在 AutoCAD 2010 中有哪几种构造三维实体的方法？

7-3 如何建立三维坐标系和设置三维视点。

7-4 先绘制一个立方体和一个圆柱体，然后进行布尔"并"和布尔"差"运算

7-5 先绘制一个圆锥体和一个圆柱体，然后进行布尔"并"运算。

7-6 用 Revolve 命令绘制一个旋转体。

7-7 先绘制一个圆锥体，然后用 Slice 命令进行不同斜面的切割。

7-8 空腹式圆弧石拱桥上部结构三维建模，主拱圈尺寸：净跨径 $l_0 = 25\text{m}$，净矢高 $f_0 = 5\text{m}$，拱圈厚 $d = 0.8\text{m}$，拱圈宽 12m。一侧腹孔尺寸：每侧二孔，$l_0 = 2.7\text{m}$，$f_0 = 0.9\text{m}$，$d_0 = 0.35\text{m}$，腹孔墩厚 $= 0.85\text{m}$。侧墙尺寸：拱顶处侧墙高 0.5m，侧墙顶宽 0.5m，侧墙背坡 4:1。

第8章 土木工程计算机绘图的基本规定和绘图环境设置

本章提要

◼ 土木工程计算机绘图的基本规定

◼ 土木工程图的绘图环境设置

8.1 土木工程计算机绘图的基本规定

工程图是工程界的技术语言，也是设计和生产的技术文件。绘制工程图时必须遵守统一的标准。为此，国家组织了专门的机构，制定了一系列的全国范围内的通用的"国家标准"，简称"国标"，用"GB"表示，如 GB 50162—1992《道路工程制图标准》。由于各个行业和部门的不同，为满足各行业的需要，还制定了范围较小或部门使用的行业标准，如 SL 73.6—2001《水利水电制图标准》、JTJ 206—1996《港口工程制图标准》等。本节将介绍土木工程制图标准中的一些中最基本的规定，并要求在制图时严格遵守。

1. 图幅及格式

土木工程的图幅与图幅尺寸应符合表 8-1 的规定，表中尺寸含义如图 8-1 所示。

表 8-1 图幅与图幅尺寸规定 （单位：mm）

尺寸代号 ＼ 图幅代号	A0	A1	A2	A3	A4
$b \times l$	841×1189	594×841	420×594	297×420	210×297
a	35	35	35	30	25
c	10	10	10	10	10

当基本幅面不能满足视图的布置时，短边不能加长，长边可以加长，加长幅面按基本幅面的短边成整倍数增长。

2. 标题栏、角标

标题栏布置在图框内的右下角。图表外框线的宽度应为 0.7mm，分格线宽度应为 0.25mm。工程设计图样中的标题栏采用图 8-2a 所示的格式，角标采用图 8-2b 所示的格式。

3. 字体、字高及字宽

图中的汉字、数字、字母等均应做到字体端正，笔画清楚，排列整齐，间距均匀。字体高度尺寸系列为 1.8mm、2.5mm、3.5mm、5mm、7mm、10mm、14mm、

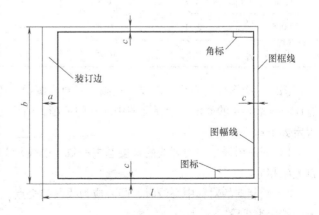

图 8-1 幅面尺寸含义

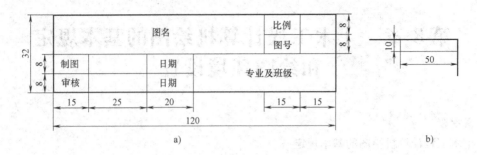

图 8-2　标题栏、角标格式

a）标题栏　b）角标

20mm。当采用更大的字体时，其字高按 1.414 的比例递增。图中的汉字应采用长仿宋体，同一图样上只允许选用一种形式的字体。字高、字宽尺寸按表 8-2 的规定采用，字号即为字体的高度。

表 8-2　字高与字宽尺寸　　　　　　　　　　　　（单位：mm）

字高或字号	20	14	10	7	5	3.5	2.5	1.8
字宽	14	10	7	5	3.5	2.5	1.8	1.3

4. 图线

图线由不同形式、不同粗细的线条组成。一般情况下，每张设计图应有多种规格的图线以突出设计内容，但不宜超过 3 种。

图线应从 2.0mm、1.4mm、1.0mm、0.7mm、0.5mm、0.35mm、0.25mm、0.18mm、0.13mm 中选取。基本线宽应根据图样比例和复杂程度确定。线宽组合可按表 8-3 的规定选取。

表 8-3　线宽组合　　　　　　　　　　　　（单位：mm）

线宽类别	线宽系列				
b	2.0	1.4	1.0	0.7	0.5
$0.5b$	1.0	0.7	0.5	0.35	0.25
$0.25b$	0.5	0.35	0.25	0.18(0.2)	0.13(0.15)

图线的线形分为实线、虚线、点画线、双点画线、折断线、波浪线等，图中的常用线形及线宽应符合表 8-4 的规定。为保证图中线条的清晰，图线之间的净距不宜小于 0.7mm。图线的画法规定如下：

1）同一图样中同类图线的宽度基本一致。虚线、点画线和双点画线的线段长度和间隔应各自大致相等。

2）绘制圆的对称中心线时，圆心应为线段的交点，如图 8-3a 所示。点画线和双点画线的首末两端应为线段。

3）在较小的图形上绘制点画线和双点画线有困难时，可用细实线代替，如图 8-3b 所示。

4）虚线与虚线相交或虚线与实线相交，交接处应是线段，如图 8-3c 所示。虚线为实线的延长时，不得与实线连接，如图 8-3d 所示。

表 8-4　常用线型及线宽

名称	线型	线宽
加粗粗实线	————————————————	$1.4b \sim 2.0b$
粗实线	————————————————	b
中粗实线	————————————————	$0.5b$
细实线	————————————————	$0.25b$
粗虚线	– – – – – – – – – –	b
中粗虚线	– – – – – – – – – –	$0.5b$
细虚线	– – – – – – – – – –	$0.25b$
粗点画线	—— · —— · —— · ——	b
中粗点画线	—— · —— · —— · ——	$0.5b$
细点画线	—— · —— · —— · ——	$0.25b$
粗双点画线	—— ·· —— ·· ——	b
中粗双点画线	—— ·· —— ·· ——	$0.5b$
细双点画线	—— ·· —— ·· ——	$0.25b$
折断线	—————〜—————	$0.25b$
波浪线	〜〜〜〜〜〜〜〜	$0.25b$

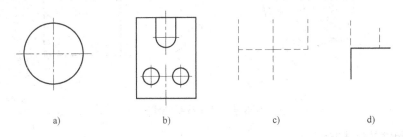

a)　　　　b)　　　　c)　　　　d)

图 8-3　图线交接

a) 圆心处为线段　b) 用实线代替点画线　c) 相交处为线段　d) 虚线与实线不能相连

5. 比例

图样的比例为图形与实物相对应的线性尺寸之比。土木工程图样的比例应按表 8-5 的规定选用，并应有优先选用表中的常用比例。

表 8-5　比例

常用比例	1:1			
	$1:10^n$	$1:2 \times 10^n$		$1:5 \times 10^n$
	2:1	5:1		$(10 \times n):1$
可用比例	$1:1.5 \times 10^n$	$1:2.5 \times 10^n$	$1:3 \times 10^n$	$1:4 \times 10^n$
	2.5:1		4:1	

当整张图纸中只用一种比例时，应统一写在标题栏中，否则应在视图名后面注明比例，如平面图 1:20，立面图 1:50 等。特殊情况下，允许在同一视图中的铅直和水平两个方向上采用不同

的比例，如道路工程中的纵断面设计图的水平比例采用1:2000，纵向比例采用1:200。

6. 尺寸标注的基本方法

图形只能表达物体的形状，其大小和各部件相对位置必须由尺寸标注确定，它是施工放样的重要依据。一个完整的尺寸标注由尺寸界线、尺寸线、尺寸箭头和尺寸数字组成。下面介绍尺寸标注的基本规则。

1）尺寸界线用细实线绘制，尺寸线一般应垂直于尺寸线，其一端应距图样轮廓线不少于2mm，另一端应超出尺寸线2~3mm。

2）尺寸线采用细实线绘制，与被标注的线段平行，不能用图样中的其他图线及延长线代替。标注相互平行的尺寸时，小尺寸在内，大尺寸在外，两平行尺寸之间的距离不应小于5mm。

3）尺寸箭头可采用箭头和斜线两种形式。在标注圆弧、半径、直径、角度和弧长时，一律采用箭头。

4）尺寸数字一般应按图8-4a所示的规定标注，并尽可能避免在如图8-4a所示的30°范围内标注尺寸，当无法避免时，可按图8-4b的形式标注。尺寸数字不能被任何图线所通过，否则须将图线段开，如图8-4c所示。尺寸数字一般采用2.5号或3.5号字，其大小全图应一致。尺寸数字一般注写在尺寸线上方中部，不要紧贴靠在尺寸线上，一般应离开0.5mm。当尺寸界线之间的距离较小时，尺寸数字可引线方式注写，如图8-5所示。

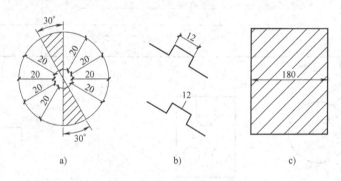

图8-4　尺寸数字的注写

7. 各种尺寸的标注方法

1）圆、圆弧及角度尺寸的注法。半圆或小于半圆的圆弧应标注半径，大于半圆的圆应标注直径。标注直径时应在尺寸数字前加符号"φ"，标注半径时应在尺寸数字前加符号

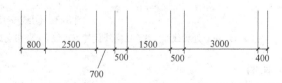

图8-5　引线方式的尺寸标注

"R"，如图8-6a所示；圆或圆弧较小时，可按图8-6b所示的形式标注；圆或圆弧很大时，可按图8-6c所示的形式标注。标注球面直径或半径时，应在符号"φ"或"R"前再加符号"S"，如图8-6d所示的形式标注。

2）标注角度的尺寸界线应沿径向引出，尺寸线是以角顶点为圆的圆弧，角度数字一律水平书写在尺寸线的中断处，必要时也可注在尺寸线的上方或引出标注，如图8-7a所示。

3）弧长的标注应标注在被标注弧段的上方，弧长数字的上方加圆弧符号，如图8-7b所示。弦长的标注应标注在被标注弧段的上方，如图8-7c所示。

4）桁架结构、钢筋及管线等单线图的标注。总体尺寸按线性尺寸标注，局部杆件或局部长度的尺寸可直接用尺寸数字来标注，数字写在杆件的上方、下方或一侧，如图8-8所示。

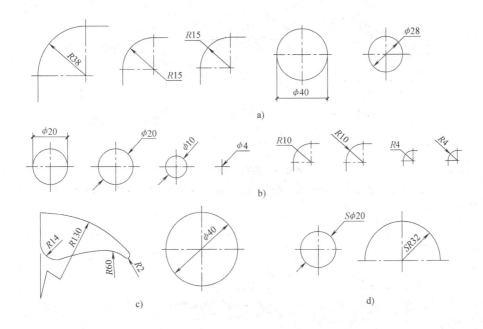

图 8-6　圆、圆弧、球面的径向尺寸标注

a）半径和直径的标注　b）较小半径或直径的标注　c）较大圆弧或圆的标注　d）球面直径或半径的标注

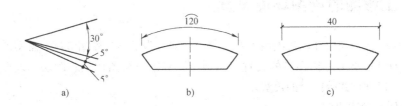

图 8-7　角度、弧长及弦长的标注

a）角度标注　b）弧长标注　c）弦长标注

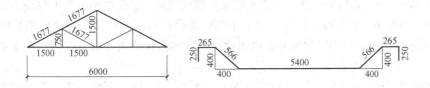

图 8-8　桁架结构、钢筋的尺寸标注

5）坡度尺寸的标注。坡度是指直线上任意两点的高差和其水平距离的比值，坡度的标注形式一般采用 $1:m$，m 一般取整数，如图 8-9a 所示。当坡度较缓时，也可用百分数表示，如图 8-9b 所示。屋面坡度可用三角形符号表示，水平和垂直方向上写上数字，较小的尺寸用"1"表示，如图 8-9c 所示。

6）工程图的立面图或剖面图中，标高符号一般采用等腰三角形符号表示，用细实线画出，高度一般为 3mm，标高符号的尖端向下指，也可以向上指，并应与引出的水平线接触，如图8-10所示。

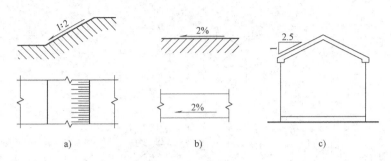

图 8-9　坡度尺寸标注

a）用 1:m 形式表示坡度　b）用百分数表示坡度　c）用三角形符号表示坡度

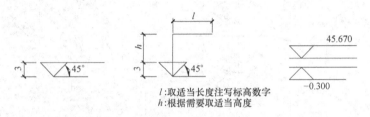

l：取适当长度注写标高数字
h：根据需要取适当高度

图 8-10　标高的标注

8.2　土木工程图的绘图环境设置

与手工绘图一样，在用计算机绘制土木工程图之前，为了提高绘图效率，应对所绘图样有一个总体规划，即进行绘图工作环境的设置，包括绘图界限、绘图比例、图层、线形、线宽、颜色、文字样式、尺寸样式等内容的设置。

1. 绘图界限和绘图比例

绘图界限是指工程图的绘图范围，在绘图之前应根据所绘图件的大小和复杂程度选定图幅号。目前桥梁工程图多采用 A3 幅面图纸出图，图纸规格为 420mm × 297mm，绘图区范围为 380mm × 277mm。在计算机中绘图与手工绘图最大的区别是，手工绘图要根据设定的比例进行绘图，如在图上绘制 1:200 图形，是将实物缩小 200 倍画在图纸上，而在计算机中绘图可以先按 1:1 的比例来绘制图线，在出图时再考虑出图比例，这样做在绘图时无需进行比例变换，非常方便直观。

如一座桥梁的总长度约为 120m，桥宽为 20m，出图比例可以按下面方法计算：（120 × 1000 + 20 × 1000 + 2 × 1000)/380 = 374，取最接近的较大的整百倍数 400，选用的比例即为 1:400。式中 2 × 1000 是图件两侧的留空。

2. 图层、线型、线宽和颜色设置

为了清晰表达图中各部结构细节，在绘制桥梁工程图时通常采用不同的线型、线宽和颜色来绘制结构中不同部位的图线。如结构的外轮廓采用粗实线，其他部位采用细实线。上部结构采用红色，下部结构采用蓝色。在 AutoCAD 中绘图可以用设置图层的方法来设置线型、线宽和颜色。在绘图之前根据所绘图件的内容和复杂程度设置图层，可以根据图件部位来设置图层，不同部位分设不同的图层，如上部结构、下部结构、附属结构；也可以根据线型来设置图层，如中心线或轴线、轮廓线、剖面线等；还可以根据视图来设置图层，如立面、平面、剖面等。然后根据各个图层的内容采用不同的线型、线宽和颜色，如图层"轮廓线"采用黑色，实线，线宽为 0.35；图层"中心线或轴线"采用红色，点画线，线宽为 0.13。这样做在绘制不同图线时不需重新设置，只要切换图层即可。而在修改图线时，可以关闭无关图线的图层，只显示要修改图线所在图层，既方便又直观。

3. 文字样式设置

通常一幅桥梁工程中包括许多文字、数字和字符，它们在出图时，需要按确定的比例输出，因此在绘图时，需要按一定的比例对文字的大小进行设置，在 AutoCAD 中可以通过文字样式的设置来进行。在设置文字样式时，要根据图中文字、数字和字符的规格要求，选用合适的字体、字高和宽度。通常一幅工程图中的文字规格在 3~5 种，这样就可以设置 3~5 种文字样式。例如，桥梁总体布置图中可以设置 fs7、fs5、fs3.5、fs2.5、fs1.8 等 5 种文字样式；其中样式名 fs7 的字体为长仿宋、字高为 7，字的宽高比为 0.7，用于标注图框中的内容；样式名 fs5 的字体为长仿宋、字为 5，字的宽高比为 0.7，用于标注图中的剖面字符；样式名 fs2.5 的字体为长仿宋、字高为 2.5，字的宽高比为 0.7，用于标注图中的墩台号、桩号和尺寸文字。

需要指出的是文字实际输出的大小不仅与文字样式的字高有关，还与打印比例有关。如上述样式名 fs7 的字高为 7，在 AutoCAD 中表示的是 7 个绘图单位，并不是指具体的长度单位 cm、mm 等。当选用不同的打印比例时，输出的字高是不同的，如在 AutoCAD 的"打印"对话框中，选用"打印比例"为 1 个单位（1mm），即 1:1，输出的字高为 7mm。选用"打印比例"为 1 个单位（2mm），即 1:2，输出的字高为 14mm。由此可见，打印比例控制了最后出图的图件及文字的大小。

4. 尺寸样式的设置

一幅工程中包括许多尺寸标注，它们在出图都按确定的比例输出，因此在绘图时，需要进行尺寸样式的设置。设置尺寸样式时，应根据不同的尺寸规格、出图比例和图样的复杂程度选用合适的尺寸文字、箭头和尺寸参数。通常土木工程中的尺寸数字和箭头的大小在出图时为 2.5~3.5mm，如果一幅工程图的所有视图都采用统一比例，可以设置 1 个尺寸样式，当视图采用不同比例应采用不同的尺寸样式进行尺寸标注。如立面图的比例为 1:100，侧面图的比例为 1:50。这时可以设置尺寸样式 D1 标注立面图，打印比例为 1:1，尺寸文字字高和箭头大小采用 2.5，测量比例因子选用 1。可以设置尺寸样式 D2 标注侧面图，打印比例为 1:1，尺寸文字字高和箭头大小采用 2.5，但测量比例因子选用 0.5。

练习与思考题

8-1　绘制工程图之前如何选择绘图比例？

8-2　为什么要分图层绘制工程图，其作用是什么？

8-3　在绘图之前怎样设置图层？

第 9 章　道路 CAD

本章提要

▨ 道路工程图的绘制

▨ 道路 CAD 软件应用

9.1　道路工程图的绘制

　　道路作为一种带状的结构物，穿越在平地、山坡、河流、城市之中会受到各种地形、地物和地质条件的限制，在平面上为顺应地形、地物的变化而出现转弯，在纵断面上为顺应地势起伏变化而出现上坡和下坡，在横断面上包含行车道、路肩等单元具有一定的宽度。因此从整体上看道路是一个带状的空间结构物。为准确而简洁地表达道路空间结构，在工程上一般采用道路路线和道路横断面来表示道路的空间位置、线形和尺寸。道路路线是指道路沿长度方向的行车道中心线，也称道路中线。道路中线在平面上由曲线段和直线段组成，反映了道路平面线形和尺寸，在设计中用路线平面设计图来表示。中线在纵断面上由平坡段、斜坡段和竖曲线组成，反映道路纵断面起伏变化情况，在设计中用路线纵断面设计图来表示。道路横断面由行车道、分隔带、土路肩等单元组成，反映的是道路横断面的结构和尺寸，在设计中用道路横断面设计图来表示。本节将介绍路线平面设计图、纵断面设计图和横断面设计图的绘制方法。

9.1.1　路线平面设计图的绘制

1. 平面图的比例和测绘范围

　　公路平面图的比例在不同的设计阶段中可采用不同的比例。当为工程可行性研究、初步设计阶段的方案研究时，一般采用 1:5000 或 1:10000 的比例尺测绘。当为施工图设计阶段的设计文件组成部分时，一般采用 1:2000 或 1:5000 的比例尺。在地形特别复杂地段的施工图设计中可采用 1:500 或 1:1000 的比例尺。路线地形图的测绘宽度，一般以中线两侧各 100～200m。对 1:5000 的地形图，测绘宽度中线两侧不应小于 250m。

　　城市道路相对于公路，路线长度较短而宽度较宽。在进行技术设计时，可采用 1:500 或 1:1000 的比例尺。测绘宽度一般在道路两侧红线以外各 20～50m，或中线两侧各 50～150m 的范围。

2. 道路平面图的内容

　　1）导线及道路中线。路线导线根据道路起终点及各转角点的平面坐标 (x, y) 分别点绘在具有统一的大地坐标的图纸中相应的位置上。道路中线根据"逐桩坐标表"中的数据在图中放样展绘，并注明各曲线主点、公里桩、百米桩、各加桩及断链桩的位置和桩号。对导线点和转角点按顺序编号，并注明本张图的起点和终点的里程。路线展绘时一律按前进方向从左向右绘出，为方便上下图纸的拼接，每张图纸的拼接处画出接图线。当图纸中含有平曲线时，在图纸的空白处用表格注明曲线元素和主点里程。

　　2）控制点。控制点包括三角点、导线点、图根点、水准点、GPS 点等，按规定符号和位置绘制在道路中线两侧一定范围内。

3）各类构造物。构造物包括各类建造物，如永久建筑物的平房、多层建筑、高层建筑，临时建筑物等；各种管线，高、低压电线，电杆及支架，通信线及其设备；各类等级道路、乡村道路、小路，铁路；过水构造物，如水渠、涵洞、桥梁等；各类交叉口，如公路与公路交叉口，公路与铁路交叉口。对于高速公路、一级公路还应标出坐标网格，互通立交平面形式，跨线桥位置及交叉方式。

4）水系及其附属物。包括海岸线、河岸线、水渠、堤坝、水沟、水塘、河流、井台等构造物的位置和高程。

5）各类地形、地貌、植被及不良地质地带。用等高线和规定的"地形图式"符号及数字表示。

6）高速公路和一级公路的平面设计文件中还应绘制公路平面总体设计图。总体设计图除绘制公路中线外，还要表示出公路的宽度，绘制路基边线、示坡线和排水系统的水流方向等。

7）城市道路的规划红线。规划红线是道路用地与城市其他用地的分界线，两侧红线之间的宽度即为城市道路的总宽度。按城市规划部门规定的红线位置绘制在道路中线两侧，并用红线表示。

8）城市道路的车道线。包括机动车道、非机动车道，机动车道分为快车道和慢车道等。各种车道的位置及宽度，以及车道之间的分隔带、路缘带、绿化带等按规定符号绘出。

9）城市道路的各种管线及排水设施。城市道路的各种管线种类繁多，纵横交错；排水设施包括雨水进水口、窨井、排水沟等都应按规定在图中画出。

3. 道路平面图的绘制

应用计算机绘制平面图的步骤可分为三步。第一步是绘制不含路线导线和中线等相关信息的地形平面图，此项工作是依据采集的地形及地貌数据，按计算机绘图要求，借助机助成图软件完成。由于不涉及路线相关信息，可以委托专门地形测绘单位来完成，本节所讲的道路绘图主要是指后两步工作。

第二步是绘制导线和中线并标注相关信息，此项工作是在全线范围内将设计的导线和中线，按一定的比例绘制在第一步完成的地形图上，并完成所有与路线相关的文字标注，按规定符号和方法绘制路线上所有的结构物。如果是高等级公路还需绘出路基边缘线、边沟以及填挖边界线等。此项工作主要由路线平面设计模块中的绘图程序完成。

第三步是按设计要求将全线平面设计图按一定图幅、页长和比例绘制分页平面设计图。分页平面设计图是套有标准图框的局部平面设计图。为便于读图，路线一律按前进方向从左向右绘制，中线一般布置在图的中间位置使两侧地形均匀分布，在每张图的拼接处画出接图线，在图纸的空白处绘制指北针、曲线元素及主要点里程的曲线要素表，在图的上角注明共×页、第×页。此项工作在第二步工作完成的基础上，应用 AutoCAD 的布局功能将全线平面图按每页的指定绘图范围，经过坐标计算、方向旋转等过程，在图纸空间逐页显示出来，并配以平面设计图框。

第二步和第三步绘图工作的计算机程序框图如图 9-1 所示。绘制的平面设计图举例如图 9-2 所示。

9.1.2　路线纵断面设计图的绘制

1. 纵断面图的内容

路线纵断面图是沿公路中心线用假想的铅垂面进行剖切后并展开而获得的地面线和设计的断面图。纵断面图的水平方向反映了路线长度，用里程桩号表示，竖直方向则表示高程。纵断面图

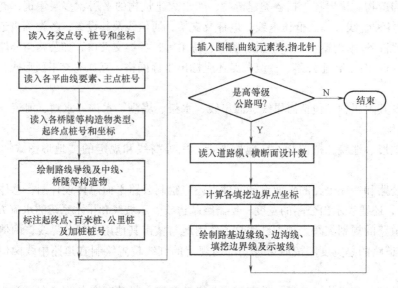

图 9-1　绘制道路平面图程序框图

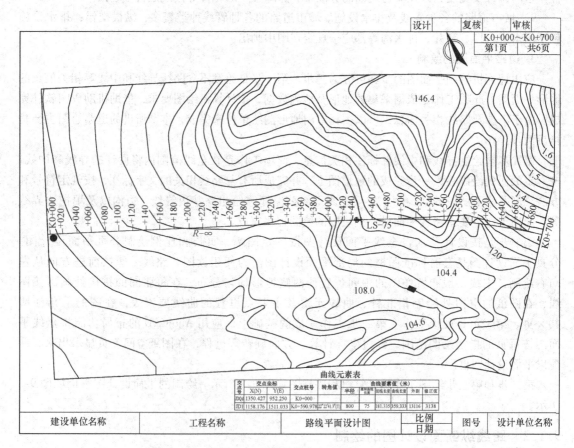

图 9-2　路线平面设计图举例

由图形部分和数据部分组成。图形部分包括纵向高程标尺、纵断面地面线、纵断面设计线、竖曲线及其要素、桥梁、隧道、通道、涵洞、断链、地质钻孔及探坑、水准点等特征及示意图。数据部分包括地质概况、坡度及坡长、设计高程、地面高程、填挖高、里程桩号、直线与平曲线等内容。习惯上把纵断面地面线与设计线等图形绘制在图纸的上部，而把设计数据绘制在下面的表格栏中。

（1）图形部分

1）纵断面地面线表示了路线设计线（中心线或路基边缘线）所经过的地面起伏变化情况，它是由一系列中桩的地面高程点连接而成，用细折线绘制。

2）纵断面设计线表示了路线设计线（中心线或路基边缘线）的设计高程，它由各设计高程点连接而成的纵坡线和竖曲线组成。纵坡线的变更处称为变坡点，变坡点处需要设置竖曲线，竖曲线分为凸曲线和凹曲线两种。竖曲线范围以外的纵坡线和竖曲线均用粗实线绘制，在竖曲线范围内的纵坡线用细虚线绘制，变坡点用直径 2mm 的中粗线圆圈表示。凸曲线和凹曲线分别用 "⌐⌐" 和 "⌐⌐" 符号表示，并在其上标注竖曲线要素：曲率半径 R、切线长 T 和外距 E。

3）当路线上有桥梁、隧道、通道、涵洞等构造物时，应在其相应的位置上用规定的图符表示出来，此外还要用文字注明构造物的名称、种类、规格及所在的中心桩号。水准点一般位于路线中线两侧，应在其对应的中桩位置处用引线表示出来，并用文字注明水准点的编号、高程及与中桩的垂直距离。

（2）数据部分　　纵断面图的设计数据用表格形式标注在图形的下方，与上面的图形是上下对应的。

1）坡度是指纵坡线的高差与坡长的比值，用百分数表示，即 $i = h/l$（%），i 为正值时表示上坡，为负值时表示下坡，为零时表示平坡，在数据栏中用斜线（向上或向下）和水平线绘制。斜线的上方注明坡度值，斜线的下方注明坡长。

2）直线与平曲线数据栏表示的是平曲线的位置和曲线元素，从中可以直观地观察到竖曲线与平曲线的配合关系，它是纵坡设计时要考虑的重要因素。在数据栏中一般用 "——" 符号表示直线段，用 "⌐⌐"、"⌐⌐" 符号表示单圆曲线，用 "⌐⌐"、"⌐⌐" 符号表示带缓和曲线的圆曲线。上凸表示曲线右转弯，下凹表示曲线左转弯。此外在曲线的一侧注明交点号、偏角、半径及曲线长。

2. 纵断面图的绘制

纵断面图的绘制在纵断面设计完成后，由纵断面设计模块中的绘图程序读入纵断面地面线数据、纵断面设计数据、平曲线设计数据及其他构造物数据，是通过调用绘图命令自动完成的。纵断面图一般采用 A3 图幅，绘图比例采用水平方向 1:2000，纵向 1:200，一幅图可以绘制 700m 长的路线。图中的高程标尺范围要求能够覆盖图幅范围内的所有地面高程和设计高程，并尽量使图线放置在图形区的中间部位。当图幅范围内地形起伏很大，设计线或地面线在纵向超出图框时，可以改变标尺的水平位置和高程范围分段绘制纵断面图线。纵断面绘图的计算机程序框图如图 9-3 所示，绘制的路线纵断面设计图举例如图 9-4 所示。

9.1.3　路基横断面设计图的绘制

1. 路基横断面设计图的内容

路基横断面设计图是路线中桩处垂直于路线中心线的断面图。它包括横断面地面线、横断面设计线（路幅，边坡，边沟等）、路槽、支挡构造物、防护设施、截水渠、排灌渠、各种标注等（桩号，高程，距离，填挖面积）。横断面图的比例一般采用 1:200 ~ 1:400。在同一张图纸中横断面应按桩号顺序排列，习惯上从图纸左下方开始，先由下向上，再由左向右排列。

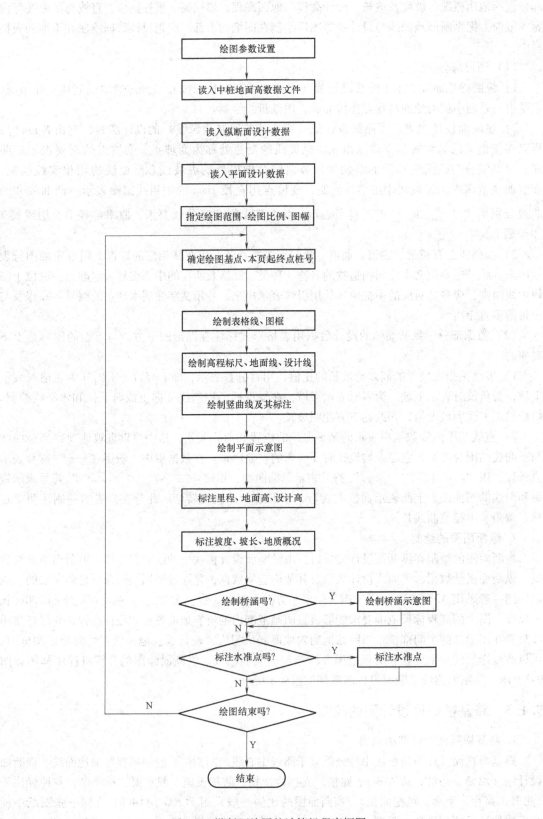

图 9-3 纵断面绘图的计算机程序框图

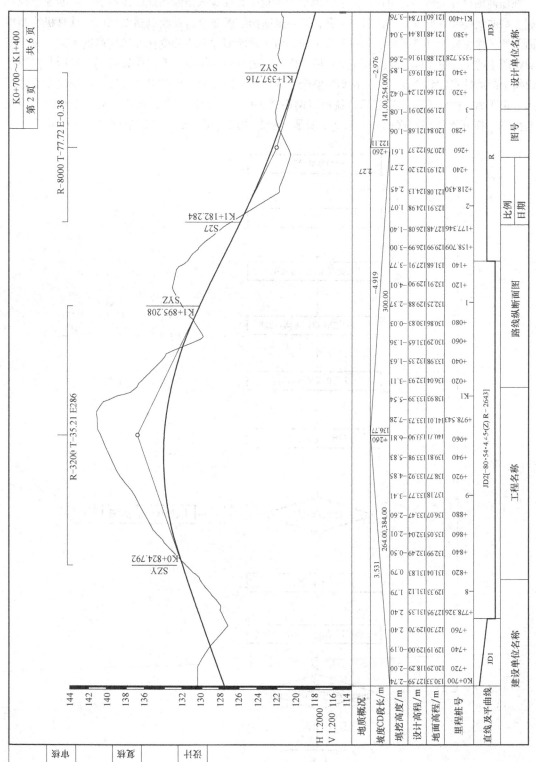

图 9-4　路线纵断面设计图举例

2. 路基横断面设计图的绘制

在横断面设计完成后，由横断面设计模块中的绘图程序读入横断面地面线数据、纵断面填挖高数据、平曲线设计数据及其他构造物数据，调用横断面绘图命令自动绘制横断面图。计算机绘制横断面图的工作主要包括排版和绘图两部分工作。由于横断面地面线的变化和填挖高的不同，每个横断面在图中的位置也不同，绘图程序要对所绘横断面进行自动排版，使之位置适当。排版时先要计算出每个断面的宽度和高度，然后在图纸空余空间中计算出该横断面的具体位置，保证横断面之间留出一定距离。横断面位置确定后，就可以调用 AutoCAD 的绘图命令，选用不同线型和颜色绘制横断面图。横断面绘图程序框图如图 9-5 所示，绘制的路基横断面设计图举例如图 9-6 所示。

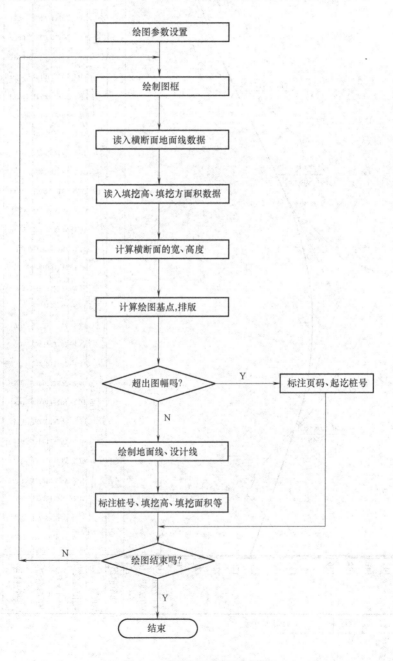

图 9-5　横断绘面图程序框图

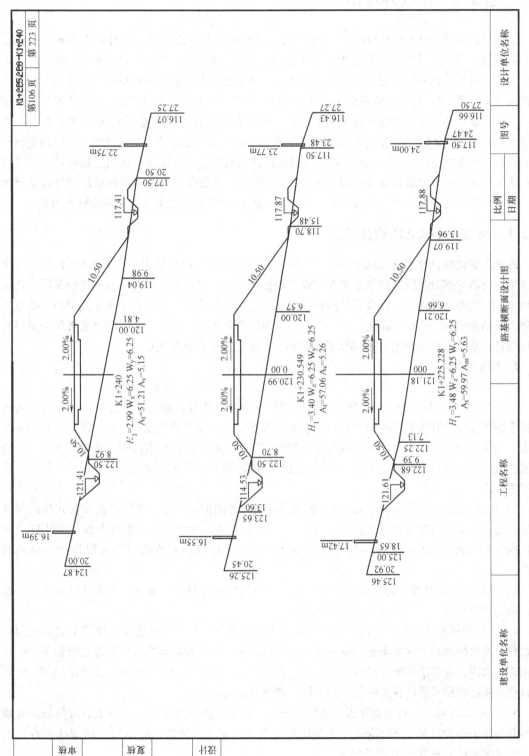

图 9-6　路基横断面设计图举例

9.2　道路 CAD 软件应用

　　道路 CAD 软件是用于公路路线、道路交叉、城市道路及平面交叉口设计的专用软件，通常具有数据输入、交互设计、计算分析、三维建模、自动化图表等功能。目前国内应用道路 CAD 软件进行道路设计已非常普遍，全国全部省部级、地市级公路和市政设计单位，在道路设计工作中都采用了道路 CAD 软件，道路设计计算机出图率已达到 100%。从 20 世纪 90 年代末开始，国内一些高等院校和公路勘察设计院相继推出了一些具有特色的商品化道路 CAD 系统，如由东南大学开发的 ICAD 及 DICAD 系统可用于道路三维设计和互通立交设计；交通部第一公路勘察设计院开发的纬地道路系统（HintCAD）可直接利用设计原始数据生成公路及其构造物的精确三维模型；西安海德公司开发的具有自主图形平台的（HEAD）系统可用于道路勘测设计和互通立交设计。本节将以纬地道路系统（HintCAD）为例介绍道路 CAD 软件的主要功能和设计方法。

9.2.1　纬地道路 CAD 软件简介

　　纬地道路辅助设计系统（HintCAD）是路线与互通式立交设计的大型专业 CAD 软件，由交通部第一公路勘察设计研究院结合多个工程实践研制开发。经过十几年的不断改进和发展，技术日臻成熟，功能日渐强大，拥有了公路路线设计、互通立交设计、三维数字地面模型和公路全三维建模等功能模块，适用于高速、一、二、三、四级公路主线、互通立交、城市道路及平交口的几何设计。本节将详细介绍 HintCAD 系统的功能、设计方法和应用实例。

1. 系统主要功能

（1）路线辅助设计

1）平面动态可视化设计与绘图。系统沿用传统的导线法设计理论，可进行任意组合形式的公路平面线形设计计算和多种模式的反算。支持人机交互定线及修改设计，在动态拖动修改交点位置、曲线半径、切线长度缓和曲线参数的同时，可以实时监控其交点间距、转角、半径、外距以及曲线间直线段长度等技术参数。在平面设计完成的同时，系统自动完成全线桩号的连续计算和平面绘图。

2）纵断面交互式动态拉坡与绘图。在自动绘制拉坡图的基础上，支持动态交互式拉坡与竖曲线设计。可实时修改变坡点的位置、标高、竖曲线半径、切线长、外距等参数。支持以"桩号区间"和"批量自动绘图"两种方式绘制任意纵、横比例和精度的纵断面设计图及纵断面缩图。

3）超高、加宽过渡处理及路基设计计算。支持处理各种加宽、超高方式及其过渡变化，能进行路基设计与计算、自动输出路基设计表。

4）参数化横断面设计与绘图。支持常规模式和高等级公路沟底纵坡设计模式下的横断面戴帽设计；可以根据用户选择准确扣除断面中的路槽面积；可任意定制多级填挖方边坡和不同形式的边沟排水沟；提供了横断面修改和土方数据联动功能；可设定自动分幅输出多种比例的横断面设计图，并可在横断面设计图中绘出挡土墙、护坡等构造物。

5）土石方计算与土石方计算表等成果的输出。利用在横断面设计输出的土石方数据，直接计算并输出土石方计算表到 Excel 中，在计算中自动扣除大、中桥，隧道以及路槽的土石方数量，并考虑到松方系数等影响因素。

6）公路用地图（表）输出。利用横断面设计成果，批量自动分幅绘制公路用地边线，标注桩号与距离或直接标注用地边线上控制点的平面坐标，同时可输出公路逐桩用地表和公路用地坐标表。

7）总体布置图绘制。利用路线平面图，直接绘制路基边缘线、坡口坡脚线、示坡线以及边沟排水沟边线等，自动分幅绘制路线总体布置图。自动标注所有大、中型桥梁、隧道、涵洞等构造物。

8）路线概略透视图绘制。利用路线的平、纵、横原始数据，绘制出任意指定桩号位置和视点高度、方向的公路概略透视图。在系统的数模板中，可直接生成全线的地面模型和公路全三维模型，方便地渲染制作成三维全景透视图和动态全景透视图（三维动画），并模拟行车状态。

9）路基沟底标高数据输出沟底纵坡设计。横断面设计模块中可直接输出路基两侧排水沟及边沟的标高数据，可交互式完成路基两侧沟底标高的拉坡设计。

10）平面移线。针对低等级公路项目测设过程中发生移线情况，系统可自动计算搜索得到移线后的对应桩号、左右移距以及纵、横地面线数据。

（2）互通式立交辅助设计

1）立交匝道平面线位的动态可视化设计与绘图。系统采用曲线单元设计法和匝道起终点智能化自动接线相结合的立交匝道平面设计思路，方便、快捷地完成任意立交线形的设计和接线；利用立交平面设计数据，绘制立交平面线图，可直接在线位图中绘制输出立交曲线表和立交主点坐标表。

2）任意的断面形式、超高加宽过渡处理。可支持处理任意路基断面变化形式（如单、双车道变化、分离式路基等）和各种超高变化。

3）立交连接部设计与绘图。可自动搜索计算立交匝道连接部（加、减速车道至楔形端）的横向宽度变化，根据用户指定批量标注桩号及各变化段的路幅宽度，自动搜索确定楔形端位置及相关线形的对应桩号。

4）连接部路面标高数据图绘制。在连接部设计详图（大样图）的基础上，可批量计算、标注各变化位置及桩号断面的路基横向宽度、各控制点的设计标高、横坡及方向等数据。

（3）数字地面模型（DTM）

1）支持多种三维地形数据接口。系统支持 AutoCAD 的 .dwg/dxf 格式、Microstation 的 .dgn 格式、Card/1 软件的 .asc/pol 格式，以及 .pnt/dgx/dlx 格式等多种三维地形数据来源（接口）。支持航测数据和地形图数字化数据。

2）自动过滤、剔除粗差点和处理断裂线相交等情况。系统自动过滤并剔除三维数据中的高程粗差点，自行处理平面位置相同点和断裂线相交等情况。

3）快速建立三角网数字地面模型（DTM）利用上述三维地形数据快速建立三角网数字地面模型，对处理的地形点数量不限。

4）系统提供多种数据编辑、修改和优化功能。系统提供多种编辑三角网的功能，如插入、删除三维点，交换对角线或插入约束段，还具有自动优化去除平三角形的数模优化等模块。

5）路线纵、横断面地面线插值。可根据需求快速插值计算，并输出路线纵、横断面的地面线数据。

6）对二维平面数字化地形图的三维化功能。系统提供多种命令工具，可快速将二维状态的数字化地形图转化为三维图形，进而建立数字地面模型。

（4）公路三维模型的建立（3DRoad）　基于三维地模快速建立公路全线地表面三维模型；基于横断面设计建立公路设计面三维模型（包括护栏、标线、波型梁等）；自动根据公路设计面三维模型完成对地表面三维模型的切割；制作公路全景透视图和公路三维动态全景透视图（三维动画）。

（5）平交口自动设计　自动计算输出平交口等高线图；自动标注板块的尺寸及板角设计高程等。

（6）其他功能　估算路基土石方数量与平均填土高度；外业放线计算；任意地理坐标系统的换带计算；桥位和桩基坐标表输出及设计高程计算；立交连接部鼻端（楔形端）位置自动搜索；桩号自动查询等；绘制任意桩号法线；查询任意线元的信息；图纸的批量打印功能。

（7）数据输入与准备　系统提供了所有平、纵、横基础数据输入和修改工具。

（8）输出成果

1）绘图部分包括路线平面设计图；路线纵断设计图；横断面设计图；公路用地图（表）；路线总体布置图；路线概略与全景透视图；互通式立交平面线位数据图；立交连接部设计详图；立交连接部路面标高图。

2）表格部分包括曲线转角表；主点坐标表；逐桩坐标表；立交曲线表与路线平面曲线元素表；纵坡与竖曲线表；路基设计表；超高加宽表；路面加宽表；路基排水设计表；公路用地表；土石方计算表；边沟、排水沟设计表；总里程及断链桩号表；主要经济技术指标表。

以上输出的表格均支持 AutoCAD 图形、Word、Excel 三种方式，并自动分页。

2. 系统应用常规步骤

使用 HintCAD 进行公路路线及互通立交的设计工作，一般步骤如下：

（1）常规公路施工图设计项目

1）单击"项目"→"新建项目"，指定项目名称、路径，新建公路路线设计项目。

2）单击"设计"→"主线平面设计"（也可交互使用"立交平面设计"），进行路线平面线形设计与调整；直接生成路线平面图，在"主线平面设计"（或"立交平面设计"）对话框中单击"保存"得到 *.jd 数据和 *.pm 数据。

3）单击"表格"→"输出直曲转角表"，生成路线直线、曲线转角表。

4）单击"项目"→"设计向导"，根据提示自动建立：路幅宽度变化数据文件（*.wid）、超高过渡数据文件（*.sup）、设计参数控制文件（*.ctr）、桩号序列文件（*.sta）等数据文件。

5）单击"表格"→"输出逐桩坐标表"，生成路线逐桩坐标表。

6）使用"项目管理"或利用"HintCAD 专用数据管理编辑器"结合实际项目特点修改以下数据文件：路幅宽度变化数据文件（*.wid）、超高过渡数据文件（*.sup）、设计参数控制数据文件（*.ctr）等，这些数据文件控制项目的超高、加宽等过渡变化和横断面设计情况。

7）单击"数据"→"纵断数据输入"，输入纵断面地面线数据（*.dmx）；单击"数据"→"横断数据输入"，输入横断面地面线数据（*.hdm）；并在项目管理器中添加该数据文件。

8）单击"设计"→"纵断面设计"，进行纵断面拉坡和竖曲线设计调整，保存数据至 *.zdm 文件中。

9）单击"设计"→"纵断面绘图"，生成路线纵断面图，同时根据设计参数控制文件（*.ctr），标注各类构造物；单击"表格"→"输出竖曲线表"，计算输出纵坡、竖曲线表。

10）单击"设计"→"路基设计计算"，生成路基设计中间数据文件（*.lj）；并可由路基设计中间数据文件；单击"表格"→"输出路基设计表"，计算输出路基设计表。

11）单击"设计"→"支挡构造物处理"，输入有关挡墙等支挡物数据，并将其保存到当前项目中。

12）单击"设计"→"横断设计绘图"，绘制路基横断面设计图，同时直接输出土石方数据文件（*.tf）、根据需要输出路基三维数据（C：\ Hint40 \ Lst \ hdmt.tmp）和左右侧沟底标高数据（C：\ Hint40 \ Lst \ zgdbg.tmp）、（C：\ Hint40 \ Lst \ ygdbg.tmp）。

13）单击"数据"→"控制参数输入"，修改设计参数控制数据文件中关于土方分段的控制数据；单击"表格"→"输出土方计算表"，计算输出土石方数量计算表和每公里土石方表。

14）单击"绘图"→"绘制总体布置图"，绘制路线总体设计图。

15）单击"绘图"→"绘制公路用地图"，绘制公路占地图。

（2）低等级公路设计项目　一般低等级公路项目需在外业期间现场进行平面线形设计，所以对于低等级公路项目应用纬地系统的步骤如下：

1）单击"项目"→"新建项目"，指定项目名称、路径，新建公路路线设计项目。

2）根据外业平面设计资料，单击"数据"→"平面数据导入"（或"平面交点导入"）功能，输入平面设计数据，并单击"导入为交点数据"将平面数据导入为纬地所支持的"平面交点数据"（对应文件扩展名为 *.jd）。

3）单击"项目"→"项目管理器"中的"文件"管理页，选择"平面交点文件"一栏，指定平面导入生成的平面交点文件（ *.jd）并添加到项目中，单击"项目文件"菜单的"保存退出"。

4）启动"主线平面设计"便可自动打开交点数据，"计算绘图"后可直接在 AutoCAD 中生成平面图形。单击"保存"按钮，系统自动将交点数据（ *.jd）转化为平面曲线数据(*.pm)。

5）以下同上面第 3）步以后的内容。

（3）互通式立交设计项目

1）新建互通式立交设计项目，并指定项目名称（如"×××立交×匝道"）、路径等。

2）用"立交平面设计"功能进行匝道平面线位设计（保存后得到 *.pm 文件）。

3）生成匝道"曲线表"和"主点坐标表"。

4）启用"设计向导"，根据提示自动建立：路幅宽度变化数据文件（ *.wid）、超高过渡数据文件（ *.sup）、设计参数控制文件（ *.ctr）、桩号序列文件（ *.sta）等数据文件。

5）使用"生成逐桩表"功能生成路线逐桩坐标表。

6）使用"项目管理"或利用"HintCAD 专用数据管理编辑器"结合实际修改以下数据文件：路幅宽度变化数据文件（ *.wid）、超高过渡数据文件（ *.sup）、设计参数控制文件（ *.ctr）。

7）利用"纵断数据输入程序"输入纵断面地面线数据文件（ *.dmx）；利用"横断数据输入"功能输入横断面地面线数据文件（ *.hdm）；保存文件后系统自动将数据文件添加到当前项目。

8）利用"纵断面设计"功能进行纵断面拉坡和竖曲线设计调整（保存至 *.zdm 文件），同时可直接输出"纵坡竖曲线表"。

9）利用"连接部图绘制"功能，进行立交连接部图绘图和路线平面图绘图，特别是对于加宽设计区间。

10）绘制纵断面设计图，同时根据设计参数控制文件（ *.ctr），标注各类构造物。

11）进行"路基设计计算"，输出路基设计中间数据文件（ *.lj）；并可由路基设计中间数据文件直接生成路基设计表。

12）基于连接部设计图，利用"路面标高图绘制"功能进行路面标高图绘制。

13）利用"挡土墙录入"功能输入有关挡墙等支挡物数据，并将其保存到当前项目中。

14）进行"横断面设计绘图"，系统同时自动计算输出土石方数据文件。

15）修改设计参数控制文件（ *.ctr）中关于土方分段的控制数据，系统计算输出土石方数量计算表。

16）依据土石方数据文件（*.tf）中的路基左右侧坡口坡脚至中桩的距离，利用"路线总体设计图"程序，绘制路线总体设计图，同时可绘制公路占地图。

9.2.2　纬地软件设计方法及应用实例

1. 路线平面设计

HintCAD 系统平面设计主要有两种方法，即曲线设计法和交点设计法，前者适用于互通式立体交叉的平面线位设计，而后者适用于公路主线的设计。可根据情况分别采用，两者也可穿插使用，其数据可以相互转化。下面介绍 HintCAD 路线平面设计中的交点设计法。图 9-7 所示的是某二级公路改建工程的其中过垭口一段的电子地形图，A、B 两点是线路必须经过的控制点，根据实地调查研究，初步拟定出路线平面方案——平面交点线。

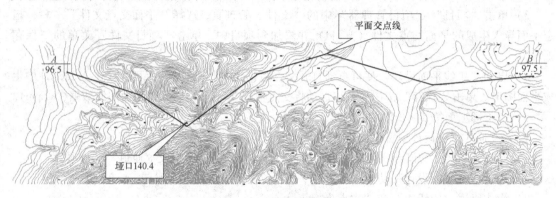

图 9-7　某二级公路地形图

（1）新建项目　单击"项目"→"新建项目"，创建一个新项目"省道 004"。

（2）项目管理　单击"项目"→"项目管理器"，设置项目属性"公路主线"。

（3）主线平面设计　单击"设计"→"主线平面设计"，打开"主线平面线形设计"对话框，如图 9-8 所示。

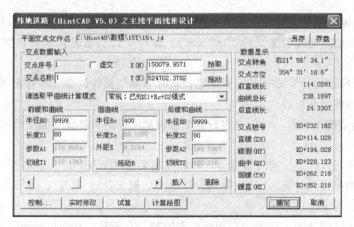

图 9-8　主线平面线形设计对话框

下面先介绍一下该对话框的功能。

1）"存盘"和"另存"按钮用于将平面交点数据保存到指定的文件中。

2）"交点名称："显示当前对话框所显示交点的人为编号。

3）"X（N）"、"Y（E）"文本框分别用于输入和显示当前交点的坐标数值。

4）"拾取"按钮从地形图上直接点取交点坐标；"拖动"按钮实现交点在图上的实时拖（移）动。

5）"请选取平曲线计算模式"，列表为本交点曲线组合的计算方式，其中包含基本的交点曲线组合和多种组合的切线长度反算方式，可以根据不同的需要选择适合的计算方式。

6）横向滚动条控制向前和向后翻动交点数据。

7）"插入"、"删除"按钮分别控制在任意位置插入和删除一个交点。

8）"前缓和曲线"、"圆曲线"、"后缓和曲线"选项组中的文本框，用于显示和编辑修改曲线及组合的控制参数，其中"S1"、"A1"、"RO"分别控制当前交点的前部缓和曲线的长度，缓和曲线参数值及其起点曲率半径；"Rc"、"Sc"分别控制曲线组合中部圆曲线的半径和长度；"S2"、"A2"、"RD"分别控制当前交点的后部缓和曲线的长度、缓和曲线参数值及其终点曲率半径；"T1"、"T2"、"Ly"分别控制本交点设置曲线组合后第一切线长度、第二切线长度、曲线组合的曲线总长度，这些控件组将根据用户选择的不同计算方式，处于不同的状态，以显示、输入和修改各控制参数数据。

9）"拖动 R"按钮用于实时拖动中部圆曲线半径的变化。

10）"实时修改"按钮使用户可以动态拖动修改任意一个交点的位置和参数。

11）"控制 ..."按钮用于控制平面线形的起始桩号和绘制平面图时的标注位置、字体等。

12）"计算绘图"按钮用于计算和在当前图形屏幕显示本交点曲线线形。

13）"试算"按钮用于计算包括本交点在内的所有交点的曲线组合，并将本交点数据显示于主对话框。

14）"确定"按钮用于关闭对话框，并记忆当前输入数据和各种计算状态，但是所有的记忆都在计算机内存中进行，如果需要将数据永久保存到数据文件，必须单击"另存"或"存盘"按钮。

15）"取消"按钮可以关闭此对话框，同时当前对话框中的数据改动也被取消。

对于已有项目，"主线平面设计"启动后，自动打开并读入当前项目中所指定的平面交点数据。用户单击"计算绘图"按钮后便可在当前屏幕浏览路线平面图形。

（4）交点数据输入　起终点和交点数据可以采用两种方法输入，一种是直接在"X（N）"、"Y（E）"文本框中键盘输入，另一种是单击"拾取"按钮，从地形图上选取交点坐标。起点坐标输完后，单击"插入"按钮，系统会提示是否要插入下一个交点，确认插入下一交点后，就可以继续输入交点坐标。在图形屏幕中看到鼠标和第一个交点间有一条动态的连线，移动鼠标到合适的位置单击左键，系统即确定第二个交点的位置，用户可根据需要继续用鼠标拾取后面的交点直到完成交点的插入，单击鼠标右键，系统返回主对话框中。用户也可以在对话框中修改这些交点的坐标。

（5）设置平曲线　通过移动横向滚动条，分别给每个交点设置平曲线（圆曲线和缓和曲线），根据需要先选择交点的计算模式，输入已知参数，单击"试算"按钮进行各种接线反算。在计算成功的情况下，单击"计算绘图"按钮可直接实时显示路线平面图形。平曲线的各项指标必须要满足《公路工程技术标准》和《公路路线设计规范》的要求。

纬地系统的平曲线计算模式共有 13 种。单击"请选取平曲线计算模式"列表，系统将弹出13 个计算模式，如图 9-9 所示。

每种计算模式的要义如下：

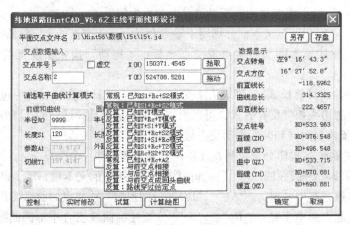

图 9-9　平曲线计算模式

1) 常规通用计算方式（S1 + Rc + S2）。用户可以根据需要通过输入不同的曲线控制数据来完成任意的交点曲线组合，即通过输入前部缓和曲线的长度、前部缓和曲线的起点曲率半径（程序将以中间圆曲线的半径作为前部缓和曲线的终点曲率半径）、中间圆曲线的半径、后部缓和曲线的长度、后部缓和曲线的终点曲率半径（程序将以中间圆曲线的半径作为后部缓和曲线的起点曲率半径）等数据，单击"试算"或"计算绘图"按钮后，程序都自动判断本交点曲线组合的类型，并完成曲线的设置计算与平面绘图标注。

2) 单圆曲线的切线反算方式（T + T）。在此方式下，交点的曲线组合为单圆曲线，用户可以通过输入切线长度（T1 = T2）来反算单圆曲线的半径、长度等数据。当用户所输入的切线长度大于前一交点曲线的缓直（HZ）点到本交点之间的直线长度时，程序将提示输入有误，并自动以前一交点曲线的缓直（HZ）点到本交点之间的直线长度为切线长，计算得到其他曲线数据。

3) 对称曲线的切线反算方式（T + Rc + T）。在此方式下，交点的曲线组合为对称的基本曲线组合方式，即中间设置圆曲线，两端设置相同参数的缓和曲线，用户可以输入切线长度（T1 = T2）以及圆曲线的半径（Rc）等数据，程序将反算其他数据。当程序通过试算后发现缓和曲线的长度太小（< 10.0）或太大（> 1000.0）时均会出现警告。

4) 非对称曲线的切线反算方式一（T1 + Rc + S2）。在此方式下，交点的曲线组合为非对称的曲线组合方式，即中间设置圆曲线，两端设置不同参数的缓和曲线。用户输入第一切线长度（T1）、圆曲线的半径（Rc）以及第二段缓和曲线的长度（S2）等数据，由程序反算得到其他数据。

5) 非对称曲线的切线反算方式二（T1 + S1 + Rc）。在此方式下，交点的曲线组合为非对称的基本曲线组合方式，即中间设置圆曲线，两端设置不同参数的缓和曲线。用户输入前部切线长度（T1）、前部缓和曲线的长度（S1）以及圆曲线的半径（Rc）等数据，由程序反算得到其他数据。

6) 对称曲线的切线反算方式三（S1 + Rc + T2）。在此方式下，交点的曲线组合为非对称的基本曲线组合方式，即中间设置圆曲线，两端设置不同参数的缓和曲线。用户输入前部缓和曲线的长度（S1）、圆曲线的半径（Rc）以及后部切线长度（T2）等数据，由程序反算得到其他数据。

7) 非对称曲线的切线反算方式四（Rc + S2 + T2）。在此方式下，交点的曲线组合为非对称的基本曲线组合方式，即中间设置圆曲线，两端设置不同参数的缓和曲线。用户输入圆曲线的半径（Rc）、后部缓和曲线的长度（S2）以及后部切线长度（T2）等数据，由程序反算得到其他数据。

8）常规曲线参数计算模式（A1 + Rc + A2）。此方式是为照顾部分设计单位在路线设计中，使用参数 A 控制（而不是长度 S）缓和曲线的习惯而增加的，其原理基本类同于常规通用计算方式（S1 + Rc + S2）模式，只是交点的前后缓和曲线是由用户控制输入缓和曲线参数 A 值，而不是长度值。

9）"反算：与前交点相接"计算模式。用户先选择"反算：与前交点相接"计算模式，然后输入两端缓和曲线的控制参数，点按"试算"，系统便可自动反求圆曲线半径，使该交点平曲线直接与前一交点平曲线相接（成为公切点，即两交点间直线段为零）。

10）"反算：与后交点相接"计算模式。该模式类同9）。

11）"反算：与前交点成回头曲线"计算模式。此方式用于将当前交点和相邻的前一个同向交点自动设计成相同半径的圆曲线，且两交点的圆曲线直接相接（实际上是同一个圆曲线）。用户还可以在当前交点的后部和前一交点的前部指定一定长度的缓和曲线。此方式主要用于自动设计回头曲线。

12）"反算：路线穿过给定点"计算模式。此方法是利用主线平面设计动态拖动曲线半径功能的一个延伸，精确定位曲线通过图形中指定的某一点。找到需调整曲线位置的交点，选定"反算：路线穿过给定点"计算模式，然后用光标在屏幕上拾取曲线需穿过的某一点，或者在命令行输入给定点的坐标，系统会自动反算出曲线半径。

13）虚交点曲线的设计计算。利用交点法在实地定线测量时，由于地形的限制，出现交点转角较大、交点过远或交点落空的情况，此时往往采用虚交点法来进行平面线形的设计。

（6）平面线形修改　通常情况下，初步拟定的平面方案都需要修改。单击"实时修改"按钮可实时拖动修改交点的位置；单击"拖动 R"按钮，可修改平曲线半径 R，以达到绕避构造物及路线优化的目的。

（7）数据控制　单击"控制…"按钮，系统将弹出如图 9-10 所示的"主线设计控制参数设置"对话框，在对话框中输入路线起始桩号，设置绘图和标注参数及确定标注位置。

（8）平面设计数据保存　单击"存盘"按钮，将平面设计数据保存为交点线文件（ * . jd）和平面线文件（ * . pm）。这两个数据文件是平面设计成果文件，为后续模块的设计提供数据。

（9）输出平面设计图　平面设计完成后，就可以进行平面出图。系统采用了 AutoCAD 图纸空间（Paper）的布局（layout）技术对平面设计图进行自动分图，提高了分图效率，具体操作如下：

1）选择"菜单"→"绘图"→"平面自动分图"，打开"平面自动分图"对话框，如图 9-11 所示。

2）选择出图比例，对应比例系统自动提示每页的路线长度（如 1:2000 时，每页 700m），这里用户也可以修改每页长度，系统会自动根据比例计算显示出起始页码及总页码。

3）指定出图的桩号范围。

4）选中"插入元素表"复选框后，根据用户不同的需要可以选择 3 种曲线表样式输出：①带交点坐标无要素桩号；②无交点坐标无要素桩号；③带交点坐标带要素桩号。

5）选择平面图中是否需要插入指南针。

6）单击"开始出图"按钮后便自动进行分图，生成的路线平面图举例如图 9-12 所示。

（10）输出直线、曲线及转角表　选择菜单"表格"→"输出直曲转角表"，根据系统提示输出表格类型及页码后，系统将输出直线、曲线及转角表，Excel 形式的表格如图 9-13 所示。

图 9-10　主线设计控制参数设置　　　　　　　　　图 9-11　平面自动分图

图 9-12　生成的路线平面图举例

（11）输出逐桩坐标表　选择菜单"表格"→"输出逐桩坐标表"，根据系统提示输出表格类型及页码后，系统将输出逐桩坐标表，Word 形式的表格如图 9-14 所示。

2. 路线纵断面设计

（1）纵断面地面线数据输入　纬地系统有专门的地面线数据输入工具，可以输入纵、横断面地面线数据。选择菜单→"数据"→"纵断数据输入"，系统将弹出如图 9-15 所示的对话框。系统可自动根据用户在"文件"菜单"设定桩号间隔"中的设定，按固定间距提示下一输入桩号（自动提示里程桩号），用户可以修改提示桩号之后按〈Enter〉键，输入高程数据，完成后再按〈Enter〉键，系统自动下增一行，光标也调至下一行，如此循环到输入完成。输入完成后，单击"存盘"按钮，系统便将地面线数据写入到用户指定的数据文件中，并自动添加到项目管理器中。

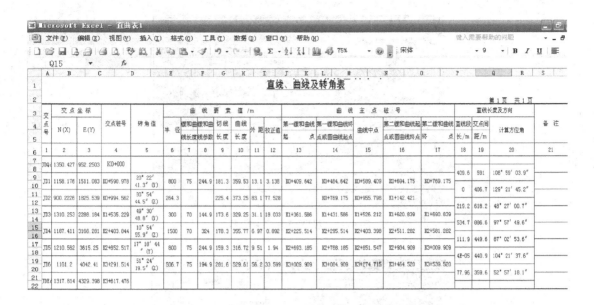

图9-13 直曲线及转角表

逐桩坐标表

XX高速公路XX段
第1页 共3页

桩号	坐标		桩号	坐标		桩号	坐标		桩号	坐标	
	N（X）	E（Y）		N（X）	E（Y）		N（X）	E（Y）		N（X）	E（Y）
K0+000	1350.427	952.25	K0+480	1194.069	1406.069	K0+900	1002.335	1776.629	K1+360	1210.761	2164.827
K0+020	1343.921	971.162	K0+500	1187.115	1424.821	K0+920	999.659	1796.445	K1+380	1224.091	2179.737
K0+040	1337.415	990.075	K0+511.925	1182.79	1435.933	K0+940	998.452	1816.404	K1+384.188	1226.883	2182.859
K0+060	1330.909	1008.987	K0+520	1179.77	1443.423	K0+960	998.721	1836.398	K1+400	1237.398	2194.668
K0+080	1324.403	1027.899	K0+540	1171.967	1461.837	K0+980	1000.466	1856.317	K1+420	1250.478	2209.798
K0+100	1317.896	1046.811	K0+560	1163.706	1480.051	K1+000	1003.675	1876.053	K1+440	1263.033	2225.364
K0+120	1311.39	1065.723	K0+580	1154.993	1498.052	K1+020	1008.333	1895.498	K1+454.188	1271.447	2236.786
K0+140	1304.884	1084.635	K0+600	1145.832	1515.83	K1+040	1014.412	1914.547	K1+460	1274.744	2241.573
K0+160	1298.378	1103.547	K0+620	1136.229	1533.373	K1+060	1021.881	1933.095	K1+480	1285.368	2258.513
K0+180	1291.871	1122.46	K0+640	1126.191	1550.671	K1+080	1030.699	1951.042	K1+500	1294.84	2276.124
K0+200	1285.365	1141.372	K0+660	1115.724	1567.713	K1+100	1040.817	1968.288	K1+520	1303.117	2294.326
K0+220	1278.859	1160.284	K0+668.324	1111.243	1574.728	K1+108.868	1045.705	1975.687	K1+540	1310.164	2313.04

图9-14 逐桩坐标表

（2）纵断面设计 选择菜单"设计"→"纵断面设计"，或输入命令：ZDMSJ。启动上面命令后，系统打开如图9-16所示的对话框。当初次设计时，对话框中的"纵断数据文件"文本框内没有文件是空的。如果是继续上次的设计，文本框内存显示上次设计的纵断面数据文件。

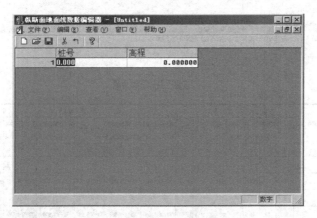

图 9-15　纵断面数据编辑器

图 9-16　纵断面设计

（3）绘制地面线　在进行纵断面拉坡之前，先单击"计算显示"按钮，系统将在绘图区内绘出全线的纵断面地面线、里程桩号和平曲线位置。用户可采用 AutoCAD 中视窗移动和缩放功能，将纵断面地面线放在拉坡最便利的位置上，为下面动态拉坡做好准备，如图 9-17 所示。

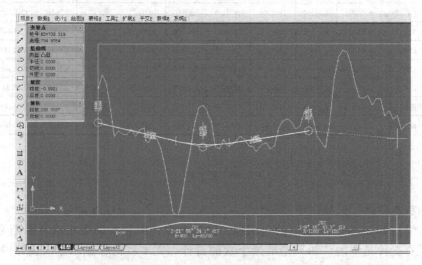

图 9-17　纵断地面线

（4）动态拉坡　所谓动态拉坡，就是以光标为笔，屏幕为图纸进行拉坡，借助系统的实时显示功能和计算工具，实时获得设计线的有关信息，从而实现对设计线实时调整和修改。

首先单击"选点"按钮，系统自动显示图形屏幕，用户用光标在图上选择纵断面设计线的第一点。系统自动返回对话框，此时在"桩号"和"高程"栏内将显示刚选点的数据。再单击"插入"按钮，系统又显示图形屏幕，用户可以插入第二点。每插入一点时，在屏幕的左上角将动态显示设计线的信息，为用户提供设计参考。如果要取消某个变坡点，可以单击"删除"按钮，按系统提示，选择要删除的变坡点即可。依照上面操作，设计完全部变坡点。在设计过程中可以用"控制"按钮来控制有关参数。单击"控制"按钮，系统出现"纵断面设计控制"对话框，如图 9-18 所示。

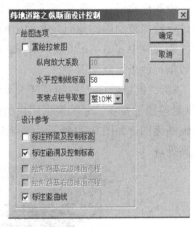

（5）竖曲线设计　纵断拉坡结束后，就可以在每个变坡点处设置竖曲线。首先用垂直滚动条选择要设置竖曲线的变坡点，然后选择计算模式，如选择"已知 R"计算模式，此时"半径 R"文本框可用，输入半径值。在"竖曲线"中的"计算模式"包含五种模式，即常规的"已知 R"（竖曲线半径）控制模式、"已知 T"（切线长度）控制模式、"已知 E"（竖曲线外距）控制模式，以及与前（或后）竖曲线相接的控制模式，以达到不同的设计计算要求。根据用户对"计算模式"的不同选择，其下的三项"竖曲线半径"、"曲线切线"、"曲线外距"等文本框呈现不同的状态，亮显时为可编辑修改状态，否则仅为显示状态。

图 9-18　纵断面设计控制

（6）纵断面实时修改　单击"实时修改"按钮，可以对竖曲线半径、变坡点位置进行实时的修改，使设计趋向合理。"填挖检查"按钮，可以使用户对设计线实时检查填挖值的大小，以便控制填挖量和填挖平衡。首先提示"请选择变坡点/坡度："，如果用户需要修改变坡点，可在目标变坡点的附近单击鼠标左键，系统提示重选变坡点以确定修改。重复选择操作后，系统提示请用户选择"修改方式：沿前坡（F）/后坡（B）/水平（H）/垂直（V）/半径（R）/切线（T）/外距（E）/自由（Z）："，用户键入控制关键字母后，可分别对变坡点进行上述项目的拖动修改。

（7）保存纵断面设计文件　纵断面修改结束后，用户应及时将设计结果"存盘"或"另存"到纵断面设计文件中（＊.ZDM）。

（8）纵断面图绘制　纵断面设计的主要成果是纵断面图，用户可采用系统提供的纵断面绘图功能，根据需要进行不同的设置，并绘制出任意比例的纵断面图。纵断面绘图的操作步骤如下：

1）选择菜单"设计/纵断面设计绘图"，或输入命令：ZDMT。执行上面命令后，系统将弹出如图 9-19 所示对话框。

2）在"绘图范围"栏内指定"起始桩号"和"终止桩号"，用户还可以单击"搜索全线"按钮，让系统自动进行搜索。

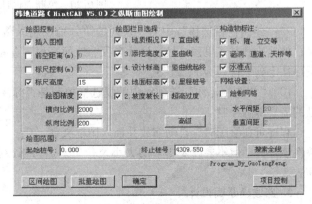

图 9-19　纵断面图绘制

3）选中"标尺控制"复选框后，可在其后的文本框内输入一标高值，程序将以此数值为纵断面图中的最低点标高来调整纵断面图在图框中的位置，另外可以控制"标尺高度"的高度值。

4）"前空距离"复选框控制在绘图时调整纵断面图与标尺间的水平距离。

5）"绘图精度"文本框，用户可以通过该功能控制绘图的设计标高、地面标高等数据的精度。

6）"横向比例"和"纵向比例"文本框中的数值为用户分别输入的指定纵断面的纵横向绘图比例。用此功能用户可以方便地绘制路线平纵面缩图。

7）"区间绘图"按钮，单击完成对话框输入，开始进行用户输入范围的连续纵断面图的绘制，主要包括读取变坡点及竖曲线，进行纵断面计算，绘制设计线；读取纵断面地面线数据文件，绘制地面线；读取超高过渡文件，绘制超高渐变图；读取平面线形数据文件，绘制平面线；将位于绘图范围内的地面线文件中的一系列桩号及其他地面标高、设计标高标注于图中；将设计参数控制文件中 qhsj. dat 项及 hdsj. dat 项所列出的桥梁、分离立交、天桥、涵洞、通道包括水准点等数据标注于纵断面图中。

8）"批量绘图"按钮用于自动分页绘制纵断面设计图。当所有设置均调整好以后，单击"批量绘图"按钮，系统根据用户的设置，自动调用纬地目录下的纵断面图框，分页批量输出所有纵断面图，如图 9-20 所示。系统将自动确定标尺高度，当地形起伏较大时，系统会自动进行断高处理。

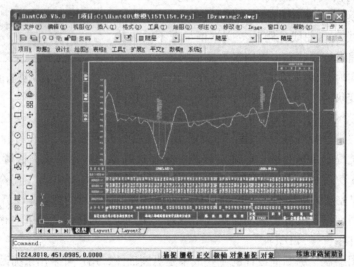

图 9-20　纵断面设计图

9）"绘图栏目选择"中的一系列按钮分别控制纵断面图中下面的数据栏目的取舍和排列次序，如地质概况、里程桩号、设计高程、地面高程、直曲线、超高过渡、纵坡、竖曲线等。排列次序从上到下排列为 1、2、3、…等。

10）"构造物标注"选项组中的复选框控制是否标注桥梁和涵洞等构造物，用户可以根据自己的需要随意控制。

程序可在绘图时，自动缩放并插入图框文件（C：\ Hint40 \ tk_ zdm. dwg），用户可以修改、替换该文件。但不要改变图框的大小及位置。通过修改换成用户设计的项目名称、设计单位等标志。

3. 路线横断面设计

完成平面和纵断面设计后就可以进行横断面设计，具体操作步骤和方法如下：

（1）横断面地面线数据输入 单击选择菜单→"数据"→"横断数据输入"或输入"HDM-TOOL"命令后，系统将弹出横断面桩号提示对话框，如图9-21所示。

系统提供两种方式的桩号提示：按桩号间距或根据纵断面地面线数据的桩号。一般用户选择后一种，这样可以方便地避免出现纵、横断数据不匹配的情况。选定桩号提示方式并单击"确定"按钮后，系统弹出横断面数据输入对话框，如图9-22所示。

图9-21　桩号间距提示

	平距	高差	平距	高差	平距	高差	平距	高差	平距	高差	平距	高差	平距	高差	平
桩号	9260.000														
左侧	20.000	0.000	0.400	4.000	20.000	0.000									
右侧	14.000	0.000	2.000	-0.200	1.600	-3.200	2.000	0.000	1.200	-1.200	6.400	0.000	2.000	-3.500	5
桩号	9280.000														
左侧	4.000	0.000	1.800	1.100	0.680	2.400	20.000	0.000							
右侧	25.000	0.000	2.000	-1.000	6.000	0.000	1.000	-3.400	13.000	0.000	2.000	-3.400	3.000	0.000	0
桩号	9300.000														
左侧	10.400	0.000	0.400	2.600	10.000	0.000	0.000	1.700	20.000	0.000	0.200	2.000	10.000	0.000	
右侧	0.600	0.000	0.400	-0.600	18.200	0.000	1.000	-5.200	56.000	0.000					
桩号	9320.000														
左侧	1.800	3.500	40.000	0.000											
右侧	2.000	-1.600	19.700	0.000	0.400	-0.800	24.850	0.000	4.000	3.200	15.000	0.000			
桩号	9340.000														
左侧	7.400	3.000	10.700	0.000	1.000	2.800	8.000	0.000	0.300	0.600	20.800	5.100			
右侧	1.600	0.600	1.400	-2.000	70.000	0.000									
桩号	9350.000														
左侧	3.000	0.000	2.100	1.900	18.040	0.000	0.000	1.200	20.030	7.300					
右侧	3.000	-1.200	4.500	0.000	-1.600	27.800	0.000	0.600	1.600	50.890	-1.000				
桩号	9360.000														
左侧	9.750	1.400	18.350	0.950	5.200	3.470	16.900	1.640							
右侧	2.000	-0.400	9.330	-6.210	12.440	0.000	12.790	3.840	24.480	0.570	37.140	-1.780			

图9-22　横断面数据编辑器

在输入界面中，每三行为一组，分别为桩号、左侧数据、右侧数据。用户在输入桩号后按〈Enter〉键，光标自动跳至第二行开始输入左侧数据，每组数据包括两项，即平距和高差，这里的平距和高差既可以是相对于前一点的，也可以是相对于中桩的（输入完成后，可以通过"横断面数据转换"中的"相对中桩"→"相对前点"转化为纬地系统需用的相对前点数据）。左侧输入完毕后，直接按两次〈Enter〉键，光标便跳至第三行，如此循环输入。输入完成后单击"存盘"按钮将数据保存到指定文件中，系统自动将该文件添加到项目管理器中。

另外，当项目管理器中未指定横断面数据文件或横断面输入工具中新建横断面数据文件时，系统的横断面输入工具可直接读入德国的 Card/1 软件所输出的横断面格式文件和 HEAD 等软件的横断面格式文件，并将其转化为纬地系统的横断面文件格式。

关于纵、横断面的桩号匹配，纬地系统要求纵断面包含横断面，即纵断面数据中的桩号，在横断面中可以没有，但横断面数据中的桩号，在纵断面中则必须有，否则将出现数据匹配错误。

（2）定义标准横断面设计模板 横断面设计线包括路幅、边坡、边沟、排水沟等单元，纬地系统是通过定义标准横断面设计模板来实现横断面的设计。定义标准横断面模板可利用系统的"设计向导"模块，用户可根据提示选择相应的设计参数，每设计完一步，单击"下一步"按钮，自动进入下一步继续设计，定义标准横断面需要进行到"纬地设计向导（分段1第七步）"。具体步骤如下：

1）纬地设计向导启动。选择菜单→"项目"→"设计向导"或输入"Hwizard"命令，系统弹出"纬地设计向导（第一步）"对话框，如图9-23所示。程序自动从项目中提取"项目名称"、"平面线形文件"以及"项目路径"等数据。用户需选择项目类型（公路主线或互通式立体交叉），并且指定设置本项目设计的起终点范围，即进行最终设计出图的有效范围，该范围可能等于平面线形设计的全长，也可以是其中的某一部分。在其他设置栏中可以输入本项目的桩号标志（如输入 A，则所有图表的桩号前均冠以字母 A）和桩号精度（桩号小数的保留位数）。单击"下一步"按钮，系统弹出"纬地设计向导（分段 1第一步）"对话框，如图 9-24 所示。

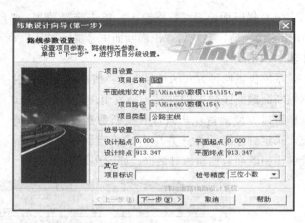

图 9-23　纬地设计向导第一步

2）分段 1 第一步。首先输入项目 1第一段的分段终点桩号，系统默认为平面设计的终点桩号。如果整个项目不分段，即只有一个项目分段，则不修改此桩号。其次选择"公路等级"，根据公路等级程序自动从数据库中提出与其对应的计算车速。单击"下一步"按钮，系统弹出"纬地设计向导（分段 1 第二步）"对话框，如图 9-25 所示。

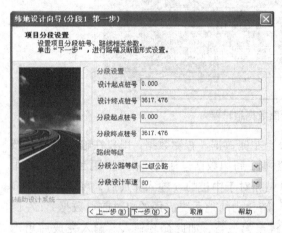

图 9-24　纬地设计向导（分段 1 第一步）

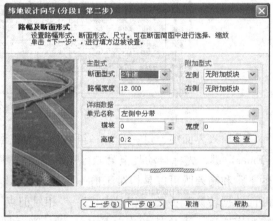

图 9-25　纬地设计向导（分段 1 第二步）

3）分段 1 第二步。设计向导提示出对应的典型路基横断面形式和具体尺寸组成，用户可直接修改各单元参数来定义路基横断面，并调整路幅总宽；针对城市道路，用户还可在原公路断面的两侧设置左右侧附加板块，来方便地处理多板块断面。单击"下一步"按钮，系统弹出"纬地设计向导（分段 1 第三步）"对话框，如图 9-26 所示。

4）分段 1 第三步。引导用户完成项目典型填方边坡的控制参数设置。用户可根据需要设置任意多级边坡台阶。单击"下一步"按钮，系统弹出"纬地设计向导（分段 1 第四步）"对话框，如图 9-27 所示。

5）分段 1 第四步。"分段 1 第四步"对话框与"分段 1 第三步"对话框类似，引导用户完成项目典型挖方边坡的控制参数设置。用户可根据需要设置可处理深挖断面的任意多级边坡台阶。单击"下一步"按钮，系统弹出"纬地设计向导（分段 1 第五步）"对话框，如图 9-28所示。

6）分段 1 第五步。引导用户进行路基挖方路段两侧边沟形式及典型尺寸设置，用户可以根据需要设置矩形或梯形边沟。单击"下一步"按钮进入项目分段 1 第六步设置。系统弹出"纬地设计向导（分段 1 第六步）"对话框，如图 9-29 所示。

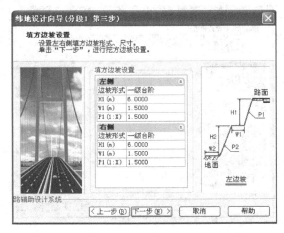

图 9-26　纬地设计向导（分段 1 第三步）

图 9-27　纬地设计向导（分段 1 第四步）

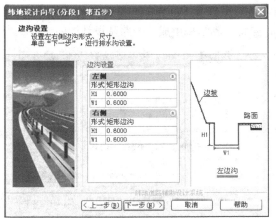

图 9-28　纬地设计向导（分段 1 第五步）

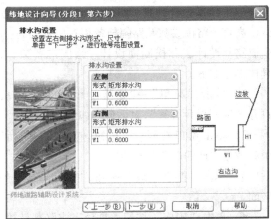

图 9-29　纬地设计向导（分段 1 第六步）

7）分段 1 第六步。第六步的对话框形式与第五步对话框类似，引导用户进行路基填方路段两侧排水沟形式及典型尺寸设置，用户可以根据需要设置矩形或梯形边沟，还可设置挡土堰等。单击"下一步"按钮，系统弹出"纬地设计向导（分段 1 第七步）"对话框，如图 9-30 所示。平曲线超高、加宽计算可以在该对话框中进行。分段 1 第七步提示用户选择确定该项目分段路基设计所采用的超高和加宽类型、超高旋转及超高渐变方式、曲线加宽位置及加宽渐变方式。单击"下一步"按钮则开始项目的第二个分段的设置，如此循环直到所有项目分段设置完成，则进入纬地设计向导最后一步自动计算超高和加宽过渡段。如果只有一个项目分段，单击"下一步"按钮，则直接进入纬地设计向导最后一步。系统弹出"纬地设计向导（最后一步）"对话框，如图 9-31 所示。

8）纬地设计向导最后一步。单击"自动计算超高加宽"按钮，系统将根据前面所有项目分段的设置结合项目的平面线形文件自动计算出每个交点曲线的超高和加宽过渡段。

用户可设定逐桩桩号间距（如 20m），程序将以此间距自动生成桩号序列文件，并增加所有曲线要素桩。程序把将要自动生成的四个数据文件列于对话框中，用户在这里还可以修改所输出数据文件的名称。单击"完成"按钮，系统即自动计算生成路幅宽度文件（∗.wid）、超高设置文件（∗.sup）、设计参数控制文件（∗.ctr）和桩号序列文件（∗.sta），并自动将这四个数据文件添加到纬地项目管理器中。

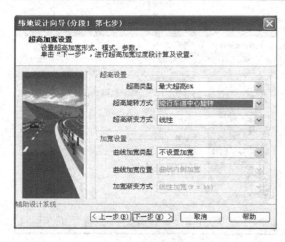

图 9-30　纬地设计向导（分段 1 第七步）

图 9-31　纬地设计向导（最后一步）

（3）路基设计计算　路基设计计算的任务是计算指定桩号区间内的每一桩号的超高横坡度、设计高程、路幅参数及路幅与各相对位置的高差，并将计算结果生成一个路基设计中间文件，为生成路基设计表和横断面设计、绘图准备数据。具体操作如下：

1）单击"菜单"→"路基设计计算"，系统打开"路基设计计算"对话框，如图 9-32 所示。

2）单击窗口右侧 ⋯ 按钮，指定路基设计中间数据文件的名称和路径。

3）单击"搜索全线"按钮，指定计算桩号区间。

4）单击"确定"按钮，自动完成路基计算，并生成路基设计中间文件（＊.lj）。

图 9-32　路基设计计算

（4）横断面设计与绘图　完成上述设计，并生成相应的设计文件后，就可以进行横断面设计。横断面设计所需要的地形数据文件和设计数据文件有交点线文件（＊.jd）、平面线文件（＊.pm）、纵断面地面线文件（＊.dmx）、纵断面设计线文件（＊.zdm）、横断面地面线文件（＊.hdm）、路幅宽度文件（＊.wid）、桩号序列文件（＊.sta）、设计参数控制文件（＊.ctr）、超高设计文件（＊.sup）、路基设计中间文件（＊.lj）等 10 个，这些文件可以打开"项目/项目管器"来查询。

选择菜单→"设计"→"横断设计绘图"或输入"HDM_new"命令，系统打开横断面设计绘图对话框，如图 9-33 所示。

对话框中包括"设计控制"、"土方控制"、"绘图控制"三个选项卡。

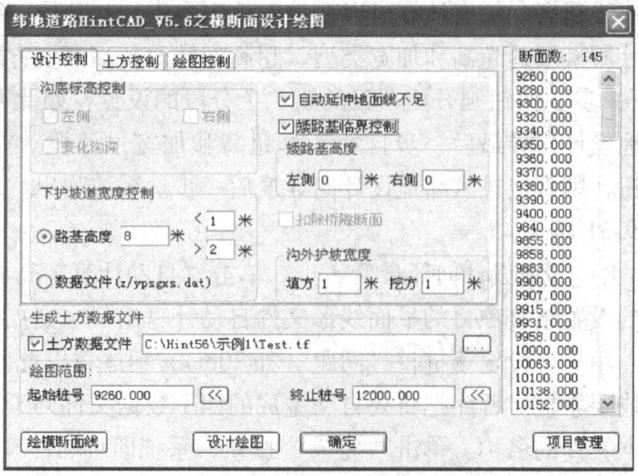

图 9-33　横断面设计绘图

1）设计控制选项卡。

①"自动延伸地面线不足"复选框。当断面两侧地面线测量宽度较窄，戴帽子时边坡线不能和地面线相交，系统可自动按地面线最外侧的一段的坡度延伸，直到戴帽子成功（当地面线最外侧坡度垂直时除外）。

②"沟底标高控制"选项组。如果用户已经在项目管理器中添加了左右侧沟底标高设计数据文件，那么"沟底标高控制"选项组中的"左侧"和"右侧"复选框将会选中，用户可以分别设定在路基左右侧横断面设计时是否进行沟底标高控制，并可选择变化沟深或固定沟深。

③"下护坡道宽度控制"选项组。此功能主要用于控制高等级公路项目填方断面下护坡道的宽度变化，其控制支持两种方式，一是根据路基填土高度控制，即用户可以指定当路基大于某一数值时下护坡道宽度和小于这一高度时下护坡道宽度；二是根据设计控制参数文件中左右侧排水沟形式（zpsgxs. dat 和 ypsgxs. dat）中的具体数据控制。一般当排水沟控制的第一组数据的坡度数值为 0 时，系统会自动将其识别为下护坡道控制数据。如果用户选择了第一种路基高度控制方式，系统将自动忽略 zpsgxs. dat 和 ypsgxs. dat 中出现的下护坡道控制数据。

④"矮路基临界控制"复选框。用户选择此项后，需要输入左右侧填方路基的一个临界高度数值（一般约为边沟的深度），用以控制当填方高度小于临界高度时，直接设计边沟，而不先按填方放坡之后再设计排水沟。

⑤"扣除桥隧断面"复选框。用户选择此项后，桥隧桩号范围内将不绘出横断面。

⑥"沟外护坡宽度"选项组。用来控制戴帽子时当排水沟（或边沟）的外缘高出地面线，这时系统自动设计一段平台，再按填方放坡，"沟外护坡宽度"是指平台的宽度。

2）土方控制选项卡。土方控制选项卡如图 9-34 所示。

①"计入排水沟面积"复选框。用以控制在断面面积中是否考虑计入左右侧排水沟的土方面积。

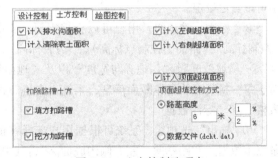

图 9-34　土方控制选项卡

②"计入清除表土面积"复选框。用以控制在断面面积中是否考虑计入清除表土面积。

③"计入左右侧超填面积"复选框。用以控制在断面面积中是否考虑计入填方路基左右侧超宽填筑部分的土方面积。

④"填方扣路槽、挖方加路槽"复选框。用以控制在断面面积中考虑扣除路槽部分土方面积的情况，用户可以分别选择对于填方段落是否扣除路槽面积和挖方段落是否加上路槽面积。

⑤"计入顶面超填面积"复选框。这一控制主要用于某些路基沉降较为严重的项目，需要在路基土方中考虑因地基沉降而引起的土方数量增加。

3）绘图控制选项卡。绘图控制选项卡如图 9-35 所示。

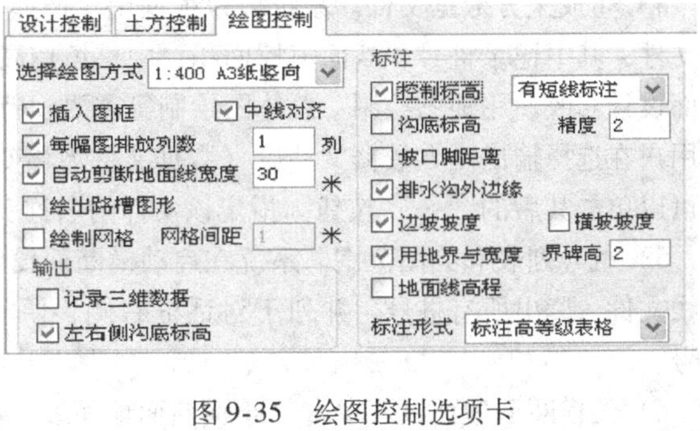

①"选择绘图方式"文本框。用户可以按项目需要自由控制绘图的比例和方式，其中包括"比例 1∶200 A3 纸横放"、

图 9-35　绘图控制选项卡

"比例 1:200 A3 纸竖放"、"比例 1:400 A3 纸横放"、"比例 1:400 A3 纸竖放"、"自由出图"、"不绘出图形"等，除"自由出图"、"不绘出图形"两种方式外，其他方式系统均会自动分图装框。"自由出图"出图方式一般用在横断面设计检查和不出图等情况下；"不绘出图形"方式一般用在用户并不需要察看横断面设计图形，而是需要快速得到土方数据或其他数据等情况下。

②"插入图框"复选框。控制系统在横断面设计绘图时是否自动插入图框，图框模板为"C：\ Hint40 \ Tk_hdmt. dwg"文件，用户可以根据项目需要修改图框内容，但不能移动、缩放该图框。

③"中线对齐"复选框。用户可以勾选横断面绘图的排列方式是以中线对齐的方式还是以图形居中的方式来进行排列。

④"每幅图排放列数"复选框。适用于低等级道路断面较窄的情况，用户可以根据需要直接指定每幅横断面图中断面的排放列数。

⑤"自动剪断地面线宽度"复选框。用于控制是否需要系统在横断面绘图时，根据用户指定的长度将地面线左右水平距离超出此长度的多余部分自动裁掉，对于设计线超出此长度时，系统将保留设计线及其以外一定的地面线长度。

⑥"绘出路槽图形"复选框。用于控制是否需要系统在横断面绘图时，自动绘出路槽部分图形。

⑦"绘制网格"复选框。用户可以选择在横断面设计绘图时，是否绘出方格网，方格网的大小可以自由设定。

⑧"标注"选项组。用户可以根据需要，自由选择在横断面图中自动标注哪些内容，包括"控制标高"（路面上控制点标高）、"沟底标高"、"坡口脚距离"、"排水沟外边缘"、"边坡坡度"、"横坡坡度"、"用地界与宽度"以及"地面线高程"（横断地面线每一个节点的高程）等。对于每一横断面的具体断面信息，系统也支持三种方式：即"标注低等级表格"、"标注高等级表格"和"标注数据"。

⑨"输出"选项组。系统可根据用户选择在横断面设计绘图时，直接输出横断面设计"记录三维数据"和路基的"左右侧沟底标高"，其中断面"记录三维数据"用于系统数模版直接结合数模输出公路全三维模型。"左右侧沟底标高"数据输出的临时文件为"C：\ Hint40 \ Lst \ zgdbg. tmp"和"C：\ Hint40 \ Lst \ ygdbg. tmp"，主要为高等级公路的边沟、排水沟沟底纵坡设计使用，用户可以直接以该文件作为某一新建项目的纵断面地面线数据；然后利用纬地系统的纵断面设计程序直接进行沟底拉坡设计；完成后直接单击"存沟底标高"按钮，即可将沟底纵坡数据保存为左右侧沟底标高文件（∗. zbg 和 ∗. ybg），以便再次进行沟底纵坡控制模式下的横断面设计。

4）生成土方数据文件。系统可以根据用户选择直接在横断面设计与绘图的同时输出土方数据文件，其中记录桩号、断面填挖面积、中桩填挖高度、坡口坡脚距离等数据，以满足后期的横断面设计修改、用地图绘制、总体图绘制等需要，特别是路基土石方计算和调配的需要。对话框中用户在选择输出土方数据文件后（数据文件名称变为亮显状态）需输入土方数据文件的名称，也可以单击其后的"…"按钮，指定该文件的名称及存放位置。

5）桩号列表和绘图范围。系统在启动横断面设计对话框时，便已经打开项目中的横断面地面线文件，读出所有桩号，并列于对话框右侧，便于用户查阅和选择横断面绘图范围中的起终桩号。

6）绘横断面地面线。单击"绘横断面地面线"按钮，在当前图形屏幕绘出所有横断面地面线图形，一般用于地面线输入后的数据检查。

7）设计绘图。单击"设计绘图"按钮，系统开始根据用户所有（以上）定制，开始横断面设计与绘图。系统自动调用纬地安装目录下的纵断面图框（Hint40/Tk-hdmt. dwg），批量自动生成用户指定的桩号区间的所有横断面图，如图 9-36 所示。

（5）横断面修改　在完成横断面设计与绘图后，若有个别断面的边坡、边沟、排水沟、截水沟以及其他路基支挡构造物设计与实际情况不符合，可先将"sjx"图层作为当前层，用"explode"命令炸开整条连续的设计线，并对其进行修改。在完成后只需单击"设计"菜单的"横断面修改"项启动横断面修改功能，根据提示点取该断面的中心线，系统便自动重新搜索计算断面填挖方面积、坡口坡脚距离以及用地界等，并根据用户需要自动刷新项目中土方数据文件里该断面的所有信息以及横断面三维数据文件 ＊. 3DR（即图形和数据的联动）。具体操作如下：

1）单击"菜单"→"设计"→"横断面修改"，打开"横断面修改"对话框，如图 9-37 所示。

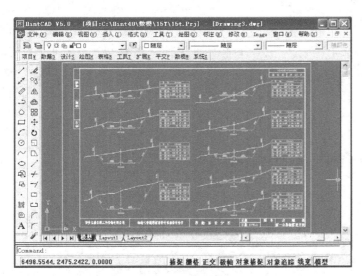

图 9-36　横断面设计图

图 9-37　横断面修改

2）根据系统提示，用户先单击横断面中心线，选取后系统自动搜索用户修改后的设计线信息，并以闪烁方式显示搜索的图形结果，用户可以根据图形检查并判断系统搜索的结果是否正确。

3）用户单击"修改"按钮，系统便会完成对土方数据文件中该桩号断面所有信息的刷新。

练习与思考题

9-1　道路平面图包括哪些内容？

9-2　道路横断面有哪几种类型？

9-3　用计算机进行平面设计有哪些方法？

9-4　什么是交互式平面设计？

9-5　用计算机绘制路线平面图分哪几步工作？

9-6　简述交互式纵断面设计流程。

9-7　交互式横断面设计的内容有哪些？

9-8　路线纵断面设计图包括哪些内容？

9-9　应用纬地道路设计软件进行平面设计后可以得到哪些成果？

9-10　什么是动态拉坡？

9-11　纬地软件的横断面设计包括哪些内容？

9-12　用纬地软件如何进行横断面修改？

9-13　如何输入纵断面、横断面地面数据？

9-14　怎样定制横断面设计模板？

第 10 章 桥梁 CAD

本章提要

- 桥梁工程图的绘制
- 桥梁 CAD 软件应用

桥梁 CAD 就是利用计算机及绘图软件、计算软件对桥梁进行设计绘图与验算，同时也可以进行二次开发。常用的绘图软件主要是前面讲的 AutoCAD 软件；在桥梁的验算方面主要学习由上海同豪土木工程咨询有限公司开发的桥梁博士软件。

10.1 桥梁工程图的绘制

一套完整的桥梁施工图按其复杂程度的不同，其设计图的组成是不同的，但一般应包括图纸目录、设计总说明、桥位平面图、桥梁总体布置图、上部结构构造图、下部结构构造图、附属结构构造图及附属构件详图等。

对具有特殊要求的设计图还要附上结构及主要部件的验算书，对分两阶段的初步设计还要编制工程的概算书，施工图完成后要编制工程预算书等。

10.1.1 桥梁总体布置图绘制

桥梁总体布置图由桥梁的立面图、平面图和侧面图组成。桥梁总体布置图要明确桥梁的形式、跨径、孔数、总体尺寸、桥面纵坡、桥宽等，还要给出各主要构件的相互位置关系，桥梁各部分的标高、材料种类以及主要技术说明等作为施工时确定墩台位置、安装构件和控制标高等的依据。

总体布置图还应反映河床地质断面及水文情况，根据标高尺寸可以确定桥台和桩基础的埋置深度、梁底、桥台和桥中心的标高。

1. 拱桥总体布置图的绘制

在 AutoCAD 工程图的绘制过程中有很多绘图的设定都是相似的，若每次绘制一张新图都去设置图纸大小、尺寸单位、边框等，会让人觉得繁琐。可以应用模板把设置好的绘图环境保存为模板文件，在绘制一张新图时将设置好的模板文件导入，以便省去设定绘图环境的操作，无需在绘图过程中反复设置变量，并且可以使图纸标准化。

（1）模板文件的创建

1）设置图层。单击标准工具栏上的 图框或在命令行下输入"Layer"并按〈Enter〉键，则弹出"图层特性管理器"对话框。单击"新建"按钮，建立一个新图层，新建图层的名字、线型、线宽、颜色等可更改为需要的样式，一般需要建立的图层有"尺寸标注"、"细实线"、"粗实线"、"文字"、"辅助线"、"中线"、"虚线"等。

2）设置绘图单位。选择"格式"下拉菜单中的"单位"选项，弹出"图形单位"对话框，进行设置。

3）设置栅格和捕捉。右键单击状态栏的"栅格"或"捕捉"按钮，在弹出的快捷菜单中选择"设置"菜单项，弹出"草图设置"对话框，设置"捕捉和栅格"与"对象捕捉"。

4）设置图形界限。选择"格式"下拉菜单中的"图形界限"选项或用命令：Limits，按命令行提示操作。

5）尺寸标注与文字标注按本书前面的内容进行设置，也可参照后边的具体例子。

6）图框的绘制。桥梁工程图纸的标准为 A3（420mm×297mm）图纸，考虑到用图纸布局出图，只需预先建立标准图框图块，然后在图纸布局中插入该标准图框图块即可。

7）常用图块的定义按第 5 章的内容进行设置，在这里不再重复。

8）单击图形窗口下面的"布局 1"或"布局 2"按钮，进行布局设置。

9）模板文件的保存。①单击"文件（file）"下拉菜单中的"另存为"命令或用在命令行提示符后输入"Saveas"并按〈Enter〉键，弹出"图形另存为"对话框。②在"文件类型"下拉列表框中选择"图形样板（∗.dwt）"。③在"文件名"下拉列表框中输入"桥梁 CAD 的 A3 图样板"。④单击"保存"按钮，弹出"样板说明"对话框，可以加上必要的说明，方便以后的查找和调用。

（2）拱桥总体布置图的绘制步骤

1）新建文件。单击"文件"下拉菜单中的"新建"或在命令行提示符下输入"New"或"Qnew"并按〈Enter〉键，也可以单击标准工具栏 □ 图标，则弹出"选择样板"工具栏。选择已经建立的模板文件（桥梁 CAD 的 A3 图样板.dwt），单击"确定"按钮，新建的文件就是以模板建立的文件。

2）保存文件。单击"文件"下拉菜单中的"保存"或在命令行提示符下输入"Qsave"并按〈Enter〉键，弹出"图形另存为"对话框，选择存储路径并填写文件名字，在"文件类型"下拉选项中选择 AutoCAD 所需版本的图形（∗.dwg），并单击"确定"按钮。

3）绘制拱桥总体布置图（拱桥总体布置图如图 10-1、图 10-2 所示）。剖面图有全剖面和半剖面之分，全剖面是采用一个剖切平面把物体全部"切开"，全剖面图中物体的内部结构可以表示得比较清楚，但是外形则不能表示出来，全剖面图无虚线，适宜用于形状不对称或外形比较简单、内部结构比较复杂的物体。半剖面是在同一个投影图上一半表示物体的外形，另一半表示物体内部结构的一种剖视图，适宜用于形状对称的物形。半外形图和半剖面图的分界线规定画点画线，而不能画成实线、且半剖面图一般习惯在右边或下边。

4）出图比例。在绘制 AutoCAD 图形时，最常用的比例尺是按 1:1 的比例进行绘图，但出图比例要根据选用图幅大小和图形尺寸来确定。例如，一座桥梁的估算总长度为 150m，若以 cm 为单位绘制桥梁总体布置图，实际绘图长度为 150×100 = 15000 个绘图单位，选用 A3 图纸的话，其出图比例为 15000/380≈39.5，取最接近的较大的整十或百倍数 40。考虑出图比例时，字高可按下面公式估算：图中字高 = 实际图纸中要求的字高×出图比例，如果要求实际图纸中的字高为 2.5，出图比例为 1:40，则定义字高为 2.5×40 = 100，所有文字标注和尺寸标注均可参照该字高。在加图框出图时，较好的方法是利用 AutoCAD 的图纸布局功能进行出图，也可以按 1:1 的比例进行绘图，完成后再按一定的比例进行缩放（在标注之前），缩放后再进行标注，或按比例尺直接绘制放入规定的绘图空间中，然后进行标注等工作。

（3）绘制立面图　两孔板拱的拱桥的立面图主要包括桥台、桥墩、主拱圈、拱上建筑、桥面结构、地面线、地质图、设计水位、桥台与路的衔接、主要结构的高程标注、各结构的尺寸标注和横断面图在立面图的具体剖开位置等。为了能同时在一个投影图上一半表示外形，另一半表示内部结构，桥梁的立面图常采用半立面和半立剖面相结合的方式。

1）图层中先绘制中墩、拱上立柱及桩的中轴线、在辅助线图层内绘制构造辅助线。

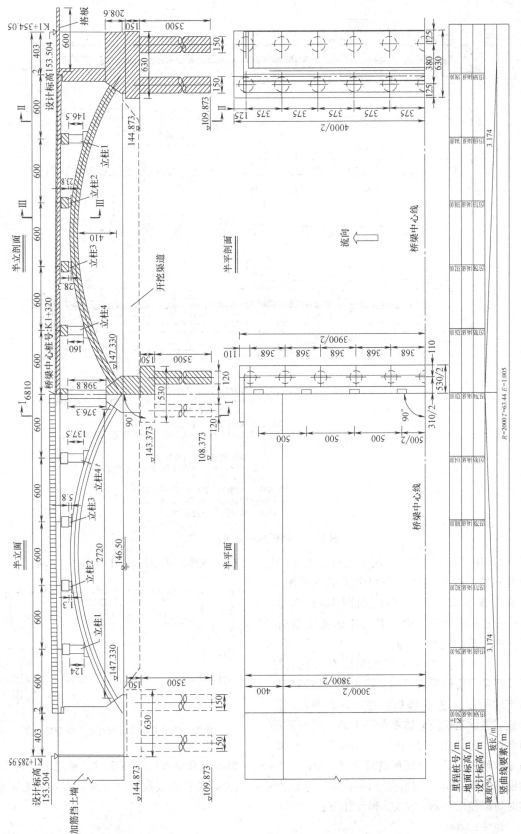

图 10-1　拱桥总体布置图（一）

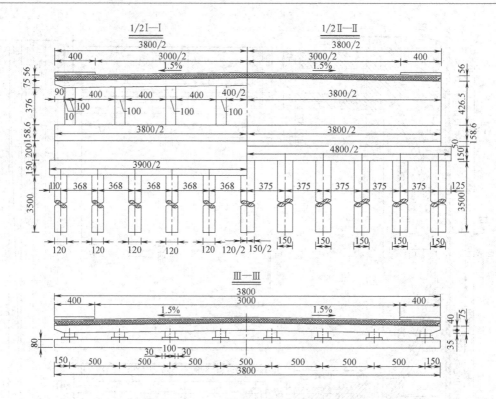

注：1.本图尺寸除标高以m计外，其余均以cm计。
2.本桥位于R=2000m，T=146.6m的凸形竖曲线上，变坡点桩号为K1+320，变坡点高程为154.8m。
3.设计荷载：汽车城-A级，人群3.5kN/m²。
桥面净宽：38.0m（4.0m人行道+30m行车道+4.0m人行道）。
4.本桥结构形式：
上部：钢筋混凝土圆弧板拱。
下部：钢筋混凝土实体墩，钢筋混凝土框架式台。
基础：钻孔桩基础。
5.本桥在两侧桥台处设80型伸缩装置。
6.桥面铺装采用13cm厚30#防水混凝土。
7.设计高程为桥中心处高程。

图 10-2　拱桥总体布置图（二）

2）用"Line"命令绘制主拱圈、桥台、拱上立柱、主梁。（绘制时可考虑用"Copy"中多重复制结合构造辅助线来制作盖梁立面图）。绘制出来的左侧部分举例如图 10-3 所示。（注：在路桥专业图中，当土体遮挡实线时，宜将土体看作成透明体）

3）用命令"Mirror"绘制出右边孔（注意此图左右桥面标高不同，可采用左右两侧标注来注明）。对左侧添加栏杆并在右侧绘制阴影线。考虑到拱桥总体布置图中的栏杆只需画出草图，可使用"Offset"、"Array"、"Trim"

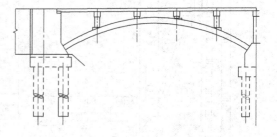

图 10-3　拱桥左侧部分举例（带有辅助）

命令或使用工具栏上图标进行绘制。使用"Trim"，提示选取要剪切的图形时，系统不支持常用的窗口（Window）和窗交（Crossing）选取方式；当要剪切多条线段时，要选取多次才能完成，这时可以使用 Fence 方式，操作如下：

命令：**trim**

选择对象：找到 1 个（选择要修剪对象的边界）。

选择对象：找到 1 个，总计 2 个（选择要修剪对象的边界）。

选择对象：

选择要修剪的对象，或按住 Shift 键选择要延伸的对象，或〔投影（P）/边（E）/放弃（U）〕：f。

第一栏选点：在屏幕上画一条虚线，确定起点。

指定直线的端点或〔放弃（U）〕：指定虚线的端点，凡是与虚线相交的即被选中。

指定直线的端点或〔放弃（U）〕：按〈Enter〉键确认，也可以继续选择。

4）绘制剖面线。用"Line"在"细实线图层"中画出其他剖面线。用"Bhatch"命令对剖面进行填充，操作时应注意：在角度的选择中（如果未设置），一般逆时针为正；图案可选择"填充图案"选项板中的"ANSI31"图案（如果想要和之相垂直的情况角度选择为 90°或 270°）。注意为了区别桥面铺装层和主梁的区别，一般将剖面线反向。

（4）平面图的绘制　平面图包括桥面系、盖梁、拱上立柱、支座、桥台的布置尺寸，可采用半剖面绘制。

1）先绘制墩及桩的中轴线、在辅助线图层内绘制构造辅助线。

2）用"Line"、"Circle"、"Offset"、"Array"等命令组合完成平面图的绘制。

（5）横断面图的绘制　横断面图包括桥面铺装、人行道、盖梁、挡块、拱上立柱、拱圈、桩柱、承台、桥台等。在桥面板的横断面图中，边板是左右对称的，中板尺寸都是相同的。

1）在中心线图层中先绘制中轴线、在辅助线图层内绘制构造辅助线。

2）绘出边板和中板，并用"Block"命令定义成块。采用"Copy"命令中多重复制来逐个复制出来，也可采用"Array"与"Rotate"命令组合来完成全断面桥面板的绘制。

3）用"Line"命令绘制出其他部分。绘图时结合"Copy"命令中多重复制和"Offset"命令使用。

（6）标注　命令：Dimstyle，弹出"标注样式管理器"对话框。单击"新建（N）..."按钮，弹出"创建新标注样式"对话框如图 10-4 所示，按图 10-5、图 10-6、图 10-7 所示内容进行设置。

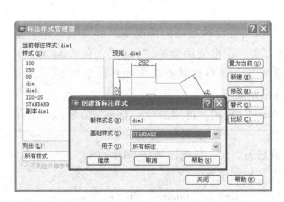

图 10-4　创建新样式

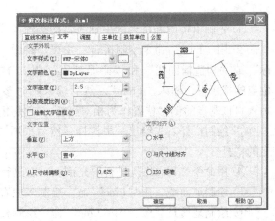

图 10-5　文字选项

如果在拱桥总体布置图的立面图上进行标注，为了保证所有的选择点都在同一高度上，可利用辅助水平直线和对象捕捉中的"延伸"命令，将选择点落在辅助直线上。

在绘图及标注图形时，可结合使用实时缩放、平移、鸟瞰视图等辅助绘图功能。

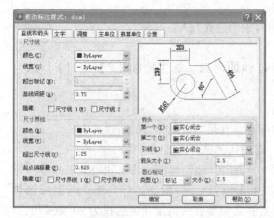

图 10-6　直线与箭头

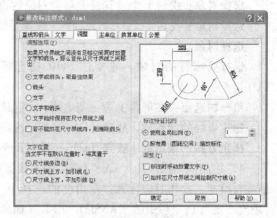

图 10-7　调整选项

（7）注解　文字样式的设定参见第 6 章第 1 节，用"Mtext"或"Text"命令输入文字，也可以使用"Word"等文字编辑器编辑后保存为"∗.Txt"格式后，再导入图形文件。

2. 梁桥总体布置图的绘制

梁桥是一种在竖向荷载作用下无水平反力的结构，常见的有钢筋混凝土简支梁桥、连续梁桥等。某简支梁桥总体布置图如图 10-8、图 10-9 所示，由半立面图、半平面图、横断面图组成。

（1）模板文件的创建　利用模板新建文件，并根据实际情况进行绘图界限更改、添加图层、图块、文字式样、标注式样等内容。

（2）绘制梁桥总体布置图

1）立面图的绘制。立面图包括桥台、桥墩、扩大基础、盖梁、主梁、栏杆、桥面铺装、搭板、锥坡、地面线、地质剖面图等内容。和上幅拱桥的立面图的绘制过程一样，采用半立面和半立剖面相结合的方式进行绘制。

图 10-8 和图 10-9 多为对称性、重复性图形，所以绘图时可借鉴拱桥的绘图方法。在绘图过程中应结合桥台图、桥墩图、主梁一般构造图、附属结构图来确定结构具体的尺寸。绘图步骤如下：

① 先画出桥墩和桥台的中轴线，构造辅助线。

② 用"Line"命令绘制桥台、主梁、桥墩，在参照桥台构造图的情况下，可使用"相对坐标"或"构造辅助线"和"捕捉对象"相结合的方法，也可使用命令"From"，在 AutoCAD 定位点的提示下，输入"From"，然后输入临时参照或基点（自该基点指定偏移以定位下一点），输入自该基点的偏移位置作为相对坐标，或使用直接距离输入。

③ 绘制栏杆。先绘出一根栏杆，然后采用"Array"复制，再用命令"Trim"剪修，绘出孔上的栏杆。

④ 用命令"Bhatch"进行填充剖面，在进行填充剖面时，所选区域应是闭合的。

⑤ 绘制地面线。用"Line"命令绘制多段直线（根据坐标绘制）。

⑥ 绘制地质柱状图。用"Line"命令绘制柱状图，用命令"Bhatch"进行填充。

2）平面图的绘制。平面图包括桥面系、盖梁、支座、扩大基础、桥台、桥墩、锥坡、道路边坡等在平面的投影。采用半平面、半剖面的方式进行平面图的绘制。绘图步骤如下：

首先绘制全桥的中轴线和构造辅助线；然后，用"Line"命令绘制只反映桥面、锥坡、道路边坡的情况半平面图；最后，用"Line"命令和"Circle"命令绘制墩台平面图。

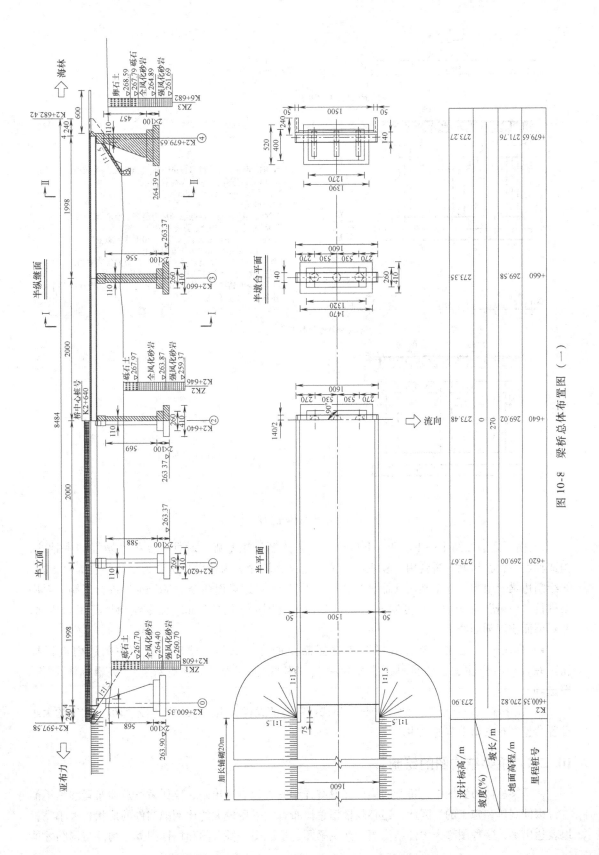

图 10-8　梁桥总体布置图（一）

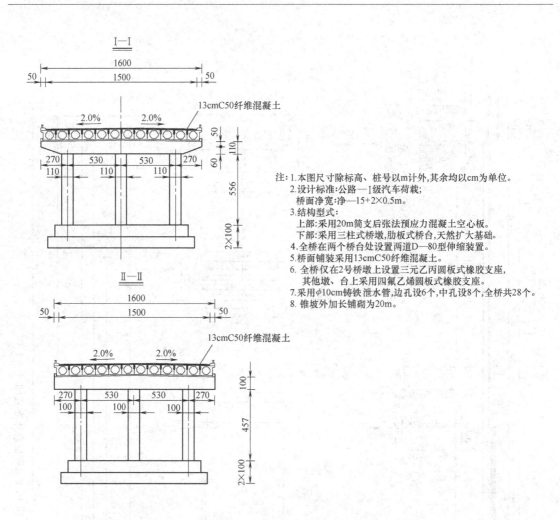

注:1.本图尺寸除标高、桩号以m计外,其余均以cm为单位。
　　2.设计标准:公路—I级汽车荷载;
　　　桥面净宽:净—15+2×0.5m。
　　3.结构型式:
　　　上部:采用20m简支后张法预应力混凝土空心板。
　　　下部:采用三柱式桥墩,肋板式桥台,天然扩大基础。
　　4.全桥在两个桥台处设置两道D—80型伸缩装置。
　　5.桥面铺装采用13cmC50纤维混凝土。
　　6.全桥仅在2号桥墩上设置三元乙丙圆板式橡胶支座,
　　　其他墩、台上采用四氟乙烯圆板式橡胶支座。
　　7.采用φ10cm铸铁泄水管,边孔设6个,中孔设8个,全桥共28个。
　　8.锥坡外加长铺砌为20m。

图 10-9　梁桥总体布置图（二）

3）横断面剖面图Ⅰ—Ⅰ、Ⅱ—Ⅱ的绘制。①绘制桥墩基础、墩柱、盖梁及墩柱的中轴线,构造辅助线;②桥墩、桥台用"Wblock"命令定义为块命名为桥墩、桥台为后面绘制提供方便;③绘制边梁、中梁,并定义块（命名为边梁、中梁）,对边梁用命令"Moirror"进行复制,对中梁进行"Copy"命令中多重复制或"Array"命令复制;④用"Line"命令绘制栏杆用和桥面,并对桥面绘制剖面线。

4）标注。首先在"标注式样"中选择需要的标注式样,然后,在标注图层内进行标注。在标注时应注意合理使用"连续标注"、"基线标注"、"标注更新"、"编辑标注文字"等选项。

5）文字输入。从设置好的"Style"中选择需要的式样,用"Mtext"输入即可,文字的大小设置参见第6章第1节的说明。

10.1.2　桥梁结构图的绘制

在桥梁总体布置图中,桥梁的构件并没有详细完整地表达出来,仅凭桥梁总体布置图是不能进行构件制作和施工的。因此,还必须根据总体布置图采用较大的比例把构件的形状、大小完整地表达出来,这种图称为构件结构图,如主梁图、桥墩图、桥台图和栏杆图等。构件结构图才能作为施工的依据，构件常用的比例尺为 1:10~1:50。

1. 桥梁上部结构图的绘制

桥梁上部结构是在线路中断时跨越障碍的主要承重结构，是桥梁支座以上（无铰拱起拱线或刚架主梁底线以上）跨越桥孔的总称。

（1）拱桥上部结构图的绘制　新建文件和设置绘图环境。利用用户预定义的模板新建文件，并根据实际情况进行绘图界限更改、添加图层、图块、文字式样、标注式样等内容建立新的绘图环境。某拱桥上部结构图，如图 10-10 所示，该图包括拱上立柱、盖梁、底座构造图，有剖面Ⅰ—Ⅰ、剖面Ⅱ—Ⅱ、剖面Ⅲ—Ⅲ等。由于是对称结构，所以，剖面Ⅰ—Ⅰ、剖面Ⅲ—Ⅲ可只绘出一半。

1）剖面Ⅰ—Ⅰ包括盖梁、拱上立柱、立柱底座、拱圈、挡块、三角垫块在横断面的剖面图组成。绘制剖面Ⅰ—Ⅰ图的具体步骤如下：

① 先绘制桥面中轴线和各立柱中轴线。

② 绘制主拱圈、盖梁、立柱底座和立柱（由于不同编号的立柱高度不同，可采用非比例的方法绘制，能够表达清楚即可），如图 10-11 所示。在绘图时，应组合使用"相对坐标"、"Copy"、"Offset" 等命令。薄板、圆柱等构件，凡剖切平面通过其对称中心线或轴线，均不画剖面线。

③ 绘制三角垫块。从右向左画，组合使用"相对坐标"和"Copy"，绘制出一个三角垫块后，进行多重复制（结合"对象捕捉"使用，绘图会更准确），最后画出左侧三角垫块。如图 10-12 所示。

2）剖面Ⅱ—Ⅱ的绘制。剖面Ⅱ—Ⅱ图包括拱圈、立柱底座、立柱、盖梁、挡块在立面的投影图。剖面Ⅱ—Ⅱ的绘制方法同上，绘图顺序可采用先总体后局部的原则，先绘出轴线，然后从下至上绘制各局部图形。绘图时注意底座高度不确定的问题，可使用非比例的手段处理，只要能表示清楚即可。

3）剖面Ⅲ—Ⅲ的绘制。剖面Ⅲ—Ⅲ包括拱圈、立柱底座、立柱、盖梁、挡块在平面的投影图。

4）尺寸标注和标高的标注。在预先设置好的"标注式样"中选择需要的标注式样，在标注图层内进行标注。在标注时应合理使用"连续标注"、"基线标注"、"标注更新"、"编辑标注文字"等选项。

5）图表的绘制。图表的绘制方法有两种，下面分别予以介绍。

① 方法一：用命令"Line"或"Pline"绘制出表格，然后在表格中填写文字，采用"Mtext"、"Text"或工具栏上的"**A**"输入文字。考虑文字格式的统一，可以用"Copy"命令的多重复制功能，将所有需要输入相同格式文字的表格粘贴上相同文字，然后再统一修改（用光标在文字上双击即可打开"文字编辑"命令），这样可以保证每个输入的文字具有相同的格式。

② 方法二：用 Excel 或 Word 对表格进行初步编辑，然后粘贴成为 AutoCAD 图元。首先在 Excel 中制完表格，复制到剪贴板，然后再在 AutoCAD 环境下选择"编辑"菜单中的"选择性粘贴"，选择作为 AutoCAD 图元，确定以后，表格即转化成 AutoCAD 实体。即可以编辑其中的线条及文字，通过放大和缩小命令来修改表格的大小，用"特性"来修改文字格式，如图 10-13 和图 10-14 所示。

6）文字的输入。由于此图是采用的 1:1 的比例尺进行绘制的，所以文字也要相应地放大，以适应出图时的需要。

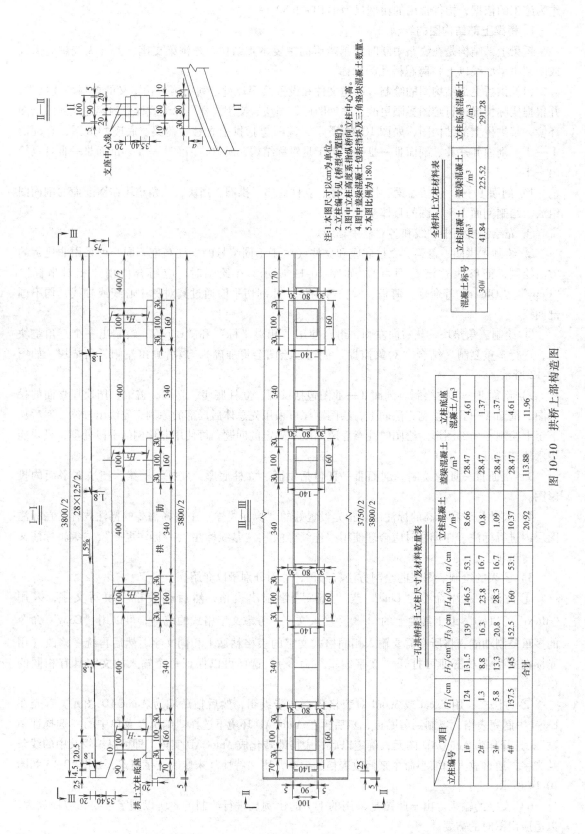

注：1.本图尺寸以 cm 为单位。
2.立柱编号见《桥型布置图》。
3.立柱高度系指纵向立柱中心高。
4.图中立柱混凝土包括挡块三角挡块混凝土数量。
5.本图比例为1:80。

全桥拱上立柱材料表

混凝土标号	立柱混凝土 /m³	盖梁混凝土 /m³	立柱底座混凝土 /m³
30#	41.84	225.52	291.28

一孔拱桥拱上立柱尺寸及材料数量表

项目 立柱编号	H_1/cm	H_2/cm	H_3/cm	H_4/cm	a/cm	立柱混凝土 /m³	盖梁混凝土 /m³	立柱底座 混凝土/m³
1#	124	131.5	139	146.5	53.1	8.66	28.47	4.61
2#	1.3	8.8	16.3	23.8	16.7	0.8	28.47	1.37
3#	5.8	13.3	20.8	28.3	16.7	1.09	28.47	1.37
4#	137.5	145	152.5	160	53.1	10.37	28.47	4.61
合计						20.92	113.88	11.96

图 10-10　拱桥上部构造图

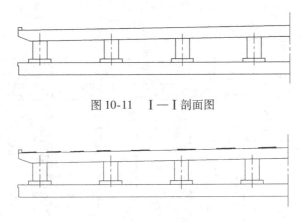

图 10-11　Ⅰ—Ⅰ剖面图

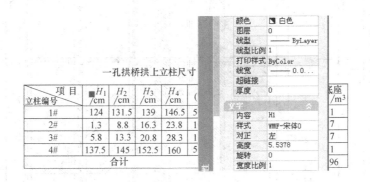

图 10-12　绘制三角垫块后的Ⅰ—Ⅰ剖面

图 10-13　粘贴后未加改动的图表

一孔拱桥拱上立柱尺寸及材料数量表

项目 立柱编号	H_1 /cm	H_2 /cm	H_3 /cm	H_4 /cm	a /cm	立柱混凝土 /m³
1#	124	131.5	139	146.5	53.1	8.66
2#	1.3	8.8	16.3	23.8	16.7	0.8
3#	5.8	13.3	20.8	28.3	16.7	1.09
4#	137.5	145	152.5	160	53.1	10.37
合计						20.92

图 10-14　粘贴后改动后的图表

（2）梁桥上部结构图的绘制　梁桥上部结构图的绘制过程中，新建文件及设置绘图环境的操作同拱桥上部结构的绘制。某桥梁上部结构图如图 10-15 和图 10-16 所示。上部结构图包括主梁（边梁和内梁）的立面图、平面图、横断面图三部分。

1）立面图包括翼缘板、肋板、横隔板、马蹄在跨中和边缘的大小及过渡方式、理论支撑线的位置。该梁体为先简支后连续，梁体的立面图为对称、重复性较多的线条平面图形。用"Line"命令绘制支座、临时支座中心线、桥墩中心线、背墙前缘线、横隔板中心线。在绘图时，应注意组合运用辅助线、"Offset"等命令。在应用辅助线时，最好将辅助线绘在"辅助线"图层内，完成后"冻结"辅助线图层即可。

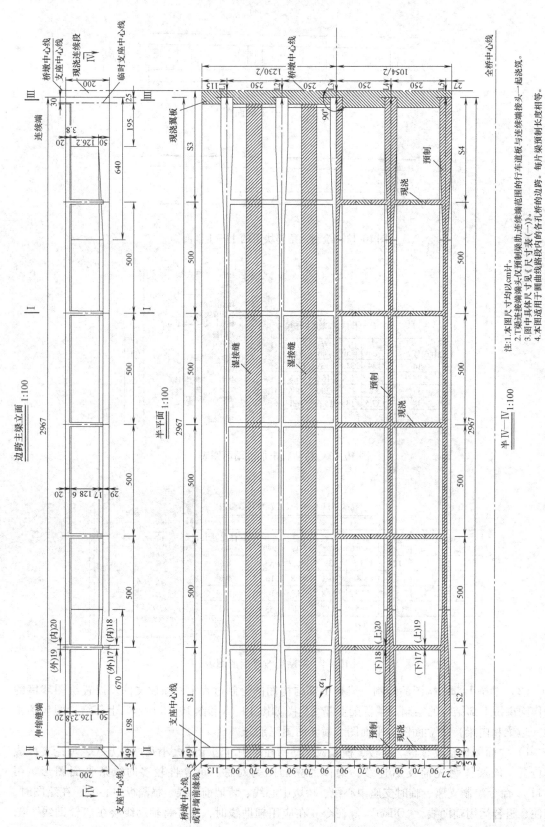

图 10-15　T 梁一般构造图 （一）

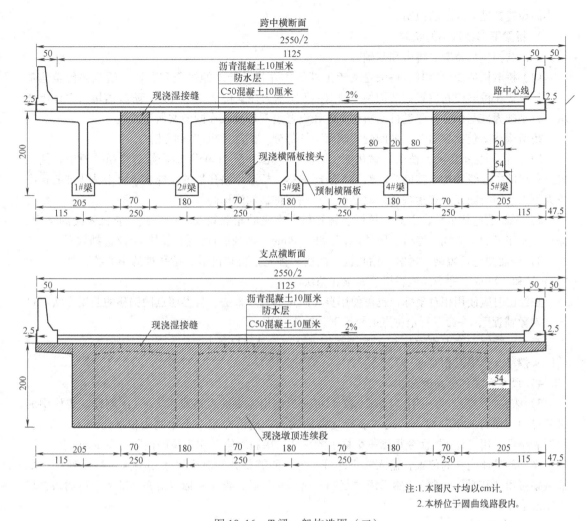

注:1.本图尺寸均以cm计。

2.本桥位于圆曲线路段内。

图 10-16　T 梁一般构造图（二）

2）平面图绘制。平面图包括翼缘板的湿接缝，桥面、梁肋、横隔板在平面上的投影。为了能更好地反映实际情况，本图采用半平面图（一半为主梁平面投影，一半为主梁Ⅳ—Ⅳ剖面的平面投影）。首先绘制各片主梁平面图中心线、辅助线（根据个人的习惯也可不用辅助线）。然后再进行其他操作。在绘制平面图时，应充分利用立面图与平面图之间的投影关系（立面图和平面图在尺寸上是相关的）进行绘制。

3）横断面图的绘制。横断面图包括主梁、横隔板、桥面铺装层、湿接缝、混凝土防撞护栏、主梁端部的封头部分。图 10-16 采用的是分别绘制不是采用半剖面的做法。首先绘制各片主梁的辅助线（中线）；然后，绘制中梁中的一片后，运用"Copy"命令的多重复制（使用"Array"命令）将另外两片主梁绘出；最后，进行填充。用"Bhatch"或工具栏上的 ▨ 命令来进行填充，具体参见第 4 章第 1 节。

4）标注。在预先设置好的"标注式样"中选择需要的式样，在标注图层内进行标注。在标注时应合理使用"连续标注"、"基线标注"、"标注更新"、"编辑标注文字"等选项。桥面铺装是多层，为了表示清楚采用引线标注。

5）文字输入。从设置好的"文字式样"中选择需要的式样，用"Mtext"输入即可，文字大小的设置参见第 6 章的说明。

2. 桥梁下部结构图的绘制

下部结构包括桥墩、桥台和基础。

（1）桥墩构造图的绘制 桥墩是支承上部结构并将其传来的恒载和车辆等活载再传至地基上，且设置在桥梁中间位置的结构物。图 10-17 所示为柱式桥墩，由盖梁、防震挡块与立柱组成墩身，基础为桩基础。首先进行的新建文件和设置绘图环境操作同前文所述。

桥墩构造图包括立面图、平面图、侧面图三部分。绘制过程如下所述。

1）立面图包括盖梁、桥墩、钻孔桩、挡块。首先，用"Line"命令绘制全桥、桥墩、钻孔桩及盖梁的中心线和构造辅助线。然后，绘制盖梁、桥墩、钻孔桩的轮廓线。由于钻孔桩的长度较大可以使用折断线来表达桩长，但必须在桩底和桩顶加注标高。

2）平面图包括全桥、盖梁、桥墩、钻孔桩、支座的轮廓线及其中心线。应首先绘制全桥、盖梁、支座等的中心线。然后，用"Line"和"Pline"命令进行绘制桥墩、盖梁、挡块。

3）侧面图包括盖梁、桥墩、钻孔桩、挡块。首先，绘制桥墩、钻孔桩的中心线。然后，用"Line"和"Pline"命令绘制桥墩、盖梁和挡块。

在绘图时应使用相对坐标，也可使用自参照点的偏移方法。自参照点的偏移的使用方法：打开"对象捕捉"，在命令行定位点的提示下，输入"From"。

基点：指定一个点作为基点（用"对象捕捉"工具捕捉基点）。

<偏移>：输入相对偏移。

4）尺寸标注和标高的标注。

5）表格的绘制。可应用"Line"和"Offset"制出需要的表格或用 Excel 来制作。表格中的文字可用"单行文字"输入，或"多行文字"输入。这里介绍一下用制表位确定输入的位置，绘制表格后，用"Dist"命令得到每个格子的尺寸。用制表位（制表位的使用与在 Word 中一样）确定文字的具体应在的位置，输入文字即可。为了能够整齐的对应可采用输入一行或列后（如需调整可用"移动"调整），然后用"复制"将表格填满，再用鼠标双击文字激活多行输入，将文字改成需要的文字。

6）输入文字。

（2）桥台构造图的绘制 桥台是支承上部结构并将其传来的恒载和车辆等活载再传至地基上，且设置在桥梁两端的结构物，桥台还与路堤相衔接，并抵御路堤土压力，防止路堤填土的塌落。桥台按其形式可划分为重力式桥台、轻型桥台、框架桥台、组合式桥台和承拉桥台。桥台构造图如图 10-18 所示，该桥台为轻型桥台，构造图包括盖梁、背墙、耳墙、搭板、挡块、支座垫石、肋板、扩大基础、材料数量表、注解等。绘制桥台图时，将台前、台后的土体视为透明。绘制桥台构造图首先应新建文件和设置绘图环境，其操作同前文所述。绘制过程如下：

1）立面图的绘制。绘制桥台肋板中心线、扩大基础中心线对总体进行控制。在绘图过程中要运用"Offset"和"Copy"命令提高绘图的速度。

2）平面图的绘制。首先，绘制肋板中线、主要控制辅助线（注意辅助线在辅助线图层内绘制）。然后，绘制耳墙、盖梁、垫石、肋板、扩大基础等在平面的投影，在绘图时可利用立面图与平面图的投影关系，做辅助线进行控制绘图，也需要运用"Offset"和"Copy"命令来提高绘图速度。

3）侧面图的绘制。首先绘制盖梁和支座中心线，构造主要控制辅助线。然后，进行其他绘图工作。可利用"相对坐标"，"Offset"，"一个命令定位点自参照点的偏移"等命令来提高绘图的速度。

4）尺寸标注和标高的标注。

5）制作材料数量表。

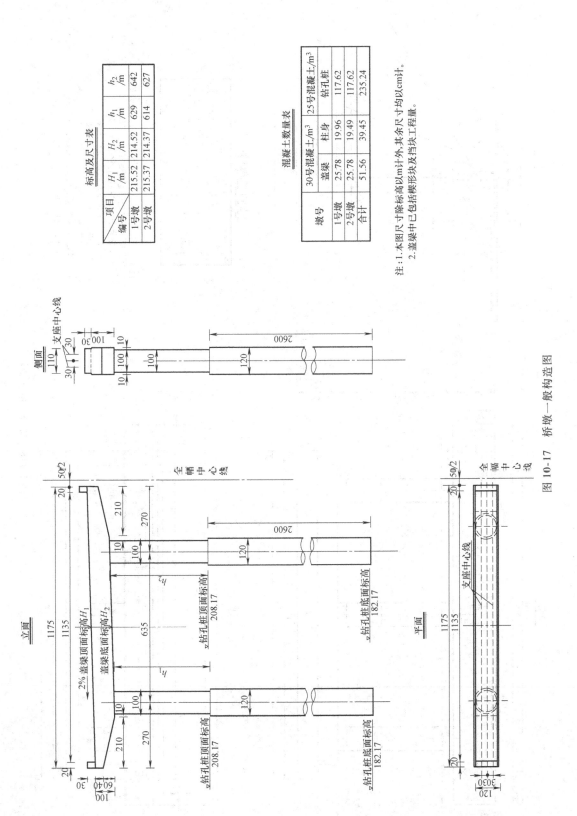

标高及尺寸表

项目 编号	H_1 /m	H_2 /m	h_1 /m	h_2 /m
1号墩	215.52	214.52	629	642
2号墩	215.37	214.37	614	627

混凝土数量表

墩号	30号混凝土/m³		25号混凝土/m³
	盖梁	柱身	钻孔桩
1号墩	25.78	19.96	117.62
2号墩	25.78	19.49	117.62
合计	51.56	39.45	235.24

注：1.本图尺寸除标高以m计外,其余尺寸均以cm计。
2.盖梁中已包括楔形块及挡块工程量。

图 10-17　桥墩一般构造图

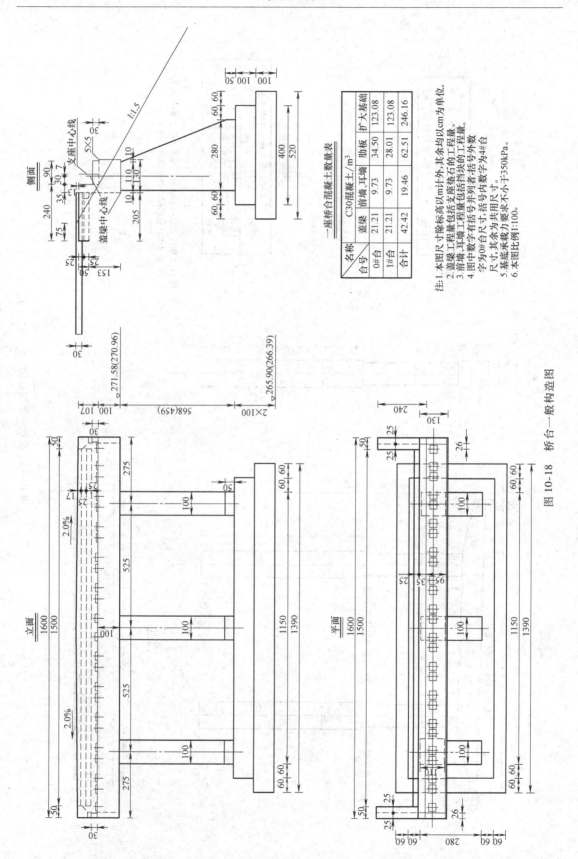

一座桥台混凝土数量表

名称	盖梁	前墙、耳墙	肋板	扩大基础
C30混凝土／m³				
0#台	21.21	9.73	34.50	123.08
1#台	21.21	9.73	28.01	123.08
合计	42.42	19.46	62.51	246.16

注:1. 本图尺寸除标高以m计外,其余均以cm为单位。
2. 盖梁工程量包括支座垫石的工程量。
3. 前墙、耳墙工程量包括挡块块的工程量。
4. 图中数字有括号者并列者括号数字为数
字为0#台尺寸,括号内数字为4#台
尺寸,其余为共用尺寸。
5. 基底承载力要求不小于350kPa。
6. 本图比例1:100。

图 10-18　桥台一般构造图

6）输入注解。从设置好的"文字式样"中选择需要的式样，用"Mtext"输入注解文字。

（3）基础构造图的绘制　基础是桥墩和桥台底部的奠基部分，承担了从桥墩和桥台传来的全部荷载，并且要保证上部结构按设计要求能产生一定的变位。在桥墩和桥台图中，已经对扩大基础和桩基础进行了绘制，具体的绘制见桥墩、桥台构造图的绘制。

3. 桥梁附属结构图的绘制

桥梁的附属设施包括桥梁与路堤衔接处的锥体护坡、八字翼墙和桥头搭板等。

（1）桥头锥坡构造图的绘制　锥体护坡又称锥坡。当桥（涵）台布置不能完全挡土或采用埋置式、桩式、柱式桥（涵）台时，为了保护桥（涵）两端路堤土坡稳定、防止冲刷所设置的形似锥形的护坡，锥坡的横桥向坡度与路堤边坡一致，顺桥向坡度应根据填土高度、土质情况，结合淹水情况和铺砌与否来决定。桥头锥坡构造图如图 10-19 所示。绘图之前的新建文件和设置绘图环境操作同前文所述。

1）立面图包括桥台、基础、锥坡三部分。首先绘制桥跨中心线、桥台肋板中心线和构造辅助线；然后，用"Line"和"Pline"命令绘制桥台、基础、锥坡及锥坡坡脚。

2）平面图包括桥台、基础、锥坡、道路边坡等。首先，绘制桥跨的中心线和构造辅助线；然后，绘制锥坡、桥台、基础、道路边坡等。

3）侧面图包括桥台、基础、锥坡示坡线等。根据实际的情况，只需要将构造和尺寸表达清楚，可以不按比例尺进行绘制。铺砌的片石和砂砾垫层可以用填充的命令来完成。

4）尺寸和标高的标注。

5）绘制图表。

6）输入注解。

（2）八字墙构造图的绘制　涵洞的洞口是涵洞的进出水口，上游洞口起束水导流作用，使水流顺畅地进入涵孔；下游洞口扩散水流，使水流不致冲刷并匀顺地排离涵洞。洞口构造由挡土墙、护坡和铺砌等部分组成。常用的洞口形式有八字墙式、端墙式、跌水井式。八字墙式的洞口除有端墙外，端墙前洞口两侧还有张口成八字形的翼墙，为缩短翼墙长度，将其端部折成与路中线平行的雉墙，雉墙前部为雉体，洞口的泄水能力比端墙式洞口好，用于流量较大时。某涵洞构造图如图 10-20 和图 10-21 所示。

此涵洞包括纵断面图、平面图、横断面图。新建文件和设置绘图环境的操作同前。

1）纵断面图包括涵洞的进口、出口、涵身、基础等。首先，绘制道路中心线、构造辅助线；其次，用"Line"和"Pline"命令进行绘制其他构造图，在绘图时应利用辅助线和使用"相对坐标"。最后，使用"Bhatch"命令进行填充，注意填充的图案选择和角度应用。

2）平面图包括八字墙、坡面。首先，绘制涵洞的纵向中心线。然后，用"Line"和"Pline"命令进行绘制其他构造图，在绘图时应利用辅助线、使用"相对坐标"。在绘制示坡线时使用"Array"命令及"Offset"命令绘制。

3）横断面图的绘制。绘制涵洞洞口及剖面Ⅰ—Ⅰ、剖面Ⅱ—Ⅱ、剖面Ⅲ—Ⅲ的构造图。由于对称性，只绘出涵洞横断面的一半即可，所以，首先绘制涵洞中心线和构造辅助线。然后，用"Line"和"Pline"命令进行绘制其他构造图。剖面Ⅰ—Ⅰ、剖面Ⅱ—Ⅱ、剖面Ⅲ—Ⅲ同样画法。

4）标注和标高的绘制。

（3）桥头搭板构造图的绘制　某桥头搭板构造图如图 10-22 所示。桥头搭板是为保证行车平顺，在桥台后和道路面板之间设置的构造，包括立面图、平面图、大样图、注解。绘制桥头搭板构造图时，首先进行的新建文件和设置绘图环境的操作同前文所述。

1）立面图的绘制。立面图包括桥面、伸缩缝、桥台、支座、搭板、路面板、牛腿与搭板间

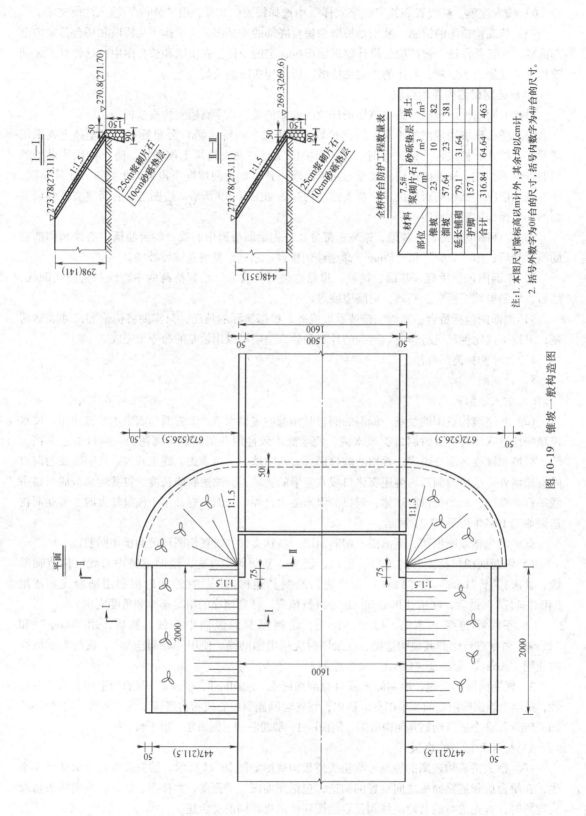

材料 部位	7.5# 浆砌片石 /m³	砂砾垫层 /m³	填土 /m³
锥坡	23	10	82
溜坡	57.64	23	381
延长铺砌	79.1	31.64	—
护脚	157.1	—	—
合计	316.84	64.64	463

全桥桥台防护工程数量表

注:1. 本图尺寸除高以m计外,其余均以cm计。
2. 括号外数字为0#台的尺寸,括号内数字为4#台的尺寸。

图 10-19　锥坡一般构造图

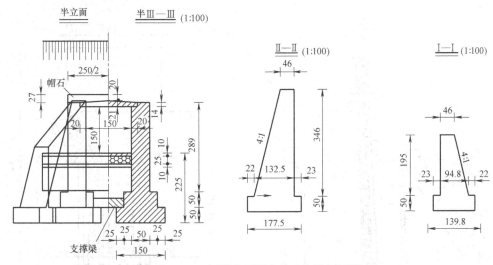

图 10-20　涵洞布置图中的八字墙剖面图

的锚固栓钉、搭板与路面板间的拉杆。绘制此图时为了能清楚表达牛腿与搭板的构造，将耳墙视为透明。首先，用"Line"或"Pline"命令绘制桥面、伸缩缝、桥台、支座、搭板、路面板。然后，用"Bhatch"命令进行填充。

2）平面图的绘制。平面图包括桥面板、护栏、桥台、搭板、路面板。首先，用"Line"或"Pline"命令绘制桥面板、护栏、桥台、搭板、路面板。然后，将牛腿与搭板间的锚固栓用小圆圈表示，拉杆用黑粗实线表示。

3）大样图是结构某些重要部位的详细表述的图，图上注有具体尺寸、构造细节和特殊要求，在现场即凭此进行具体放样和组织施工。

（4）示坡线、地面线的绘制　示坡线是指示斜坡降落方向的短线，与地面线垂直相交。地面线及地面被假想剖开，用连续的折线表示，绘制方法同前。

10.1.3　桥梁钢筋构造图的绘制

由钢筋和混凝土为主要材料制成的板、梁、桥墩和桩等构件组成的结构物，叫做钢筋混凝土结构。为了把钢筋混凝土结构表达清楚，需要画出钢筋结构图，又称钢筋布置图。钢筋结构图用来表示钢筋的布置情况，是钢筋断料、加工、绑扎、焊接和检验的重要依据，它应包括钢筋布置、钢筋编号、尺寸、规格、根数、钢筋成型图和钢筋数量表及技术说明。

钢筋结构图主要是表达构件内部钢筋的布置情况，所以把混凝土假设为透明体，结构外形轮廓画成细实线，钢筋则画成粗实线（钢筋箍筋为中实线），以突出钢筋的表达。而在断面图中，钢筋被剖切后，用小黑圆点表示，钢筋重叠时可用小圆圈来表示。钢筋弯钩和净距的尺寸都比较小，画图时不能严格按比例来画以免重叠，要考虑适当放宽尺寸，以清楚为度，称为夸张画法。同理，在立面图中遇到钢筋重叠时，也要放宽尺寸使图面清晰。为使图面更加清晰，在绘制钢筋结构图时，三个视图不一定全都画出来，可根据具体情况来确定要绘制的视图。

1. 各种钢筋大样图的绘制

钢筋成型图，在钢筋结构图中，为了能充分表明钢筋的形状以便于配料和施工，还必须画出每种钢筋加工成型图（钢筋大样图或施工详图），图上注明钢筋的符号、直径、根数、弯曲尺寸、断料长度及一些特殊的要求等。

钢筋的编号和尺寸标注方式如下：一幅图中的钢筋编号可以从 1 号开始，同种钢筋在不同图

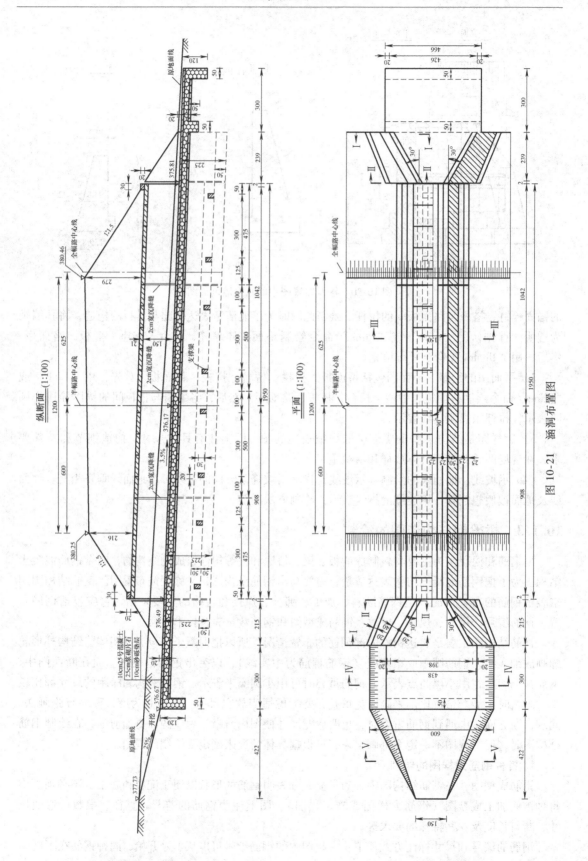

图 10-21 涵洞布置图

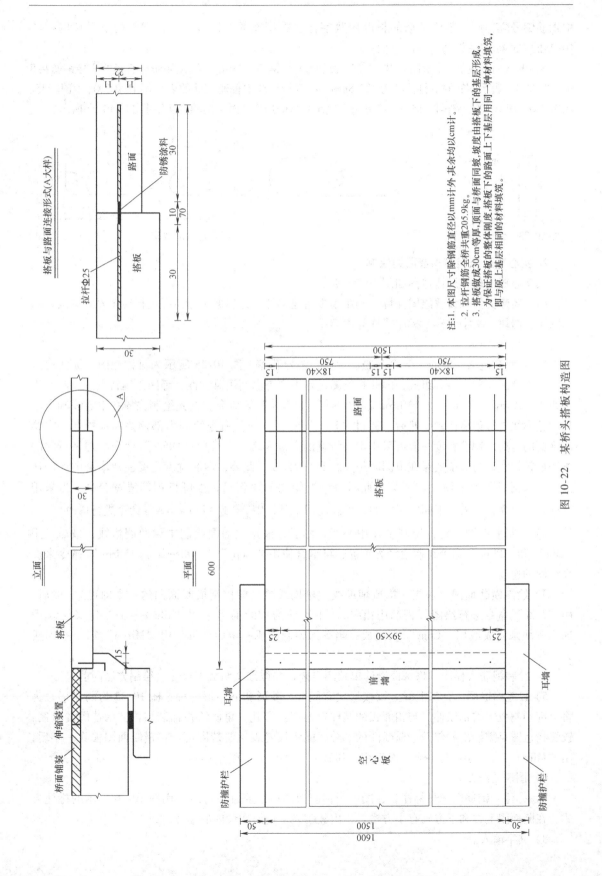

搭板与路面连接形式(A大样)

拉杆Φ25　　防锈涂料　　路面

搭板

立面

搭板

伸缩装置

桥面铺装

平面

耳墙

前墙

空心板

防撞护栏

防撞护栏

路面

搭板

注:1. 本图尺寸除钢筋直径以mm计外,其余均以cm计。
　　2. 拉杆钢筋全桥共重205.9kg。
　　3. 搭板做成30cm等厚,顶面与桥面同坡,坡度由搭板下的基层形成。为保证搭板的整体刚度,搭板下的路面上下基层用同一种材料填筑,即与原上基层相同的材料填筑。

图 10-22　某桥头搭板构造图

中钢筋编号应相同。某段钢筋的长度用数字标注在钢筋的左侧或上面，钢筋的下料长度按图10-23的方式标注在钢筋符号的下面。

图 10-23 所示钢筋大样图，其中"⑨"表示为 9 号钢筋，"8Φ8"表示为 8mm 直径的 9 号钢筋共 8 根，"132.8"表示钢筋的下料长度为 132.8mm。在现行规范中普通钢筋的表示用 HPB 300、HRB 335、HRB 400、HRB 500 等符号。54.6、13.6 分别表示各自的边长。对弯钩的具体要求如图 10-24 所示。

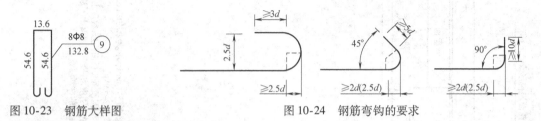

图 10-23　钢筋大样图　　　　　　　　图 10-24　钢筋弯钩的要求

2. 实心矩形板钢筋构造图的绘制

某实心矩形板钢筋构造图如图 10-25 所示。

（1）新建文件和设置绘图环境　利用模板新建文件，并根据实际情况进行绘图界限更改、添加图层、图块、文字式样、标注式样等内容。

（2）绘制过程

1）立面图包括主钢筋、架立钢筋、箍筋、锚栓孔等。图 10-25 所示为对称性图，标注由直线标注以及图表和文字等组成，因此在绘图过程中应考虑利用对称性、等间距等特点。绘制时组合使用"Array"、"Copy"、"Mirror"、"Offset"、"Trim"等命令。首先绘制锚栓孔中心线和实心板的轮廓线进行整体控制。然后，通过"Line"或"Pline"命令绘制内部钢筋和锚栓孔。在绘制钢筋的时候，钢筋宽度一般可采用定义线宽的方法实现，也可用"Offset"命令绘制平行线的方法加粗线宽，为保证效果在出图时至少达到 0.25mm。此外，钢筋宽度还要注意本身图形的比例，如果钢筋图中钢筋比较密集，此时可改变绘图的比例尺，也可将钢筋线宽变小。当采用"Offset"命令，如果是不同图层内的，可以使用工具栏中 或"Properties"命令进行修改。

2）绘制平面图。首先绘制平面中心线；然后，根据立面图绘制主梁两侧边线；最后，用"Line"和"Pline"命令绘制边线和钢筋，可组合使用"Copy"、"Offset"、"Mirror"命令来提高绘图的速度。

3）绘制横断面图。首先，构造辅助线（辅助线数量能控制横断面图的一半即可）；然后，用"Line"命令进行绘图（钢筋用粗线）。主钢筋的横断面可采用"Block"命令定义图块用插入图块来完成或用"Copy"来完成；当图形绘制完成一半后，可采用"Mirror"命令来完成另一半。

4）绘制钢筋大样图。将每根钢筋单独画出来，并详细注明加工尺寸，绘制方法同前。

5）铰缝构造图。企口混凝土铰接形式有圆形、菱形和漏斗形三种，图 10-25 为漏斗形且为将上部预制板中的钢筋伸出与相邻板的同样钢筋相互绑扎，再浇筑在铺装层内。构造图的绘制：铰缝构造图只需绘出相邻两梁横断图的部分，能将铰缝表达清楚即可。将横断面图去除一半后，用"Mirror"命令绘出另一半。然后用"Bhatch"命令进行填充即可。

6）图表的绘制。

7）标注。钢筋图编号标注，在图中当钢筋为同种钢筋且平行时采用图 10-26 所示的标注方式，在断面图上方和下方画有小方格，格内数字表示钢筋在梁内的编号。

8）文字输入。

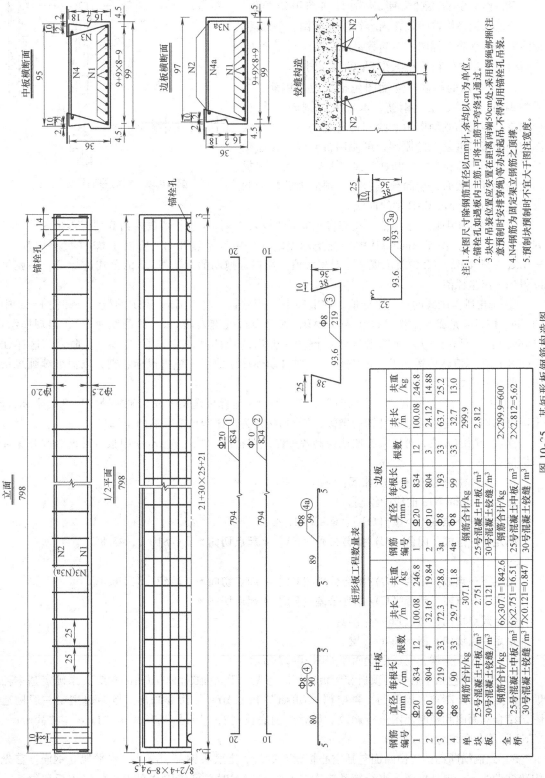

图 10-25　某矩形板钢筋构造图

3. 空心板钢筋构造图的绘制

某桥预应力空心板边梁钢筋构造图,如图 10-27 所示。

空心板钢筋构造图包含内容钢筋立面图、平面图、横断面图、钢筋大样图、钢筋数量表、混凝土用量表。绘图时,新建文件和设置绘图环境的操作同前。

1)立面图的绘制　立面图包括预应力钢筋、主受力钢筋、箍筋、架立钢筋、水平纵向钢筋。首先,绘制空心板梁的立面图中心线和构造辅助线。考虑绘图空间和图形重复性的原因,可使用折断线。在绘图时,可使用 "Copy","Offset" 或 "Array" 命令来提高绘图速度。然后,绘制预应力筋。预应力筋的绘制可借用 Excel 在 AutoCAD 中绘曲线。

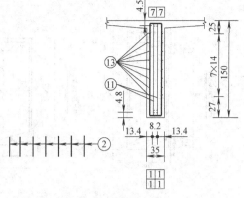

图 10-26　钢筋的编号标注

① 在 Excel 中输入坐标值。我们将 x 坐标值放入 A 列,y 坐标值放入到 B 列,再将 A 列和 B 列合并成 C 列,由于 AutoCAD 中二维坐标点之间是用逗号隔开的,所以在 C2 单元格中输入:= A2& ","&B2,C2 中就出现了一对坐标值。用鼠标拖动的方法将 C2 的公式进行 Copy,就可以得到一组坐标值。

② 选出所需画线的点的坐标值,如上例中 C 列数据,将其 Copy 到剪贴板上,即按 Excel 中的 Copy 按钮来完成此工作。打开 AutoCAD,在命令行处键入 Spline(画曲线命令),出现提示:"Object∕:",再在此位置处单击鼠标右键,在弹出的快捷菜单中选择 "Paste" 命令,这样在 Excel 中的坐标值就传送到了 AutoCAD 中,并自动连接成曲线,单击鼠标右键,取消继续画线状态,曲线就画好了。

③ 以中线为坐标的起点,方向向左上方,所以 x 坐标可选用一固定坐标减去已知的坐标,y 坐标可选用一固定坐标加上已知的坐标,(所列坐标为按比例尺换算后的坐标)。

通过上面的方法,可以很方便地绘制各种曲线或折线,并且在 Excel 中很容易地修改并保存坐标值。

在 AutoCAD 中执行的情况如下:

命令:Spline N13 曲线的绘制。

指定第一个点或 [对象(O)]:@830.2,45.8。

指定下一点或 [闭合(C)/拟合公差(F)] <起点切向>:@810.2,45.8。

……

指定下一点或 [闭合(C)/拟合公差(F)] <起点切向>:@577.8,56.4。

指定下一点或 [闭合(C)/拟合公差(F)] <起点切向>:

指定起点切向:按〈Enter〉键。

指定端点切向:按〈Enter〉键。

N12 同 N13 一样,完成的立面图如图 10-27 所示。

2)平面图包括空心板的顶板和底板钢筋。首先,用立面图和平面图的对应关系确定基本辅助线。然后,绘制顶底板钢筋,再根据 "Offset" 和 "Array" 命令画出。按照边主梁一般构造图,结合立面图和横断面图进行修改。最后绘制底板钢筋,通过 "Offset"、"Line"、"Mirror"、"Trim" 等命令组合完成绘图。

3)绘制横断面图　横断面包括空心板梁轮廓线、定底板钢筋、箍筋、水平架立钢筋。首先构造辅助线,绘出外框图。当绘制预应力空心板施工图时,可使用 "Wblock" 将边板和中板的跨中、端部做成块,可以在任何时候使用。然后,在钢筋图层内绘制钢筋,钢筋的横断面,使用

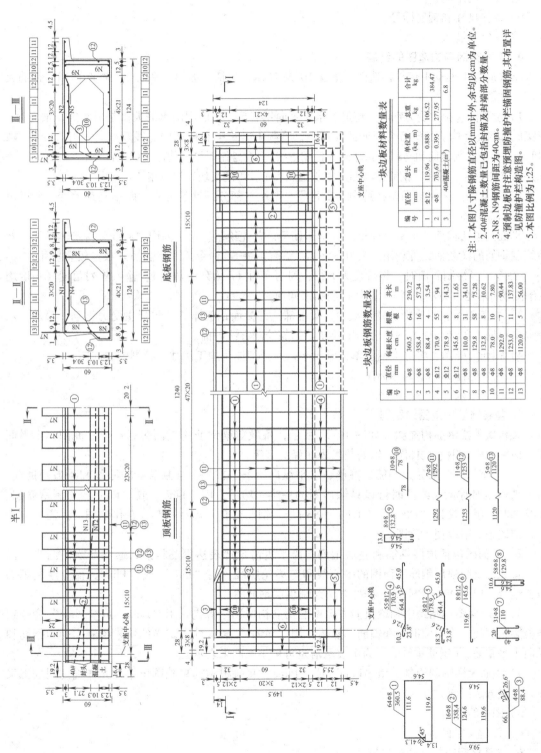

图 10-27　空心板钢筋构造图

"Block" 命令定义块，可以在图形内任何时候使用"Insert"命令调用。

　　4）图表的绘制。

　　5）标注尺寸和钢筋标号。

　　6）文字的输入。

4. T 形梁钢筋构造图的绘制

　　某预应力 T 形梁中钢筋构造图，如图 10-28 所示，包括立面图、平面图、横断面图、钢筋大样图、注解。

　　1）立面图包括主受力钢筋、箍筋、水平纵向钢筋等。立面图的钢筋大多是重复的，预应力 T 形梁底部的马蹄构造其截面为渐变的。首先，绘制中梁跨中和桥墩中心线。然后，用"Line"或"Pline"命令绘制钢筋和马蹄及翼缘板（使用虚线），在绘制时结合使用"Offset"和"Array"命令来提高绘图速度。最后，钢筋横断面用实心圆点表示，可定义块，然后用"Insert"命令插入。

　　2）平面图主要反应马蹄在跨中、变化段、梁端三部分钢筋的分布，跨中马蹄不变，所以可以只画出部分即可。

　　平面图包括箍筋、水平纵向钢筋、构造筋等。首先绘制主梁平面图中心线和构造辅助线。然后绘制钢筋的横断面，可利用定义好的图块，用"Insert"命令插入，当插入数量较多可用"Array"命令。当绘制斜面时，将行设为 1 行，列为 n 列（n 为列的数量），输入阵列角度（角度用"拾取阵列角度"方法获得）。其他钢筋画法同前。

　　3）横断面图包括跨中、变化截面、梁端部三部截面钢筋布置。包括主受力钢筋、箍筋、水平纵向钢筋，翼缘板内的钢筋可不用绘制。钢筋绘制方法同前。

　　4）钢筋大样图。将每根钢筋单独画出来，并详细注明加工尺寸，绘制方法同前。

　　5）尺寸标注和钢筋编号标注。

　　6）文字输入。

5. 盖梁钢筋构造图的绘制

　　某桥墩盖梁钢筋构造图，如图 10-29 所示，桥墩盖梁钢筋构造图包括：半立面、半平面图、横断面图、钢筋大样图、钢筋数量表注释文字等。

　　1）立面图包括主受力钢筋、箍筋、水平纵向钢筋。首先，绘制盖梁中心线和构造辅助线，由于结构是对称的，绘图时可以只绘出图的一半。然后，用"Line"或"Pline"绘制钢筋图。在绘图时可组合使用"Offset""Trim"等命令。钢筋重叠并焊在一起，在作画图时，需要分开画，使线条清晰以便于读图。

　　2）平面图包括顶层钢筋和底层钢筋，为了更清楚地表达钢筋构造，通常需绘制两张平面图。首先，绘制顶层钢筋平面图的中心线和盖梁轮廓线；用"Line"或"Pline"命令绘制钢筋图，结合使用"Offset"命令。同样方法绘制顶层钢筋图。

　　3）横断面图包括跨中和墩顶上方盖梁的钢筋构造图。首先，用"Line"或"Pline"命令绘制盖梁轮廓线、构造辅助线和箍筋。然后，用"Insert"插入预先定义的块来绘制主受力钢筋和纵向水平钢筋，（钢筋重叠时，为了表示清楚可用小圆圈来表示）。

　　4）钢筋大样图的绘制。用"Line"或"Pline"将每根钢筋单独画出来，并详细注明加工尺寸，绘制方法同前。

　　5）图表的绘制。

　　6）注解文字的输入。

6. 灌注桩钢筋构造图的绘制

　　某灌注桩钢筋构造图，如图 10-30 所示，包括钢筋立面图、横断面图、钢筋大样图、材料数量表、注解。

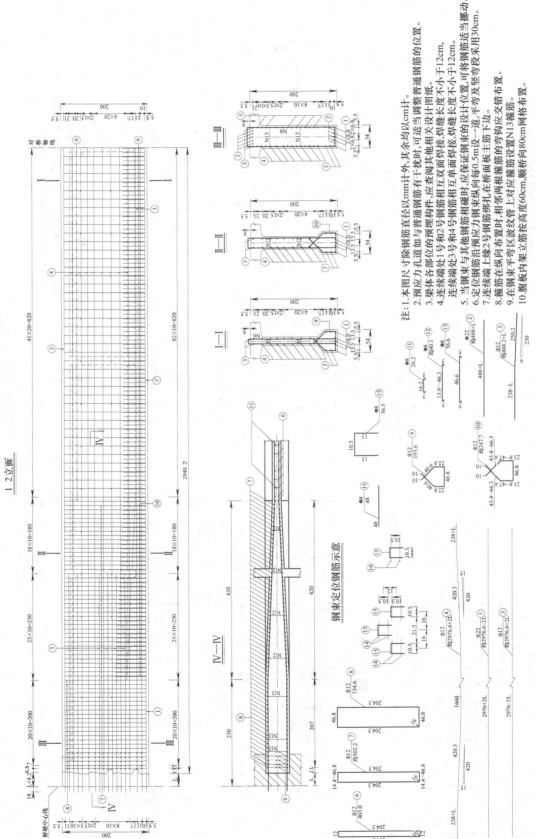

图 10-28　某预应力 T 形梁钢筋构造图

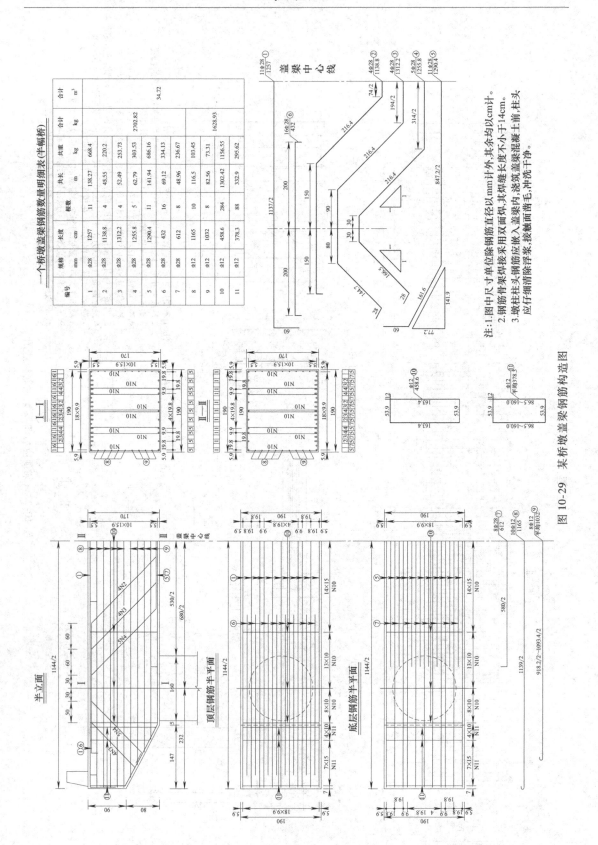

图 10-29　某桥墩盖梁钢筋构造图

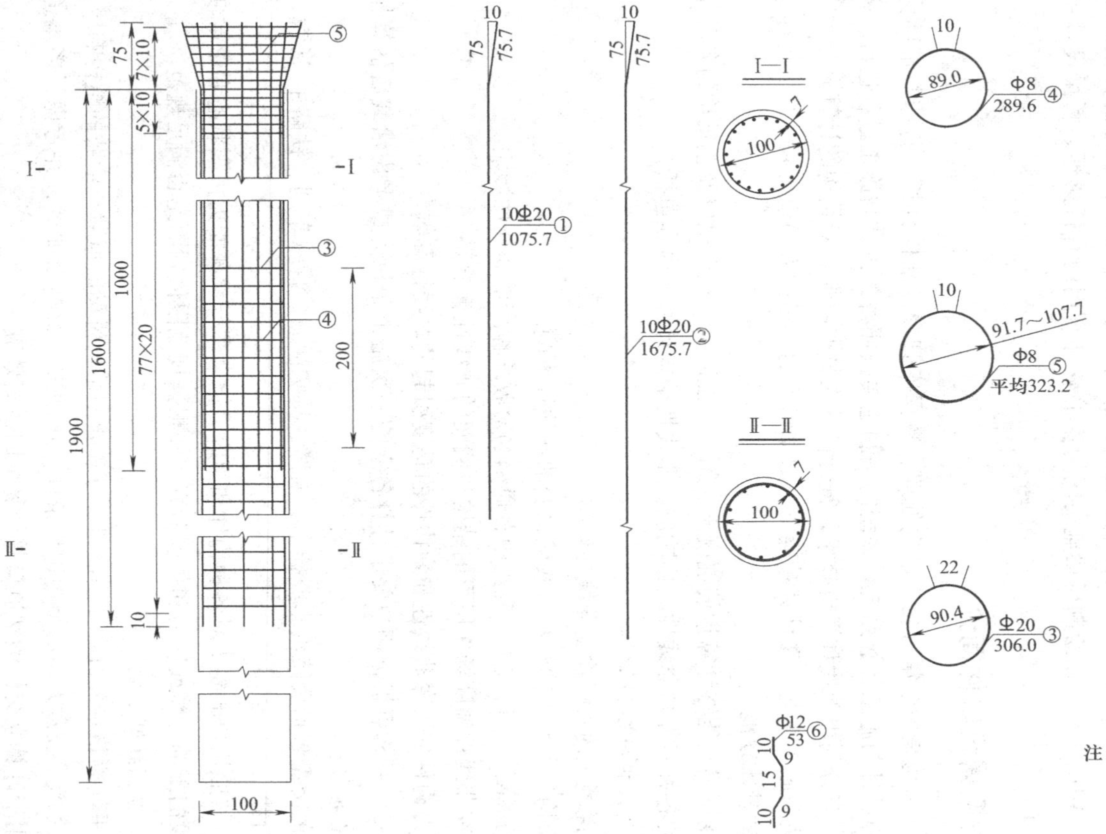

一根钻孔桩钢筋明细表

编号	直径 mm	长度 cm	搭接长度 cm	数量	共长 m
1	Φ20	1075.7	20	10	109.57
2	Φ20	1675.7	40	10	171.57
3	Φ20	306.0	0	8	24.48
4	Φ8	289.6	0	75	217.20
5	Φ8	323.2	0	7	22.62
6	Φ12	53	0	32	16.96

一根钻孔桩材料数量表

直径 mm	总长度 m	总重量 kg
Φ20	305.62	753.66
Φ8	239.82	94.73
Φ12	16.96	15.06
合计　钢筋 kg		863.45
25号混凝土 m³		14.92

注:1.本图尺寸除钢筋直径以mm计外,其余均以cm为单位。

2.加强箍筋N3,每隔2m设置一根。

3.一根加强箍筋N3对应四根定位筋N6,等距离焊接在钢筋骨架上。

4.主筋搭接采用单面焊接,焊缝的长度不小于10d。

5.本图比例为1:40。

图 10-30　某灌注桩钢筋构造图

1）钢筋立面图包括受压钢筋、箍筋。首先，绘制钢筋混凝土桩轮廓线，进行整体控制。然后，用"Line"或"Pline"绘制钢筋。

2）横断面图的绘制。由于钢筋混凝土桩的上部受压钢筋和下部的数量不同，需分别表示。首先，绘制钢筋混凝土桩的轮廓线。然后，用"Circle"或"Pline"绘制箍筋。

3）钢筋大样图的绘制。用"Line"或"Pline"将每根钢筋单独画出来，并详细注明加工尺寸，绘制方法同前。

4）材料数量表。

5）注解文字的输入。

10.2　桥梁 CAD 软件应用

目前对桥梁进行计算分析和施工图绘制的软件有很多，国内专用的桥梁计算分析软件有桥梁博士（Dr. Bridge）、GQJS、QLJC 及桥梁荷载试验静动力分析系统等，国外的大型通用有限元程序有 ANSYS、MIDAS 等；以绘制桥梁施工图为主的软件常用的有桥梁通、桥梁设计师和桥型布置 CAD 系统等。

10.2.1　桥梁博士软件简介

Dr. Bridge 系统是一个集可视化数据处理、数据库管理、结构分析、打印与帮助为一体的综合性桥梁结构设计与施工计算系统。系统的编制主要按照桥梁设计与施工过程进行，密切结合桥梁设计规范，充分利用现代计算机技术，符合设计人员的习惯，对结构的计算充分考虑了各种结构的复杂组成与施工情况，在计算精确下，数据输入的容错性方面也得到了很大的提高。

1. 系统的基本功能

（1）直线桥梁　能够计算钢筋混凝土、预应力混凝土、组合梁以及钢结构的各种结构体系的恒载与活载的各种线性与非线性结构响应。非线性结构计算的内容包括：

1）结构的几何非线性影响。

2）结构混凝土的收缩徐变非线性影响。

3）组合构件截面不同材料对收缩徐变的非线性影响。

4）钢筋混凝土、预应力混凝土中普通钢筋对收缩徐变的非线性影响。

5）结构在非线性温度场作用下的结构与截面的非线性影响。

6）受轴力构件的压弯非线性和索构件的垂度引起的非线性影响。

7）对于带索结构可根据用户要求计算各索的一次施工张拉力或考虑活载后估算拉索的面积和恒载的优化索力。

8）活载的类型包括公路汽车、挂车、人群、特殊活载、特殊车列、铁路中-活载、高速列车和城市轻轨荷载。

9）可以按照用户的要求对各种构件和预应力钢束进行承载能力极限状态和正常使用极限状态及施工阶段的配筋计算或应力和强度验算，并根据规范限值判断是否满足规范。

（2）斜、弯和异型桥梁

1）采用平面梁格系分析各种平面斜、弯和异型结构桥梁的恒载与活载的结构响应。

2）系统考虑了任意方向的结构边界条件，自动进行影响面加载，并考虑了多车道线的活载布置情况，用于计算立交桥梁岔道口等处复杂的活载效应。

3）最终可根据用户的要求，对结构进行配筋或各种验算。

（3）基础计算

1）整体基础：进行整体基础的基底应力验算，基础沉降计算及基础稳定性验算。

2）单桩承载力：计算地面以下各深度处单桩允许承载力。

3）刚性基础：计算刚性基础的变位及基础底面和侧面土应力。

4）弹性基础：计算弹性基础（m 法）的变形，内力及基底和侧面土应力；对于多排桩基础可分析各桩的受力特征。

（4）截面计算

1）截面特征计算：可以计算任意截面的几何特征，并能同时考虑普通钢筋、预应力钢筋以及不同材料对几何特征的影响。

2）荷载组合计算：对本系统定义的各种荷载效应进行承载能力极限状态荷载组合Ⅰ-Ⅲ和正常使用极限状态荷载组合Ⅰ-Ⅵ共 9 种组合的计算。

3）截面配筋计算：可以根据用户提供的混凝土截面描述和荷载描述分别进行承载能力极限状态荷载组合Ⅰ-Ⅲ和正常使用极限状态荷载组合Ⅰ-Ⅲ的荷载组合计算，并进行 6 种组合状态的普通钢筋或预应力钢筋的配筋计算。

4）应力验算：可根据用户提供的任意截面和截面荷载描述分别进行承载能力极限状态荷载组合Ⅰ-Ⅲ和正常使用极限状态荷载组合Ⅰ-Ⅵ共 9 种组合的计算，并进行 9 种组合的应力验算及承载能力极限强度验算；其中强度验算根据截面的受力状态按轴心受压、轴心受拉、上缘受拉偏心受压、下缘受拉偏心受压、上缘受拉偏心受拉、下缘受拉偏心受拉、上缘受拉受弯、下缘受拉受弯 8 种受力情况分别给出强度验算结果。

（5）横向分布系数计算　能运用杠杆法、刚性横梁法或刚接（铰接）板梁法计算主梁在各种活载作用下的横向分布系数。

（6）打印与帮助系统

1）系统输出的各种结果，都可以随时在各种 Windows 支撑的外围设备上打印输出，并提供打印预览功能，使用户在正式打印之前能够预览打印效果。

2）Dr. Bridge 系统提供了几百个条文的帮助，共计十万余汉字，对桥梁博士系统的各种功能都有相应的帮助系统。桥梁博士系统的帮助系统与 Windows 帮助系统严格一致，使用十分方便。

2. 系统的基本约定

（1）单位约定　系统的基本单位设定见表 10-1。

表 10-1　系统的基本单位设定

名　称	单　位	名　称	单　位
结构坐标与长度	m	角位移	弧度
力	kN	角度	度
矩	kN·m	面积	m²
应力	MPa(基础计算为 kPa)	截面几何信息	mm
线位移	m	裂缝宽度	mm

（2）坐标系

1）平面杆系。①总体坐标系：系统默认的坐标系，节点坐标、节点位移以及反力均按总体坐标系输出。X 轴以水平向右为正；Y 轴以垂直 X 轴向上为正。②单元局部坐标系：单元内力和应力均按单元局部坐标系输出。X 轴以沿构件的纵轴线方向，以左节点到右节点方向为正。Y 轴以垂直 X 轴向上为正。③截面局部坐标系：系统默认的坐标系，用来确定截面控制点的位置关系。X 轴以水平向右为正；Y 轴以垂直 X 轴向上为正。④钢束局部坐标系：向结构总体坐标系的映射，钢束局部坐标系在结构总体坐标系中的角度，如果钢束局部坐标系是结构总体坐标系经逆时针转动一个角度而形成，则该角度为正值，反之为负值。X 值为钢束局部坐标系原点在结构总体坐标系中的 X 坐标；Y 值为钢束局部坐标系原点在结构总体坐标系中的 Y 坐标。

2）空间网格。①总体坐标系：系统默认的坐标系，节点坐标、节点位移以及反力均按总体坐标系输出。X 轴、Y 轴、Z 轴正向由右手螺旋法则确定。②单元局部坐标系：单元内力和应力均按单元局部坐标系输出。X 轴沿构件的纵轴线方向，以左节点到右节点方向为正；Y 轴、Z 轴方向与总体坐标系相似，满足右手螺旋法则。③截面局部坐标系：系统默认的坐标系，用来确定截面控制点的位置关系。X 轴以水平向右为正；Y 轴以垂直 X 轴向上为正。④钢束局部坐标系：向结构总体坐标系的映射，钢束局部坐标系在结构总体坐标系中的角度，如果钢束局部坐标系是结构总体坐标系经逆时针转动一个角度而形成，则该角度为正值，反之为负值。X 轴、Y 轴方向与总体坐标系相似，满足右手法则；Z 坐标值钢束局部坐标系原点在结构总体坐标系中的 Z 坐标。

（3）荷载方向　系统约定所有荷载方向与结构总体坐标系一致为正，反之为负。荷载的矢量输入只能输入总体坐标系下的分量，具体如下：

1）平面杆系。水平力以沿整体坐标的 x 方向向右为正；竖直力以沿整体坐标的 y 方向向上为正；弯矩以依右手螺旋法则，垂直于整体坐标系向外（向用户方向）为正。

2）空间网格。P_x：沿总体坐标系 x 正方向为正；P_y：沿总体坐标系 y 正方向为正；P_z：沿总体坐标系 z 正方向为正；M_x：绕沿 x 轴，满足右手法则，大拇指指向 x 轴正方向时为正；M_y：绕沿 y 轴，满足右手法则，大拇指指向 y 轴正方向时为正；M_z：绕沿 z 轴，满足右手法则，大拇指指向 z 轴正方向时为正。

（4）效应方向　轴力：使单元受压为正，受拉为负。剪力：由单元底缘向顶缘方向为正，反之为负。弯矩：使单元底缘受拉为正，上缘受拉为负（平面）。弯矩：符合右手法则，与总体坐标系一致为正，反之为负（空间）。位移：与总体坐标系一致为正，反之为负。正应力（法向应力）：压应力为正，拉应力为负。剪应力：由截面底缘向顶缘方向为正，反之为负。主应力：正表示压，负表示拉。强度：受弯构件的强度为 MR，单位 kN/m^2，其他构件强度为 NR。结构支承反力：与总体坐标系一致为正，反之为负。

（5）数据填写便捷格式

1）（–/）表达式。格式为 A-B/C（A' – B'/C'），其中 A、B、C、A'、B'、C' 皆为正整数，C、C' 为增量值，默认为 1，括号内的表达式表示去除的号码，如 1-10/2 表示 1、3、5、7、9。如 1-10/2（5-7）表示 1、3、9，其中 5 和 7 已被去除。

2）（＊）表达式。格式为（$n*d*\cdots$）＊m，括号里有多项时，用空格分开，其中 d 为实数，n 表示数字 d 的重复次数，m 表示括号内数字的重复次数，如在单元节段划分时，单元的分段长度表达为（2＊3.0　4.0　2＊5.0）＊3，表示 3.0、3.0、4.0、5.0、5.0、3.0、3.0、4.0、5.0、5.0、3.0、3.0、4.0、5.0、5.0。

3. 设计计算工具的应用

（1）横向分布系数的计算

1）使用方法

① 新建或打开横向分布文档。选择"设计"菜单下的"横向分布"命令。选择已有的文档名称或输入一个新文档名称，文件扩展名为 .sdt，则出现如图 10-31 所示的窗口。

② 单项任务设计。

设置任务标识名：在"当前任务标识"框中键入名称，单击"添加任务"按钮。

选择任务类型：在"当前任务类型"列表框中选择，共有 3 种类型，分别为杠杆法、刚性

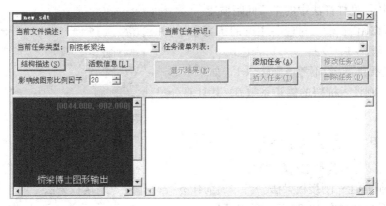

图 10-31　新建横向分布文档

横梁法、刚接板梁法。

描述任务内容："当任务类型"确定后，在任务类型下面有"结构描述"和"活载信息"两个按钮，单击这些按钮，完成任务内容描述。不同的任务类型，在"结构描述"按钮中会对应不同的内容。

显示结果：单击"显示结果"按钮，查看计算结果。

③ 任务其他操作。

"浏览任务"：在"任务清单列表"下拉框中选择需要浏览的任务名称。

"删除任务"：在"任务清单列表"下拉框中选择需要删除的任务名称，然后单击"删除任务"按钮。

"插入任务"：在"任务清单列表"下拉框中选择任务名称（待插入任务将在此任务名称前插入），在"当前任务标识"框中键入要插入的任务名称，然后设计该任务。

"修改任务"：在"任务清单列表"下拉框中选择需要修改的任务名称，然后设计该任务。

④ 横向分布系数计算文件描述。在"当前文件描述"框中输入描述内容。

2）计算内容。横向分布系数计算内容有两个按钮，其中单击"结构描述"按钮时弹出的对话框内容与选用的计算类型相关。

① 结构特征描述—杠杆法。当"当前任务类型"为"杠杆法"时，单击"结构描述"按钮，将会出现如图 10-32 所示的对话框。

"主梁间距"：各个主梁间的间距，在输入此项时，系统支持（ ∗ ）表达式。例如，输入（4 ∗ 2），则表示共有 5 片主梁，各主梁间距都为 2m，如图 10-33 所示。

图 10-32　结构特征描述—杠杆法

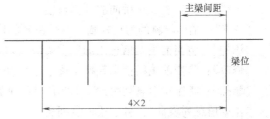

图 10-33　主梁间距示意图

边主梁梁位线外侧部分桥面，加载时采用直线外插计算。

② 结构特征描述—刚性横梁法。当"当前任务类型"为"刚性横梁法"时，单击"结构描述"按钮，将会出现如图 10-34 所示的对话框。

"主梁间距"：见杠杆法中的主梁间距描述。

"主梁抗弯惯距"：输入对应各主梁的抗弯惯矩，个数＝主梁间距数＋1，支持（＊）表达式。

"抗扭修正系数"：若不考虑则输入1，如果考虑主梁抗扭能力，则计入抗扭的修正系数 β，其计算公式如下

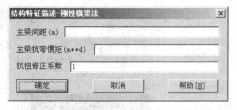

图 10-34　结构特征描述—刚性横梁法

$$\beta = \cfrac{1}{1 + \cfrac{Gl^2}{12E} \cfrac{\sum I_\mathrm{n}}{\sum a_i^2 I_i}} < 1$$

③ 结构特征描述—刚接板梁法。当"当前任务类型"为"刚接板梁法"时，单击"结构描述"按钮，将会出现如图 10-35 所示的对话框。

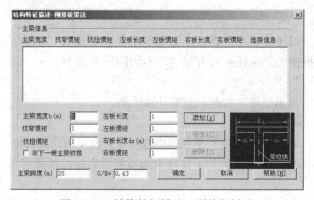

图 10-35　结构特征描述—刚接板梁法

"主梁宽度"：主梁左侧到右侧的距离。

"抗弯惯矩"：主梁的抗弯惯性矩。

"抗扭惯矩"：主梁的抗扭惯性矩。

"与下一根主梁铰接"复选框：选中则表示本梁右侧与下一根梁的左侧为铰接，未选表示该处刚接。最后一根主梁的该信息无效。

"左板长度"：主梁左侧悬臂板的悬臂长度。

"左板惯矩"：主梁左侧悬臂板沿跨径方向每延米板截面绕水平轴的抗弯惯矩。

"右板长度"：主梁右侧悬臂板的悬臂长度。

"右板惯矩"：主梁右侧悬臂板沿跨径方向每延米板截面绕水平轴的抗弯惯矩。

"主梁跨度"：主梁顺桥向的计算跨径。

"G/E"：主梁材料的剪切模量与弹性模量的比值，对于混凝土一般为 0.43。

"添加"：将当前主梁信息添加到主梁信息列表框中。

"修改"：将当前主梁信息替换主梁信息列表框中的当前选择项。

"删除"：将主梁信息列表框中的当前选择项删除。

"主梁信息列表框"：各主梁信息列表。

边主梁外侧部分桥面，加载时采用直线外插计算。刚接板梁法主梁几何示意如图 10-36 所示。

④ 活载信息。单击"活载信息"按钮，系统将显示如图 10-37 所示的对话框。

选择"汽车荷载""挂车荷载"类型，在"人行荷载"栏中输入"人群集度"值。

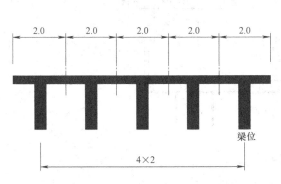

图 10-36　刚接板梁法主梁几何示意

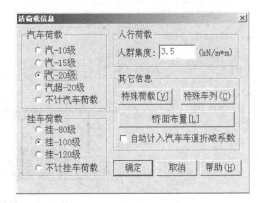

图 10-37　活荷载信息

"特殊荷载"与"特殊车列"按钮：参见软件中的相关内容。

"自动计入汽车车道折减系数"复选框：汽车在横向加载求横向分布系数时，是否计入车道的折减系数。

"桥面布置"按钮：参见下面"活载信息—桥面布置"。

⑤ 活载信息—桥面布置。在图 10-37 中单击"桥面布置"按钮，系统打开一个如图 10-38 所示对话框。L4 ~ L1，R1 ~ R4：桥面布置。

"桥面中线距首梁距离"文本框：用于确定各种活载在影响线上移动的位置。对于杠杆法和刚性横梁法"桥面中线距首梁距离"为桥面的中线到首梁的梁位线处的距离；对于刚接板梁法则"桥面中线距首梁距离"为桥面中线到首梁左侧悬臂板外端的距离。

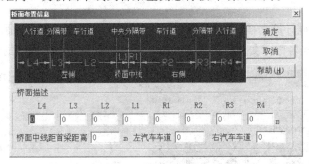

图 10-38　桥面布置信息

"左汽车车道"文本框：左侧车道的汽车车列数。

"左汽车车道"文本框：右侧车道的汽车车列数。

如果分隔带的宽度为 0，则表示其相邻左右侧桥面连续，如果中央分隔带的 L1 + R1 = 0，则汽车在左右车道上连续分布，总车道数 = 左车道数 + 右车道数。

示例：如图 10-39 所示桥面布置数据，其桥面布置与桥位对应示意如图 10-40 所示。

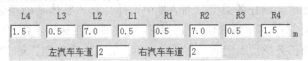

图 10-39　桥面布置数据

⑥ 系统输出的横向分布系数的含义："汽车的横向分布系数"是基于一列汽车的；"挂车的横向分布系数"是基于一辆挂车的；"人行的横向分布系数"是基于 1m 人群的；"满人的横向分布系数"是基于 1m 人群的。

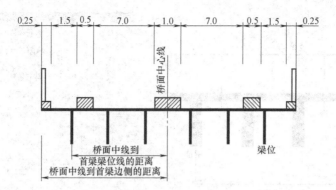

图 10-40　桥面与梁位对应示意

"特载的横向分布系数"是按照用户定义的荷载加载的，例如，如果特载定义为四个车轮，每个轮重为 1/4，则其等同于挂车的横向分布系数。

"特殊车列的横向分布系数"是按照用户定义的车列信息加载的，例如，如果车列的定义为：前后车距即相临车距均为 1.3m，加重车和主车都为两个车轮，且每个轮重均为 1/2；轮距 1.8m，则在车列数相同的情况下，其结果等同于汽车的横向分布系数。

在计算汽车的横向分布系数时，不同类型的汽车计算结果是相同的，挂车类同。

人群集度只用来确定是否计算，如果输入 0，则表示不计算人群的横向分布系数，非 0 值表示计算，其量值随意。

（2）基础的计算

1）使用方法

① 新建或打开基础计算文档。选择"设计"菜单下的"基础计算"命令；选择已有的文档名称或输入一个新文档名称，文件扩展名为 .sdp。则出现如图 10-41 所示的窗口。

图 10-41　新建基础设计文档

② 单项任务设计。

设置任务标识名：在"当前任务标识"文本框中键入名称，单击"添加任务"按钮。

选择任务类型：在"当前任务类型"列表框中选择，有"整体基础基底计算"、"单桩容许承载力"、"刚性基础计算"、"单排弹性基础计算"、"多排弹性基础计算" 5 种类型。

描述任务内容：当任务类型确定后，在任务类型下面有 1 个按钮，单击该按钮，完成任务内容描述。不同的任务类型，其"结构描述"对应不同的内容。

显示结果：单击"显示结果"按钮，查看计算结果。

③ 任务其他操作。"浏览任务"、"删除任务""插入任务"、"修改任务"等操作如前文所述。

④ 基础计算文件描述。在"当前文件描述"文本框中输入描述内容。

2）计算内容。基础计算内容只有"结构描述"按钮，单击它时弹出的对话框内容与选用的计算类型相关。

① 结构描述—整体基础基底计算。当"当前任务类型"为"整体基础基底计算"时，单击"结构描述"按钮，将会出现如图 10-42 所示的对话框。

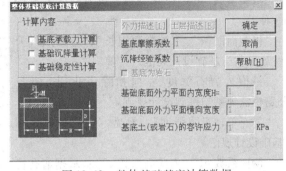

图 10-42　整体基础基底计算数据

"基底承载力计算"复选框：验算基底的土（或岩石）应力。

"基础沉降量计算"复选框：计算基础的总沉降量。

"基础稳定性验算"复选框：验算基础的稳定性。

"基底摩擦系数"文本框：验算基础抗滑稳定性时使用，可按 JTG D63—2007《公路桥涵地基与基础设计规范》取用。

"沉降经验系数"文本框：按地区经验取值，如果缺乏资料则输入 0，系统自动根据 JTG D63—2007《公路桥涵地基与基础设计规范》取用。

"基底为基岩"复选框：若选中则表示基础底部为岩石。

"基础底面外力平面内宽度 H"文本框：相当于受弯截面的高度。

"基础底面外力平面横向宽度"文本框：相当于受弯截面的宽度。

"基底土（或岩石）的容许应力"文本框：允许应力。

"外力描述"按钮：单击该按钮可打开一个外力描述对话框，如图 10-43 所示，输入外力信息。水平力以向右为正，向左为负；竖向力以向上为正，向下为负。

"土层描述"按钮：单击该按钮可打开一个土层描述对话框，如图 10-44 所示，输入土层信息。

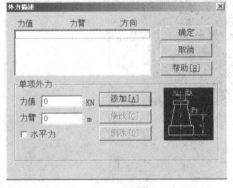

图 10-43　外力描述

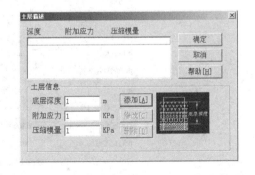

图 10-44　土层描述

"土层深度"文本框：该土层地面的深度，以第一层土顶面为 0，采用正值输入。

"附加应力"文本框：该土层的平均附加应力。

"压缩模量"文本框：该土层的压缩模量，可从地质勘察报告的土工试验表中得到。

进行基础沉降计算时，土层的划分方法应参照《公路桥涵地基与基础设计规范》规定。

② 结构描述—单桩容许承载力。当"当前任务类型"为"单桩容许承载力"时，单击"结构描述"按钮，将会出现如图 10-45 所示的对话框。

"桩类型"：可选择摩擦桩、沉桩、嵌岩桩中的一种。

"桩截面面积"、"桩截面周长"：应参照《公路桥涵地基与基础设计规范》计算。

"桩嵌入岩石深度"：应扣除风化层。参见《公路桥涵地基与基础设计规范》。

"岩石单轴极限强度"：参见《公路桥涵地基与基础设计规范》。

图 10-45　单桩承载力计算数据

"侧面系数 c1"、"底面系数 c2"：根据清孔情况、岩石破碎程度等因素而定的系数。参照《公路桥涵地基与基础设计规范》。

"土层描述"按钮：单击该按钮可打开一个土层描述对话框，输入土层信息，其数据输入与前面所述一致。对嵌岩桩，此项无效。

单桩承载力的计算，系统是以 1m 为间隔，桩尖在不同持力层中时，计算出各位置的单桩承载力，用户可自行确定的桩长，截取使用。

③ 结构描述 - 刚性基础计算。当"当前任务类型"为"刚性基础计算"时，单击"结构描述"按钮，将会出现如图 10-46 所示的对话框。

"基础截面面积 Ao"、"基础截面模量 Wo"：基础底面的特征，用于计算基底应力。

"基础入土深度"：基础埋入土中的深度，从地面起算，如果有冲刷，应从冲刷线起算。

"基础变形系数"

$$\alpha = \sqrt[5]{\frac{mb_1}{EI}}$$

EI：基础的弯曲刚度，E 为弯曲弹性模量，I 为抗弯惯矩。

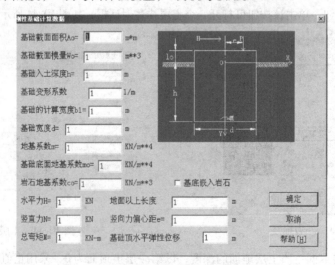

图 10-46　刚性基础计算数据

"基础的计算宽度 b_1"：按基础规范附录六计算。

"基础宽度 d"：基础地面宽度，相当于受弯截面的高度。

"地基系数 m"：地基土的比例系数，按《公路桥涵地基与基础设计规范》取用。

"基础底面地基系数 m_o"：按《公路桥涵地基与基础设计规范》取用。

"岩石地基系数 Co"：按《公路桥涵地基与基础设计规范》取用。

"基底嵌入岩石"：基础底面是否嵌入岩石。

"水平力 H"：基础所承受的水平外力，向右为正。

"竖直力 N"：基础所承受的竖向外力，向下为正。

"总弯矩 M"：基础底面形心处的合计总弯矩，顺时针为正。

"地面以上长度"：基础露出地面（或冲刷线）的高度。

"竖向力偏心距 e"：基础所承受的竖向外力的相对于基底形心的偏心距离，右侧为正。

"基础顶水平弹性位移"：以基础在地面处刚性固接，在外力作用下基础顶部产生的水平位移，向右为正。

图 10-46 所示对话框的计算是对《公路桥涵地基与基础设计规范》附表 6-7 的实现，输入输出的数据如有不明确之处，参照《公路桥涵地基与基础设计规范》。

基础的变形系数应小于 $2.5/h$，否则应按弹性基础计算。

④ 结构描述—单排弹性基础计算。当"当前任务类型"为"单排弹性基础计算"时，单击"结构描述"按钮，将会出现如图 10-47 所示的对话框。

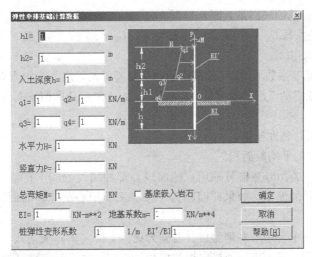

图 10-47　单排弹性基础计算数据

h_1、h_2 为基础变截面处、顶部距离地面（无冲刷）或冲刷线（有冲刷）的高度。

"入土深度 h"：基础埋入土中的深度，从地面起算，如果有冲刷，应从冲刷线起算。

q_1、q_2、q_3、q_4：外荷载描述，向右为正。

EI'/EI：弯曲刚度比值。

其余符号意义同前。

本对话框的计算是对《公路桥涵地基与基础设计规范》附表 6-9 的实现，输入输出的数据如有不明确之处，参照基础规范。

基础的变形系数应大于 $2.5/h$，否则应按刚性基础计算。

⑤ 结构描述-多排弹性基础计算。当"当前任务类型"为"多排弹性基础计算"时，单击"结构描述"按钮，将会出现如图 10-48 所示的对话框。

"水平力 H"：承台底所承受的水平外力，向右为正。

"竖直力 P"：承台底所承受的竖向外力，向下为正。

"总弯矩 M"：承台底面形心处的合计总弯矩，顺时针为正。

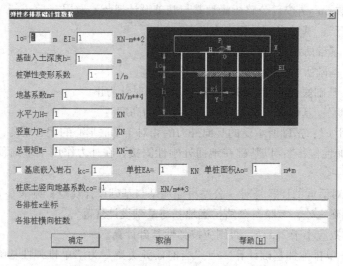

图 10-48　多排弹性基础计算数据

"基底嵌入岩石"：基础底面是否嵌入岩石。

"桩底土竖向地基系数 C_o"：如果是非岩石类土，$C_o = m_o \times h$，m_o 按《公路桥涵地基与基础设计规范》附表 6-5 取用。

如果是岩石，则地基系数 C_o 按《公路桥涵地基与基础设计规范》附表 6-6 取用。

k_c：系数。打入或震动下沉的摩擦桩，$k_c = 2/3$；钻（挖）孔摩擦桩 $k_c = 1/2$；对于柱桩（或钻岩支承桩）$k_c = 1$。

"E"：桩材料的压弯弹性模量。

"A"：入土部分桩的平均截面积。

"A_o"：桩底面积，若为摩擦桩可采用自地面或局部冲刷线起向下扩散（按 1/4 土层的平均内摩擦角）至桩底面处的面积。如果此面积大于按桩底面中心距计算的面积时，则采用按桩底面中心距计算的面积。

"各排桩 x 坐标"：承台中心左侧为负，右侧为正。支持（＊）表达式。

"各排桩横向桩数"：各 x 坐标处横向桩的根数，应与 x 坐标对应顺序填写。支持（-/）表达式。

图 10-48 所示对话框的计算是对《公路桥涵地基与基础设计规范》附表 6-10 的实现，输入输出的数据如有不明确之处，参照基础规范。基础的变形系数应大于 $2.5/h$。

10.2.2　桥博软件应用实例

1. 拱桥的建模

（1）模型资料　桥面全长 50m，分为 50 个单元，每个单元 x 向分段长度为 1m，系杆截面为 2000mm × 1000mm 的矩形截面，材料为 C40 混凝土拱肋单元；拱肋单元分 50 个单元，每个单元 x 向分段长度为 1m，拱肋截面为钢管内填 C40 混凝土，钢管半径 $R = 1000$mm，厚度 $t = 120$mm，为 A3 号钢；吊杆每隔 5m 设 1 根，拉索材料为 270 低级松弛钢绞线。拟定建立如图 10-49 所示的模型。

（2）建模过程

1）选择菜单栏的"项目"→"创建工程项目"，建立新工程，如图 10-50 所示。

2）按 < F4 > 键进入原始数据输入窗口，在数据菜单中选择"输入单元特征信息"。

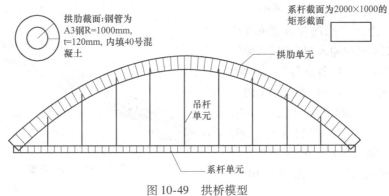

图 10-49 拱桥模型

3）建立系杆单元。

① 单击快速编译器的"直线"按钮，弹出图 10-51 所示的直线单元组编辑对话框，将"编辑内容"的四个复选框都选中，分别输入编辑单元号"：1-50，"左节点号"：1-50，"右节点号"：2-51；"分段长度"：50×1。

图 10-50 建立新工程

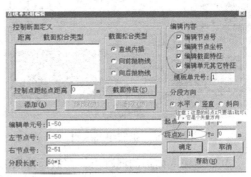

图 10-51 直线单元组编辑

② 输入截面特征。在图 10-51 所示对话框中单击"截面特征"按钮，选择图形输入，找到矩形截面，如图 10-52 所示。然后输入 $B = 2000$，$H = 1000$，单击"确定"按钮。

③ 控制断面定义。在"控制点距起点距离"文本框内填 0，单击"添加"按钮，然后在"控制点距起点距离"文本框内填 50，再单击"添加"按钮，如图 10-53 所示。

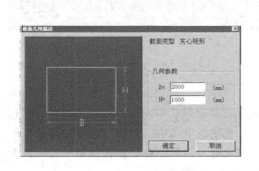

图 10-52 截面特征

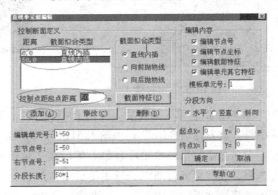

图 10-53 控制断面定义

④ 完成以上步骤后，单击"确定"按钮，就完成了系杆的建模，结果如图 10-54 所示。

4）建立拱肋单元。

① 单击"快速编译器"选项组中的
"拱肋"按钮，进入"拱肋单元组编辑"
对话框，在各文本框中输入相应值，"编辑
单元号"：51-100，"左节点号"：1，52-
100，"右节点号"：52-100，51，"x 向分
段长度"：50×1；控制点 $x_1 = 0$，$y_1 = 0$，
控制点 $x_2 = 25$，$y_2 = 12$，控制点 $x_3 = 50$，
$y_3 = 0$，同样，"编辑内容"的四个复选框
都选中。拱肋单元编辑对话框如图 10-55
所示。

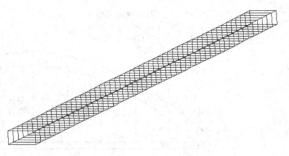

图 10-54　系杆模型

② 单击图 10-55 中的控制截面按钮输入截面形状，截面材料选择 A3 钢，输入钢管截面，单
击图形输入，找到圆管形状，输入数据 $R = 1000$，$t = 120$，单击"确定"按钮，截面几何描述对
话框如图 10-56 所示。

图 10-55　拱肋单元编辑

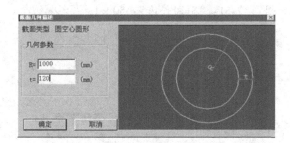

图 10-56　截面几何描述对话框

③ 然后输入内部的混凝土，在截面特征的对话框中，单击"附加截面"，截面材料选择 C40
混凝土，然后选择图形输入，选择圆形截面，如图 10-57 所示输入 $R = 880$，单击"确定"按钮，
结果如图 10-58 所示。

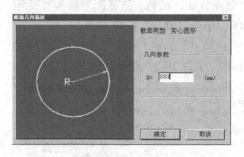

图 10-57　半径输入

图 10-58　拱肋模型

④ 修改拱肋单元的性质。在图 10-59 的右上角有个"GoTo"按钮，在左上角显示着当前单
元编号。首先在"GoTo"栏里输入 51（51 单元到 100 单元都是拱肋单元），单击"GoTo"按钮，
在左上角显示的当前单元号为 51。然后在"顶缘坐标"选项组里选中"截面"高度中点处坐标
复选框，在"单元性质"选项组里选中"组合构件"复选框，并撤销对"是否桥面单元"复选
框的选择，这样就完成了第一个拱肋单元性质的修改，如图 10-59 所示。

最后，利用"快速编译器"选项组修改其他拱肋单元的性质。在"快速编译器"选项组中
单击"单元"按钮，选中复选框"修改坐标性质"、"修改单元类型"、"修改桥面单元定义"；
在"编辑单元"里填入：52-100，在"其他信息模板单元号"里填 51，然后单击"确定"按

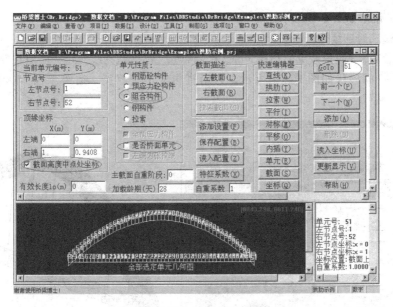

图 10-59　修改单元性质

钮，如图 10-60 所示。

5）吊杆的建立过程。

① 单击"快速编译器"选项组中的"平行"按钮，进入吊杆单元编辑，在"平行单元组编辑"对话框内，选中"编辑节点号"复选框，输入"编辑单元号"：101-109；"左节点号"：6-50/5；"右节点号"：56-100/5，然后单击"确定"按钮，如图10-61 所示。

② 在"快速编译器"选项组中单击"单元"按钮，选中"截取坐标"复选框，"编辑单元号"：101-109，单击"确定"按钮。

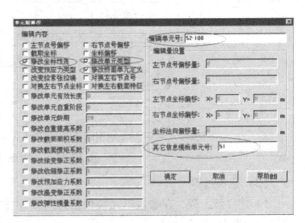

图 1-60　修改拱肋单元性质

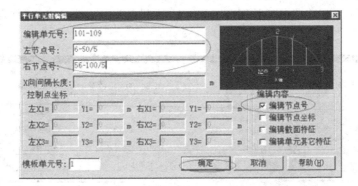

图 10-61　吊杆单元及节点输入

然后按前述方法转到 101 单元，修改它的单元性质，单元性质改为拉索。按同样方法修改其他吊杆性质。单击"快速编译器"选项组中的"单元"按钮，选中"修改单元性质"复选框，"编辑单元号"：102-109，"其他信息模板单元号"：101，单击"确定"按钮，如图 10-62 所示。

完成的拱桥三维模型如图 10-63 所示。

2. 快速编辑三跨连续梁

（1）模型参数　3 跨连续梁，边跨 30m，中跨 40m，都呈抛物线变化，模型共分 100 个单元，每单元为 1m，截面形状如图 10-64 所示，为铅直腹板单箱双室，边跨梁高 2500mm，跨中梁高 1400mm。

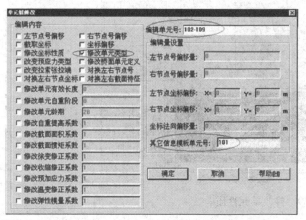

图 10-62　修改单元性质

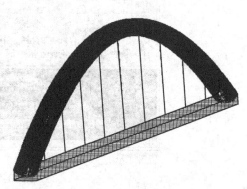

图 10-63　拱桥三维模型

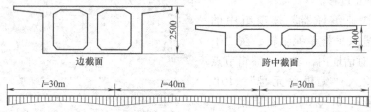

图 10-64　三跨连续梁示意图

（2）建模过程

1）建立新工程，在输入单元特性信息对话框中，单击"快速编译器"选项组中的"直线"按钮，如图 10-65 所示。

2）选中"编辑内容"中的四个复选框，分别输入"编辑单元号"：1-100，"左节点号"：1-100，"右节点号"：2-101，"分段长度"：100×1，"起点" $x = 0$、$y = 0$，"终点" $x = 1$，$y = 0$，如图 10-66 所示。

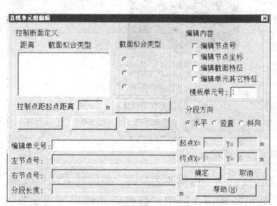

图 10-65　直线编译器

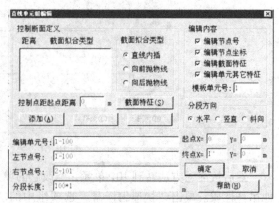

图 10-66　单元数据编辑

3）添加控制截面。

① 在图 10-66 所示"控制点距起点距离"文本框，依次添加 0、15、30、50、70、85、90。

② 选定控制截面 0m 处，单击"截面特征"按钮，输入截面类型和尺寸，如图 10-67 所示。在输完截面类型和尺寸后回到主菜单后要单击一下"修改"按钮。

③ 依次选定控制截面 15m、30m、50m、70m、85m、100m 处，单击"截面特征"按钮，输入截面类型和尺寸，方法同上。

4）修改截面的拟合类型。0m 处：直线内插；15m 处：向后抛物线；30m 处：向前抛物线；50m 处：向后抛物线；70m 处：向前抛物线；85m 处：向后抛物线；100m 处：向前抛物线。每次修改了拟合类型后都要单击"修改"按钮，如图 10-68 所示，再单击"确定"按钮，输出的三维模型如图 10-69 所示。

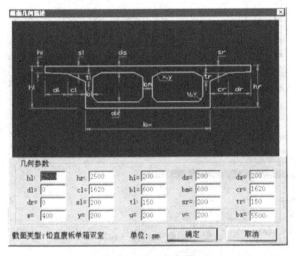

图 10-67 截面数据输入

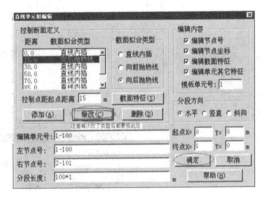

图 10-68 截面类型拟合

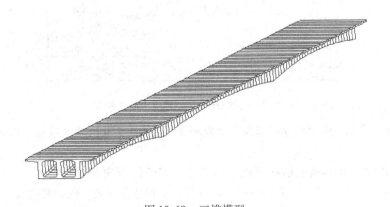

图 10-69 三维模型

3. 斜拉桥建模实例

（1）模型参数 桥面长度 $L_1 = 100$m，分 100 个桥面单元，每单元长度 1m；桥塔长度 $L_2 = 50$m，分 50 个竖直单元，每单元长度 1m；拉索单元共 48 个单元，左右对称，拉索桥面锚固端间隔为 2m，桥塔锚固端间隔为 1m。拟建立的斜拉桥如图 10-70 所示。

（2）建模过程

1）建立桥面单元。用"快速编译器"编辑单元号为 1-100 的桥面单元（具体过程略），如图 10-71 所示。

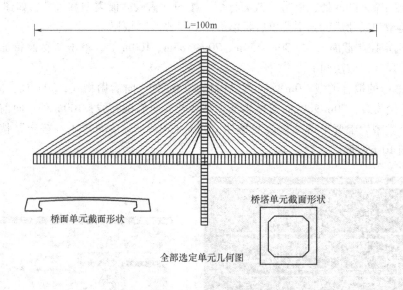

图 10-70 斜拉桥示意图

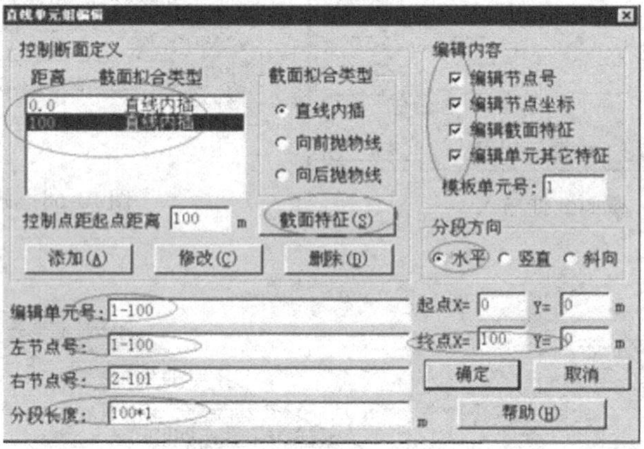

图 10-71 用快速编辑器建立 100 个单元

2）建立桥塔单元。用"快速编译器"编辑单元号为 101-150 的桥塔单元（具体过程略），如图 10-72 所示。

在实际操作中桥面的截面形状可以自己拟定，在分段方向的单选框内，一定要选择"竖直"，起点 $x = 49$，$y = -20$，终点 $x = 49$，$y = 30$ 是定义桥塔的位置，此处把它设在桥面中部，桥面下 20m 处，因为桥塔截面为 2m×2m 的空心矩形，所以此处起点和终点 x 填 49。

3）拉索的建立。

① 编辑桥塔左边部分 24 根拉索单元。单击"快速编译器"选项组中的"拉索"按钮，在"斜拉索单元组编辑"对话框内的"编辑内容"选项组中选中"编辑节点号"复选框，分别输入"编辑单元号"：151-174，"左节点号"：1-48/2，"右节点号"：152-129，其中左节点 1-48/2 代表拉索在桥面的锚固点间距为 2m，如图 10-73 所示。

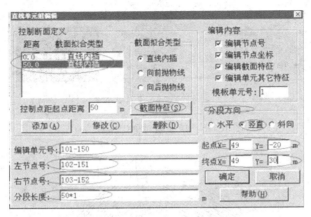

图 10-72　建立桥塔单元

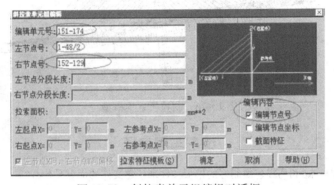

图 10-73　斜拉索单元组编辑对话框

②　单击"快速编译器"选项组中的"单元"按钮，在"单元组修改"对话框的"编辑内容"选项组内选择"截取坐标"复选框，"编辑单元号"：151-174，然后单击"确定"按钮，如图 10-74 所示。

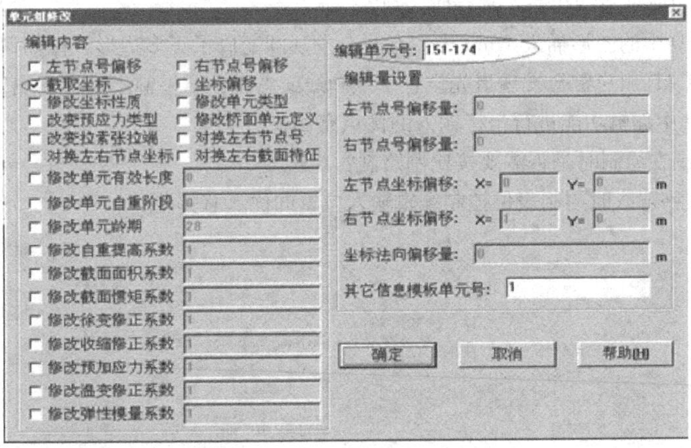

图 10-74　单元组修改对话框

③　建立桥面右半部分的 24 根拉索。单击"快速编译器"选项组中的"对称"按钮，选中"单元组对称操作"对话框中的"编辑内容"的四个复选框。

分别输入"模板单元组"：151-174；"生成单元组"：198-175；"左节点号"：55-101/2；"右节点号"：129-152；"对称轴 x ="：50，然后单击"确定"按钮，如图 10-75 所示。完成后斜拉桥三维模型如图 10-76 所示。

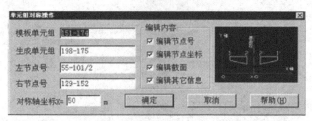

图 10-75　单元组对称操作对话框

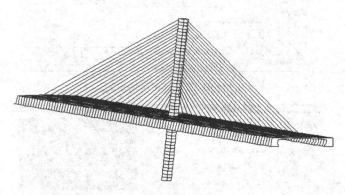

图 10-76　斜拉桥三维模型

练习与思考题

10-1　在 AutoCAD 中，利用提前编制好的模板文件来新建文件的优点是什么？

10-2　在 AutoCAD 中，设置不同图层的优点是什么？有时由于个人疏忽，将应在某图层中绘制的图线绘制到其他图层内该怎么办？

10-3　在绘图中，如何定义文字的大小？

10-4　在绘图中，使用视图中缩放、平移、鸟瞰视图的作用是什么？

10-5　相对坐标和绝对坐标在输入时有何区别？

10-6　将 AutoCAD 中的图形插入 Word 中，有时会发现圆变成了正多边形，该如何解决？

10-7　一些 AutoCAD 用户常会发现事先设置了点画线或虚线，结果输出却为实线，该如何解决？

10-8　利用 Excel 中编辑功能进行坐标输入的优点有哪些？

10-9　钢筋大样图在绘制时是否需要按比例绘制？

10-10　图表和文字输入时用制表位控制编辑输入位置的优点有哪些？

第 11 章　天正建筑 CAD

本章提要
- 天正建筑 TArch2013
- 轴网和柱子
- 墙体
- 门和窗
- 房间与屋顶
- 楼梯与其他
- 立面
- 剖面
- 文字表格
- 尺寸标注
- 符号标注

Autodesk 公司开发的 AutoCAD 可绘制任何二维、三维图形和编制设计文档，是一个通用的绘图软件。但是，用于建筑制图时其便捷性欠佳，绘图效率也受到了影响。

天正建筑 TArch 是北京天正工程软件有限公司在 AutoCAD 图形平台上开发的符合国家制图标准的建筑专业绘图软件。它增加了绘制建筑构件的专用工具，预设了许多智能特征及绘图比例。天正建筑的二维绘图模式中含有三维信息，从而可以使用户在平面设计时方便地观察设计建筑的三维效果，大大提高了设计的效率，使其成为了国内建筑设计的主流软件。本章以天正建筑 TArch2013（TArch9.0）为蓝本介绍天正建筑软件的功能、命令及建筑施工图的绘制。

11.1　天正建筑 TArch 2013

1994 年作为 Autodesk 公司在我国的第一批注册开发商，北京天正工程软件有限公司在 AutoCAD 的图形平台上成功开发了建筑工程设计（建筑、暖通、电气等专业）系列软件。时至今日天正软件已发展成为涵盖建筑设计、装修设计、暖通空调、给水排水、建筑电气与建筑结构等多项专业的系列软件，已经成为国内建筑设计单位使用的主流软件。

天正建筑软件的特点：天正建筑采用了二维图形描述与三维空间的一体化表现技术；采用的自定义对象以建筑构件作为基本设计单元，把内部带有专业数据的构件模型作为智能化的图形对象；采用了专业绘图工具命令所组成的工具集；针对建筑行业图样的尺寸标注开发了自定义尺寸标注对象，取代了传统的尺寸、文字对象；其自定义文字对象，可方便地书写和修改中西文混合文字，天正文字样式可使组成的中西文字体有各自的宽高比例，方便地输入和变换文字的上下标、输入特殊字符；特别是天正对 AutoCAD 所使用 SHX 字体与 Truetype 字体存在实际字高不等的问题进行了自动判断修正，使中西文字混合标注符合国家制图标准；天正表格还实现了与 Excel 的数据交换等。

11.1.1　天正建筑 TArch 2013 的安装与配置

天正建筑 TArch 2013 支持 Windows 7 操作系统 32/64 位 AutoCAD 2004-2013 平台，Vista 平台

支持限于 AutoCAD 2004 以上版本。

1. 安装和启动

安装之前请仔细阅读说明文件。由于用户的工作范围不同，硬件的配置也应有所区别，对于仅绘制二维工程图的用户，Pentium 4 + 512M 内存就可满足需求了；如果用于三维建模并使用3D MAX 渲染的用户，推荐使用双核 Pentium D/2GMz + 1GB 以上内存及使用支持 OpenGL 加速的显示卡。

天正建筑是基于 AutoCAD 平台二次开发的软件，因此，对软硬件环境要求还取决于 AutoCAD 平台的要求。安装天正建筑软件之前，必须首先安装 AutoCAD20（XX）并能够正常运行，然后运行天正软件安装盘的 Setup. exe，选择获得的授权方式，根据获得的授权类型，选择单机版或者网络版安装。具体的安装方法与其他软件的安装方法类似，选择"目标文件夹"的安装位置后，根据软件安装提示进行安装。最后会提示用户是否安装加密狗驱动程序，第一次安装时必须单击"确定"按钮，安装这个驱动，下次安装或修复时不必重复安装，可单击"取消"按钮，跳过此步骤。安装完毕后生成"天正建筑7"工作组，在桌面创建"天正建筑 TArch 2013for 20（××）"图标"，其中 20（××）由用户当前有效的 AutoCAD 平台而定，双击图标即可运行该平台上的天正建筑 TArch 2013 。如果 AutoCAD 平台被重新安装，TArch 必须也要重新安装。

2. 图形对象兼容

由于建筑对象的导入，产生了图纸交流的问题，普通 AutoCAD 不能观察与操作图档中的天正对象，天正为了实现图档的相互兼容提供了以下解决方案，见表11-1。

表 11-1　　图档兼容解决方案

接收环境	R15（2000—2002）	R16（2004—2006）	R17（2007—）
R14	另存 T3	另存 T3，再用 R2002 另存 R14	另存 T3
其他平台无插件	另存 T3	另存 T3	另存 T3
其他平台 T9 插件	直接保存	直接保存	直接保存

1）另存 T3：运行天正的"图形导出"命令，选择 TArch3 格式，此时 . dwg 按平台不同自动存为 R14 或 2000 格式。

2）另存 R14：用 AutoCAD 的 Save as 命令选择文件格式实现。

3）天正插件：由天正公司免费向公众发行，用户可以通过"插件发布"功能，把插件通过 Email 或者 U 盘等方式传递到装有 AutoCAD 20 ×× 的目标计算机上，然后运行 TPlugin. exe 安装插件，使得该计算机上的 AutoCAD 可以在读取天正文件的同时自动按需加载插件的程序，显示天正对象。

安装过旧版本插件（T8 及以下版本）的用户无法正常显示天正 TArch 2013 对象，须重新下载更新"天正插件 2013-64/32 位"版本插件，其他应用程序和天正文档的接口问题参见"图形导出"命令。

3. 软件交互界面

天正建筑软件在运行时不限制 AutoCAD 命令的使用功能。TArch 界面在保留了 AutoCAD 的原有界面体系的基础上，对 AutoCAD 的交互界面进行了扩充，增加了自己的菜单系统和快捷键，天正界面如图11-1 所示。

4. 天正热键

除了 AutoCAD 定义的热键外，天正补充了若干热键以加速常用的操作，表11-2 是常用热键定义与功能。

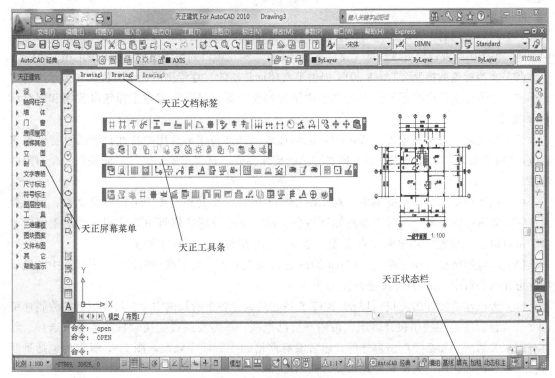

图 11-1　天正界面

表 11-2　常用热键定义与功能

热　键	功　能
< F1 >	AutoCAD 帮助文件的切换键
< F2 >	屏幕的图形显示与文本显示的切换键
< F3 >	对象捕捉开关
< F6 >	状态行的绝对坐标与相对坐标的切换键
< F7 >	屏幕的栅格点显示状态的切换键
< F8 >	屏幕的光标正交状态的切换键
< F9 >	屏幕的光标捕捉（光标模数）的开关键
< F11 >	对象追踪的开关键
< Ctrl + + >	屏幕菜单的开关
< Ctrl + - >	文档标签的开关
< Shift + F12 >	墙和门窗拖动时的模数开关（仅限于 2006 以下）
< Ctrl + ~ >	工程管理界面的开关

注：2006 以上版本的 < F12 > 用于切换动态输入，天正新提供显示墙基线用于捕捉的状态行按钮。

　　软件支持用户在"自定义"命令中定义单一数字键的热键。但是，由于"3"与多个 3D 命令冲突，不建议设为热键。

5. 图标工具条与状态栏

　　天正图标工具条提供了三条默认工具条和一条用户自定义工具条，收纳了分属于多个子菜单的常用天正建筑命令。光标移到图标上即可提示各图标功能。工具条由 AutoCAD 的 Toolbar 命令控制它的打开或关闭。用户自定义工具条的设置可以在"设置"→"自定义"命令下的"工具条"页面中增删工具条的内容而不必编辑任何文件。

　　TArch 2013 在 AutoCAD 状态栏的基础上增加了比例设置的下拉列表控件以及多个功能切换开关，解决了动态输入、墙基线、填充、加粗和动态标注的快速切换。

6. 其他

（1）视口的控制　视口（Viewport）有模型视口和图纸视口之分，分别在模型空间和图纸空间中创建。关于图纸视口，可以参见"文件布图"一节。天正视口的快捷控制请参见天正相关教程。

（2）文档标签的控制　TArch 2013 提供了文档标签功能，在绘图界面上方提供了显示文件名的标签，单击标签即可将标签代表的图形切换为当前图形，鼠标右键单击标签可关闭和保存该.dwg 文件。

（3）特性表　天正对象支持 AutoCAD 的特性表，并且一些不常用的特性只能通过特性表来修改。"特性编辑"功能可修改多个同类对象的特性参数，而"对象编辑"只能编辑一个对象的特性。

（4）选择预览与右键快捷菜单　在 TArch 2013 中光标移动到对象上方时对象亮显，表示执行选择时要选中的对象，同时智能感知该对象，此时单击鼠标右键即可激活相应的对象编辑菜单，也可以在"设置"菜单的"自定义"命令"操作配置"项下人工关闭。

（5）在位编辑框与动态输入　TArch 2013 支持动态输入、文字在位编辑。动态输入中的显示特性可在状态行中右击 DYN 按钮设置。

（6）天正建筑设计的流程　TArch 2013 支持建筑设计各个阶段的需求，设计图纸的绘制详细程度（设计深度）取决于设计需求，由用户自己把握，不需要通过切换软件的菜单来选择，除具有因果关系的步骤必须严格遵守外，通常没有严格的先后顺序限制。图 11-2 所示为包括日照分析与节能设计在内的天正软件建筑设计通用流程。

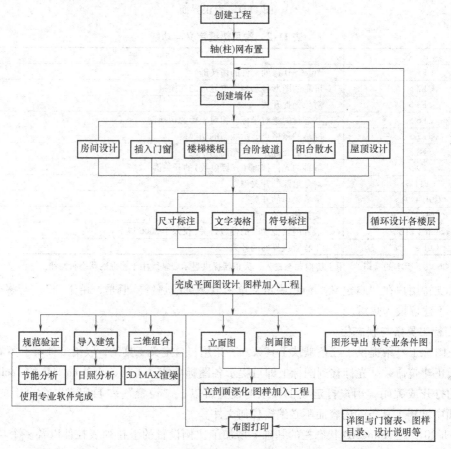

图 11-2　天正软件建筑设计通用流程

11.1.2 天正建筑 TArch2013 的设置与帮助

TArch2013 的"设置"菜单由"自定义"、"天正选项"、"当前比例"、"文字式样"、"尺寸式样"和"图层管理"子菜单构成。

1. 自定义

"自定义"命令启动天正建筑自定义对话框界面，按用户自己的使用习惯设置软件的交互界面效果。

命令："设置"→"自定义"（ZDY）

执行命令后，弹出"自定义"对话框，对话框由"屏幕菜单"、"操作配置"、"基本界面"、"工具条"、"快捷键"五个选项卡构成，分别说明如下：

（1）"屏幕菜单"选项卡 由用户选择三级结构屏幕菜单"折叠"和"推拉"两种风格的选择项。全部菜单项都提供 256 色专业含义图标，光标移到菜单项上时，AutoCAD 的状态行会出现该菜单项功能的简短提示。屏幕菜单对话框中的"背景颜色"指的是天正屏幕菜单的背景颜色。

（2）"操作配置"选项卡 设置与操作习惯有关的选项。

（3）"基本界面"选项卡 对天正建筑界面的基本设置。包括用户在打开多个 .dwg 时的文档标签显示方式和在位编辑文字和符号尺寸标注中的文字对象时的显示方式。

（4）"工具条"选项卡 进行工具条命令的添加与删除。

（5）"快捷键" 定义某个数字或者字母键为单键快捷键。

提示：修改普通快捷键后，并不能马上启用该快捷键定义，须执行 Reinit 命令，在其中选中"PGP 文件"复选框才能启用该快捷键，否则需要退出天正建筑再次启动进入。

2. 天正选项

"天正选项"专门用于设置、修改与工程设计作图有关的参数；"高级选项"中列出的是长期有效的参数，不仅对当前图形有效，对计算机重启后的操作都有效。

命令："设置"→"天正选项"（TZXX）

执行命令后，弹出天正选项对话框，对话框由"基本设定"、"加粗填充"、"高级选项"三部分构成，单击相应的选项卡可进入各自的页面。

（1）"基本设定"设定与当前图形有关的与天正建筑软件全局相关的参数。修改前的参数仅与当前图形有关，一旦修改，本图的参数设置发生改变并在其后的绘制中生效，但不影响已有图形中的同类参数。

"基本设定"包括两个参数选择区，图形设置和符号设置，如图 11-3 所示，其对话框控件功能见表 11-3。

表 11-3 基本设定对话框控件功能

控件	功　能
当前比例	设定此后新创建的对象所采用的出图比例，同时显示在 AutoCAD 状态条的最左边。默认的初始比例为 1:100。本设置对已存在的图形对象的比例没有影响，只被新创建的天正对象所采用
当前层高	设定本图的默认层高。本设定不影响已经绘制的墙、柱子和楼梯的高度，只是作为以后生成的墙、柱、楼梯的默认高度 用户不要混淆了当前层高、楼层表的层高、构件高度三个概念 当前层高：仅仅作为新产生的墙、柱和楼梯的高度 楼层表的层高：仅仅用在把标准层转换为自然层，并进行叠加时的 Z 向定位用 构件高度：墙柱框构件创建后，其高度参数与其他的全局设置无关，一个楼层中的各构件可以拥有各自独立的不同高度，以适应梯间门窗、错层、跃层等特殊情况需要

（续）

控件	功　　能
显示模式	2D：在二维显示模式下显示天正对象，系统在所有视口中都显示对象的二维视图，而不管该视口的视图方向是平面视图还是轴测、透视视图 3D：将当前图的各个视口按照三维的模式进行显示，各个视口内视图按三维投影规则进行显示 自动：本功能可按该视口的视图方向，系统自动确定显示方式，即平面图（俯视图）显示二维，其他视图方向显示三维。但视图方向、范围的改变会导致天正对象重新生成，性能低于"完全二维"和"完全三维"
单位换算	提供了适用于在米单位图形中进行尺寸标注和坐标标注的单位换算设置，其他天正绘图命令在米单位图形下并不适用
房间面积精度	用于设置各种房间面积的标注精度
门窗编号大写	设置门窗编号的注写规则，选择后不管原始输入是否包含小写字母，门窗编号在图上统一以大写字母标注
楼梯剖断线	系统默认按照制图标准提供了单剖断线画法，但也提供了按原有习惯的双剖断线画法
圆圈文字	勾选"旧圆圈文字"后使用 2013 之前使用的旧圆圈文字样式
符号标注文字距离基线系数	设置符号标注对象中文字与基线的距离，该系数为文字字高的倍数
引出文字距基线末端距离系数	设置符号标注对象中齐线端文字与基线的末端距离，该系数为文字字高的倍数
标高符号圆点直径	设置总图地坪标高标注符号的圆点直径
符号高度	设置标注总图地坪三角形标高符号的高度

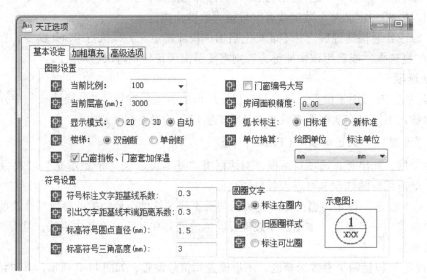

图 11-3　图形设置和符号设置

"加粗填充" 用于设置墙体与柱子的填充效果。填充方式有 "普通填充" 和 "线图案填充" 两种，供不同材料的填充对象选用。"线图案填充" 专用于填充墙和轻质隔墙。填充级别有 "标准" 和 "详图" 两个等级，可有效满足施工图中不同图纸类型填充与加粗详细程度不同的要求。

提示：为了图面清晰以方便操作，加快绘图处理速度，墙、柱平时不要填充，出图前再开启填充开关，最终使打印在图纸上的墙、柱线实际宽度满足要求。状态条有 "加粗" 和 "填充" 按钮，供切换墙线加粗和详图填充图案。

（2）"高级选项" 控制天正建筑全局变量的用户自定义参数的设置界面，除了尺寸样式需专门设置外，这里定义的参数保存在初始参数文件中，不仅用于当前图形，对新建的文件也起作用。因篇幅所限，具体操作请参见天正相关教程。

3. 当前比例

指当前绘图的比例。对所有新生成的天正自定义对象有效，以此自动确定标注类、文本与符号类对象中的文字字高、符号尺寸大小的图面恰当显示及建筑对象中的加粗线宽粗细程度。

可在状态条左下角的"比例"按钮及"天正基本设定"界面里面的"当前比例"下拉列表中随时设置。

命令：设置→当前比例（DQBL）

本命令没有用户交互界面，直接在命令行提示后键入新的比例按 < Enter > 键即可生效。设置后的当前值显示在状态条的左下角的比例按钮上。如果当前已经选择对象，单击"比例"按钮除了设置当前比例外，还可直接改变这些对象的比例，同时具有"改变比例"命令的功能。

4. 文字样式

天正建筑自定义的扩展文字样式可对中西文字体分别设定参数以控制中西文字体的宽度比例，可以与 AutoCAD 的 SHX 字体的高度以及字高参数协调一致。

命令：设置→文字样式（WZYS）

执行命令后，弹出对话框。设置对话框中的参数，单击"确定"按钮后，即以其中的文字样式作为天正文字的当前样式进行各种符号和文字标注。

5. 图层管理

软件为用户提供了常用的图层名称、颜色和线型的管理，同时也支持用户自己创建的图层标准。或在图层管理器中修改各图层的名称和颜色、线型，对当前图档的图层按选定的标准进行转换。

命令：设置→图层管理（TCGL）

执行命令后，弹出对话框。设置对话框中的参数，单击"图层转换"按钮后，即以新的图层系统作为当前天正建筑使用的图层系统运行，多余的图层标准文件存放在 Sys 文件夹下，扩展名为 . lay，用户可以在资源管理器下直接删除，删除后的图层标准名称不会在"图层标准"列表中出现。

6. 天正帮助信息

天正建筑软件提供独立的在线帮助菜单、抓屏教学动画以及常见问题答疑等软件技术支持资源，在发布软件时更新，其中的"日积月累"是软件的欢迎界面，每次进入天正建筑软件时提示一项新功能的说明，使用本命令可以随时显示这个界面，并作出是否显示的设置。提示内容存在天正建筑的系统目录下名为 TCHTIPS. TXT 的文本文件中，您也可以使用文本编辑工具修改这个文件，给天正增加一些新功能的简介。其他命令的用法及资料更新请上天正公司网站查询。

11. 2　轴网和柱子

11. 2. 1　轴网的创建

在 TArch2013 中，轴网由轴线、轴号和尺寸标注三个相对独立的系统构成。

TArch2013 支持把位于轴线图层上的 AutoCAD 的基本图形对象（包括 Line、Arc、Circle）识别为轴线对象，软件默认轴线的图层是 "DOTE"，为了在绘图过程中方便捕捉，轴线默认使用的线型是细实线是，用户在出图前须用"轴改线型"命令改为规范要求的点画线。

　　轴号是按照 GB/T 50001—2001《房屋建筑制图统一标准》的规定编制的内部带有比例的自定义专业对象，默认在轴线两端成对出现，可以通过对象编辑单独控制个别轴号在其某一端的显示，轴号对象预设有编辑的夹点，拖动夹点能进行轴号偏移、改变引线长度、轴号横向移动等编辑操作。

　　尺寸标注系统由自定义尺寸标注对象构成，在标注轴网时自动生成于轴标图层 AXIS 上。

　　在 TArch2013 中使用"绘制轴网"命令可生成标准的直线轴网或圆弧轴网；也可以根据已有的建筑平面布置图，使用"墙生轴网"命令生成轴网；还可以通过在轴线图层上绘制 Line、Arc、Circle 线，用"轴网标注"命令将其识别为轴线。

　　轴网柱子菜单的组成如图 11-4 所示。

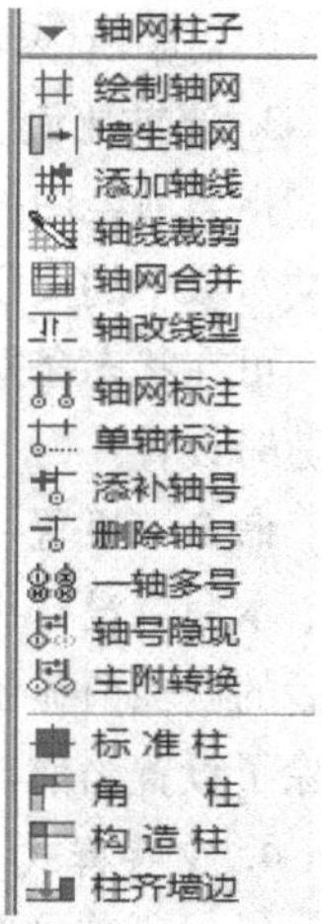

1. 绘制轴网

命令：轴网柱子→绘制轴网【HZZW】　⊞

图 11-4　轴网柱子菜单

　　（1）绘制直线轴网（包括正交轴网、斜交轴网或单向轴网）　执行命令后，弹出绘制轴网对话框，如图 11-5。打开"直线轴网"选项卡，按图 11-6 所示的方位在对话框中输入全部开间、进深参数后点击"确定"按钮，根据命令行提示拖动轴网基点，直接点取轴网目标位置创建轴网或按命令行提示创建轴网。轴网以左下角的纵横轴线交点为基点，多层建筑各平面同号轴线交点位置应一致。改变夹角（开间与进深之间的夹角）参数可绘制斜交轴网，默认为夹角 90°的正交轴网。

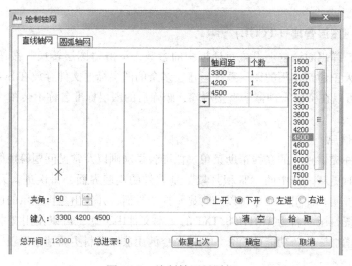

图 11-5　绘制轴网对话框

输入轴网数据的方法：

1）直接在"键入"栏内键入用空格或英文逗号隔开的轴网数据，然后按 <Enter> 键。

2）直接在电子表格的"轴间距"和"个数"栏中的预设数据选取。

　　（2）绘制圆弧轴网　在绘制轴网的对话框中单击"圆弧轴网"选项卡可绘制由一组同心弧线和不过圆心的径向直线组成的圆弧轴网，通常与其他轴网组合，端头径向轴线由两轴网共用。

　　执行命令后弹出"圆弧轴网"对话框，如图 11-7 所示，圆弧轴网绘制示例如图 11-8 所示。

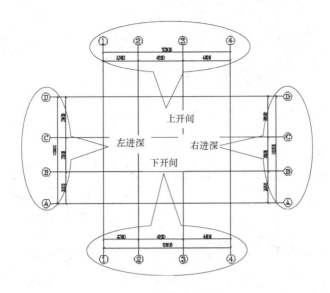

图 11-6　正交直线轴网绘制

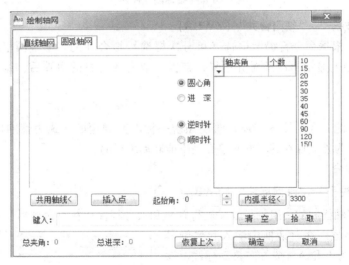

图 11-7　圆弧轴网对话框

输入轴网数据方法与绘制直线轴网相同。在对话框中输入所有尺寸数据后，点击"确定"按钮，根据命令行提示拖动基点直接点取轴网目标位置插入轴网或按选项提示操作。

（3）根据已有墙体生成轴网　TArch2013 提供了根据墙体生成轴网的功能，方便了建筑师在参考栅格点上直接进行方案设计及反复修改平面图（如加、删墙体，改开间、进深等），待平面方案确定后，再用本命令生成轴网，即先用墙体命令绘制平面草图，然后生成轴网。

命令："轴网柱子"→"墙生轴网"（QSZW）

执行命令后，根据命令行提示点取要生成轴网的所有墙体后按 < Enter > 键，即可在绘制的墙体基线位置上自动生成没有标注轴号和尺寸的轴网。

（4）轴网合并　本命令用于将多组独立轴网的轴线，按指定的一个到四个边界延伸，合并为一组轴线，同时将其中重合的轴线清理。目前本命令支持对非正交的轴网和多个非正交排列的轴网进行合并。

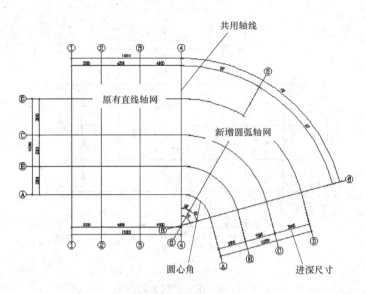

图 11-8　圆弧轴网绘制示例

命令："轴网柱子"→"轴网合并"（ZWHB）

执行命令后，根据命令行提示框选（可分次框选）拟合并的多个轴网里面的全部轴线后按 < Enter > 键按图上显示出四条对齐边界，依次点取需要对齐的边界后，按 < Enter > 键合并轴线。

2. 轴网标注

轴网标注命令能一次性按《房屋建筑制图统一标准》规定的方式为轴网标注轴号和尺寸，但轴号和尺寸标注为独立存在的不同对象，是不能联动编辑的。

（1）轴网标注命令

命令："轴网柱子"→"轴网标注"（ZWBZ）

本命令对始末轴线间的一组平行轴线进行轴号和尺寸标注。执行命令后，弹出如图 11-9 所示的轴网标注对话框。在对话框中输入起始轴号（默认的起始轴号为 1 和 A，按方向自动标注。软件支持类似 1-1、A-1 的轴号分区标注与 AA、A1 这样的双字母标注）、单击单、双侧标注等。也可删除对话框中的默认轴号标注空白轴号。根据命令行提示，单击轴网某一侧的起始轴线和结束轴线，

图 11-9　轴网标注对话框

如有不需要标注的轴线，再单击不需要标注的轴线后，按 < Enter > 键完成标注。

标注与直线轴网连接的圆弧轴网时，须勾选"共用轴号"复选框，还须根据命令行的提示指定排序方向（逆时针或顺时针方向）。

（2）单轴标注命令　本命令只对单个轴线标注轴号，轴号独立生成，不与已经存在的轴号系统和尺寸系统发生关联。常用于立面与剖面、详图等个别单独的轴线标注。

命令："轴网柱子"→"单轴标注"（DZBZ）

执行命令后，在弹出对话框中设置相关参数后，单击某根轴线即可标注选中的轴线，输入空编号或按 < Enter > 键可标注一个空轴号。

3. 轴网编辑

（1）添加轴线　为已经完成标注的轴网参考某一根已经存在的轴线在其任意一侧添加一根新轴线，同时根据用户的需要赋予新的轴号，把新轴线和轴号一起融入已存在的原轴号系统中。

命令："轴网柱子"→"添加轴线"（TJZX）

执行命令后，根据命令行提示，单击与要添加的轴线相邻的，距离已知的轴线（或圆弧轴网上一根径向轴线）作为参考轴线，确认新增轴线是附加轴线或是主轴线，单击参考轴线的某一侧指定偏移方向并确认是否重排轴号，键盘键入距参考轴线的距离后，按 < Enter > 键即在指定位置处增加一条轴线。

（2）轴线裁剪　根据设定的多边形范围或以某一直线为基准，裁剪多边形内的轴线或者直线某一侧的轴线。

命令："轴网柱子"→"轴线裁剪"（ZXCJ）

执行命令后，根据命令行提示按圈定多边形裁剪或与指定的轴线取齐，

（3）轴改线型

命令："轴网柱子"→"轴改线型"（ZGXX）

使用本命令在点画线和连续线两种线型之间切换。

4. 轴号编辑

软件提供的"选择预览"特性可在光标经过轴号上方时亮显轴号对象，对亮显轴号对象单击鼠标右键即可启动智能感知右键快捷菜单，选择右键快捷菜单中列出的轴号对象编辑命令可进行编辑；直接双击轴号文字可进入在位编辑状态修改文字。

（1）添补轴号

命令："轴网柱子"→"添补轴号"（TBZH）

为新增轴线添加能成为原有轴网轴号对象的一部分新轴号，但不会生成轴线，也不会更新尺寸标注，适合为以其他方式增添或修改轴线后进行的轴号标注。

执行命令后，根据命令行提示单击与新轴号相邻的已有的轴号对象，在拟新增轴号的一侧单击新轴号的位置，根据需要确定新增轴号要否双侧标注、是否为附加轴号以及是否与其他轴号重新排号。

（2）删除轴号

命令："轴网柱子"→"删除轴号"（SCZH）

在平面图中删除个别不需要的轴号，被删除轴号两侧的尺寸合并为一个尺寸，并可根据需要决定是否调整轴号，可框选多个轴号一次删除。

执行命令后，根据命令行提示框选要删除的轴号，根据需要确定是否重排轴号。

（3）轴号夹点编辑　TArch2013 对轴号对象预设了专用夹点，每个夹点的用途均在光标靠近时出现提示，用户可以用鼠标拖拽这些夹点作相应编辑，其中轴号横移时两侧号圈一致联动，而纵移则是仅是对单侧号圈有效的，拖动每个轴号引线端夹点都能拖动同一侧轴号一起纵向移动。

（4）轴号在位编辑　将光标置于轴号对象范围内双击轴号文字，即可进入在位编辑状态，在出现的编辑框内修改轴号。如果要关联修改后续的多个编号，右击出现快捷菜单，在其中单击"重排轴号"命令即可完成轴号排序，否则只修改当前编号。

11.2.2　柱子

柱子在软件中是以自定义对象表示的，软件对各种柱子对象的定义是不同的。标准柱用底标

高、柱高和柱截面参数描述其在三维空间的位置和形状；构造柱只有截面形状而没有三维数据描述。柱与墙相交时按墙柱之间的材料等级关系决定柱自动打断墙或者墙穿过柱，如果柱与墙体材料相同，则墙体被打断的同时与柱连成一体。

柱子的填充方式与柱子和墙的当前比例有关，当前比例大于预设的详图模式比例时柱子和墙的填充图案按详图填充图案填充，否则按标准填充图案填充。

柱子的常规截面形式有矩形、圆形、多边形等，异形截面柱由"标准柱"命令中"选择 Pline 线创建异形柱"图标定义，或从截面下拉列表中的"异形柱"取得，与单击"标准构件库…"按钮相同。

如要移动和修改已插入图中的柱子，可使用夹点功能和其他编辑功能。对于标准柱的批量修改，可以使用"替换"的方式，柱同样可采用 AutoCAD 的编辑命令进行修改，被修改的相应墙段会自动更新。

柱子的显示特性：

1）自动裁剪特性：楼梯、坡道、台阶、阳台、散水、屋顶等对象可以自动被柱子裁剪。

2）矮柱特性：矮柱表示在形成平面图的假定水平剖切面以下的可见柱，在平面图中这种柱不被加粗和填充，其特性在柱特性表中设置。

3）柱填充颜色：柱子具有材料填充特性，柱子的填充优先由选项中材料的颜色控制，不受其他对象的填充图层控制。

1. 柱子的创建

TArch2013 支持在轴线的交点处或任何位置插入柱子（包括创建的异形柱）。插入的柱子的基准方向与当前坐标系的方向一致。例如：在当前坐标系是 UCS 时，柱子的基准方向自动按 UCS 的 X 轴方向，不需另行设置。

（1）创建标准柱

命令："轴网柱子"→"标准柱"（BZZ）

执行命令后，弹出标准柱对话框，如图 11-10 所示。

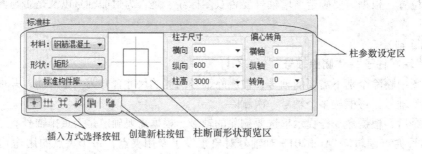

图 11-10　标准柱对话框

在柱参数设定区设置好标准柱的各项参数，包括：材料、断面形状、断面尺寸和柱子中心线与当前坐标系的偏转角度，也可以单击"标准构件库"按钮，调出标准构件库中以前入库的柱子；然后单击工具栏图标按钮，选择柱子的定位方式；根据命令行的提示在轴线的交点处或任何位置插入柱子。

（2）创建角柱　在墙角插入形状与墙角一致的角柱，角柱的各分肢长度以及宽度可以分别设定，宽度默认居中，高度为当前层高。软件为生成的角柱每一边都设有可调整长度和宽度的夹点。

命令："轴网柱子"→"角柱"（JZ）

执行命令后，根据命令行提示单击要创建角柱的墙角，弹出"转角柱参数"对话框，如图 11-11 所示。

图 11-11 "转角柱参数"对话框

在对话框中输入合适的参数后单击"确定"按钮，所选角柱即插入图中。需要注意的是预览图形中各分肢的尺寸必须与对应墙上的尺寸保持一致且与"取点 X ＜"按钮的颜色也保持一致。如需要做偏心变宽可通过拖动夹点调整。

（3）创建构造柱 本命令在墙角交点处或墙体内插入构造柱，依照所选择的墙角形状为基准，输入构造柱的具体尺寸，指出对齐方向，默认为钢筋混凝土材质，仅生成二维对象。目前本命令还不支持在弧墙交点处插入构造柱。

命令："轴网柱子"→"构造柱"（GZZ）

执行命令后，命根据令行提示创建，具体操作过程与创建角柱类似，不再赘述。

2. 柱子的编辑

（1）柱子的特性编辑 选取要修改特性的柱子对象（可多选），键入 ＜ Ctrl + 1 ＞ 或右键快捷菜单激活特性编辑功能并弹出柱子的 AutoCAD 特性表，在对特性表中的柱子参数按要求修改后各柱子自动更新。

（2）柱子的对象编辑 修改单个柱子，双击拟修改的柱子，即可弹出与标准柱对话框类似的对象编辑对话框，按要求修改参数后，单击"确定"按钮即可更新所选的柱子。

（3）柱齐墙边 将柱子边与指定墙边对齐，如果各柱都在同一墙段且对齐方向的柱子尺寸相同，则可一次性将多个柱子一起与墙边对齐。

命令："轴网柱子"→"柱齐墙边"（ZQQB）

执行命令后，根据命令行提示依次选取作为柱子对齐基准的墙边、柱子和柱子的对齐边后按 ＜ Enter ＞ 键就可以实现指定选定柱子边与指定墙边的对齐。

11.3 墙体

11.3.1 概述

天正墙对象模拟实际墙体的专业特性构建，可实现墙角的自动修剪、墙体之间按材料特性连接、与柱子和门窗互相关联等智能特性。墙对象包含了位置、高度、厚度等几何信息以及墙的类型、材料、内外墙等的内在属性。墙对象中的"虚墙"是为了查询房间面积时分割共用空间的逻辑构件。

墙体以墙基线定位，墙基线只是一个逻辑概念，出图时不会打印到图纸上。墙基线通常位于墙体内部并与轴线重合，但也允许在墙体外部（此时左宽或右宽有一为负值），墙体的两条边线以基线为基准按左右宽度确定的。墙基线同时也是墙上的门窗的测量基准，墙体的长度是指该墙体基线的长度。墙基线通常不显示，选中墙对象后显示的三个夹点位置就是基线的所在位置。如果需要判断墙是否准确连接，可以在状态栏单击"基线"按钮或菜单切换墙的二维表现方式到"单双线"状态显示基线。

天正建筑软件中按用途定义的墙体分为以下几类，均可用"对象编辑"对其编辑：

1）一般墙。建筑物的内外墙，参与按材料的加粗和填充。

2）虚墙。在逻辑上分隔公共空间的墙，用于房间面积的计算。

3）卫生隔断。间隔卫生间洁具用的墙体或隔板，不参与加粗填充与房间面积计算。

4）矮墙。表示在形成平面图的水平剖切面以下的可见墙（如女儿墙），不参与加粗和填充。矮墙的优先级低于其他所有类型的墙，矮墙之间的优先级由墙高决定，不受墙体材料控制。

墙体的材料类型控制墙的二维平面图效果。相同材料的墙体的墙角在二维平面图上连通成一体，不同材料的墙体按优先级高的打断优先级低的原则处理墙角。优先级由高到低的材料排列次序依次为钢筋混凝土墙、石墙、砖墙、填充墙、玻璃幕墙和轻质隔墙。

玻璃幕墙在 TArch 2013 中是在"绘制墙体"对话框中选择墙体材料为"玻璃幕墙"选项创建的对象，设了专门的幕墙图层 Curtwall，通过对象编辑界面可对组成玻璃幕墙的构件进行编辑。玻璃幕墙的二维平面表示样式取决于当前设定的绘图比例以 3 线或 4 线表示。

使用状态栏上的"加粗"按钮，可以把墙体边界线加粗显示和输出。如果加粗打开，最终打印时实际墙线宽度是与按颜色设置的墙线的线宽的组合效果。

墙体菜单的组成如图 11-12 所示。

11.3.2　墙体的创建

墙体的创建有直接创建（使用"绘制墙体"命令）和命令从直线、圆弧或轴网转换创建（用"单线变墙"命令）两种方法。

创建墙体时，墙体的底标高为当前标高，墙高默认为楼层层高。墙体的底标高和墙高可在墙体创建后用"改高度"命令进行修改，当墙高给定为 0 时在三维视图下不生成三维图形。本软件支持圆弧墙的绘制。

1. 绘制墙体

绘制墙体时可不关闭对话框在"直墙"、"弧墙"和"矩形布置"三种绘制方式间切换，随时改变墙宽随时定义墙高参数。绘制过程中墙线相交处自动处理、墙端点可以回退，软件在数据文件中按不同材料分别自动保存用户使用过的墙厚参数。

天正软件内部提供了对已有墙基线、轴线和柱子的自动捕捉功能，以便准确地定位墙体端点位置，必要时也可以按下 < F3 > 键打开 AutoCAD 的捕捉功能。

命令："墙体"→"绘制墙体"（HZQT）

执行命令后，弹出如图 11-13 所示的绘制墙体对话框。

在对话框中设置好要绘制的墙体的参数后，单击三种绘制方式中的之一种，即可进入绘图区绘制墙体。绘制直墙的操作类似于 Line 命令，可连续输入直墙下一点或根据命令行提示操作，绘制完毕后以空格键或 < Enter > 键结束绘制。

图 11-12　墙体菜单组成

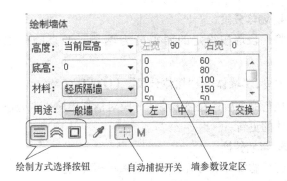

图 11-13　绘制墙体对话框

注：1. 使用 ![pen] 按钮可从已绘制墙体对象中提取其参数到本对话框
　　　 并使用该参数继续绘制新墙。
　　2. 左、右宽度是指沿墙体定位基线左侧（内宽）和右侧（外宽）部
　　　 分的宽度。
　　3. 高度是指本层墙高；底高是指以本层为基准的墙底标高。

2. 等分加墙

将一段墙沿某向等分后在垂直方向加入新墙体，同时新墙体将延伸到给定边界。用于把已有的大房间按等分的原则划分出多个小房间。

命令：“墙体”→“等分加墙”（DFJQ）

执行命令后，根据命令行提示选择拟准备等分的墙段，随即在弹出的对话框中输入新加墙体的参数、材料、用途等后，再选定拟作为边界的与要准备等分的墙段相对应的墙段后，即可完成操作。

3. 单线变墙

本命令能以 Line、Arc、Pline 绘制的单线作为基线创建墙体对象；或基于设计好的轴网为基线创建墙体对象，并能智能判断清除轴线的多余伸出部分。

命令：“墙体”→“单线变墙”（DXBQ） ![icon]

执行命令后，弹出单线变墙对话框如图 11-14 所示。根据拟创建墙体的基线的类型（轴网或线段）单击“轴网生墙”→“单线变墙”复选框，并输入相应参数后，在绘图窗口选取拟创建墙体的所有基线（框选或点选均可），按 < Enter > 键后软件自动根据直线的类型和闭合情况决定是否按外墙处理，完成墙体创建。创建的墙体是否显示轴线与墙体显示方式的选择有关（单击图 11-12 所示的“双线”按钮来设定）。

图 11-14　单线变墙对话框

4. 墙体分段

将一段墙按给定的两点分为两段，两点间的墙段可按新给定的材料和左右墙宽重新设置。

命令："墙体"→"墙体分段"（QTFD）

执行命令后，在弹出墙体分段对话框中输入拟分出来的墙段的新参数后，根据命令行提示完成墙体的更新。

5. 幕墙转换

将任意墙对象与玻璃幕墙对象互相转换。

命令："墙体"→"幕墙转换"（MQZH）

根据命令行提示即可完成转换。

6. 墙体造型

软件不能直接创建墙体造型（如与墙砌筑在一起的墙垛、壁炉、烟道等凹、凸造型），使用本命令可根据指定的多段线外框生成与墙关联的造型，墙体造型的高度与其关联的墙高一致，双击可以对其修改。

因篇幅所限，具体操作步骤请参见相关天正教程。

7. 净距偏移

与 AutoCAD 的 Offset（偏移）命令类似，用于绘制与原有墙体平行的新墙体。

命令："墙体"→"净距偏移"（JJPY）

执行命令后，根据命令行提示，键入两墙之间偏移的净距，单击要生成新墙的大概位置，按 < Enter > 键完成新墙绘制。

11.3.3　墙体的编辑

墙体对象除支持 AutoCAD 的通用编辑命令外，TArch 2013 还提供了专业意义上的专用编辑命令。简单编辑只需要双击墙体即可进入对象编辑对话框，拖动墙体的不同夹点可改变长度与位置。

（1）倒墙角/倒斜角

与 AutoCAD 的圆角（Fillet）/倒角（Chamfer）命令相似，专门用于处理相交墙体的端头交角，使两段墙以指定圆角半径/倒角长度进行连接，圆角半径/倒角长度均按墙中线计算。但须注意，默认的圆角半径/倒角长度均为 0，当圆角半径不为 0 时，两段墙体的类型、总宽和左右宽（两段墙偏心）必须相同。

命令："墙体"→"倒墙角"（DQJ）/"倒斜角"（DXJ）

执行命令后，根据命令行提示，按输入的圆角半径后按 < Enter > 键倒出圆角/输入墙角两侧倒角的长度后按 < Enter > 键完成倒斜角。相交墙体倒角前后的效果对比如图 11-15 所示。

（2）修墙角　用户使用 AutoCAD 的某些编辑命令或使用夹点拖动对墙体进行操作后，墙体相交处有时会出现未按要求打断的情况，使用本命令可对墙体相交处进行清理，维护各种自动裁剪关系。

命令："墙体"→"修墙角"（XQJ）

执行命令后，根据命令行提示，框选需要处理的墙体交角或柱子、墙体造型，即可完成清理。

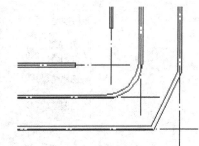

图 11-15　相交墙体倒角前后的效果对比

（3）基线对齐　用于纠正由于基线不对齐而导致墙体显示或搜索房间出错以及由于短墙存在而造成墙体显示不正确的情况。

命令："墙体"→"基线对齐"（JXDQ）

执行命令后，根据命令行提示，单击作为对齐点的一个基线端点后，再选择要对齐该基线端点的墙体对象完成对齐。

（4）墙柱保温　为已有墙段加上或删除保温层线，遇到门时线自动打断，遇到窗时自动把窗厚度增加。

命令："墙体"→"墙保温层"（QBWC）

执行命令后，根据命令行提示，按保温层的厚度在墙段上加入或删除保温层线。

保温层线可逐段加入；若只对外墙加保温层线，须先做内外墙的识别操作，系统会自动排除内墙。

（5）边线对齐　维持基线位置和总宽不变，通过修改左右宽度来达到边线与给定位置对齐的目的。通常用于处理墙体与某些特定位置的对齐（例如：墙齐柱边）。

命令："墙体"→"边线对齐"（BXDQ）

执行命令后，根据命令行提示，单击墙边应通过的点完成对齐。墙体移动后的墙端与其他构件的连接会自动处理。

（6）墙齐屋顶　把墙体和柱子向上延伸到天正屋顶的下底面。使用本命令前，须屋顶对象已在墙平面对应的位置绘制完成且屋顶与山墙的竖向关系也已调整完毕。

命令："墙体"→"墙齐屋顶"（QQWD）

执行命令后，根据命令行提示，选择墙或者柱子后按 < Enter > 键即可。操作完成后可在轴测图和立面图中看到山墙延伸到屋顶的效果（平面图中没有变化）。

（7）普通墙的对象编辑　在平面图上双击墙体，在弹出的墙体编辑对话框中修改墙体特性参数后单击"确定"按钮即可完成修改。

（8）玻璃幕墙的编辑　在平面图上双击玻璃幕墙，在弹出的玻璃幕墙编辑对话框中修改特性参数后单击"确定"按钮即可。当幕墙和墙重叠时，幕墙可绘制在墙内，然后通过对象编辑修改墙高与墙底高来表达幕墙不落地或不通高的情况。可以在幕墙上插入门窗（如用于通风上悬窗）。

11.3.4　墙体编辑工具

墙体创建后，除了使用对象编辑修改外，TArch2013 还为我们提供了更为有效的墙体编辑工具来对多个墙段进行批量编辑。

（1）改墙厚　按照墙基线居中的规则批量修改多段墙体的厚度，但不适合修改偏心墙。

命令："墙体"→"墙体工具"→"改墙厚"（GQH）

执行命令后，根据命令行提示输入新的墙宽值后按 < Enter > 键即可完成修改，软件自动处理墙段和其他构件的连接处。

（2）改外墙厚　修改全部外墙的厚度。修改前应事先识别外墙，否则无法找到外墙进行处理。

命令："墙体"→"墙体工具"→"改外墙厚"（GWQH）

执行命令后，根据命令行提示，框选所有墙体（系统自动识别内外墙），输入新墙宽参数后按 < Enter > 键即可完成修改并对外墙与其他构件的连接处自动进行处理。

（3）改高度　对选中的柱、墙体及其造型的高度和底标高进行批量修改。修改底标高时门窗底的标高可以选择与柱、墙是否联动修改。

命令：“墙体”→"墙体工具"→"改高度"（GGD）

执行命令后，根据命令行提示选取需要修改的构件对象，然后输入新的对象高度和相对于本层楼面标高的新的对象底标高，根据需要确定门窗底标高是否同时被修改，按 < Enter > 键完成修改。

（4）改外墙高 本命令与"改高度"命令类似，只是仅对外墙有效。运行本命令前，应已作过内外墙的识别操作。

命令：“墙体”→"墙体工具"→"改外墙高"（GWQG）

此命令通常用在无地下室的首层平面，把外墙从 ±0.000 向下延伸到室外地坪标高。

11.3.5　墙体立面工具

墙体立面工具是在绘制平面图时，为立面或三维建模做准备而编制的几个墙体立面设计命令。与立面图的绘制无关。因篇幅所限，具体操作请参见天正相关教程。

11.3.6　内外识别工具

（1）识别内外 自动识别内、外墙，同时可设置墙体的内外特征，供节能设计及批量修改外墙使用。

命令：“墙体”→"识别内外"→"识别内外"（SBNW）

执行命令后，根据命令行提示，选取构成建筑物的所有墙体，按 < Enter > 键后系统自动判断所选墙体的内、外墙特性并用红色虚线亮显外墙外边线。有天井或庭院时，要结合"指定外墙"命令才能处理成有多个封闭区域的外墙包络线。消除亮显虚线用重画（Redraw）命令。

（2）指定内墙 用手工选取方式将选中的墙体置为内墙。

命令：“墙体”→"识别内外"→"指定内墙"（ZDNQ）

执行命令后，根据命令行提示，选取属于内墙的墙体，按 < Enter > 键完成内墙指定。

（3）指定外墙 将选中的普通墙体的内外特性置指定为外墙。

命令：“墙体”→"识别内外"→"指定外墙"（ZDWQ）

执行命令后，根据命令行提示，逐段选取外墙的外皮一侧或者幕墙框料边线，被选中墙体的外边线亮显。

11.4　门和窗

11.4.1　门窗概述

在 TArch 2013 中门窗是一个带有编号的 AutoCAD 自定义对象，是依附于墙体存在并需要在墙上开设的通透或不通透的洞口。软件定义的只附属于一段墙体（不能跨越墙角）的门窗对象是可以随意编辑的；附属于多段墙体（跨越一个或多个转角）的门窗对象是不能随意编辑的。软件为门窗和墙体建立了智能联动关系，墙体的外观几何尺寸与门窗的是否插入无关，但墙体被插入门窗后其粉刷面积、开洞面积自动更新以备查询。门窗对象可以使用 AutoCAD 的命令和夹点进行编辑修改，并可通过电子表格检查和统计整个工程的门窗编号。

门窗创建对话框中提供了创建门窗所需的所有参数，如果把"门窗高"参数改为 0，软件在三维图形中不显示该门窗。门窗菜单的组成如图 11-16 所示。

11.4.2 门窗的创建

（1）普通门窗的创建

命令："门窗"→"门窗"（MC）

执行命令后，弹出门窗创建对话框，如图 11-17 所示。对话框由门窗参数设置区、功能按钮区和门窗简图预览区三部分组成。左边图形为所选门窗的平面图例，右边图形为所选门窗的立面形状简图，单击任一个图形均可直接进入门窗图库更换式样。

图 11-16 门窗菜
单的组成

图 11-17 门窗创建对话框

在门窗参数设置区中点击"类型"选项可选择拟插入门窗的类型；"编号"可默认自动编号，也可以手动输入编号；"查表"选项用于在手动输入模式下查询已插入的门窗编号列表；"距离"指的是以定距方式插入时距某基准点的距离。

功能按钮区各按钮功能见表 11-4。

表 11-4 功能按钮区各按钮功能说明

控件（按钮）	功 能
	自由插入。在鼠标左键单击选取的墙段位置插入
	沿墙顺序插入。以距点取位置最近的墙端点或基线端点为点，按给定距离插入选定的门窗。此后顺着前进方向按键入的间距连续插入，插入过程中可以改变门窗类型和参数。在弧墙顺序插入时，门窗按照墙基线弧长进行定位
	在单击位置两侧的轴线间将一个或多个门窗等分插入。如果墙段内没有轴线，则该侧按墙段基线等分插入。软件按当前轴线间距和门窗宽度计算最多可插入个数范围，由用户决定插入的个数
	在点取的墙段上等分插入。与轴线等分插入相似，在单击的墙段上按墙体较短的一侧边线，以等长窗间墙垛插入若干门窗
	垛宽定距插入。以距单击位置最近的墙边线顶点作为参考点，按指定垛宽距离插入门窗
	轴线定距插入。与垛宽定距插入相似，系统自动搜索距离单击位置最近的轴线与墙体的交点，将该点作为参考位置按指定距离插入门窗

（续）

控件（按钮）	功　能
	按角度插入弧墙上的门窗。按给定角度在弧墙上插入直线型门窗，专用于弧墙插入门窗
	根据鼠标位置居中或定距插入门窗
	满墙插入门窗。门窗宽度参数由系统自动确定
	插入上层门窗。在同一个墙体已有的门窗上方再加一个宽度相同、高度不同的窗 注意尺寸参数中上层窗的顶标高不能超过墙顶高
	在已有洞口插入多个门窗。在同一个墙体的门窗洞口内再插入其他样式的门窗，常用于防火门、密闭门、户门、车库门等
	替换图中已经插入的门窗。用于批量修改门窗。对不打算改变的参数可去掉勾选
	拾取门窗参数。用拾取的已有门窗的参数作为新插入门窗的参数
	插门。插入普通门，可以从门窗图库中挑选用图块表示的门的二维形式和三维形式，其合理性由用户自己来掌握
	插窗。插入普通窗，其特性和普通门类似，只比普通门多一个"高窗"复选框控件，勾选后按规范图例以虚线表示高窗
	插门连窗。门连窗是一个门和一个窗的组合，在门窗表中作为单个门窗进行统计，缺点是门的平面图例固定为单扇平开门，需要选择其他图例可以使用组合门窗命令代替
	插子母门。子母门是两个平开门的组合，在门窗表中作为单个门窗进行统计
	插弧窗。安装在弧墙上的有与弧墙具有相同的曲率半径的弧形玻璃。二维用三线或四线表示，默认的三维为一弧形玻璃加四周边框。用户可以用"窗棂展开"与"窗棂映射"命令来添加更多的窗棂分格
	插凸窗（即外飘窗）。对于楼板挑出的落地凸窗和封闭阳台，平面图应该使用带形窗来实现。窗侧面可选择有无挡板
	插矩形洞。墙上的矩形空洞，可以穿透也可以不穿透墙体，有多种二维形式可选。对于不穿透墙体的洞口，用户只能使用"异形洞"命令，给出洞口进入墙体的深度。矩形洞口与普通门一样，可以添加门口线
	新增的构件库

　　门窗的创建。执行命令后，弹出对话框。单击工具栏图标选择门窗类型以及定位模式后，即可按命令行提示进行交互插入门窗，自动编号功能会按洞口尺寸自动给出门窗编号。

　　单击左、右边预览图形可直接进入 TArch 2013 门窗图库更换式样；也可以从构件库中提取设置好参数的门窗对象。"构件库"中保存了已经设置好参数的用户自行制作的门窗对象，单击打开构件库从中获得由用户自行制作的入库的门窗，高宽按构件库保存的参数，窗台和门槛高按当前值。

　　提示：门窗创建失败的原因可能是：

　　1）门窗高度和门槛高或窗台高的和高于要插入的墙体高度。

　　2）插入门窗的墙体位置坐标数值超过 1E5，导致精度溢出。

　　3）在弧墙上使用普通门窗插入时，如果门窗的宽度大，弧墙的曲率半径小，会插入失败，可改用弧窗类型。

（2）组合门窗　把已经插入的两个以上普通门（或窗）组合为一个对象，作为单个门窗对象统计，组合门窗各个成员的平面立面都可以由用户单独控制。

命令：“门窗”→“组合门窗”（ZHMC）

执行命令后，根据命令行提示，选择需要组合的门窗和编号文字，键入新的组合门窗编号后，软件将被选取的门窗更新为组合门窗。

提示：软件不提供直接插入一个组合门窗的功能，而是采用把用“门窗”命令插入的多个门窗组合为一个整体的“门窗”，组合后的门窗按一个门窗编号进行统计的形式实现创建组合门窗。但是软件支持用“构件入库”命令把创建的组合门窗收入构件库，供以后使用时从构件库中直接调用。组合门窗命令不支持自动对齐各子门窗的高度，修改组合门窗时须临时将其分解为子门窗，修改后再重新组合。

（3）带形窗　创建窗台高度、窗高相同的沿墙连续的带形窗对象，并按一个门窗编号进行统计，带形窗转角可以被柱子、墙体造型遮挡。

命令：“门窗”→“带形窗”（DXC）

执行命令后，弹出对话框，输入拟创建的带形窗的窗台高度和窗户高度数值后。根据命令行提示，准确单击拟设带形窗的墙段上的带形窗的起始位置和结束位置后，按＜Enter＞键完成绘制。

提示：

1）如果带形窗经过相交的内墙，材料级别要设置成带形窗所在墙的材料级别高于与之相交的内墙的材料级别才能正确表示窗墙相交。

2）玻璃分格的三维效果须使用“窗棂展开”与“窗棂映射”命令处理。

3）转角处插入柱子可以自动遮挡带形窗，其他位置应先插入柱子后创建带形窗。

（4）转角窗　创建跨越墙角的窗台高、窗高相同、长度可选的普通窗或凸窗。转角窗编一个号。可设角凸窗的两侧窗为挡板，提供厚度参数选择。

命令：“门窗”→“转角窗”（ZJC）

执行命令后，弹出如图 11-18 所示的转角窗对话框，在对话框中输入窗台高、窗高参数，根据命令行提示单击拟创建转角窗的墙内角后，在命令行输入基于内角计算的每一侧的窗长，按＜Enter＞键完成转角窗的创建。

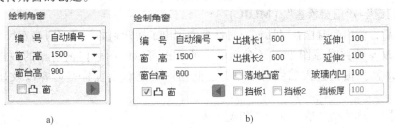

图 11-18　转角窗对话框
a）非凸窗　b）凸窗

如果要创建转角凸窗，须勾选凸窗复选框并按设计要求输入转角凸窗的其他参数。转角凸窗侧面碰墙、碰柱时角凸窗的侧面玻璃会自动被墙或柱对象遮挡。

11.4.3　门窗的编辑

（1）门窗的夹点编辑　软件为普通门、窗预设好了若干个的夹点，单击门窗激活门窗夹点，拖动夹点即可进行编辑而不必使用任何命令，拖动夹点时门窗对象会按预设的行为作出动作，部分夹点可在点住状态下用＜Ctrl＞键来切换功能。

（2）对象编辑　从门窗对象的右击快捷菜单中可以选择"对象编辑"或者"特性编辑"修改门窗属性。右击门窗对象或双击门窗对象进入"对象编辑"状态，弹出门窗对象编辑对话框，门窗对象编辑对话框与门窗插入对话框类似，只是没有了插入或替换的一排图标，增加了"单侧改宽"的复选框。"对象编辑"参数修改比较直观且可以替换门窗的外观样式。

（3）内外/左右翻转　选择需要内外/左右翻转的门窗，统一以墙中为轴线进行翻转，适用于一次处理多个门窗的情况，方向总是与原来相反。

命令："门窗"→"内外翻转"（NWFZ）

执行命令后，根据命令行提示，选择各个要求翻转的门窗后，按＜Enter＞键完成门窗翻转。

（4）门窗规整　用于在调整方案设计时粗略插入墙上的门窗的位置，使其按照指定的规则整理，以获得正确的位置。

命令："门窗"→"门窗规整"（MCGZ）

执行命令后，弹出对话框。输入正确的参数后根据命令行提示完成操作。

（5）门窗填墙　用于在删除门窗后在门窗位置填入的墙体材料的选择。

命令："门窗"→"门窗填墙"（MCTQ）

执行命令后，选择墙体材料即可完成。

11.4.4　门窗编号与门窗表

（1）编号设置　用于更改软件对门窗编号的默认设置。

命令："门窗"→"编号设置"（BHSZ）

执行命令后，弹出对话框，可按用户的需要进行更改。

（2）门窗编号　本命令可根据普通门窗的洞口尺寸大小自动生成或者修改或者删除门窗编号

命令："门窗"→"门窗编号"（MCBH）

执行命令后，根据命令行提示，用 AutoCAD 的任何选择方式选取待修改编号的门窗，根据门窗洞口尺寸自动按默认规则编号，也可以输入其他编号如 M1，按〈Enter〉键完成编号。

（3）门窗检查　检查当前图中已插入的门窗的数据是否合理。

命令："门窗"→"门窗检查"（MCJC）

执行命令后，弹出门窗检查对话框，对话框中列出了搜索到的门窗洞口高宽尺寸列表，用户可在列表中修改参数并对原图更新（对话框中的数据可以与图中门窗对象的数据进行双向交流）。单击"设置"按钮进入二级对话框，在此用户可以对设置检查内容以及显示参数进行设置。

因篇幅所限，具体操作请参见天正相关教程。

（4）门窗表　以列表的形式统计在本图中使用的门窗参数，生成传统样式门窗表或者国标门窗表，软件同时支持用户根据需要定制自己的门窗表格并入库的功能。

命令："门窗"→"门窗表"（MCB）

执行命令后，根据命令行提示，框选需要统计的楼层平面图，拖动门窗表到合适的位置点击左键即可。键入 S（［设置(S)］）可更换门窗表样式。

软件会自动将冲突的门窗按尺寸大小归到相应的门窗类型中，同时在命令行提示参数不一致的门窗编号。通过表格编辑或双击表格内容可对表格进行在位编辑，包括拖动某行到其他位置。

（5）门窗总表　本命令用于统计本工程中全部门窗信息参数，检查后生成门窗总表。

命令："门窗"→"门窗总表"（MCZB）

执行命令后，在当前工程打开的情况下，拖动门窗表到合适的位置点击左键即可。本命令同样有检查门窗并报告错误的功能，输出按国标要求的门窗表。

（6）门窗工具

1）编号复位。把移位的门窗编号恢复到默认位置。

命令："门窗"→"门窗工具"→"编号复位"（BHFW）

执行命令后，根据命令行提示，单击或框选门窗，按〈Enter〉键完成门窗复位。

2）编号后缀。本命令把选定的一批门窗编号添加指定的后缀（例如：表示对称的门窗在编号后加"反"字），添加后缀的门窗与原门窗独立编号。

命令："门窗"→"门窗工具"→"编号后缀"（BHHZ）

执行命令后，根据命令行提示，选择需要在编号后加缀的门窗，键入新编号后缀或者按〈Enter〉键增加"反"后缀，再按〈Enter〉键完成后缀添加。

3）门窗套。在外墙窗或者门连窗两侧添加向外突出的墙垛，如图 11-19 所示。

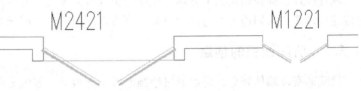

图 11-19　添加向外突出的墙垛

命令："门窗"→"门窗工具"→"门窗套"（MCT）

执行命令后，弹出如图 11-20 的门窗套对话框，设置"伸出墙长度"、"门窗套宽度"参数，选定所用"材料"后，单击门窗要加套子的一侧即可生成门窗套。

消门窗套也在本命令下切换，命令行交互与加窗套类似，不再重复。

图 11-20　门窗套对话框

提示：此命令不用于内墙门窗，内墙的门窗套线由专门的"加装饰套"命令完成。

4）窗棂展开。默认门窗三维效果不包括玻璃的分格，本命令把窗玻璃在图上按立面尺寸展开，供用户在上面以添加窗棂分格线，再使用"窗棂映射"命令创建窗棂分格。

命令："门窗"→"门窗工具"→"窗棂展开"（CLZK）

执行命令后，根据命令行提示，单击拟展开的天正门窗，单击图中的一个空白位置放置展开的窗玻璃立面。

在 0 图层上用 Line，Aac 和 Circle 添加窗棂分格。然后使用"窗棂映射"命令把窗棂展开图映射成为三维的效果。

5）窗棂映射。把门窗立面展开图上由用户定义的立面窗棂分格线，在目标门窗上按默认尺寸映射，更新为用户定义的三维窗棂分格效果。

命令："门窗"→"门窗工具"→"窗棂映射"（CLYS）

执行命令后，根据命令行提示，指定窗棂要附着的目标门窗（可多选）后，再选择用户定义的窗棂分格线，在展开图上单击窗棂展开的基点，窗棂附着到指定的各窗中。修改窗棂映射后的窗框尺寸，窗棂不会按比例缩放。

限于篇幅所限，"门窗"部分的详细操作及其他命令工具请参见天正相关教程。

11.5　房间与屋顶

在 TArch 2013 中，房间面积指标统计是按照 GB/T 17986—2000《房产测量规范》的规定创建的，软件测量的内容包括：

"房间面积"是房间内的净面积即使用面积，阳台按外轮廓线标注一半面积。

"套内面积"标注的是单元住宅中由分户墙以及外墙的中线所围成的面积。

"公摊面积"标注的是由本层各户分摊的公共面积，或者由全楼各层分摊的面积。

"建筑面积"标注的是建筑物的外墙皮围成本层的建筑总面积（不包括阳台面积在内），可以按要求选择是否包括突出墙面的柱子面积。

在"面积统计"表中最终获得的建筑总面积包括阳台面积。

软件统计的面积单位为平方米，标注的精度可以设置，并可提供图案填充。激活房间夹点的时候还可以看到房间边界，可以通过夹点更改房间边界，房间面积自动更新。

11.5.1　房间面积的创建

房间通常以墙体划分，可以通过绘制虚墙划分边界。搜索房间等命令在搜索面积时可忽略柱子、墙垛超出墙体的部分。

（1）搜索房间　批量搜索建立或更新已有的普通房间和建筑面积，建立房间信息并标注室内使用面积。但在墙体被编辑后房间边界有改变时房间信息不会自动更新，必须通过再次执行本命令更新房间或拖动边界夹点至与当前边界保持一致后才能得到更新。当选中"显示房间编号"复选框时，会依照默认的排序方式对编号进行排序。

命令："房间屋顶"→"搜索房间"（SSFJ）

执行该命令后，弹出搜索房间对话框，如图 11-21 所示。选中需要显示的信息种类后，根据命令行提示，框选构成一完整建筑物的所有墙体后按〈Enter〉键确认即可显示房间信息，再单击建筑物轮廓线以外的适当位置即可显示生成的建筑面积。面积单位默认以平方米（m²）标注。

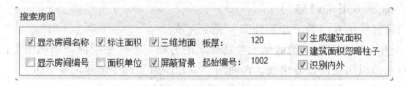

图 11-21　搜索房间对话框

在使用"搜索房间"命令后，在当前图形中生成房间对象并显示为房间面积的文字对象，如果需要重新命名房间名称，可双击需要重新命名的对象进入在位编辑直接修改。

（2）查询面积　动态查询由天正墙体组成的房间使用面积、套内阳台面积以及闭合多段线面积、即时创建面积对象标注在图上，光标在房间内时显示的是使用面积，注意本命令获得的建筑面积不包括墙垛和柱子凸出部分。

命令："房间屋顶"→"查询面积"（CXMJ）

执行命令后，弹出如图 11-22 所示的查询面积对话框。可选择是否生成房间对象。

功能与搜索房间命令类似，不同点在于显示对话框的同时可在各个房间上移动光标，动态显示这些房间的面积，不希望标注房间名称和编号时，请去除"生成房间对象"的勾选，只创建房间的面积标注。

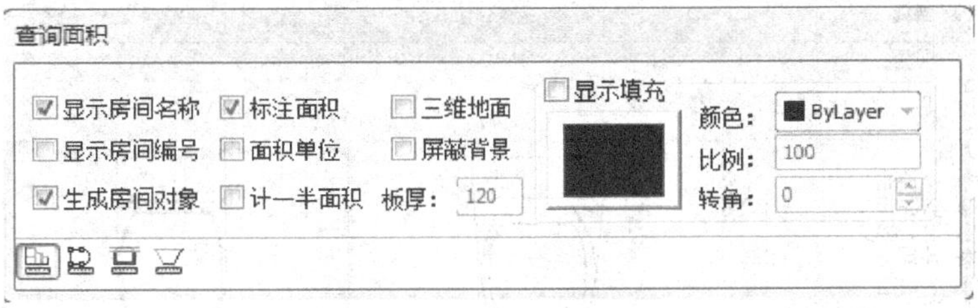

图 11-22　查询面积对话框

该命令的默认功能是查询房间，如需查询阳台或者用户给出的多段线，可单击对话框工具栏的图标，分别是查询房间、封闭曲线和阳台。

（3）套内面积　按照《房产测量规范》的要求，自动计算单元住宅按分户单元墙中线计算的套内面积并创建套内面积的房间对象。本命令获得的套内面积不含阳台面积，选择阳台操作用于指定阳台所归属的户号。

命令："房间屋顶"→"套内面积"（TNMJ）

执行命令后，弹出对话框。在对话框中输入需要标注的套型编号和户号（户号是区别住户的唯一编号）。根据命令行提示，逐个选择或框选应包括在套内的各房间面积对象（选中的房间面积对象会亮显），按〈Enter〉键或者点击适当位置标注套型编号和面积。

（4）公摊面积　用于定义按本层或全楼（幢）进行公摊的房间面积对象，需要预先通过"搜索房间"或"查询面积"命令创建房间面积，标准层自身的共用面积不需要执行本命令进行定义，没有归入套内面积的部分自动按层公摊。

命令："房间屋顶"→"公摊面积"（GTMJ）

执行命令后，根据命令行提示，选择房间对象，指定公摊类型后软件自动统计。

11.5.2　洁具的布置

TArch 2013 在房间布置菜单中提供了多种工具命令，可方便地从洁具图库中调用二维天正图块对象，按选取的洁具的类型，沿天正建筑墙对象布置卫生洁具等设施，并支持洁具沿弧墙布置。洁具布置默认参数符合《民用建筑设计通则》中的规定，部分辅助线采用了 AutoCAD 的普通对象。

（1）布置洁具

命令："房间屋顶"→"房间布置"→"布置洁具"（BZJJ）

执行命令后，弹出天正洁具图库对话框，如图 11-23 所示。洁具图库对话框由：洁具分类菜单、洁具名称列表、洁具图块预览三部分组成。选取不同类型的洁具，系统自动转换洁具预览图形（图块），双击预览框中的卫生洁具，弹出的洁具布置对话框，如图 11-24 所示（以坐便器 05 为例），根据洁具布置对话框和命令行的提示在图中布置洁具。具体操作方式与前面的天正对象（例如：柱、门窗）类似。

（2）布置隔断/隔板　执行本命令时必须先布置好洁具，然后通过选取已插入洁具侧面的两个点插入。隔断与门采用了墙对象和门窗对象，支持对象编辑；隔断内的面积不参与房间划分与面积计算。

命令："房间屋顶"→"房间布置"→"布置隔断"（BZGD）

执行命令后，根据命令行提示，单击靠近端墙的洁具外侧一点和布置隔断的洁具的另一端外

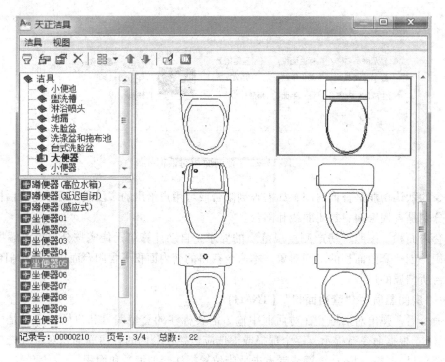

图 11-23　天正洁具对话框

侧一点，输入隔板长度和隔断门宽数
值，即可插入隔板和隔断门。

11.5.3　屋顶的创建

TArch 2013 提供了多种屋顶造型
功能，用户也可以利用三维造型工具
自建其他形式的屋顶。天正屋顶均为
自定义对象，支持对象编辑、特性编
辑和夹点编辑等编辑方式，可用于天
正节能和天正日照模型。

图 11-24　洁具布置对话框

（1）搜屋顶线　使用本软件创建天正屋顶对象，必须先确定屋顶的边界轮廓线，本命令的功
能是搜索整栋建筑物的所有墙线后，按外墙的外皮边界生成属性为闭合 Pline 线的屋顶平面轮廓
线，用其作为绘制屋顶平面图的基准线，也可作为构造其他楼层平面轮廓的辅助边界或外墙装饰
线脚的路径。

命令："房间顶"→"搜屋顶线"（SWDX）

执行命令后，根据命令行提示框选建筑物的所有墙体，在命令行输入屋顶的出檐长度或按
〈Enter〉键接受默认值，系统自动生成屋顶线。

如果自动搜索失败，用户可沿外墙外皮自行绘制一条封闭的多段线，然后再用偏移（Offset）
命令偏移出屋檐挑出长度作为屋顶线进行操作。

（2）人字坡顶　以闭合的 Pline 线为屋顶边界创建人字坡屋顶（将屋脊线设在一侧可创建单
坡屋顶），屋顶边界的形式可以是包括弧段在内的复杂多段线，软件支持使用"布尔运算"的求
差命令裁剪屋顶的边界。允许两个坡面不等坡，可自行指定和调整屋脊线位置与标高。

命令：“房间屋顶”→“人字坡顶”（RZPD）

执行命令后，根据命令行提示，选中作为坡屋顶边界的封闭多段线，在山墙一侧的屋顶边界线上分别单击屋脊的起点和终点后（屋脊起点和终点都取同一外边线时定义单坡屋顶），弹出人字坡顶对话框如图 11-25 所示。在其中设置屋顶参数后单击“确定”按钮，完成创建人字屋顶。

软件默认使用角度设置坡面坡度，自动求算高度；选中“限定高度”复选

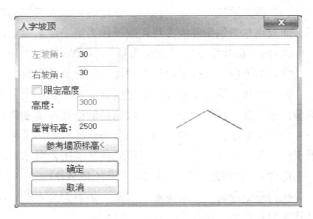

图 11-25　人字坡顶对话框

框后输入“高度”值，可以通过限定坡顶高度的方式自动求算坡角（此时创建的屋面具有相同的底标高）。屋顶可以带着下层墙体在该层创建，此时可以通过“墙齐屋顶”命令改变山墙立面对齐屋顶，也可以独立在屋顶楼层创建，以三维组合命令合并为整体三维模型。

对话框中的“屋脊标高”是以本图楼层标高 Z = 0 起算的；单击“参考墙顶标高 <”再选取相关墙对象后可以沿高度方向移动坡顶，使屋顶与墙顶关联。

人字屋顶的各边和屋脊都可以通过拖动夹点修改其位置，双击屋顶对象进入对话框可修改屋面坡度。

人字屋顶支持布尔运算的求差，裁剪不需要的屋面部分，选择屋面对象后，右击快捷菜单“布尔运算”命令进行。

（3）任意坡顶　生成指定坡度的以任意形状封闭 Pline 线的各个边形成的坡形屋顶，可采用对象编辑单独修改每个边坡的坡度，可支持布尔运算，而且可以被其他闭合对象剪裁。

命令：“房间屋顶”→“任意坡顶”（RYPD）

执行命令后，根据命令行提示单击屋顶线（封闭 Pline 线），输入屋顶坡度角和出檐长度按〈Enter〉键即生成等坡度的坡形屋顶（例如：矩形屋顶线生成四坡屋顶）。

任意坡顶屋顶可通过夹点和对话框方式进行修改，屋顶夹点有两种，一是顶点夹点，二是边夹点；拖动夹点可以改变屋顶平面形状，但不能改变坡度。双击坡屋顶进入对象编辑，在弹出的对话框中可对各个坡面的坡度进行修改，单击行首可看到图中对应该边号的边线显示红色标志，以便正确修改坡度参数，任意坡顶对象编辑如图 11-26 所示。

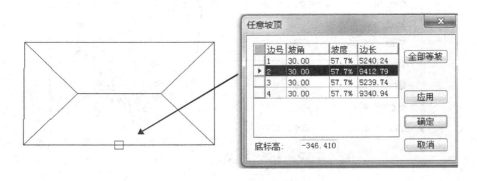

图 11-26　任意坡顶对象编辑

（4）攒尖屋顶　本命令提供了创建攒尖屋顶三维模型，但不能生成曲面构成的中国古建亭子顶，此对象对布尔运算的支持仅限于作为第二运算对象，它本身不能被其他闭合对象剪裁。

命令："房间屋顶"→"攒尖屋顶"（CJWD）

执行命令后，在弹出对话框中键入所有尺寸参数后，根据命令行提示，光标单击屋顶的中心点，拖动光标，单击屋顶与柱子交点（定位多边形外接圆），完成攒尖屋顶创建。拖动夹点可以调整出檐长度，特性栏中提供了可编辑的檐板厚度参数。

（5）矩形屋顶　绘制歇山屋顶及前述所有矩形平面的屋顶。矩形屋顶象对布尔运算的支持仅限于作为第二运算对象，它本身不能被其他闭合对象剪裁。

命令："房间屋顶"→"矩形屋顶"（JXWD）

执行单命令后，弹出矩形对话框，如图 11-27 所示。根据所选的屋顶形式，键入屋顶类型和尺寸参数在在绘图区按照命令行提示创建。

双击矩形屋顶对象可在弹出与上面类似的对话框进行编辑修改，也可以拖动夹点进行夹点编辑。

图 11-27　矩形屋顶对话框

（6）加老虎窗　在三维屋顶上生成多种形式的老虎窗。老虎窗对象提供了墙上开窗功能，并提供了图层设置、窗宽、窗高等多种参数，可通过对象编辑修改，本命令支持米单位的绘制，便于日照软件的配合应用。

命令："房间屋顶"→"加老虎窗"（JLHC）

执行命令后，命令行提示：

请选择屋顶：单击已生成的坡屋顶，弹出加老虎窗对话框，如图 11-28 所示。

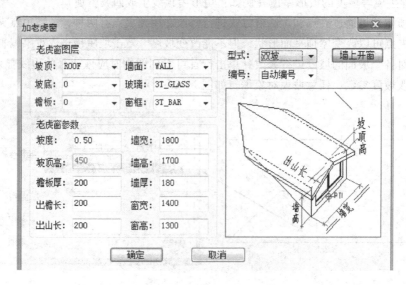

图 11-28　加老虎窗对话框

对话框中的"型式"是老虎窗的类型，有双坡、三角坡、平顶坡、梯形坡和三坡共计五种，"墙上开窗"是指老虎窗的端墙上是否开窗，默认是开窗的，对其单击则不开窗。

在对话框中输入各个参数后单击"确定"按钮后，在坡屋面上拖动老虎窗到插入位置（反坡向时老虎窗自动适应坡面改变其方向）单击左键，程序会在坡顶处插入指定形式的老虎窗，并求出与坡顶的相贯线。

双击老虎窗进入对象编辑即可在弹出的对话框中进行修改，也可以选择老虎窗，按〈Ctrl +1〉键进入特性表进行修改。

（7）加雨水管　本命令在屋顶平面图中绘制雨水管穿过女儿墙或檐板的图例，并可对洞口宽和雨水管的管径大小的设置。

命令："房间屋顶"→"加雨水管"（JYSG）

执行命令后，根据命令行提示，给出雨水管入水洞口的起始点和结束点，即可在平面图中绘制雨水管位置的图例。

11.6　楼梯与其他

11.6.1　普通楼梯的创建

软件提供了由自定义对象建立的基本梯段对象（包括直线、圆弧与任意梯段），由基本梯段对象可组成其他各种楼梯对象，考虑了楼梯对象在二维与三维视口下的不同可视特性。双跑楼梯具有梯段改为坡道、标准平台改为圆弧休息平台等可变特性，各种楼梯与柱子在平面图中相交时被柱子自动剪裁；双跑楼梯的上下行方向标识符号可以随对象自动绘制，剖切位置可以预先按踏步数或标高定义。

（1）直线梯段　用于在对话框中输入梯段参数后绘制直线梯段，可以单独使用或用于组合复杂楼梯与坡道。使用该命令创建的楼梯是没有扶手的，须使用"添加扶手"命令为梯段添加扶手。

命令："楼梯其他"→"直线梯段"（ZXTD）

执行命令后，弹出如图 11-29 所示的直线梯段对话框。在对话框中左侧输入楼梯的"基本参数"后，可根据右侧的动态显示窗口验证楼梯参数是否符合要求；参数输入完毕后，拖动光标在绘图区单击梯段拟插入位置的位置点，完成直线梯段的创建（可根据命令行提示转换方向）。

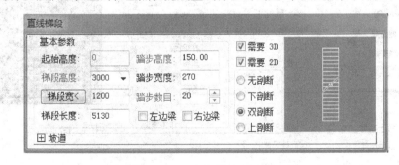

图 11-29　直线梯段对话框

对话框中的"基本参数"不必事先计算，只需输入一组最基本的概略初值组合即可，软件会自动计算其余参数供用户判定是否符合设计要求，修改其中的任一个参数，其他参数随之重新计算。"起始高度"是以本楼层地面起算的；"左/右边梁"用于绘制梁式楼梯的边梁；剖断形式的选择用于不同层平面图的绘图要求，剖断形式如图 11-30 所示。

软件支持使用该命令绘制坡道，单击对话框中的"坡道"展开绘制坡道对话框，此时"基本参数"内应输入坡道的参数（单击"加防滑条"时踏步的宽度就是防滑条的间距），楼梯段按坡道生成。

直线梯段为自定义的构件对象，可以通过拖动夹点进行编辑，也可以双击楼梯进入对象编辑重新设定参数。

（2）圆弧梯段 本命令创建单段弧线型梯段。可以是单独的圆弧楼梯，也可与直线梯段组合创建复杂楼梯和坡道。

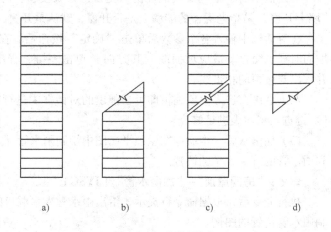

图 11-30　剖断形式
a）无剖断　b）下剖断　c）双剖断　d）上剖断

命令："楼梯其他"→"圆弧梯段"（YHTD）

执行命令后，弹出对话框。在对话框中输入楼梯的参数后可根据右侧的动态显示窗口，验证楼梯参数是否符合要求。对话框中的选项与"直线梯段"类似，可以参照上一节的描述。参数输入完毕后，拖动光标在绘图区按设计要求的定位方式（内圆或外圆定位）单击梯段拟插入的位置的位置点，完成圆弧梯段的创建（可根据命令行提示转换方向）。

圆弧梯段同样为自定义对象，可以通过拖动夹点进行编辑，也可以双击楼梯进入对象编辑重新设定参数。

（3）任意梯段 以用户预先绘制的直线或弧线作为梯段两侧边界，在对话框中输入踏步参数后创建任意形状的梯段，参数设置与直线梯段相同。

命令："楼梯其他"→"任意梯段"（RYTD）

执行命令后，根据命令行提示点取梯段左、右侧边线（Line/Aac）后，在弹出的任意梯段对

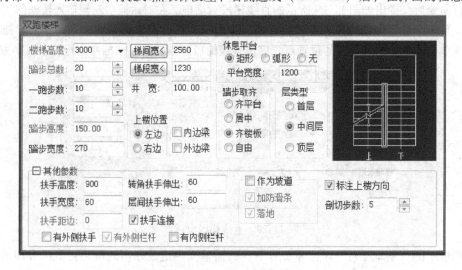

图 11-31　双跑梯段对话框

话框中输入相应参数后（选项与直线梯段基本相同），单击"确定"按钮，即绘制出以指定的两根线为边线的梯段。

任意梯段同样可以通过拖动夹点进行编辑，也可以双击楼梯进入对象编辑重新设定参数。

（4）双跑楼梯　双跑楼梯由两跑直线梯段、一个休息平台、一个或两个扶手和一组或两组栏杆构成的自定义对象，具有二维视图和三维视图。双跑楼梯可分解为基本构件（即直线梯段、平板和扶手栏杆等），楼梯方向线和扶手也同时创建，均属于楼梯对象的一部分。

命令："楼梯其他"→"双跑楼梯"（SPLT）

执行命令后，弹出如图 11-31 所示的双跑梯段对话框，其控件功能见表 11-5。在对话框中输入楼梯的参数后可根据右侧的动态显示窗口，验证楼梯参数是否符合设计要求。

表 11-5　双跑楼梯对话框控件功能

控　件	功　　能
梯间宽 <	双跑楼梯的总宽，单击按钮可从平面图中直接量取楼梯间净宽作为双跑楼梯总宽
梯段宽 <	默认宽度或由总宽计算，余下二等分作梯段宽初值，单击按钮可从平面图中直接量取
楼梯高度	双跑楼梯的总高，默认自动取当前层高的值，对相邻楼层高度不等时应按实际情况调整
井宽	设置井宽参数，井宽 = 梯间宽 − （2 × 梯段宽），最小井宽可以等于 0，这三个数值互相关联
踏步总数	默认踏步总数 20，是双跑楼梯的关键参数
一跑步数	以踏步总数推算一跑与二跑步数，总数为奇数时先增二跑步数
二跑步数	二跑步数默认与一跑步数相同，两者都允许用户修改
踏步高度	踏步高度。用户可先输入大约的初始值，由楼梯高度与踏步数推算出最接近初值的设计值，推算出的踏步高有均分的舍入误差
踏步宽度	踏步沿梯段方向的宽度，是用户优先决定的楼梯参数，但在选取"作为坡道"复选框后，仅用于推算出的防滑条宽度
休息平台	有矩形、弧形、无三种选项，在非矩形休息平台时，可以选无平台，以便自己用平板功能设计休息平台
平台宽度	按建筑设计规范，休息平台的宽度应大于梯段宽度，在选弧形休息平台时应修改宽度值，最小值不能为零
踏步取齐	除了两跑步数不等时可直接在"齐平台"、"居中"、"齐楼板"中选择两梯段相对位置外，也可以通过拖动夹点任意调整两梯段之间的位置，此时踏步取齐为"自由"
层类型	在平面图中按楼层分为三种类型绘制：①首层只给出一跑的下剖断；②中间层有一跑是双剖断；③顶层各跑均无剖断
扶手高宽	默认值分别为 900 高，60 × 100 的扶手断面尺寸
扶手距边	在 1:100 图上一般取 0，在 1:50 详图上应标以实际值
转角扶手伸出	设置在休息平台扶手转角处的伸出长度，默认 60，为 0 或者负值时扶手不伸出
层间扶手伸出	设置在楼层间扶手起末端和转角处的伸出长度，默认 60，为 0 或者负值时扶手不伸出
扶手连接	默认勾选此项，扶手过休息平台和楼层时连接，否则扶手在该处断开
有外侧扶手	在外侧添加扶手，但不会生成外侧栏杆
有外侧栏杆	外侧绘制扶手也可选择是否勾选绘制外侧栏杆，边界为墙时常不用绘制栏杆
有内侧栏杆	默认创建内侧扶手，勾选此复选框自动生成默认的矩形截面竖栏杆
标注上楼方向	默认勾选此项，在楼梯对象中，按当前坐标系方向创建标注上楼下楼方向的箭头和"上"、"下"文字
剖切步数（高度）	作为楼梯时按步数设置剖切线中心所在位置，作为坡道时按相对标高设置剖切线中心所在位置
作为坡道	选中此复选框，楼梯段按坡道生成，对话框中会显示出如下"单坡长度"的编辑框输入长度
单坡长度	选中作为坡道后，显示此编辑框，在这里输入其中一个坡道梯段的长度，但精确值依然受踏步数 × 踏步宽度的制约

注：1. 选中"作为坡道"复选框前要求楼梯的两跑步数相等，否则坡长不能准确定义。
　　2. 坡道的防滑条的间距用步数来设置，要在选中"作为坡道"复选框前要设好。

　　参数输入完毕后，拖动光标在绘图区按设计要求的定位方式，单击梯段拟插入的位置的位置点，完成双跑梯段的创建（可根据命令行提示转换方向）。

　　双跑楼梯也是自定义对象，可以通过拖动夹点进行编辑，也可以双击楼梯进入对象编辑重新设定参数。双跑楼梯梯段夹点控件功能见表11-6。

表11-6　双跑楼梯梯段夹点控件功能

控　件	功　　能
移动楼梯	该夹点用于改变楼梯位置,夹点位于楼梯休息平台两个角点
改平台宽	该夹点用于改变休息平台的宽度,同时改变方向线
改梯段宽度	拖动该夹点对称改变两梯段的梯段宽,同时改变梯井宽度,但不改变楼梯间宽度
改楼梯间宽度	拖动该夹点改变楼梯间的宽度,同时改变梯井宽度,但不改变两梯段的宽度
改一跑梯段位置	该夹点位于一跑末端角点,纵向拖动夹点可改变一跑梯段位置
改二跑梯段位置	该夹点位于二跑起端角点,纵向拖动夹点可改变二跑梯段位置
改扶手伸出距离	两夹点各自位于扶手两端,分别拖动改变平台和楼板处的扶手伸出距离
移动剖切位置	该夹点用于改变楼梯剖切位置,可沿楼梯拖动改变位置
移动剖切角度	两夹点用于改变楼梯剖切位置,可拖动改变角度

　　楼梯步数标注在特性栏中修改"上楼文字"、"下楼文字"项完成。

　　（5）多跑楼梯　创建梯段和休息平台交替布置、各梯段方向自由的多跑楼梯。首先要在对话框中确定"基线在左"或"基线在右"的绘制方向；在绘制梯段过程中能实时显示当前梯段步数、已绘制步数以及总步数，便于设计中决定梯段起止位置；绘图交互中用热键切换基线路径左右侧的命令选项，便于绘制休息平台间梯段走向左右改变的Z形楼梯；用户可通过上楼方向线定义扶手的伸出长度，剖切位置可以根据剖切点的步数或高度设定，可定义有转折的休息平台。

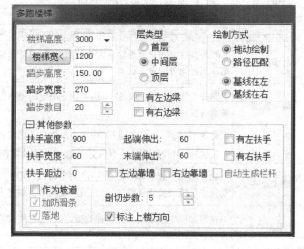

图 11-32　多跑梯段对话框

　　命令：　"楼梯其他"→"多跑楼梯"（DPLT）

　　执行命令后，弹出如图11-32所示的多跑梯段对话框。控件功能见表11-7。

　　在对话框中输入楼梯的参数后可根据右侧的动态显示窗口，验证楼梯参数是否符合要求。

表11-7　多跑楼梯对话框控件功能

控　件	功　　能
拖动绘制	暂时进入图形中量取楼梯间净宽作为双跑楼梯总宽
路径匹配	楼梯按已有多段线路径作为基线绘制,梯段的起末点不可省略或重合
基线在左	拖动绘制时是以基线为标准的,这时楼梯画在基线右边
基线在右	拖动绘制时是以基线为标准的,这时楼梯画在基线左边
左边靠墙	按上楼方向,左边不画出边线
右边靠墙	按上楼方向,右边不画出边线

　　其他控件与以前介绍的类似，不再重复介绍。

　　在确定了楼梯参数和各选项后，根据命令行提示沿基线逐段绘制梯段和平台。基线是多跑楼梯的左侧或右侧的边界线，基线可以事先绘制好，也可以交互确定。多跑楼梯的休息平台是自动确定的，休息平台的宽度与梯段宽度相同。

限于篇幅所限，具体操作步骤请参见天正相关教程。

其他基于新对象 TArch 2013 的多种特殊楼梯（包括双分平行楼梯、双分转角楼梯、双分三跑楼梯、交叉楼梯、剪刀楼梯、三角楼梯和矩形转角楼梯），考虑了各种楼梯在不同边界条件下的扶手和栏杆设置，楼梯和休息平台、楼梯扶手的复杂关系的处理。限于篇幅所限，这些楼梯的创建请参见天正相关操作规程。

11.6.2　自动扶梯与电梯

（1）电梯　本命令创建的电梯图形包括轿厢、平衡块和电梯门，其中轿厢和平衡块是二维线对象，电梯门是天正门窗对象；绘制条件是每一个电梯周围已经由天正墙体创建了封闭房间作为电梯井，如果是一个电梯井道里有多部电梯的须临时加虚墙分隔。电梯间一般为矩形，梯井道宽为开门侧的墙长。

命令："楼梯其他"→"电梯"（DT）

执行命令后，弹出如图 11-33 所示的电梯参数对话框。

在对话框中设定电梯类型，载重量，门形式，门宽，轿厢宽，轿厢深等参数，其中电梯类别分别有客梯、住宅梯、医院梯、货梯四种类别，每种电梯形式均有已设定好的不同的设计参数，输入参数后按命令行提示操作。

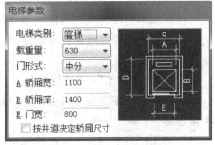

图 11-33　电梯参数对话框

（2）自动扶梯　本命令在对话框中输入自动扶梯的类型和梯段参数后绘制，可以用于单梯和双梯及其组合。TArch2013 提供了由自定义对象创建的自动扶梯对象，根据扶梯的排列和运行方向提供了多种组合供设计时选择，适用丁各种复杂的实际情况。

在顶层还设有洞口选项，拖动夹点可以解决楼板开洞时，扶梯局部隐藏的绘制。

命令："楼梯其他"→"自动扶梯"（ZDFT）

执行命令后，弹出自动扶梯对话框，如图 11-34 所示。

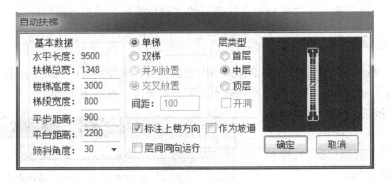

图 11-34　自动扶梯对话框

对话框中的平步距离指的是从自动扶梯工作点开始到踏步端线的距离，当为水平步道时，平步距离为 0；平台距离指的是从自动扶梯工作点开始到扶梯平台安装端线的距离，当作为水平步道时须重新设置。

参数输入完毕后，拖动光标在绘图区按设计要求的定位方式单击扶梯拟插入的位置的位置点，完成扶梯的创建（可根据命令行提示转换方向）。

11.6.3　楼梯扶手与栏杆

扶手是与梯段配合的构件，软件设定了梯段和台阶的关联，放置在梯段上的扶手，可以遮挡梯段，也可以被梯段的剖切线剖断，使用"连接扶手"命令可将相邻分段的扶手连接起来。

（1）添加扶手　以楼梯段或沿上楼方向的 Pline 路径线为基线，生成楼梯扶手。软件自动识别楼梯段和台阶，但是不识别组合后的多跑楼梯与双跑楼梯。

命令："楼梯其他"→"添加扶手"（TJFS）

执行命令后，根据命令行提示，选择梯段或作为路径的曲线，键入相关参数后按〈Enter〉键完成操作。

双击创建的扶手，可进入对象编辑对话框进行扶手的编辑。扶手的对象编辑应当在多视图（平面视图和三维视图）环境中进行。

（2）连接扶手　本命令把未连接的扶手彼此连接起来，如果连接的两段扶手的样式不同，连接后的样式以第一段为准；连接顺序是前一段扶手的末端连接下一段扶手的始端，以按上行方向为正向，从低到高顺序选择扶手的连接。作为基线的 Pline 路径线，接头之间应留出空隙，不能相接和重叠。

命令："楼梯其他"→"连接扶手"（LJFS）

执行命令后，根据命令行提示，选取待连接的第一、二段扶手，按〈Enter〉键后两段楼梯扶手被连接。

（3）楼梯栏杆的创建　双跑楼梯对话框有自动添加竖栏杆的设置，但有些楼梯命令仅可创建扶手或者栏杆与扶手都没有，此时可先按上述方法创建扶手，然后使用"三维建模"下"造型对象"菜单的"路径排列"命令来绘制栏杆。由于栏杆在施工平面图不必表示，主要用于三维建模和立剖面图，因此在平面图中没有显示栏杆时，应注意选择视图类型来观察是否符合设计意图。

操作步骤：

1）先用"三维建模"下"造型对象"菜单的"栏杆库"选择栏杆的造型效果。

2）在平面图中插入合适的栏杆单元（也可用其他三维造型方法创建栏杆单元）。

3）使用"三维建模"下"造型对象"菜单的"路径排列"构造楼梯栏杆。

11.6.4　其他设施的创建

（1）阳台　软件支持创建软件预定样式的阳台，或按预先绘制好的路径通过转换创建任意绘制方式的阳台；一层的阳台可以自动遮挡散水，阳台对象可以被柱子局部遮挡。

命令："楼梯其他"→"阳台"（YT）

执行命令后，弹出如图 11-35 所示的绘制阳台对话框。

阳台绘制方式工具栏按钮从左到右分别为：凹阳台、矩形阳台、阴角阳台、偏移生成、任意绘制及选择已有路径绘制共 6 种。

输入参数后，根据命令行提示拖动光标在绘图区按设计要求从起

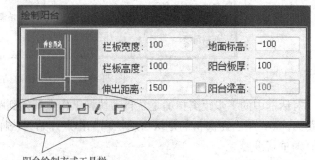

阳台绘制方式工具栏

图 11-35　绘制阳台对话框

点开始顺序单击阳台的各个转角点直至终点后，按〈Enter〉键完成阳台的创建。

对于创建复杂的栏杆阳台，可先用本命令创建阳台基本结构后再添加栏杆；简单的雨篷也可以通过阳台命令生成。

双击阳台可对象进入阳台对话框修改参数，然后单击"确定"按钮更新。

（2）台阶　可直接绘制矩形单面台阶、矩形三面台阶、阴角台阶、沿墙偏移等预定样式的台阶，或把预先绘制好的 Pline 转成台阶，或直接绘制平台创建台阶，如平台不能由本命令创建，应下降一个踏步高度以绘制的下一级台阶作为平台；直台阶两侧需要单独补充 Line 线画出二维边界；台阶可以自动遮挡之前绘制的散水。

命令："楼梯其他"→"台阶"（TJ）

执行命令后，弹出如图 11-36 所示的绘制台阶对话框。

台阶绘制工具栏按钮从左到右分别为绘制方式、楼梯类型、基面定义三个区域，可满足工程需要的各种类型台阶的绘制。光标停留在任意一个按钮上都会有文字提示。

1）绘制方式包括：矩形单面台阶、矩形三面台阶、矩形阴角台阶、弧形台阶、沿墙偏移绘制、选择已有路径绘制和任意绘制共 7种绘制方式。

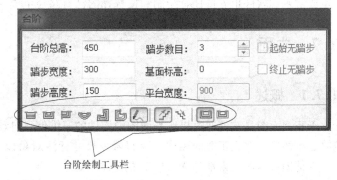

图 11-36　绘制台阶对话框

2）楼梯类型分为普通台阶与下沉式台阶两种，前者用于门口高于地坪的情况，后者用于门口低于地坪的情况。

3）基面定义可以是平台面和外轮廓面两种，后者多用于下沉式台阶。

台阶参数对话框控件的工具栏参数意义如图 11-37 所示。

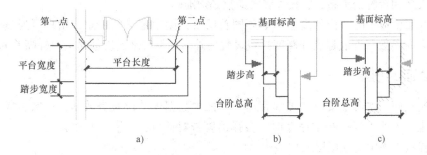

图 11-37　台阶参数对话框控件的工具栏参数意义
a）阴角台阶平面　b）普通台阶立面　c）下沉式台阶剖面

输入参数后，根据命令行的提示拖动光标在绘图区按设计要求从起点开始顺序单击台阶的各个转角点直至终点后，按〈Enter〉键完成阳台的创建。

双击台阶可弹出台阶对象编辑对话框，在对话框中输入修改台阶有关数据，单击"确定"按钮后可更新台阶。

（3）坡道　通过参数构造单跑的入口坡道，多跑、曲边与圆弧坡道由各楼梯命令中"作为坡道"复选框创建，坡道也可以遮挡之前绘制的散水。

命令："楼梯其他"→"坡道"（PD）

执行命令后，弹出对话框。在该对话框中输入坡道的相关数据，单击"确定"按钮后按命令行提示单击插入位置或按提示操作，系统即将坡道插入图中（可根据命令行提示转换方向）。

（4）散水　软件通过自动搜索外墙线绘制散水对象，散水自动被凸窗、柱子等对象裁剪，也可以通过选中复选框或者对象编辑，使散水绕壁柱、绕落地阳台生成；阳台、台阶、坡道、柱子等对象自动遮挡散水，位置移动后遮挡自动更新。

散水的每一条边宽度可以不同，先按统一的全局宽度创建，通过夹点和对象编辑单独修改各段宽度，也可以再修改为统一的全局宽度。

命令："楼梯其他"→"散水"（SS）

执行命令后，弹出对话框。在对话框中设置好参数后，按命令行提示全选墙体后按对话框要求生成散水。软件也支持任意绘制和按选择的已有路径生成。

11.7　立面

11.7.1　概述

天正立面图是软件通过提取平面图中构件的三维信息自动生成的，是经过消隐处理后获得的纯粹二维图形。在天正立面图中，除符号、尺寸标注对象以及门窗阳台图块是天正自定义对象外，其他图形构成元素都是 AutoCAD 的基本对象。

软件自动生成天正立面图是通过"工程管理"功能从平面图开始创建的，是在"工程管理"功能实现的前提下生成的。因此在生成立面之前要先在"工程管理"命令界面上，通过"新建工程"→"添加图纸"（添加平面图）的操作建立工程，再在工程的基础上定义平面图与楼层的关系，从而建立平面图与立面楼层之间的关系，进而生成立面图。通过"工程管理"建立"工程"的操作详见本章第 13 节。

为了能够获得尽量准确和详尽的立面图，用户在绘制平面图时楼层高度、墙高、窗高、窗台高、阳台栏板高和台阶踏步高、级数等竖向参数必须准确。

提示：立面生成中的"内外高差"必须同首层平面图中定义的一致，用户可通过适当更改首层外墙的 Z 向参数（即底标高和高度）或设置内外高差平台来实现创建室内外高差的目的。

11.7.2　立面的创建

（1）建筑立面　本命令按照"工程管理"功能中数据库的楼层表数据，一次生成多层建筑立面。当未建立当前工程执行本命令时，会弹出警告对话框："请打开或新建一个工程管理项目，并在工程数据库中建立楼层表！"

命令："立面"→"建筑立面"（JZLM）

执行命令后，根据命令行提示选择拟生成立面的方向（根据命令行提示键入快捷键或者按视线方向给出两点指出生成建筑立面的方向），再选择要出现在立面图上的轴线（选轴号无效）后，弹出如图11-38所示的立面生成设置对话框。

设置好对话框内的选项后，单击"生成立面"按钮。如果当前工程管理界面中有正确的楼层定义，即可提示保存立面图文件，弹出保存立面图文件的标准文件对话框后，输入剖面图的文件名及路径，单击"确定"按钮后生成立面图文件且打开该文件作为当前图形显示。否则不能生成立面文件。

立面的消隐计算是由天正编制的算法进行的，在楼梯栏杆采用复杂的造型栏杆时，由于这样的栏杆实体面数极多，如果也参加消隐计算，可能会使消隐计算的时间大大增长，在这种情况下可选择"忽略栏杆以提高速度"，也就是说："忽略栏杆"只对造型栏杆对象（TCH_ RAIL）有影响。

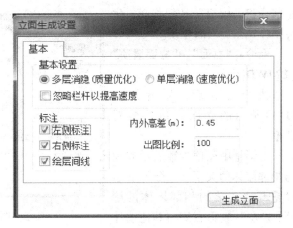

图 11-38 立面生成设置对话框

提示：执行本命令前必须先行存盘，否则无法对存盘后更新的对象创建立面。

（2）构件立面 用于生成当前标准层、局部构件或三维图块对象在选定方向上的立面图与顶视图。生成的立面图内容取决于选定的对象的三维图形。本命令按照三维视图对指定方向进行消隐计算，优化的算法使立面生成快速而准确，生成立面图的图层名为原构件图层名加"E-"前缀。

命令："立面"→"构件立面"（**GJLM**）

执行命令后，根据命令行提示，确定生成立面的方向，单击要生成立面的建筑构件对象，拖动到指定位置后单击鼠标左键生成后即可立面图。

（3）立面门窗 用于替换、添加立面图上的门窗，同时也是立剖面图的门窗图块管理工具，可处理带装饰门窗套的立面门窗，并提供了与之配套的立面门窗图库。但使用本命令替换、添加在立面图上的门窗信息不与平面图联动。

命令："立面"→"立面门窗"（**LMMC**）

执行命令后，弹出"天正图库管理系统"对话框。对立面图库的操作详见"图库管理"，在立面编辑中最常用的是工具栏右面的图块替换功能。

1）替换已有门窗：在图库中选择所需门窗图块，然后单击上方的门窗替换图标，根据命令行提示，在立面图中依次选择要替换的门窗，按〈Enter〉键完成替换。程序自动识别图块中由插入点和右上角定位点对应的范围，以对应的洞口方框等尺寸替换为指定的门窗图块。

2）直接插入门窗的操作：除了替换已有门窗外，本命令在图库中双击所需门窗图块，然后键入"E"，通过"外框 E"选项可插入与门窗洞口外框尺寸相当的门窗，根据命令行提示，框选拟插入门窗洞口方框（先要在拟插入门窗洞口的位置画出门窗的边界），程序自动按照图块中由插入点和右上角定位点对应的范围，以对应的洞口方框等尺寸替换为指定的门窗图块。

（4）立面阳台 用于替换、添加立面图上阳台的样式，同时也是对立面阳台图块的管理的工具。

命令："立面"→"立面阳台"（**LMYT**）

执行命令后，弹出"天正图库管理系统"对话框。操作与插入立面门窗的操作类似，此处不再赘述。

（5）立面屋顶 本命令可生成各类屋顶（包括平屋顶、单坡屋顶、双坡屋顶、四坡屋顶与歇山屋顶）的正立面和侧立面图，也支持绘制组合的屋顶立面、一侧与相邻墙体或其他屋面相连接的不对称屋顶的正立面和侧立面图。软件的编组功能可将构成立面屋顶的多个对象进行组合，以便整体复制与移动；当需要对组成对象进行编辑时，须单击状态行"编组"按钮，使按钮弹起后将立面屋顶解组，编辑完成后单击按下该按钮，即可恢复立面屋顶编组；也可在创建立面屋

顶前先将"编组"按钮弹起，生
成不作编组的立面屋顶。

命令："立面"→"立面屋顶"
（LMWD）

执行命令后，弹出如图
11-39 所示的立面屋顶参数对
话框。

对话框中屋顶参数表示屋顶
与相邻墙体的关系，"全"表示
没有与之连接的相邻墙体的屋
顶；"左"表示右侧与其他墙体
连接的屋顶；"右"表示左侧与
其他墙体连接的屋顶。

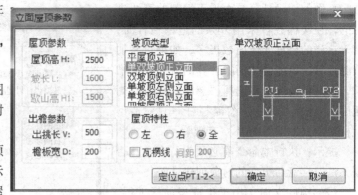

图 11-39　立面屋顶参数对话框

在对话框中选择所需类型，根据屋顶与相邻墙体的关系选定屋顶特性的"左"、"右"、
"全"，在"屋顶参数"区与"出檐参数"区中输入屋顶参数，单击"定位点 PT1-2 <"按钮，
在立面图中单击屋顶的定位点；根据需要确定是否选中"瓦楞线"，最后以"确定"按钮继续执
行，或者以"取消"按钮退出命令。

（6）雨水管线　在立面图中按给定的位置生成竖直向下的雨水管。

命令："立面"→"雨水管线"（YSGX）

执行命令后，根据命令行提示，单击雨水管的起点、终点，键入雨水管的管径后按〈Enter〉
键即可在两点间竖向画出雨水管。

11.8　剖面

11.8.1　概述

与天正立面图的创建相同，软件自动生成天正立面图也是通过"工程管理"功能从平面图
开始创建的，因此在生成立面之前也要先在"工程管理"命令界面上通过"新建工程"的操作
建立工程，并建立平面图与剖面楼层之间的关系，才能生成立面图。同样要求绘制平面图时构件
的竖向参数必须准确，楼层定义方式与天正立面图中的定义方式相同。

剖面图的剖切位置依赖于剖面符号，所以事先必须在首层建立剖切符号（采用"符号
标注"菜单中的"剖面剖切"命令定义剖切线），其他要求与生成立面图的要求相同，此
处不再赘述。

提示： 剖面图除了从平面图剖切位置创建外，软件也提供了自行绘制的命令，先绘制剖面
墙，然后在剖面墙上插入剖面门窗，添加剖面梁等构件，剖面楼梯和剖面栏杆命令可以直接绘制
楼梯与栏杆、栏板。

11.8.2　剖面的创建

（1）建筑剖面　本命令按照"工程管理"命令中的数据库楼层表格数据，一次生成多层建
筑剖面图，在当前工程为空的情况下执行本命令，会出现警告："请打开或新建一个工程管理项
目，并在工程数据库中建立楼层表！"

命令：“剖面”→“建筑剖面”（JZPM）

执行命令后，根据命令行提示，在首层单击需生成剖面图的剖切线，选择要出现在立面图上的轴线，弹出“剖面生成设置”对话框。对话框与生成立面图的对话框类似，此处不再赘述。

设置好对话框内的选项后，单击“生成剖面”按钮。如果当前工程管理界面中有正确的楼层定义，即可提示保存剖面图文件，否则不能生成剖面文件。出现保存剖面图文件的标准文件对话框后，输入剖面图的文件名及路径，软件自动生成剖面图。

“切割建筑”用于生成三维剖切模型。由于建筑平面图中不表示楼板，而在剖面图中要表示楼板，软件自动添加了层间线。用户也可自己用偏移（Offset）命令创建楼板厚度，如果已用平板或者房间命令创建了楼板，本命令会按楼板厚度生成楼板线。

在剖面图中创建的墙、柱、梁、楼板不再是专业对象，可以在剖面图中使用通用 AutoCAD 编辑命令进行修改，或者使用剖面菜单下的加粗或图案填充命令。

执行本命令前必须先行存盘，否则无法对存盘后更新的对象创建剖面。

（2）构件剖面　本命令用于生成当前标准层对象、局部构件或三维图块对象在指定剖视方向上的剖视图。

命令：“剖面”→“构件剖面”（GJPM）

执行命令后，根据命令行提示，单击用“符号标注”菜单中的“剖面剖切”命令定义好的剖切线，选择拟被剖切的构件及剖视方向，拖动生成后的剖面图在合适的位置给点插入即可。

11.8.3　利用软件提供的命令自行绘制剖面图

（1）画剖面墙　用一对平行的 AutoCAD 直线或圆弧对象，在软件自带的 S_WALL 图层直接绘制剖面墙。

命令：“剖面”→“画剖面墙”（HPMQ）

执行命令后，根据命令行提示，单击剖面墙的起点、途径点及终点，输入墙厚后按〈Enter〉键完成剖面墙创建。

（2）双线楼板　用一对平行的 AutoCAD 直线对象，在软件自带 S_FLOORL 图层直接绘制剖面双线楼板。

命令：“剖面”→“双线楼板”（SXLB）

执行命令后，根据命令行提示，单击楼板的起始点和结束点，输入纵坐标 $y = 0$ 起算的标高或按〈Enter〉键受默认值，键入楼板的厚度值（向上加厚输负值），按〈Enter〉键后按指定位置绘出双线楼板。

（3）预制楼板　用预制板的 AutoCAD 剖面图块对象，在软件自带 S_FLOORL 图层按要求尺寸插入一排剖面预制板。

命令：“剖面”→“预制楼板”（YZLB）

执行命令后，弹出如图 11-40 所示的剖面楼板参数对话框。选定楼板类型并确定各参数后，单击“确定”按钮，根据命令行提示，单击楼板插入

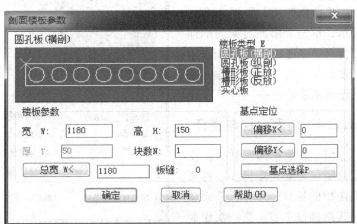

图 11-40　剖面楼板参数对话框

点和插入方向后完成预制楼板的绘制。

（4）加剖断梁　在剖面楼板处按给定尺寸加梁剖面并剪裁双线楼板底线。

命令："剖面"→"加剖断梁"（JPDL）

执行命令后，根据命令行提示，单击楼板顶面的定位参考点，键入梁左/右侧到参照点的距离，键入包括楼板厚度在内的梁高，按〈Enter〉键后完成剖断梁的绘制并自动剪裁楼板底线。

（5）剖面门窗　可连续插入剖面门窗（包括含有门窗过梁或开启门窗扇的非标准剖面门窗），可替换已经插入的剖面门窗，此外还可以修改剖面门窗高度与窗台高度值，是剖面门窗详图的绘制和修改的工具。

命令："剖面"→"剖面门窗"（PMMC）

执行命令后，弹出"剖面门窗样式"对话框，默认显示的剖面门窗样式是上次插入过的最后的剖面门窗，双击该样式可进入样式图库选换其他样式。根据命令行提示，单击要插入门窗的剖面墙线或者键入其他热键选择门窗替换、替换门窗样式、修改门窗参数，完成剖面门窗绘制。

（6）剖面檐口　在剖面图中绘制剖面檐口。

命令：　"剖面"→"剖面檐口"（PMYK）

执行命令后，弹出如图 11-41 所示的剖面檐口参数对话框。选定

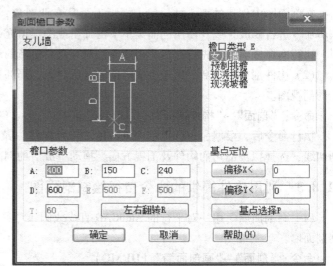

图 11-41　剖面檐口参数对话框

檐口形式并确定各参数后，单击"确定"按钮，根据命令行提示，给出檐口插入点后，绘出所需的檐口。

（7）门窗过梁　在剖面图的门窗洞口上方画出给定梁高的带有灰度填充的矩形过梁剖面。

命令："剖面"→"门窗过梁"（MCGL）

执行命令后，根据命令行提示，单击要添加过梁的剖面门窗（可多选），键入门窗过梁高度数值，按〈Enter〉键完成门窗过梁绘制。

11.8.4　剖面楼梯与栏杆

（1）参数楼梯　软件提供了绘制三种梁式楼梯和一种板式楼梯的选择，并可从平面楼梯获取梯段参数。当一次绘制超过一跑且每跑步数相同、踏

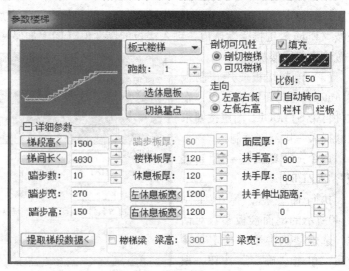

图 11-42　参数楼梯对话框

步对齐（没有错步）的双跑楼梯时，参数中的梯段高是其中的分段高度而非总高度。

命令："剖面"→"参数楼梯"（CSLT）

执行该命令后，弹出参数楼梯对话框，控件功能见表 11-8。单击"详细参数"按钮展开设置参数，参数楼梯对话框展开后如图 11-42 所示，再次单击"详细参数"按钮收缩对话框。

表 11-8 参数楼梯对话框控件功能

控 件	功 能
梯段类型列表	选定当前梯段的形式，有板式楼梯、梁式现浇 L 形、梁式现浇△形和梁式预制
跑数	默认跑数为 1，在无模式对话框下可以连续绘制，此时各跑之间不能自动遮挡，跑数大于 2 时各跑楼梯间按剖切与可见关系自动遮挡
剖切可见性	用以选择画出的梯段是剖切部分还是可见部分，以图层 S_STAIR 或 S_E_STAIR 表示，颜色也有区别
自动转向	在每次执行单跑楼梯绘制后，如选中此项，楼梯走向会自动更换，便于绘制多层的双跑楼梯
选休息板	用于确定是否绘出左右两侧的休息板：全有、全无、左有和右有
切换基点	确定基点（绿色×）在楼梯上的位置，在左右平台板端部间切换
栏杆/栏板	切换栏杆或者栏板，也可两者都不选
填充	以颜色填充剖切部分的梯段和休息平台区域，可见部分不填充
梯段高 <	当前梯段左右平台面之间的高差
梯间长 <	当前楼梯间总长度（梯段长度加左右休息平台宽），可以单击按钮从图上取两点获得，也可以直接键入
踏步数	当前梯段的踏步数量，用户可以单击调整
踏步宽	当前梯段的踏步宽度，由用户输入或修改，改变时会同时影响左右休息平台宽，需要适当调整
踏步高	当前梯段的踏步高，通过梯段高/踏步数算得
踏步板厚	用于梁式预制楼梯和现浇 L 形楼梯
楼梯板厚	用于现浇楼梯板厚度
左（右）休息板宽 <	当前楼梯间的左右休息平台宽度，可键入、从图上取得或者由系统算出，均为 0 时梯间长等于梯段长，修改左休息板长后，相应右休息板长会自动改变，反之亦然
面层厚	当前梯段的装饰面层厚度
扶手（栏板）高	当前梯段的扶手/栏板高
扶手厚	当前梯段的扶手厚度
扶手伸出距离	从当前梯段起步和结束位置到扶手接头外边的距离（可以为 0）
提取楼梯数据 <	从天正 5 以上的平面楼梯对象提取梯段数据，双跑楼梯时只提取第一跑数据
楼梯梁	选中后，分别在文本框中输入楼梯梁剖面高度和宽度

设置好参数后，根据命令行提示可逐跑绘制每跑参数不同的多层剖面楼梯。

提示：直接创建的多跑剖面楼梯带有梯段遮挡特性，逐段叠加的楼梯梯段不能自动遮挡栏杆，须使用 AutoCAD 剪裁命令自行处理。

（2）参数栏杆 按参数交互方式生成楼梯栏杆。

命令："剖面"→"参数栏杆"（CSLG）

执行命令后，弹出如图 11-43 所示的剖面楼梯栏杆参数对话框。控件功能见表 11-9。

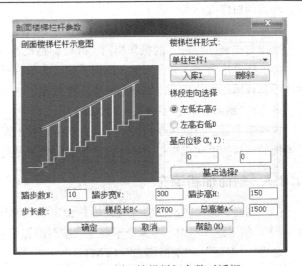

图 11-43 剖面楼梯栏杆参数对话框

表 11-9　　参数栏杆对话框控件功能

控　件	功　　能
栏杆列表框	列出已有的栏杆形式
入库	用来扩充栏杆库
删除	用来删除栏杆库中由用户添加的某一栏杆形式
步长数	指栏杆基本单元所跨越楼梯的踏步数
梯段长	指梯段始末点的水平长度，通过给出梯段两个端点给出
总高差	指梯段始末点的垂直高度，通过给出梯段两个端点给出
基点选择	从图形中按预定位置切换基点

对话框中的步长数是指栏杆基本单元所跨越楼梯的踏步数。在对话框中输入合适的参数后单击"确定"按钮根据命令行提示在图中单击插入点后插入剖面楼梯栏杆。

软件支持用户制作新栏杆：

1）在图中绘制一段楼梯，以此楼梯为参照物，绘制栏杆基本单元（确定栏杆基本单元与楼梯的相对位置关系），栏杆高度由用户给定（确定后不会随后续踏步参数的变化而变化）。

2）单击"参数栏杆"命令进入对话框，再单击"入库 I"按钮，根据命令行提示选取要定义成栏杆的图元（可用 Line，Aac，Circle 绘制），选中的图元会亮显，按〈Enter〉键后根据命令行提示单击基本单元的起始点和结束点（两点连线的方向是楼梯的走向，两点之间的水平距离为基本单元的长度，也即步长），再键入此栏杆图的名称和键入基本单元跨越的踏步数，按〈Enter〉键后此栏杆形式便装入楼梯栏杆库中，并在示意图中显示此栏杆。以后即可从栏杆库中调出此栏杆图案。

（3）楼梯栏杆

在双跑楼梯中根据图层识别剖切到的梯段与可见的梯段，创建常用的直栏杆，软件自动处理两相邻梯跑栏杆的遮挡关系。

命令："剖面"→"楼梯栏杆"（LTLG）

执行命令后，根据命令行提示，输入楼梯扶手的高度，确认是否打断遮挡线，按〈Enter〉键后由系统处理可见梯段被剖面梯段的遮挡，自动截去部分栏杆扶手，再按命令行提示，依次输入各梯段扶手的起始点与结束点，分段画出楼梯栏杆扶手。

（4）楼梯栏板　根据设计的实心栏板，按图层自动处理栏板遮挡踏步，对可见梯段以虚线表示，对被剖切梯段以实线表示。

命令："剖面"→"楼梯栏板"（LTLB）

操作与"楼梯栏杆"的操作相同，此处不再赘述。

（5）扶手接头　本命令可配合剖面楼梯、参数栏杆、楼梯栏杆、楼梯栏板各命令使用，对楼梯扶手和楼梯栏板的接头作倒角与水平连接处理，水平伸出长度可以由用户输入。

命令："剖面"→"扶手接头"（FSJT）

执行命令后，根据命令行提示，键入扶手的伸出距离，选择是否在接头处增加栏杆，框选需要连接的一对扶手完成连接。楼梯扶手接头的效果是近段遮盖远段。

11.8.5　剖面加粗填充

（1）剖面填充　将剖面墙线与楼梯按指定的材料图例作图案填充，与 AutoCAD 的图案填充（Bhatch）使用条件不同，本命令不要求墙端封闭即可填充图案。

命令："剖面"→"剖面填充"（PMTC）

执行命令后，根据命令行提示，选取要填充的剖面墙线、梁板楼梯，按〈Enter〉键后在弹出的对话框选择填充图案与比例，单击"确定"按钮后执行填充。

（2）居中/向内加粗　将剖面图中的墙线向墙两侧/内侧加粗。

命令："剖面"→"居中加粗/向内加粗"（JZJC）/（XNJC）

执行命令后，根据命令行提示，以任意选择方式选取需要加粗的墙线或楼梯、梁板线，按〈Enter〉键选中的部分加粗。

11.9　文字表格

11.9.1　天正文字的概述

TArch 2013 支持 AutoCAD 中使用的汉字字体文件。软件自行开发的天正文字样式的中西文字体有各自的宽高比例，汉字与西文混合编排的文字标注符合国家制图标准的要求。此外天正建筑软件在文字对象中提供了多种特殊符号，如钢号、加圈文字、上标、下标等处理，但与非对象格式文件交流时要进行格式转换处理。

在 TArch 2013 中，文字的输入方式与 AutoCAD 及 Office 的基本相同。但在天正文字对象中，特殊文字符号和普通文字是结合在一起的，属于同一个天正文字对象，因此在"图形导出"命令转为低版本或其他不支持新符号的版本时，会把这些符号分解为以 AutoCAD 文字和图形表示的非天正对象，如加圈文字在图形导出到 TArch6 格式图形时，因旧版本文字对象不支持加圈文字，因此分解为外观与原有文字大小相同的文字与圆的叠加。

在 AutoCAD 中使用 Windows 下的各种 Turetype 的字体注写中文时对处理效率是有影响的，如果希望提高处理效率，应使用 AutoCAD 的 SHX 字体（文件扩展名为 .SHX 的中文大字体，最常见的汉字形文件名是 HZTXT.SHX）。可将字体文件复制到 \ ACAD200X \ Fonts 目录下即可（其他字体文件也可这样导入）。

11.9.2　天正文字工具

（1）文字样式　本命令为天正自定义文字样式设定中西文字体各自的参数。

命令："文字表格"→"文字样式"（WZYS）

执行命令后，弹出对话框，使用 AutoCAD 文字样式时，可分别设置中英文字体的宽度和高度以达到文字的名义高度与实际可量度高度的一致；使用 Windows 的系统的字体（如"宋体"等）时，只须设置中文参数即可。

（2）单行文字　使用已经建立的天正文字样式，输入单行文字，支持为文字设置上下标、加圆圈、添加特殊符号；导入软件携带的专业词库的内容。

命令："文字表格"→"单行文字"（DHWZ）

执行命令后，弹出如图 11-44 所示的单行文字对话框。在文字输入框中输入文字后，左键单击图中拟创建文字的位置即可。

勾选其中的"背景屏蔽"选项后文字可以遮盖背景（如填充图案），且屏蔽作用随文字移动存在；点击 词 图

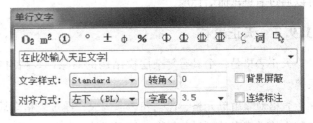

图 11-44　单行文字对话框

标进入专业词库；点击 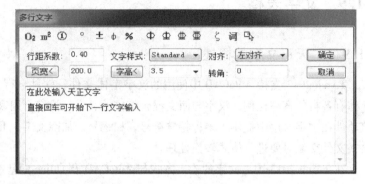 图标可直接选取当前窗口中已输入的文字（类似于 copy）。

双击图中的单行文字即可进入在位编辑状态，直接在图上显示编辑框，方向总是按从左到右的水平方向排列，当需要使用特殊符号、专业词汇等时，将光标移动到编辑框外单击右键，即可调用单行文字的快捷菜单进行编辑。

（3）多行文字　使用已经建立的天正文字样式，按段落输入多行中文文字，可以方便设定页宽或按〈Enter〉键开始下一段文字输入，并可随时改变页宽。

命令："文字表格"→"多行文字"

执行命令后，弹出如图11-45所示的多行文字对话框。

多行文字对象设有两个夹点，左侧的夹点用于整体移动，右侧的夹点用于拖动改变段落宽度，当宽度小于设定时，多行文字对象会自动换行，而最后一行的结束位置由该对象的对齐方式决定。多行

图 11-45　多行文字对话框

文字的编辑考虑到排版的因素，默认双击进入多行文字对话框（也可以使用右键快捷菜单进入在位编辑功能）。

（4）曲线文字　直接按弧线方向书写中英文字符串，或者在已有的多段线（Polyline）上布置中英文字符串，可将图中的文字改排成曲线。

命令："文字表格"→"曲线文字"（QXWZ）

执行命令后，根据命令行提示操作，直接注写弧线文字或按已有曲线布置文字。

（5）专业词库　软件设置了一个可以由用户扩充的专业词库，可提供的常用的建筑专业词汇，多行文字段落供随时插入图中，支持在各种符号标注命令中调用，其中的"做法标注"是以华北标准图集工程做法为主。在 TArch2013 中，词汇可以在文字编辑区进行内容修改编辑，支持把图上的文字拾取到编辑框中进行修改或替换；单击"修改索引"按钮把原词汇作为索引使用；单击"入库"按钮可直接保存多行文字段落。

命令："文字表格"→"专业词库"（ZYCK）

执行命令后，弹出对话框，可在其中可以输入和输出词汇、多行文字段落以至材料做法。

对专业词库的类别、内容的编辑和入库是在文字编辑区进行的，支持按〈Enter〉键多行写入，单击"入库"按钮，把文字加入词库中，其中多行文字入库后会按第一行内容显示为标题，可以通过右键重命名标题。

11.9.3　天正表格

天正表格是一个具有复杂层次结构的对象，表格对象可独立绘制，常用于门窗表和图纸目录等。

表格对象由单元格、标题和边框构成，通过表格全局设定、行列特征和单元格特征三个层次控制表格的表现，可以制作出各种不同外观的表格。

表格的标题可以在边框内，也可以在边框外，无论内或外都同属一个表格对象。

1. 天正表格工具

（1）新建表格　从对话框通过行、列参数设定新建一个表格，提供以最终图纸尺寸值（mm）为单位的行高与列宽的初始值。

命令："文字表格"→"新建表格"（XJBG）

执行命令后，在弹出的对话框中输入表格的标题以及所需的行数和列数，在图上合适的位置插入表格，单击选中表格，双击需要输入的单元格，即可启动"在位编辑"功能，在编辑栏进行文字输入。

（2）转出 Word　把表格对象的内容输出到 Word 文件中，供用户在其中制作报告文件。

命令："文字表格"→"转出 Word"

执行命令后，根据命令行提示，选择表格对象，系统自动启动 Word，并创建一个新的 Word 文档，把所选定的表格内容输入到该文档中。

（3）转出 Excel　把表格对象的内容输出到 Excel 中，供用户在其中进行统计和打印，还可以根据 Excel 中的数据表更新原有的天正表格。

命令："文字表格"→"转出 Excel"

执行命令后，根据命令行提示，选择表格对象，系统自动开启一个 Excel 进程，并把所选定的表格内容输入到 Excel 中，转出 Excel 的内容包含表格的标题。

（4）读入 Excel　读入 Excel 中建立的数据表格，图纸中创建天正表格对象；或把当前 Excel 表单中选中的数据更新到指定的天正表格中，支持 Excel 中保留的小数位数。

命令："文字表格"→"读入 Excel"

单击菜单命令后，如果没有打开 Excel 文件，会提示你要先打开一个 Excel 文件并框选要复制的范围，接着弹出对话框。根据命令行提示，新建或"更新表格"（须选择已有的一个表格对象）。

本命令要求事先在 Excel 表单中选中一个区域，系统根据 Excel 表单中选中的内容，新建或更新天正的表格对象，在更新天正表格对象的同时，检验 Excel 选中的行列数目与所选取的天正表格对象的行列数目是否匹配，按照单元格一一对应地进行更新，如果不匹配将拒绝执行。

提示：读入 Excel 时，不要选择作为标题的单元格，因为程序无法区分 Excel 的表格标题和内容。程序把 Excel 选中的内容全部视为表格内容。

2. 天正表格编辑

（1）天正表格对象设定　双击表格边框或右键单击表格选取对象编辑可进入如图 11-46 所示的"表格设定"对话框，可以对标题、表行、表列和内容等全局属性进行设置。

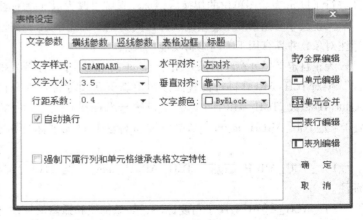

图 11-46　表格设定对话框

在表格编辑时如果选中了"强制下属…"复选框，则影响全局；不选中此项只影响未设置过个性化的单元格。

（2）全屏编辑　用于对从图选取的表格在对话框中进行行、列编辑及单元编辑，单元编辑也可由在位编辑所取代。

命令："文字表格"→"表格编辑"→"全屏编辑"（QPBJ）

执行命令后，根据命令行提示，选取要编辑的表格，在对话框的电子表格中编辑各单元格的文字。右击行（列）表首可进行表行、表列的编辑。

（3）拆分表格　本命令把表格按行或者按列拆分为多个表格，也可以按用户设定的行列数自动拆分，有丰富的选项供用户选择，如保留标题、规定表头行数等。

命令："文字表格"→"表格编辑"→"拆分表格"（CFBG）

执行命令后，弹出对话框，本命令支持自动拆分和交互拆分。

（4）合并表格　可把多个表格逐次合并为一个表格，这些待合并的表格行列数可以与原来表格不等，默认按行合并，也可以改为按列合并。

命令："文字表格"→"表格编辑"→"合并表格"（HBBG）

执行命令后，根据命令行提示，选择位于首行的表格和紧接其下的表格，按〈Enter〉键后表格行数合并，最终表格行数等于所选择各个表格行数之和，标题保留第一个表格的标题。

如果被合并的表格有不同列数，最终表格的列数为最多的列数，各个表格的合并后多余的表头由用户自行删除。

（5）夹点编辑　对于表格的尺寸调整，除了用命令外，也可以通过拖动夹点，获得合适的表格尺寸。限于篇幅所限，其他"天正文字表格"工具的操作请参见天正相关教程。

11.10　尺寸标注

11.10.1　尺寸标注的概述

软件提供了符合《建筑制图标准》规定的自定义的尺寸标注系统，完全取代了 AutoCAD 的尺寸标注功能，经分解后可退化为 AutoCAD 的尺寸标注。使用夹点编辑可灵活地对尺寸标注进行修改。

天正尺寸标注系统默认 mm 为标注单位，当用户在"天正基本设定"中对整个 .dwg 图形文件进行了以 m 为绘图单位的切换后，标注系统可改为以 m 为标注单位。

天正尺寸标注系统以连续的尺寸区间为基本标注单元，相连接的多个标注区间属于同一尺寸标注对象，并具有用于不同编辑功能的夹点。

天正自定义尺寸标注对象是基于 AutoCAD 的尺寸标注开发的，用户在 AutoCAD 的"标注样式"中对 TCH_ARCH 进行设置修改可更新天正尺寸标注对象的特性。天正尺寸标注对象支持 AutoCAD 修改_TCH_ARCH（毫米单位按毫米标注）、_TCH_ARCH_mm_m（毫米单位按米标注）与_TCH_ARCH_m_m（米单位按 m 标注）这几种标注样式，更新天正尺寸标注对象的特性。其中：

1）_TCH_ARCH（包括_TCH_ARCH_mm_m 与_TCH_ARCH_m_m）用于直线型的尺寸标注。

2）_TCH_ARROW 用于角度标注，如弧轴线和弧窗的标注（度/分/秒）。

11.10.2　尺寸的标注

（1）门窗标注　在建筑平面图中标注两点连线经过的门窗尺寸，有两种使用方式：

1）在平面图中以轴网标注的第一二道尺寸线为基准，自动标注直墙和圆弧墙上的门窗尺寸，生成第三道尺寸线。

2）在轴网未标注第一二道尺寸线时，在用户选定的位置标注出门窗尺寸线。

命令："尺寸标注"→"门窗标注"（MCBZ）

执行命令后，根据命令行提示，在墙的一侧单击起点，在连线经过的待标注的门窗的另一侧单击终点，系统自动定位创建该段墙体的门窗标注。

尺寸线排列位置与取点的先后顺序有关系。使用门窗标注命令创建的尺寸对象与门窗宽度具有联动的特性，在对门窗对象编辑、改动后，线性的尺寸标注将随门窗的改变而联动更新。

带形窗与角窗（角凸窗）、弧窗还不支持门窗标注的联动；通过镜像、复制创建新门窗不属于联动，不会自动增加新的门窗尺寸标注。

（2）墙厚标注 在平面图中一次标注两点连线经过的一段或多段天正墙体对象的墙厚尺寸，有轴线时标注以轴线划分的左右墙宽，没有轴线时标注墙体的总宽。

命令："尺寸标注"→"墙厚标注"（QHBZ）

执行命令后，在拟标注尺寸线处单击起始点，然后拖动光标单击结束点，在连线经过的一段或多段天正墙体上标注出尺寸。

（3）两点标注 标注两点连线附近的轴线、墙线、门窗、柱子等构件尺寸，并可标注各墙中点或者添加其他标注点，U 热键可撤销上一个标注点。

命令："尺寸标注"→"两点标注"（LDBZ）

执行命令后，根据命令行提示，在拟标注尺寸线的一端单击起始点或键入"C"进入墙中标注，拖动光标单击结束点，可单击其中不需要标注的轴线和墙或其他墙段上的需要标注的门窗、柱子等图元，按〈Enter〉键结束标注。

（4）内门标注 标注平面图中两点连线经过的门窗尺寸以及与邻近的正交轴线或者墙角（墙垛）相关联的定位尺寸线。

命令："尺寸标注"→"内门标注"（NMBZ）

执行命令后，根据命令行提示，在拟标注门窗的一侧单击起点（默认轴线定位，键入"A"改为垛宽定位），拖动光标在门窗的另一侧单击终点，标注出连线经过的室内门窗。

（5）快速标注 类似于 AutoCAD 的同名命令，适用于天正对象，特别适用于选取平面图后快速标注外包尺寸线。

命令："尺寸标注"→"快速标注"（KSBZ）

执行命令后，根据命令行提示，选取天正对象或平面图，命令行选项中"整体"是从整体图形创建外包尺寸线，"连续"是提取对象节点创建连续直线标注尺寸，"连续加整体"是两者同时创建。

（6）外包尺寸 这是一个简捷的尺寸标注修改工具，将"轴网标注"创建的第一道尺寸线改为外包尺寸。在大部分情况下，可以一次性按规范要求完成四个方向总尺寸的修改，期间不必输入任何墙厚尺寸。

命令："尺寸标注"→"外包尺寸"（WBCC）

执行命令后，根据命令行提示，以对角点框选整个建筑平面，按〈Enter〉键结束。

（7）逐点标注 对选取的一串给定点沿指定方向和选定的位置标注尺寸。特别适用于没有指定天正对象特征，需要取点定位标注的情况，以及其他标注命令难以完成的尺寸标注。

命令："尺寸标注"→"逐点标注"（ZDBZ）

执行命令后，根据命令行提示，单击第一个标注点作为起始点，再单击第二个标注点作为结束点，然后拖动尺寸线单击就位点即可完成标注。

（8）半径/直径标注 在图中标注弧线或圆弧墙的半径/直径，尺寸文字容纳不下时，会按照制图标准规定，自动引出标注在尺寸线外侧。

命令："尺寸标注"→"半径标注"（BJBZ）

执行命令后，根据命令行提示，单击圆弧上任一点，即在图中标注半径/直径。

（9）角度标注　按逆时针方向标注两根直线之间的夹角。

命令："尺寸标注"→"角度标注"（JDBZ）

执行命令后，根据命令行提示，在标注位置依次单击第一根线和第二根线，完成两根线之间的角度标注（必须按逆时针方向的顺序选择拟标注的直线）。

（10）弧长标注　以《建筑制图标准》，规定的弧长标注画法分段标注弧长，保持整体的一个角度标注对象，可在弧长、角度和弦长三种状态下相互转换。

命令："尺寸标注"→"弧长标注"（HCBZ）

执行命令后，根据命令行提示，单击准备标注的弧墙、弧线，与逐点标注类似拖动到标注的最终位置。

11.10.3　尺寸标注的编辑

作为天正自定义对象的尺寸标注对象，支持裁剪、延伸、打断等编辑命令，使用方法与 Au-toCAD 尺寸对象相同。以下介绍的是本软件提供的专用尺寸编辑命令的使用方法；除了尺寸编辑命令外，双击尺寸标注对象也可进入对象编辑的增补尺寸功能。使用夹点编辑可灵活地对尺寸标注进行修改。

（1）文字复位

将尺寸标注中被拖动夹点移动过的文字恢复回原来的初始位置，可解决夹点拖动不当时与其他夹点合并的问题。

命令："尺寸标注"→"尺寸编辑"→"文字复位"（WZFW）

执行命令后，根据命令行提示，单击要恢复的天正尺寸标注（可多选），按〈Enter〉键后系统把选到的尺寸标注中所有文字恢复原始位置。

（2）文字复值

将尺寸标注中被有意修改的文字恢复回尺寸的初始数值。有时由于各种原因，会出现仅改动标注尺寸数字而图形不改动的情况，使用本命令可以按实测尺寸恢复文字的数值。

命令："尺寸标注"→"尺寸编辑"→"文字复值"（WZFZ）

执行命令后，根据命令行提示，单击要恢复的天正尺寸标注（可多选），按〈Enter〉键后系统把选到的尺寸标注中所有文字恢复实测数值。

（3）剪裁延伸　在尺寸线的某一端，按指定点剪裁或延伸该尺寸线。本命令综合了 Trim（剪裁）和 Extend（延伸）两命令，自动判断对尺寸线的剪裁或延伸。

命令："尺寸标注"→"尺寸编辑"→"剪裁延伸"（JCYS）

执行命令后，根据命令行提示，单击要作剪裁或延伸的尺寸线后，所单击的尺寸线的单击一端即作相应的剪裁或延伸。

（4）取消尺寸　删除天正标注对象中指定的尺寸线区间，如果尺寸线共有奇数段，"取消尺寸"删除中间段会把原来标注对象分开成为两个相同类型的标注对象。因为天正标注对象是由多个区间的尺寸线组成的，用 Erase（删除）命令无法删除其中某一个区间，必须使用本命令完成。

命令："尺寸标注"→"尺寸编辑"→"取消尺寸"（QXCC）

执行命令后，根据命令行提示，单击要删除的尺寸线区间内的文字或尺寸线均可，按

〈Enter〉键结束。

(5) 连接尺寸 连接两个独立的天正自动标注对象，把原来的两个标注对象合并成为一个标注对象。如果合并的标注对象尺寸线之间不共线，连接后的标注对象以第一个单击的标注对象为基准对齐，通常用于把 AutoCAD 的尺寸标注对象转为天正尺寸标注对象。

命令："尺寸标注"→"尺寸编辑"→"连接尺寸"（LJCC）

执行命令后，根据命令行提示，先单击作为基准尺寸的尺寸线，再单击其他要连接的尺寸线，按〈Enter〉键结束。

(6) 尺寸打断 把整体的天正自定义尺寸标注对象在指定的尺寸界线上打断，成为两段互相独立的尺寸标注对象，以满足各自编辑需求。

命令："尺寸标注"→"尺寸编辑"→"尺寸打断"（CCDD）

执行命令后，根据命令行提示，在要打断的位置单击尺寸线，系统随即打断尺寸线，选择预览尺寸线可见已经是两个独立对象。

(7) 合并区间 将多个尺寸对象合并为一个尺寸对象。本命令可作为"增补尺寸"命令的逆命令使用。

命令："尺寸标注"→"尺寸编辑"→"合并区间"（HBQJ）

执行命令后，根据命令行提示，框选拟合并的两个尺寸的相邻的尺寸起止符，按〈Enter〉键后，两个尺寸合并为一个尺寸。

(8) 等式标注 对指定的尺寸标注区间尺寸自动按等分数列出等分公式作为标注文字，除不尽的尺寸保留一位小数。

命令："尺寸标注"→"尺寸编辑"→"等式标注"（DSBZ）

执行命令后，根据命令行提示：单击要按等式标注的区间尺寸线，按该处的等分公式要求键入等分数，按〈Enter〉键完成标注。

(9) 增补尺寸 在一个天正自定义直线标注对象中增加一个标注区间，增补新的尺寸界线断开原有区间，但不增加新标注对象，双击尺寸标注对象也可进入本命令。

命令："尺寸标注"→"尺寸编辑"→"增补尺寸"（ZBCC）

执行命令后，根据命令行提示，单击要在其中增补的尺寸线分段，捕捉单击增补点，按〈Enter〉键完成。

提示：尺寸标注夹点也提供了"增补尺寸"模式控制，拖动尺寸标注夹点时，按〈Ctrl〉键切换为"增补尺寸"模式即可在拖动位置添加尺寸界线。

限于篇幅所限，其他天正"尺寸标注"的操作请参见天正相关教程。

11.11 符号标注

11.11.1 符号标注概述

按照《建筑制图标准》中工程符号规定画法，天正软件提供了一整套的自定义工程符号对象，供绘制剖切号、指北针、引注箭头、各种详图符号和引出标注符号使用。这些自定义的工程符号对象是保存有对象特性数据的建筑工程专业意义上的图形符号对象，而不是简单的 AutoCAD 符号图块，用户除了在插入符号时通过对话框的控制参数外，还可以根据绘图的不同要求对图上已插入的工程符号进行夹点编辑或使用〈Ctrl + 1〉键启动对象特性栏，更改工程符号的特性。双击符号中的文字可启动在位编辑更改文字内容。

工程符号标注有如下特点：

1）支持在位编辑功能。双击符号中涉及的文字可进入在位编辑状态直接修改文字内容。

2）索引符号增加了多索引特性。拖动索引号的"改变索引个数"夹点即可增减索引号，结合在位编辑满足提供多索引的要求。

3）为剖切索引符号提供了改变剖切线长度的控制夹点。

天正的工程符号对象可随图形指定范围的绘图比例的改变，对符号大小，文字字高等参数进行适应性调整以满足规范的要求。剖面/断面符号除了可以满足施工图的标注要求外，还为生成剖面定义了与平面图的对应规则。

11.11.2　坐标标注

天正建筑按《建筑制图标准》的符号图例定义了坐标标注对象。标注的状态分动态标注和静态标注两种，可使用状态行的按钮开关切换。

1）动态标注状态下，移动和复制后的坐标数据将自动与世界坐标系一致。适用于整个 .dwg 文件仅仅布置一个总平面图的情况。

2）静态标注状态下，移动和复制后的坐标数据不改变原值。例如在一个 .dwg 上复制同一总平面来绘制绿化、交通的等不同类别图纸时只能使用静态标注。

（1）坐标标注　在总平面图上根据世界坐标系或者当前用户坐标系 UCS 的取值标注测量坐标或者施工坐标。

命令："符号标注"→"坐标标注"（ZBBZ）

执行命令后，根据命令行提示键入"S"，在弹出的对话框中确认当前图形中的绘图单位是否是 mm；图形的当前坐标原点和方向是否与设计坐标系统一致，如果有不一致之处，须重新设置，选取标注点。

软件默认按世界坐标系取值，如果选择以用户坐标系 UCS 取值，要用 UCS 命令把当前图形设为要选择使用的 UCS（绘图时 UCS 可以有多个），但在同一个 .dwg 图中只允许使用一种坐标系统进行坐标标注。如果图上已插入了指北针符号，可在对话框中单击"选指北针 ＜"从图中选择指北针后系统将以它的指向为 X（A）方向标注新的坐标点（CAD 图）；要注意的是《总图制图标准》规定的图纸方向是上北下南（X（A）方向），与 CAD 默认 X（A）方向是不一致的。如正北方向不是指向图纸上方，须单击"北向角度 ＜"给出正北方向。

对话框设置完毕后，单击"确定"按钮，根据命令行提示，拖动鼠标逐个单击标注点，再单击数值的标注方向后，完成标注。

（2）坐标检查　用于在总平面图上检查基于与绘制时的条件一致的一个坐标系的测量坐标或者施工坐标有无人为修改坐标标注值而导致的错误。

命令："符号标注"→"坐标检查"（ZBJC）

执行命令后，在弹出的对话框设置正确的坐标系类型、标注单位和精度后单击"确定"按钮，根据命令行提示选择以本软件标注的坐标符号，如果坐标标注有错误时会提示如"选中的坐标 n 个，其中 m 个有错！"，程序会在错误的坐标位置显示一个红框进行提示，供键入命令行提示进行修正。

11.11.3　标高标注

软件定义的标高对象，符合《建筑制图标准》规定的符号图例。

可分别用于在建筑专业的标注以及总图专业的地坪标高、绝对标高和相对标高的关联标注，标高文字预设了夹点，需要时可以拖动夹点移动标高文字。

命令："符号标注"→"标高标注"（BGBZ）

执行命令后，弹出如图 11-47 所示的标高标注对话框。设置好对话框中的选项后，在图纸中左键单击标注点及标注文字的排列方向后即可完成标注。

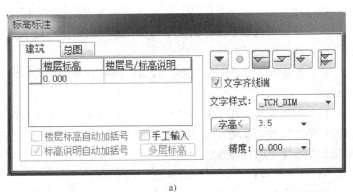

a)

（1）建筑标高　建筑标高用于标注平、立、剖面图的标高，如图 11-47a 所示，有五个图标可供选择，支持自动或"手工输入"标注，清空电子表格的内容后可以标注空白标高符号供出图后手工填写。单击"建筑"标签切换到建筑标高页面，默认自动标注（使用本功能的前提是预先设置好准确的基准点），服从动态标志，在移动或复制后标高值根据当前位置坐标自动更新；选择

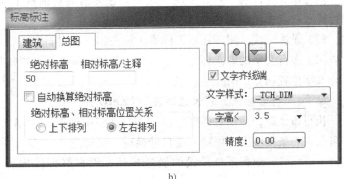

b)

图 11-47　标高标注对话框

"手工输入"后，可在"楼层标高"栏手工填入建筑标高值，可根据需要在右栏填入说明文字成为注释性标高符号，不能动态更新（动态标注状态下）。

（2）总图标高　单击总图标签切换到总图标高页面，在总图上标注标高，如图 11-47b 所示，有四个图标可供选择。

总图标高的标注精度自动切换为 0.00，保留两位小数。选中"自动换算绝对标高"可输入标高换算关系。

（3）标高编辑　双击标高对象非文字部分即可进入对象编辑，弹出对话框，通过表格进行标高文字的修改后单击"确定"按钮完成修改；双击文字部分仍进入对象编辑，直接修改文字。

拖动标高对象的夹点可以改变标高符号的方向和标高文字位置。

（4）标高检查　适用于在立面图和剖面图上对同一致坐标系的天正标高标注进行检查，以免由于人为修改标高标注值导致设计错误，本命令不适用于检查平面图上的标高符号。

命令："符号标注"→"标高检查"（BGJC）

执行命令后，根据命令行提示，选择作为标准的具有正确标高数值的标高符号，再选择需要检查的其他标高符号，按〈Enter〉键系统显示检查结果，第一个错误的标高符号被红色方框框起来，逐个纠正后按〈Enter〉键结束。

11.11.4　工程符号标注

（1）箭头引注　绘制带有箭头的引出标注，文字可从线端标注也可从线上标注，引线可以多次转折，有 5 种箭头样式和两行说明文字。

命令："符号标注"→"箭头引注"（JTYZ）

执行命令后，弹出对话框。在对话框中输入要标注的文字或从"词库"中直接在调用，也可以从下拉列表选取已保存的文字历史记录，也可以不输入文字只画箭头，对话框中还提供了更改箭头长度、样式的功能。

对话框中输入要注写的文字，设置好参数，按命令行提示左键点取标注点和箭线长度后，完成标注。

（2）引出标注　用于对多个标注点进行说明性的文字标注，自动按端点对齐文字，具有拖动自动跟随的特性，新增"固定角度"、"多行文字"与"多点共线"功能，默认是单行文字，需要标注多行文字时在特性栏中切换。

命令："符号标注"→"引出标注"（YCBZ）

执行命令后，与"箭头引注"类似，在弹出的对话框中编辑好标注内容及其形式后，按命令行提示取点标注。

（3）做法标注　用于在施工图纸上标注工程的材料做法，可通过专业词库调入标准做法。软件提供了多行文字的做法标注文字，每一条做法说明都可以按需要的宽度拖动为多行，还增加了多行文字位置和宽度的控制夹点。

命令："符号标注"→"做法标注"（ZFBZ）

执行命令后，弹出对话框。在"多行文字编辑框"中输入文字，按〈Enter〉键后一段文字即可写入一条基线上，可随宽度自动换行。光标进入"多行编辑框"后单击"词库"图标，可进入专业词库，取得系统预设的做法标注。编辑好标注内容及其形式后，按命令行提示取点标注。

（4）索引符号　为图中另有详图的某一部分标注索引号，分为"指向索引"和"剖切索引"两类，索引符号的对象编辑提供了增加索引号与改变剖切长度的功能。

命令："符号标注"→"索引符号"（SYFH）

执行命令后，弹出与"引出标注"命令类似的对话框。

1）选择"指向索引"选项后，左键单击需索引的部分（如果选中"添加索引范围"须拖动圆上一点左键单击定义范围或直接按〈Enter〉键不画出范围）后，拖动单击索引引出线的转折点（根据需要）或直接左键单击插入索引号圆圈的圆心，完成标注。

2）选择"剖切索引"选项后，左键单击需索引的部分后在正交模式下拖动单击引出线的转折点后，再单击插入索引号圆圈的圆心并给点定义剖视方向后，完成标注

双击索引标注对象可进入编辑对话框进行编辑修改；双击索引标注文字部分可进入文字在位编辑。夹点编辑增加了"改变索引个数"功能，拖动边夹点即可增删索引号。

（5）图名标注　在每个图形下方标出该图的图名，并且同时标注比例，比例变化时会自动调整其中文字的合理大小。

命令："符号标注"→"图名标注"（TMBZ）

执行命令后，对话框。在弹出的对话框中编辑好图名内容，选择合适的样式后，按命令行提示标注图名。

（6）剖面剖切　在图中标注国标规定的断面剖切符号，依赖此符号确定剖切位置及定义剖面的生成方向。

命令："符号标注"→"剖面剖切"（PMPQ）

执行命令后，根据命令行提示，键入剖切编号后左键沿剖切方向依次单击一组剖切点的位置，选取剖视方向，按〈Enter〉键完成标注。拖动不同夹点即可改变剖面符号的位置以及改变剖切方向，双击可以修改剖切编号。

（7）断面剖切　在图中标注国标规定的断面剖切符号，创建不画剖视方向线的断面剖切符号，以指向断面编号的方向表示剖视方向，依赖此符号确定剖切位置及定义断面的生成方向。

命令："符号标注"→"断面剖切"（DMPQ）

执行命令后，根据命令行提示键入断面编号后沿剖切方向单击一对剖切点的位置，单击生成方向后按〈Enter〉键结束。拖动不同夹点即可改变断面符号的位置以及改变剖切方向。

限于篇幅所限，其他天正"符号标注"的操作请参见天正相关教程。

练习与思考题

11-1　如何绘制矩形轴网？弧形轴网和矩形轴网怎样连接？如何修改轴线、轴号？

11-2　如何插入柱子？有几种插入柱子的方法？怎样修改柱子？

11-3　如何绘制墙体？如何修改墙体、内外宽度、高度、材料等？如何创建异形墙体？识别内外墙有何用处？两墙体相交会有何状况，怎么处理？

11-4　如何绘制普通门窗？插入门窗有哪几种方法？哪几种最常用？如何编辑和修改门窗？如何生成门窗表？如何成批替换门窗？

11-5　如何绘制普通双跑楼梯及其他常用楼梯？如何绘制阳台、台阶、坡道、散水？

11-6　如何绘制卫生间的设施？如何绘制坡屋面？

11-7　立剖面图创建分几个步骤？如何根据平面图自动生成立剖面图？如何手工绘制立剖面图？

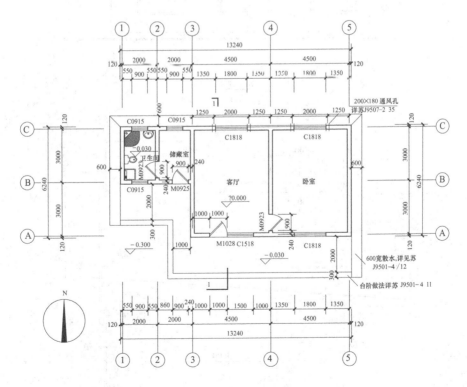

一层平面图 1:100

a)

图 11-48　练习题 11-13 图

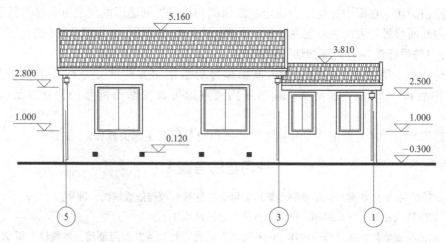

北立面图1:100

b)

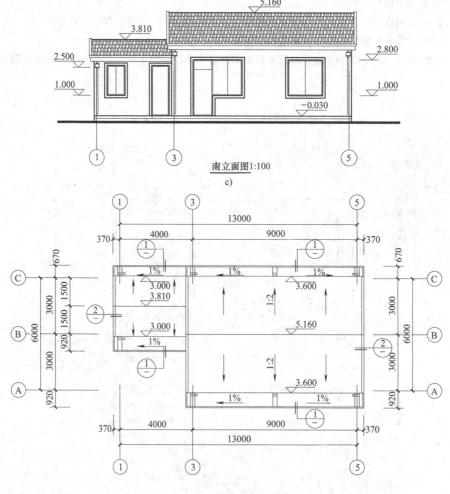

南立面图1:100

c)

屋顶平面图1:100

d)

图 11-48　练习题 11-13 图（续）

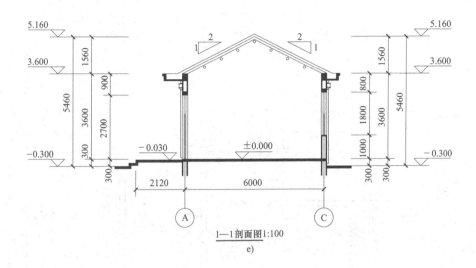

1—1剖面图1:100
e)

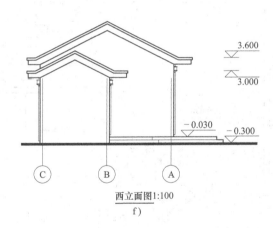

西立面图1:100
f)

图 11-48　练习题 11-13 图（续）

11-8　各种尺寸标注如何操作？都适用于哪些情况？哪几个尺寸标注方式较常用？如何标注各种符号？如何修改尺寸？

11-9　怎样标注房间名称和面积？

11-10　天正不同版本之间如何进行图纸交流？天正与 AutoCAD 之间如何进行图纸交流？

11-11　如何对天正的基本选项进行设置？

11-12　参照图 11-48 所示绘制单层别墅建筑施工图，数据可以作适当调整。

11-13　参照图 11-49 所示绘制三层别墅建筑施工图，数据可以作适当调整。

11-14　参照图 11-50 所示绘制办公楼建筑施工图，数据可以作适当调整。

11-15　自选一栋建筑物对其测绘后，根据测绘的数据绘制施工图。

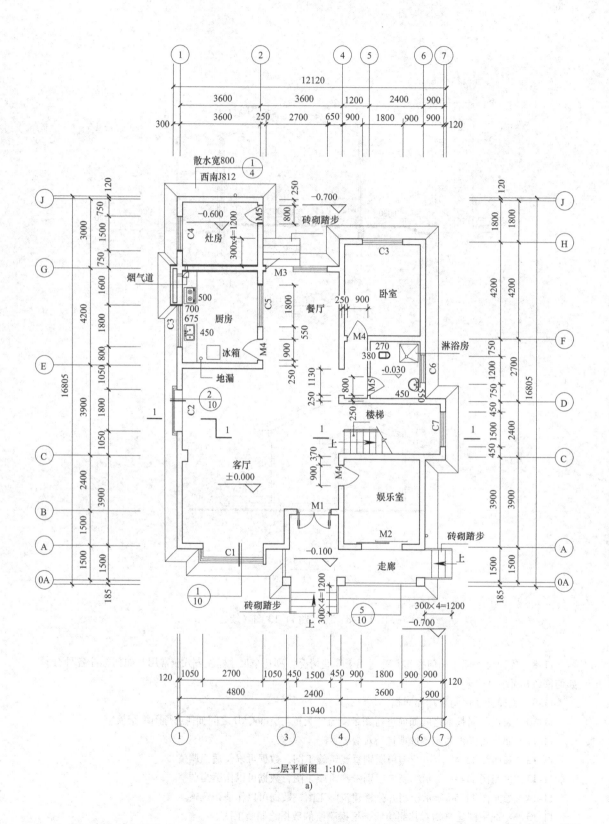

一层平面图 1:100

a)

图 11-49　练习

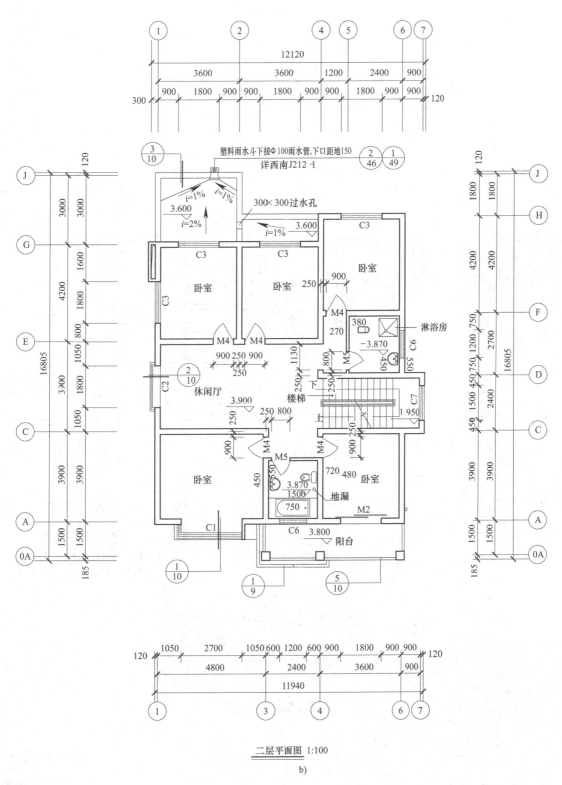

二层平面图 1:100

b)

题 11-14 图

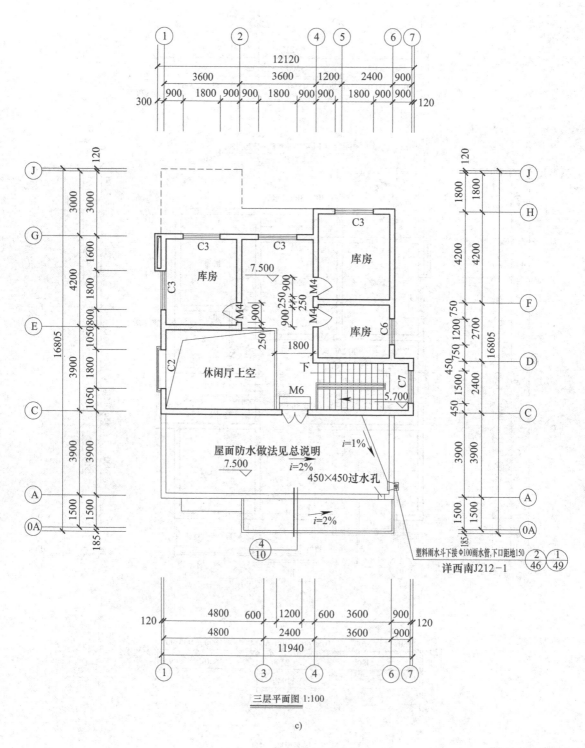

三层平面图 1:100

c)

图 11-49　练习

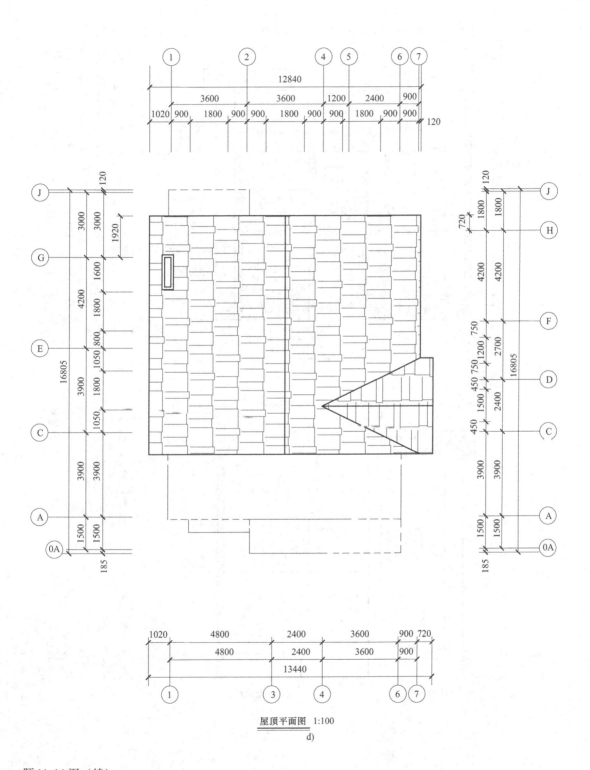

屋顶平面图　1:100

d)

题 11-14 图（续）

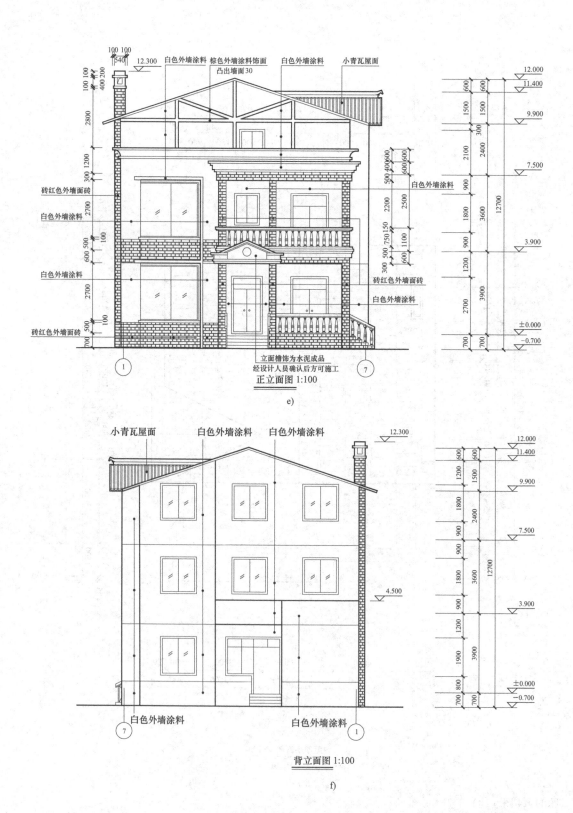

正立面图 1:100

e)

背立面图 1:100

f)

图 11-49　练习

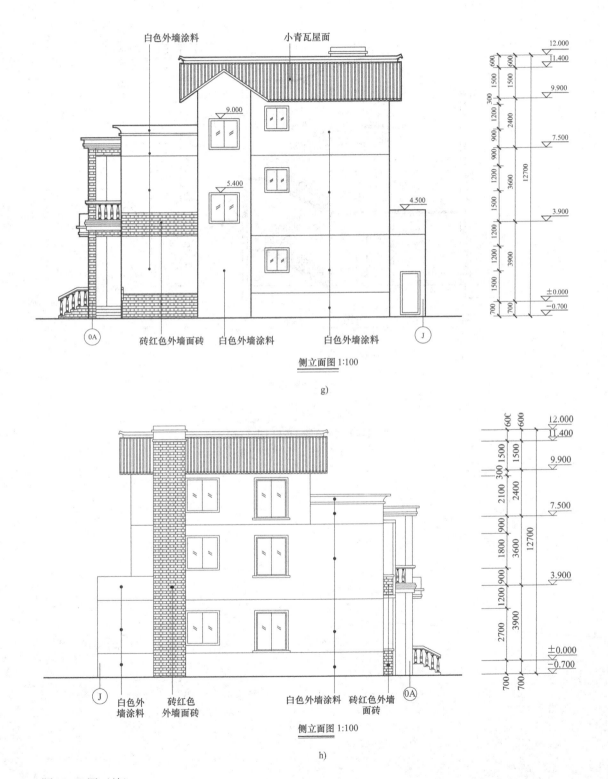

g)

小青瓦屋面

白色外墙涂料

砖红色外墙面砖　白色外墙涂料　白色外墙涂料

侧立面图 1:100

白色外
墙涂料　砖红色
外墙面砖　白色外墙涂料　砖红色外墙
面砖

侧立面图 1:100

h)

题 11-14 图（续）

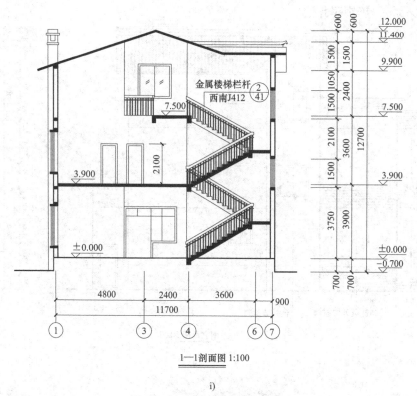

1—1剖面图 1:100

i)

图 11-49　练习题 11-14 图（续）

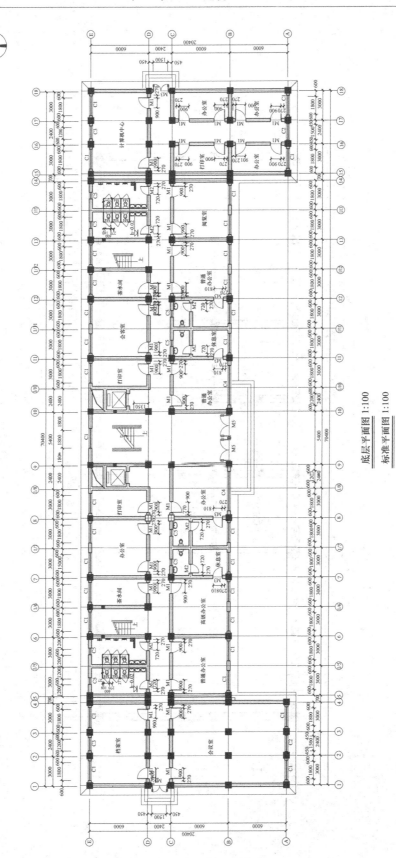

底层平面图 1:100

标准平面图 1:100

a)

图 11-50 练习题 11-15 图

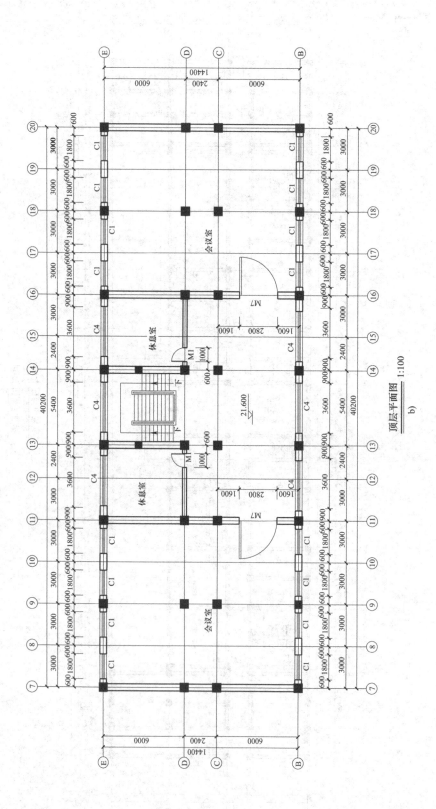

顶层平面图　1:100
b)

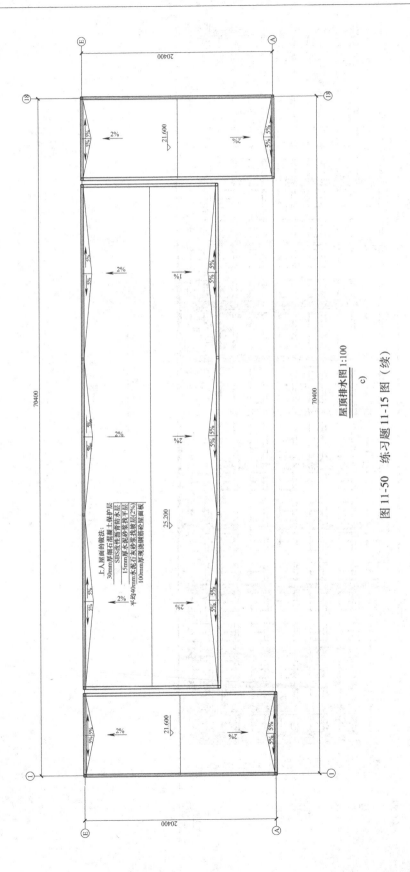

屋顶排水图 1:100

c)

图 11-50　练习题 11-15 图（续）

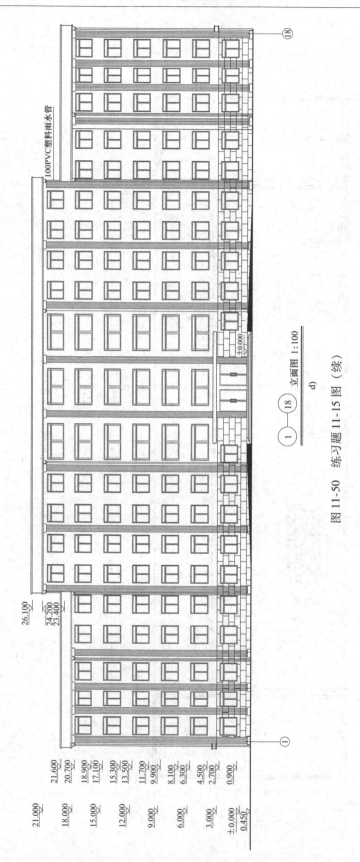

图 11-50 练习题 11-15 图 （续）

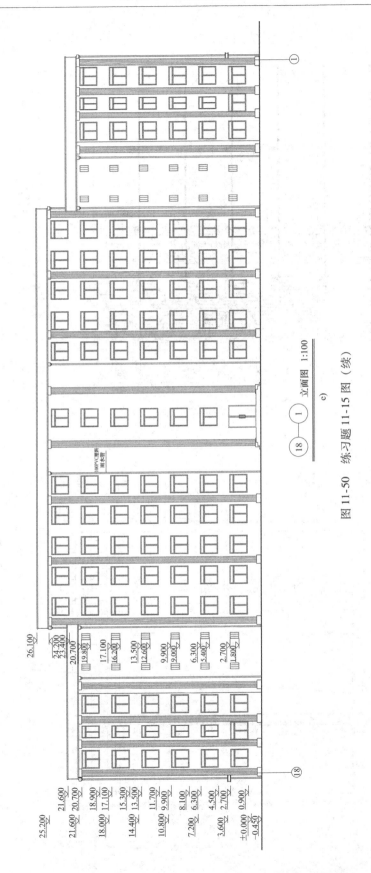

立面图 1:100
e)

图 11-50 练习题 11-15 图（续）

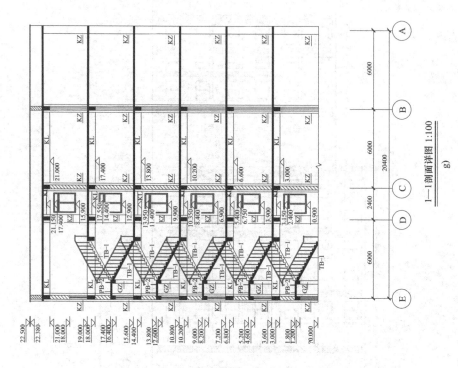

1—1剖面详图 1:100

g)

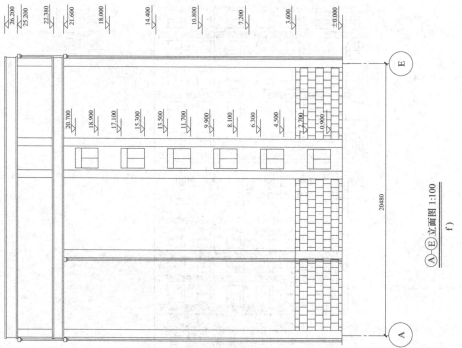

A—E立面图 1:100

f)

图 11-50　练习题 11-15 图（续）

第 12 章 土木工程 CAD 二次开发技术

本章提要
- 工程 CAD 二次开发的主要内容和工具
- 定制工程 CAD 系统
- 参数化设计
- VBA 开发环境与编程基础
- AutoCAD ActiveX 技术
- 用 VBA 创建图形函数
- 专用函数示例
- VBA 程序加密、加载和运行

在工程设计中通常会遇到一些未知的新问题，而专业设计软件却不具备处理这类问题的功能。如果能在现有专业软件平台上自行开发一些能处理这类特殊问题的专用程序和工具，对加快设计进度，提高设计质量是非常有效的。目前，许多专用软件为了扩大其应用范围，一般都有二次开发的功能，允许用户针对实际工程问题开发专业程序。因此，在土木工程 CAD 技术日益普及的今天，工程设计人员学习一些 CAD 二次开发知识和技术，掌握一些专用程序开发技术，对进一步提高专业软件应用水平和设计效率，是非常有益的。本章将介绍土木工程 CAD 二次开发的基础知识，并以 AutoCAD 为平台介绍工程 CAD 二次开发技术。

12.1 工程 CAD 二次开发的主要内容和工具

12.1.1 工程 CAD 二次开发的主要内容

工程 CAD 二次开发是指在已有图形支撑系统下进行专业绘图和设计方面的开发工作。工程 CAD 系统的图形支撑系统应该满足功能和开放性两个方面的要求，功能上应满足绘图、造型等要求；开放性包括良好的二次开发能力、实体扩充机制、数据交换和数据库连接能力。已有图形支撑系统可以自主开发，也可以引进性能稳定、功能强大的 CAD 通用软件。因自主研制开发工程 CAD 图形支撑系统存在很多困难，短期内引用商品化 CAD 图形系统是一种可行方案。Auto-CAD 系统是目前应用最为广泛的图形通用软件，其功能强大、性价比高、易学易用，选择 Auto-CAD 作为工程 CAD 集成系统的图形支撑系统，不仅具有广泛的应用基础和广阔的推广前景，而且系统本身具备良好的开放性，能够满足工程 CAD 的要求。

工程 CAD 二次开发不同于一般系统软件的开发，其主要目的是使工程中常规设计和重复工作实现可视化、自动化进程，使系统标准库用户化，为道路、桥梁和建筑设计提供一个可视化、专业化的工作环境。为此，工程 CAD 二次开发的主要内容可考虑以下 6 个方面：

1）建立专业模板文件，包括对图层、线型、颜色、单位、文本样式、尺寸样式的设定。

2）系统库文件的用户化。定制专业线型库、剖面线图案库、专业符号库及图块库。

3）定制专业用户界面，包括对专业菜单、工具条和对话框的开发。

4）设计专业宏命令。

5）参数化设计。

6）开发专业应用程序。

12. 1. 2　工程 CAD 二次开发主要工具简介

AutoCAD 系统良好的开放性和拥有的多种开发工具，是解决专业绘图和设计问题最为有效的手段。AutoCAD 的主要开发工具包括 Auto LISP 语言和 Visual LISP 开发环境、VBA 语言、Object-ARX。

（1）Auto LISP 语言和 Visual LISP　AutoLISP 是内嵌于 AutoCAD 中的一种编程语言，其语法简单，易学易用，直接针对 AutoCAD 进行编程，交互性强，用户可以用 Auto LISP 对 Auto CAD 命令进行扩展，开发出满足专业需要的绘图命令和应用软件。但由于 Auto LISP 是一种解释型语言，运行速度较慢，加之程序不能加密等原因，因此只能开发一些小型应用程序，无法应用于商业软件的开发。为了解决这个问题，AutoDesk 公司在 AutoCAD 2000 中推出了 Visual LISP 的正式版，该版本完全兼容以前的 Auto LISP，并具有独自的开发环境，增加了应用程序的开发和调试功能，还引进了面向对象技术和 ActiveX 对象，使 Visual LISP 开发的程序功能更强大，运行速度更快。通过实现反应器函数，还扩展了 Visual LISP 响应事件的能力。另外，Visual LISP 还提供了用于发布独立的应用程序的工具。

（2）VBA 语言　VBA 的全称是 Visual Basic for Application，它有两个特点：一是与 VB 有着几乎相同的开发环境和语法，功能强大且容易掌握；二是它面向对象的功能，针对性强、结构精简、代码运行效率高。VBA 可提供强大的窗体创建功能，为应用程序建立对话框及其他屏幕界面，非常方便，是替代 DCL 的很好工具，提供了与其他应用程序通信的功能，如 Word、Excel、Access、Chart 和 Graph 等。VBA 语言可建立功能强大的模块级宏指令，宏名实质上就是模块的过程名；提供建立类模块的功能，利用类的重用组件功能为开发大型应用软件提供了技术支持；具备完善的数据访问与管理能力，通过 DAO、ADO 可以对 Access、dBase、Foxpro 等数据库实现访问和管理；可以使用 SQL 语句检索数据，与 RDO（远程数据对象）结合起来，能够建立客户机/服务器级的数据通信；能够使用 Win32 API 函数提供的功能，建立应用程序与操作系统之间的通信。本章主要介绍运用 VBA 语言来开发工程绘图和设计的应用程序。

（3）ObjectARX（AutoCAD Runtime eXtension）　ObjectARX 应用与 AutoCAD 共享同样的内存空间，具有比 Auto LISP 和 VBA 语言等应用程序更快的运行速度，能够直接利用 AutoCAD 的内核代码，直接访问 AutoCAD 的数据库、图形系统及几何造型核心，扩展 AutoCAD 固有的类及其功能，建立与 AutoCAD 内部命令操作方式相同的新命令。ObjectARX 建立在 C + + 的基础上，具有完全面向对象的 AutoCAD 接口。用户可以创建自定义对象，使之继承 AutoCAD 对象的属性。用 ObjectARX 开发的 CAD 应用程序具有模块性好、独立性强、连接简单、使用方便、高效实现内部功能以及代码可重用性等优点，并且支持 MFC 基础类库。

12. 2　定制工程 CAD 系统

12. 2. 1　建立专业模板文件

在专业模板文件中预先包括了许多设置，如图层、线型、绘图单位、文本样式、尺寸样式、图框等内容。使用专业模板图形就可以直接引用这些设置，既减少了绘图前的准备工作，又使一个工程设计中所有的图纸都采用了统一标准和相同设置，这对工程图的规范化管理尤其重要。所以，建立模板文件是保证设计图纸采用统一标准，提高图纸质量的重要前提。

（1）模板文件的设置内容和方法　模板文件应反映工程设计图环境设置的主要内容，通常情况下一个建筑物，如一座大中桥梁需要几十张甚至上百张设计图纸，由于设计图纸的内容各不相同，不能只建立一个模板文件来囊括全部设置，可以先对设计图纸按图元内容进行简单分类，如总体布置图、钢筋构造图、梁板构造图、桩柱构造图等，再针对分类模板文件分别进行设置，这样既减少设置工作，又方便模板文件的引用。通常模板文件的设置可以按以下方法和内容进行：

1）用 Limits 命令设置绘图范围。绘图范围要根据选用图纸和图纸内容来确定，首先要确定图幅大小，以桥梁工程图为例，一般都采用 A3 图幅出图，图纸尺寸是 420mm × 297mm，留出四周图框边，实际绘图区尺寸是 380mm × 277mm。然后根据图中构件尺寸大小来确定图纸是否需要加长或分幅。当桥孔较长时，需要加长图纸，A3 图幅按 210mm 的整倍数加长，其他图幅的图纸按规定加长。

2）用 Layer 命令激活"图层特性管理器"对话框建立图层，图层分层时可以考虑按结构物组成构件、按图线类型、按视图来分层，如建立桥梁总体布置图模板文件时，可按下面方法分层：①地面线；②地质及水文资料；③上部结构；④下部结构；⑤锥坡；⑥中心线及轴线；⑦文字及符号；⑧高程及桩号；⑨尺寸标注。为便于区分，对各图层的颜色分别选择明暗相间、色差明显的颜色，再根据专业制图标准对线型、线宽等属性进行合理设置。一般对结构物的轮廓线采用粗实线，线宽为 0.35 ~ 0.5mm；中心线及轴线采用点画线，线宽为 0.13mm。

3）用 Style 命令激活"文字样式"对话框，根据图中文本情况设置多种文本样式，并根据工程设计图纸的文本要求和绘图比例，对各文本样式分别选择合适字体、字高、效果等。工程图的字体一般选用长仿宋，宽度比例为 0.7。文本字高与出图比例有密切关系，出于绘图的方便，绘图比例一般可采用 1:1，但出图比例要根据选用图幅大小和图形尺寸来确定，如一座桥梁的估算总长度为 140m，若以 cm 为单位绘制桥梁总体布置图，实际绘图长度为 140 × 100 = 14000 个绘图单位，选用 A3 图纸，分 1 幅图出图的话，其出图比例因子为 14000/380 ≈ 36.8，取最接近的较大的整百倍数 40，即（实际图纸）1mm 等于 40 个绘图单位（电子图）。那么电子图中字高可按下面公式估算：

$$（电子图）字高 =（实际图纸）字高 × 出图比例因子$$

如果要求实际图纸中某文字的字高为 5mm，按上式计算电子图中字高应该是 200mm。通常一幅工程图中的文字应根据其作用不同采用不同的字高，所以要预先设置几种字高来标注不同内容，如尺寸文字、高程、说明、视图、图框等。

4）用 DDim 命令激活"标注样式管理器"对话框，根据图中标注尺寸设置标注样式。当一幅图采用一个比例时只需设置一个尺寸样式，如果有两个比例时应设置两个不同的尺寸样式。定义标注样式要符合专业制图标准，还要兼顾标注习惯。设置尺寸箭头与尺寸文本大小时，也要考虑出图比例的要求，方法与上面文本字高选择类似。

5）按图幅大小和行业要求设置图框和图签，用 Insert 命令将预先定制好的标准图框块插入到绘图区域。完成上述设置后，用 Save As 命令将上述设置保存为 ∗.dwt 文件，如桥梁总体布置.dwt。

（2）引用专业模板文件　引用专业模板文件的方式有多种，一般可用 Open 命令，在"选择文件"对话框中选择（.dwt）文件格式，打开要引用的模板文件。也可以利用 AutoCAD 的命令开关自动加载模板文件，这样在每次启动 AutoCAD 时，系统将自动打开该模板文件。

12.2.2　定制专业标准库文件

AutoCAD 系统含有丰富的标准库文件，包括标准线型库文件 acad. lin、剖面线图案库文件 acad. pat、幻灯片库等，这些标准库文件为普通用户提供了有效的绘图工具，但满足不了各专业设计的要求。为此，AutoCAD 为专业用户提供了定制几乎所有标准库文件的开放机制，使用户可以创建自己的专业化库文件，达到提高设计效率的目的。

1. 创建专业线型库

AutoCAD 中有两个标准线型库文件，即 acad. lin 和 acadiso. lin，它们都是 ASCII 格式的文本文件。所以，可以通过修改标准线型库文件来创建新的专业线型库文件。AutoCAD 的线型分为简单线型和复合线型两种类型。简单线型由破折线和点组成，而复合线型不仅包括破折线和点，还包括文本和形。

(1) 创建简单线型　简单线型仅用两行文字即可表述，第一行是标题行，包含线型名称和线型说明，格式如下：

$$*线型名,线型说明及线型图例$$

"＊"是线型说明行开始的标志；线型名和线型说明之间用"，"分开；线型图例用破折线和点来表示。下面是一线型的标题行：

$$*DASHDOT,Dash\ dot\ \_\_.\ \_\_.\ \_\_.\ \_\_.\ \_\_.\ \_\_.\ \_\_.\ \_\_$$

第二行是线型定义行，简单线型的定义，只能用破折线、点和空格来表示，格式如下：

$$A,笔画1,笔画2,\cdots$$

必须以字母"A"开头，代表对齐方式；破折线用正数表示其长度；点用零表示；空格用负数表示其长度；各笔画之间用"，"分隔，中间无空格，行长度最多不超过 80 个字符。下面是线型 DASHDOT 的定义行：

$$A,12.7,-6.35,0,-6.35$$

(2) 创建复合线型　复合线型的标题行表示方法与简单线型的相同，但定义行内容中在简单线型定义的基础上，增加了文本和形定义部分，其格式如下：

$$形句法:[形名称,形文件名,细节]$$
$$文本句法:["文本串",文本样式名,细节]$$

形文件是指扩展名为 SHX 的文件，在 AutoACD 2004 的 acad. lin 文件中，定义了 5 个含有形定义的复合线型，都采用了 ltypeshp. shx 形文件。下面是一个复合线型定义中使用了形句法的示例：

$$*FENCELINE1,Fenceline\ circle\ ----0-----0----0-----0---0-----0--$$
$$A,.25,-.1,[CIRC1,ltypeshp.\ shx,x=-.1,s=.1],-.1,1$$

定义行中：CIRC1 是形文件 ltypeshp. shx 中的一个形名，$x = -.1$，$s = .1$ 均是对形的细节描述，$x = -.1$ 定义在 x 反方向上移动 0.1 个单位，$s = .1$ 将形尺寸缩放为原尺寸的 0.1 倍。

下面的示例则使用了文本句法：

$$*HOT\_\ WATER\_\ SUPPLY,Hot\ water\ supply\ ----HW\ ----HW\ ----HW\ ----$$
$$A,.5,-.2,["HW",STANDARD,s=.1,r=0.0,x=-0.1,y=-.05],-.2$$

定义行中："HW"是文本串，STANDARD 是 AutoCAD 的标准文本样式，$s = .1$ 是将原文本缩放 0.1 倍，$r = 0.0$ 是文本旋转角度为 0 度，即不旋转，$x = -0.1$，$y = -05$ 是文本在 x 和 y 方向上的位移，确定文本在线型中的相对位置。用户试将上面改成"HTW"，STANDARD，$s = 0.5$，$r = 30.0$，重新保存后，再加载该线型，看看绘出怎样的线型。

　　利用 AutoCAD 定义库文件的功能，用户可以定义自己的专业线型，下面定义的是高速桥梁防护网平面图中的符号，绘出的线型如图 12-1 所示，格式如下：

$$*FANG\text{-}HU\text{-}WaNG, fang\ hu\ wang \text{---- × ---- × ---- × ----}$$

$$A,15,-5.0,[″×″,STANDARD,s=4,r=0.0,x=-2.54,y=-2],-5.0$$

图 12-1　高速公路防护网平面图符号

2. 创建专业剖面线图案库

　　选择 Hatch PatternPalette 对话框，可以显示出 acad. pat 文件中已定义的所有剖面线名称，用户可以将自己的剖面线图案添加到 acad. pat 文件中，也可以创建自己的 . pat 文件。与线型定义相似，剖面线定义格式如下：

　　*图案名 ，说明部分

　　角度，原点 x，原点 y，x 增量，y 增量，[，笔画 1，笔画 2，…]

　　下面是剖面线定义的要点：

1）图案名称不能有空格，说明部分为可选。

2）定义行可以是多行。

3）每个定义行不超过 80 个字符，最多有 6 个破折线说明（包括空格和点）。

4）角度：定义剖面线填充中线的角度。

5）原点 x：指定剖面线填充点的 x 坐标。

6）原点 y：指定剖面线填充点的 y 坐标。

7）x 增量：指定后续线在 x 方向上的偏移量，仅用于破折线。

8）y 增量：指定线间距，既可以用于破折线，也可以用于连续线。

【例 12-1】　定义如图 12-2 所示的剖面线，定义语句如下：

$$*L45,45\ degree\ lines$$

$$45,0,0,0,0.5$$

　　其中定义了角度为 45°、原点为（0，0）、而线间空距则简单地用增量（0，0.5）来表示，笔画部分是任选的，它可以是实线，也可以是点画线等。

【例 12-2】　绘制如图 12-3 所示一个点画线和实线相间的剖面图案，定义语句如下：

$$*ANSI35, ANSI\ Fire\ brick, Refractory\ material$$

$$45,0,0,0,.25$$

$$45,.176776695,0,0,.25,.3125,-.0625,0,-.0625$$

　　用户可以修改 acad. pat 文件中的语句来定义自己的剖面线，一种较简单的方法是将几种图案合成一个图案，如将 L45 剖面线和 AR-CONC 剖面线图案组合成钢筋混凝土 AR-RCONC 图案，如图 12-4 所示，合并时需要将 L45 的增量作适当的调整。

图 12-2　L45 剖面线　　　　　图 12-3　ANSI35 剖面线　　　　　图 12-4　AR-RCONC 剖面线

3. 创建专业符号库和图形库

（1）专业符号库和图形库的创建方法　对于工程设计图纸中经常出现的一些固定符号，如表示标高的符号、公里桩符号、钢筋符号等，将其预先制作成图块，保存在专业符号库中，可以在绘图中即时插入，明显提高绘图效率。从使用角度来看，适合于制作专业符号库的图形，应具有使用频率较高，图形固定，图案简单等特点。在插入专业符号时，有两种情况：一种是只有图形而没有属性，另一种除了图形外，还有属性，对后者可以制作带属性的图块。制作专业符号除了用图块的方法外，还可以用 Auto LISP 或 VBA 语言编程的方法进行，编程的方法主要适用于有多属性的图形。

与专业符号类似，专业图形也要求是使用频率较高的图形，所不同的是专业图形的尺寸和形状可以随参数的变化而变化，专业图形实际上是参数化图形，如各种钢筋图、挡土墙剖面图、涵洞洞口建筑图等是比较适合于制作成专业图形库的。专业图形的宏命令一般用 Auto LISP、VBA 或其他高级语言完成，本章第三节中介绍的 VBA 编程可用于开发专业图形的宏命令。

为便于使用这些专业符号和图形，应该把它们集成在相应的符号库和图形库中，创建符号库和图形库可按下面两步进行：

1）用定义图块或编程的方法制作专业符号和图形，符号和图形的尺寸及比例要符合桥梁专业绘图的规定。

2）运用 Mslide 命令将这些专业符号和图形制作成幻灯片（ * . sld），并按类型组成幻灯片库，保存为幻灯片库文件（ * . slb），以便菜单或对话框的调用。幻灯片的制作方法可参见有关 Au-toCAD 二次开发的书籍。

（2）专业符号和图形的调用　一般采用可视化方法来调用专业符号和图形，一种方法是将幻灯片制作成图标菜单，还可以将幻灯片在对话框中以图片形式显示，供用户在菜单或对话框中调用。图 12-5 所示是调用的"钢筋图"图标菜单。

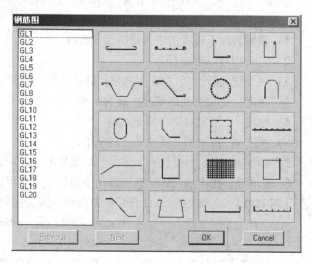

图 12-5　　"钢筋图"图标菜单

12.2.3　定制专业菜单

AutoCAD 系统中的各类菜单是实现人机交互的常用工具，它包括下拉菜单、光标菜单、屏幕菜单、快捷菜单、工具条及按钮等。这些菜单内容主要适用于通用图形的要求，而不能满足专业 CAD 系统的需求。AutoCAD 系统提供的菜单开放机制，使用户可以根据工程 CAD 的需要设计自己的菜单文件。设计专业菜单的方法有多种，通常以 AutoCAD 的标准菜单文件为基础，经过适当修改，即能定制出满足专业需求的菜单。下面主要介绍以 AutoCAD 的标准菜单文件为基础，定制桥梁专业下拉菜单的方法。

1. AutoCAD 的标准菜单文件

早期版本的 AutoCAD 系统只有 acad. mnu 菜单文件，AutoCAD 2000 以后版本的菜单系统由多个菜单文件组成，如 acad. mnu、acad. mns、acad. mnr、acad. mnl、acad. mnc 等。各菜单文件的类

型、功能及作用是不同的，其中 acad. mnu、acad. mns、acad. mnl 是 ASCII 类型文件，所以用户可以通过文本编辑器对其进行修改、编辑成专业菜单文件，加载该菜单文件后便可获得理想的专业菜单。acad. mnu 是一个模板菜单文件，当加载该菜单文件时，系统检测到菜单若有更改，则自动生成一个新的 acad. mns、acad. mnr 文件。acad. mns 是一个源菜单文件，由 acad. mnu 生成，用户可以编辑此文件，并保持修改内容。acad. mnr 文件是经过编译后的二进制文件，系统实际执行该文件，以便提高访问速度。

2. AutoCAD 的菜单结构

AutoCAD 的标准菜单由下面 8 种菜单项组成，它们分别是：

1）（BUTTONS1-4）按钮菜单。主要控制计算机系统中的定标设备，如果计算机中没有系统鼠标器，那么用户所用的定标设备鼠标器或数字化仪将使用按钮菜单。

2）（AUX1-4）辅助菜单。当计算机中有系统鼠标器，那么系统鼠标器使用辅助菜单，其他各种定标设备均使用按钮菜单。

3）POP*n* 下拉菜单。位于操作界面顶部，具有操作简单，使用方便等特点，在所有菜单中使用率最高，也是定制菜单的主要内容。AutoCAD 2004 的标准下拉菜单从 POP1 ~ POP11 共 11 项，用户可以修改其中任何一项，也可以增加新的子项。

4）TOOLBARS 工具条。AutoCAD 系统中存在大量的工具条，用户可以通过修改工具条菜单来定制新的工具条。

5）IMAGE 图标菜单。具有图像的菜单框，一般都包含在下拉菜单的子菜单中。

6）SCREEN 屏幕菜单。该菜单是 DOS 系统 AutoCAD 的主要菜单形式，位于屏幕的右侧，其功能与下拉菜单相似，现在已很少使用。

7）TABLET 图形输入板菜单。用于定制数字化仪的菜单。

8）ACCELERATORS 加速键。创建 AutoCAD 操作的键盘快捷方式。

上述菜单项由 acad. mnu 菜单文件按规定格式和顺序表述在文件中，每一个菜单项均以"＊＊＊"开始，如"＊＊＊BUTTONS1"表示按钮菜单 1，"＊＊＊POP3"表示下拉菜单 3，菜单项下面含有的子菜单用"＊＊"表示。在大多数的情况下，用户只对其中的几种菜单项进行修改，如下拉菜单、工具条、图标菜单等。

3. 定制专业下拉（快捷）菜单

（1）下拉（快捷）菜单的语法　下拉（快捷）菜单用"＊＊＊POP*n*"表示，其中 POP1 ~ POP11 表示下拉菜单，POP0 及 POP500 ~ POP999 表示快捷菜单。为便于说明问题，下面以 Auto-CAD 标准菜单文件 acad. mnu 中的 POP2 菜单项为例来说明下拉菜单的语句构成和特殊字符用法。

```
＊＊＊POP2
＊＊EDIT
ID_ MnEdit      [&Edit]
ID_ U           [&Undo \ tCtrl + Z] _ u
ID_ Redo        [&Redo \ tCtrl + Y] ^C^C_ redo
          [--]
ID_ Cutclip     [Cu&t \ tCtrl + X] ^C^C_ cutclip
ID_ Copyclip    [&Copy \ tCtrl + C] ^C^C_ copyclip
ID_ Copybase    [Copy with &Base Point] ^C^C_ copybase
ID_ Copylink    [Copy &Link] ^C^C_ copylink
ID_ Pasteclip   [&Paste \ tCtrl + V] ^C^C_ pasteclip
```

ID_ Pastebloc 　　　〔Paste as Bloc&k〕^C^C_ pasteblock

ID_ Pastehlnk 　　　〔Paste as &Hyperlink〕^C^C_ pasteashyperlink

ID_ Pasteorig 　　　〔Paste to Original Coor&dinates〕^C^C_ pasteorig

ID_ Pastesp 　　　　〔Paste &Special...〕^C^C_ pastespec
　　　　　　　〔--〕

ID_ Erase 　　　　〔Cle&ar \ tDel〕^C^C_ erase

ID_ SelAll 　　　　〔Se&lect All \ tCtrl + A〕^C^C_ ai_ selall
　　　　　　　〔--〕

ID_ Links 　　　　〔&OLE Links...〕^C^C_ olelinks
　　　　　　　〔--〕

ID_ TextFind 　　　〔&Find...〕^C^C_ find

语句的各部分构成解释如下：

1）语句开头是名称标志，如"ID_ MnEdit"，它的作用是将菜单项和工具条按钮与它们的状态行帮助相联系，名称标志仅用于下拉菜单和工具条，也可以省略。

2）中间〔 〕内的内容为标号，是菜单上实际看到的部分。"&"符号后面的一个字母带下画线显示，即菜单关键字，用户输入该字母就可执行该菜单；标号中的"…"指打开对话框。

3）〔 〕后面的表达式称为菜单宏，是菜单的核心。^C^C 表示连续按两次 < Esc > 键，结束其他任何可能执行中的命令。菜单宏可以是一个 Auto CAD 命令、宏命令、Auto Lisp、或者是 ActiveX 程序代码。

4）〔--〕表示菜单分组线，- > 表示含有子菜单，< -表示最后一个子菜单。

AutoCAD 下拉（快捷）菜单中的常用特殊字符及其作用见表 12-1。

表 12-1　下拉（快捷）菜单中的特殊字符

字符	作 用 说 明
&	在它后面的字母下设下画线,用户输入该字母可快捷执行该菜单
--	在各下拉菜单(快捷)项之间设分组线
+	菜单宏的续行符
- >	说明下拉菜单(快捷)项有子菜单
< -	说明该下拉菜单(快捷)项是最后一个子菜单
< -- < -	说明该菜下拉菜单(快捷)是最后一个子菜单,并且终止父菜单
$	用于让下拉菜单(快捷)项标记计算一个 DIESEL 字串宏
~	用于变暗一个菜单项
! C	该标记前缀用于在下拉菜单(快捷)上用非字母数字的特殊字符。C 标记一个菜单项
\C	指定菜单快捷键
^name^	在下拉菜单(快捷)中为该菜单标记显示 Name 图标

（2）分级子菜单　下拉（快捷）菜单使用一些特殊字符，例如"- >"、"< -"、"< - < -"来控制分级菜单。这些特殊字符用于指出子菜单以及子菜单中的最后一个子菜单，还可以用于终止所有父菜单。所有的控制字符使用时都应该作为一个菜单项标记的首字符。下面是一个含有子菜单项的菜单样例。

＊＊＊POP4

＊＊INSERT

ID_ MnInsert　　　［&Insert］

ID_ Ddinsert　　　［&Block. . . ］ ^C^C_ insert

ID_ Xattach　　　［E&xternal Reference. . . ］ ^C^C_ xattach

ID_ Imageatta　　［Raster &Image. . . ］ ^C^C_ imageattach

　　　　　　　　［--］

ID_ MnLayout　　［- > &Layout］

ID_ NewLayout　　［&New Layout］ ^C^C_ layout _ new

ID_ TmplLayou　　［Layout from &Template. . . ］ ^C^C_ layout _ template

ID_ LayoutWiz　　［ < -Layout &Wizard］ ^C^C_ layoutwizard

　　　　　　　　［--］

ID_ 3dsin　　　　［&3D Studio. . . ］ ^C^C_ 3dsin

ID_ Acisin　　　　［&ACIS File. . . ］ ^C^C_ acisin

ID_ Dxbin　　　　［Drawing &Exchange Binary. . . ］ ^C^C_ dxbin

ID_ Wmfin　　　　［&Windows Metafile. . . ］ ^C^C_ wmfin

ID_ Insertobj　　　［&OLE Object. . . ］ ^C^C_ insertobj

ID_ MARKUP　　　［Mark&up. . . ］ ^C^C_ rmlin

（3）菜单项的显示控制和调用　如果一个菜单项标记用波浪线（ ~ ）开始，它将变暗显示。一般而言，变暗显示表明该菜单当前被禁用，这种情况下菜单项标记中一般含有 DIESEL 字串表达式，用于在每次显示标记时对其是否有效作条件判断。例如：下面这个菜单项标记中的 DIESEL 字串表达式在一个命令被激活时使该标记失效

　　　　　　　　［ $ （if, $ （getvar,cmdactive）, ~ ）Move］move

用户可以通过使用 $ Pn. i = xxx 来激活或撤销一个子菜单项。其中：" $ "是用于通知 AutoCAD 加载一个菜单区的特殊字符；"Pn"用于指定 POPn 菜单区；"i"用于指定菜单项的编号；"xxx"如果存在的话，这是一个包含暗显字符标记的字串。

" $ P2.3 = ~ "表示暗显 POP2 菜单项的第 3 个子菜单，" $ P4.5 = "则使 POP4 菜单项的第 5 个子菜单取消暗显或去掉标记。

（4）定制专业菜单示例　下面是一个桥梁绘图的下拉菜单示例，菜单宏可通过自动加载方法在 AutoCAD 启动时加载，也可以用 AutoCAD 的 Load 命令加载。首先用写字板打开 AutoCAD 2004 中的"acad. mnu"菜单文件，将下面的控制字符添加至 * * * POP11 菜单项后面；然后另存为"QLhuitu. mnu"菜单文件；最后启动 AutoCAD 后，输入"menu"命令，在弹出的"Select Menu File"对话框中选择"QLhuitu. mnu"菜单文件，系统会自动加载该菜单文件，加载后的新菜单如图 12-6 所示。

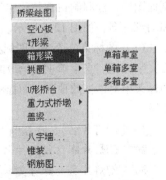

图 12-6　桥梁绘图下拉菜

* * * POP12

* * 桥梁绘图

［桥梁绘图］

［- > 空心板］

　［单箱形］ ^C^C_ Danxiang

　［双腰形］ ^C^C_ Shuangyao

　［ < -双圆形］ ^C^C_ Shuangyuan

[->T 形梁]

　　[普通形] ^C^C_ Tiliang

　　[<-下马蹄] ^C^C_ Mtiliang

[->箱形梁]

　　[单箱单室] ^C^C_ DanxiangDanshi

　　[单箱多室] ^C^C_ DanxiangDuoshi

　　[<-多箱多室] ^C^C_ DuoxiangDuoshi

[->拱圈]

　　[圆弧拱] ^C^C_ Yuanhugong

　　[<-悬链线拱] ^C^C_ Xuanlianxian

　　　　　　　　[--]

[->U 形桥台]

　　[梁桥 U 台] ^C^C_ LqUtai

　　[<-拱桥 U 台] ^C^C_ GqUtai

[->重力式桥墩]

　　[梁桥桥墩] ^C^C_ LqZhonglidun

　　[<-拱桥桥墩] ^C^C_ GqZhonglidun

[盖梁...] ^C^C_ Gailiang

　　　　　　[--]

[八字墙...] ^C^C_ Baziqiang

[锥坡...] ^C^C_ Zhuipo

[钢筋图...] ^C^C_ $i = image_ Gangjin $i = *

最后一行中，菜单宏 $i = image_ Gangjin 是加载图标菜单，$i = * 是显示该图标菜单。

4. 定制专业图标菜单

　　图标菜单是一组具有图形显示功能的菜单，可以先从下拉菜单、数字化仪菜单、按钮菜单、屏幕菜单和专业软件来激活图标菜单，再通过图标菜单来访问专业图形库，如钢筋图库、挡土墙剖面图库、涵洞洞口建筑图库等。AutoCAD 的图标菜单以 20 张幻灯片为一组，同步显示幻灯片和幻灯片名，如图 12-5 所示。

　　（1）图标菜单语法　图标菜单用"＊＊＊image"来定义。每个菜单项后面都接有一个菜单宏文字标记，当菜单项被拾取时就会执行菜单宏。子菜单的第一行是它的标题，该标题会显示在图标菜单对话框的顶部。图标菜单标号包括幻灯片库、幻灯片名和标号文本三项，可采用的格式如下：

　　1）[幻灯片名]，在左侧列表框内显示幻灯片名，右侧图标区内显示幻灯片。

　　2）[幻灯片库（幻灯片名）]，与 1）相同，但要指明包含幻灯片的幻灯片库。

　　3）[幻灯片名，标号文本]，在左侧列表框内显示标号文本，右侧图标区内显示幻灯片。

　　4）[幻灯片库（幻灯片名，标号文本）]，在左侧列表框内显示标号文本，右侧图标区内显示指定幻灯片库中的幻灯片。

　　（2）显示图标菜单　在 AutoCAD 中用菜单命令"$i = *"来显示图标菜单并允许用户从该菜单中选取菜单项，该命令可置于任何菜单区中，但不能从键盘输入加载。

　　（3）图标菜单示例　下面是下拉菜单"桥梁绘图"中图标菜单"钢筋图"的菜单项，幻灯片库为 Gangjin，语句中菜单宏用 Auto LISP 编写，显示的图标菜单如图 12-5 所示。

＊＊image_ gangjin

［钢筋图］

［gangjin（ALA, GL1）］^C^C_ ala

［gangjin（ALADOT, GL2）］^C^C_ aladot

［gangjin（ALPLA, GL3）］^C^C_ alpla

［gangjin（ALUA, GL4）］^C^C_ alua

［gangjin（ALXUA, GL5）］^C^C_ alxua

［gangjin（ALZA, GL6）］^C^C_ alza

［gangjin（GZH, GL7）］^C^C_ gzh

［gangjin（LAL, GL8）］^C^C_ lal

［gangjin（LALA, GL9）］^C^C_ lala

［gangjin（LC, GL10）］^C^C_ lc

［gangjin（LDDOT, GL11）］^C^C_ lddot

［gangjin（LDOT, GL12）］^C^C_ ldot

［gangjin（LHl, GL13）］^C^C_ lhl

［gangjin（LU, GL14）］^C^C_ lu

［gangjin（WG, GL15）］^C^C_ wg

［gangjin（XLD, GL16）］^C^C_ xld

［gangjin（ZL45Z, GL17）］^C^C_ zl45z

［gangjin（ZLXUZ, GL18）］^C^C_ zlxuz

［gangjin（ZlZ, GL19）］^C^C_ zlz

［gangjin（ZLZDOT, GL20）］^C^C_ zlzdot

12. 2. 4　设计专业宏命令

宏命令是一系列 AutoCAD 命令的集合，类似于批处理文件，按照一定的顺序执行其中的命令，完成特定的功能任务。当宏命令直接被菜单项调用时即为菜单宏，菜单宏是选取菜单项时执行的一系列操作指令。宏命令还可以扩展名为 ".src" 的文件形式保存起来，用于多种场合的执行操作。

菜单宏以序列命令形式执行特定的菜单功能，它可以是 AutoCAD 命令、Auto LISP、DIESEL、ActiveX 程序代码等。本书只介绍 AutoCAD 命令格式的菜单宏设计方法，其他格式的宏菜单、.src 格式的宏文件可阅读有关 AutoCAD 二次开发的专门书籍。

（1）菜单宏终止　每当一个菜单项被选择时，AutoCAD 会自动地在它后面放置一个空格。如果菜单项是：Line AutoCAD 就会像用户输入 Line 及空格键那样执行，但有些命令必须用〈Enter〉键终止，而不能用空格键结束，例如 "Text" 或 "Dim" 命令。此外，有时还需要用多个空格或 < Enter > 键来完成一个命令，而某些文字编辑程序却不允许用户以空格作为尾结束符。因此 AutoCAD 提供了两个特殊约定来处理这些问题：

1）当菜单中出现分号 "；" 时，AutoCAD 会替换为〈Enter〉键。

2）如果一行用控制字符结束，例如采用反斜杠 "＼"，加号 "＋"，或分号 "；" 结束时，AutoCAD 不会在该行后加空格。

（2）宏命令专用符号　菜单宏中使用的各种专用符号执行不同的操作，表 12-2 列出了菜单宏中的专用符号和功能说明。

表 12-2　菜单宏中的专用符号

符号	功能说明
\	暂停系统执行,等待用户一次输入
_	相当于输入空格键
;	相当于输入按〈Enter〉键
[ ]	菜单标题
*	宏命令自动重复命令符号
+	宏命令中续行符号
@	表示最后定义点的坐标,相当于 AutoCAD 中相对坐标
!	后跟变量名,表示变量值
^A	宏命令中阻止行尾加空格
^B	宏命令中 SNAP 捕捉状态开关
^C	取消运行中的命令,相当于按〈Esc〉键
^D	宏命令中 COORDS 光标坐标跟踪显示开关
^E	宏命令中 ISOPLANE 轴测平面状态显示开关
^G	宏命令中 GRID 栅格点显示开关
^H	相当于键盘中的退格键
^M	相当于输入按 < Enter > 键
^O	切换 ORTHO 正交开关状态
^P	切换系统变量 MENUECHO 的开关状态
^T	切换图形输入板的开关状态

（3）菜单宏示例　AutoCAD 命令格式的菜单宏,其执行顺序完全与在 AutoCAD 中执行过程相同。因此,菜单宏可看成是一组由 AutoCAD 命令、参数和宏专用符号,严格按操作顺序组合的行命令。下面通过两个示例来说明菜单宏的编写方法和要求。

1) 插入一个名为"Biaogao"的图块,然后等待用户输入标高值。该图块带一个标高属性,先用"Block"命令制作好保存起来。

根据宏命令的格式要求,执行上面操作过程的菜单宏如下:

　　　　　　　　　　^C^C^_ -insert;biaogao;\ ;;;\

其中:"-insert"是命令行的 Insert 命令,不会弹出 Insert 对话框,";"相当于按 < Enter > 键,第一个"\"等待用户拾取图块插入点,连续三个";"表示 3 次采用默认值,最后一个"\"等待用户输入标高值。执行后的图形如图 12-7 所示。

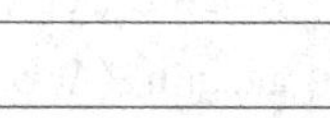

图 12-7　标高符号

2) 绘制公里桩符号。在指定位置绘制一个公里桩符号,然后添加里程。执行该操作过程的菜单宏如下:

^C^C^_ line;\ @0,20;;Circle;@0,-5;5;-bhatch;properties;solid;@1,0;;text;bc;@ -1,5;5;0;\ ;;;

其中:首先用 Line 命令绘制长度为 20 的直线;接着用 Circle 命令绘制半径为 5 的圆;然后启动-bhatch 命令,选择 solid 图案对右半圆进行填充;最后用 Text 命令标注里程,等待用户输入里程数。执行后的图形如图 12-8 所示。

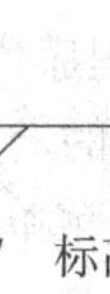

图 12-8　公里桩符号

12.3　参数化设计

参数化设计是当今 CAD 研究领域的热点之一，它克服了传统设计中因出现大量重复设计而降低设计效率的缺陷，是一种高效的设计方法。本节将介绍参数化设计的概念、参数化设计方法和创建参数化模型。

12.3.1　参数化设计的基本概念

在第 6 章第 2 节的尺寸标注中，介绍了尺寸标注关联性的概念，具有关联性的尺寸标注可以由图形参数来驱动。尺寸标注关联性注重的是辅助绘图，当修改了图元的几何尺寸（如改变圆半径、线段长度）后，对应的尺寸标注也将随之自动改变，而不需重新标注。从图元几何尺寸与尺寸标注的主被动关系上看，参数化设计正好与尺寸标注关联性相反，它是由尺寸标注约束参数来驱动图元几何尺寸。参数化设计的主要成果是参数化模型，参数化模型的图元几何尺寸是由对应的尺寸标注来驱动的，通过调整尺寸标注参数来修改和控制图元对象的几何形状和尺寸，自动实现几何实体的精确造型。

一般来说，参数化模型应具有如下性质：

1）模型中的图元对象本身或之间包含了几何关系和拓扑关系。

2）图元对象可以由尺寸标注约束参数驱动。

3）图元对象参数序列与尺寸标注约束参数序列数据结构具有对应关系。

参数化设计的内容包括创建参数化模型和运行参数化模型进行系列产品设计。与传统设计方法之间的最大的区别是，参数化设计注重的是设计过程而不是产品。参数化设计的主要成果是产品的孵化器即参数化模型；参数化模型存储了设计的整个过程；驱动参数化模型的约束参数可以设计出一系列产品。在参数化设计中设计人员不需考虑产品细节，在草图的基础上创建参数化模型，并通过变化模型的约束参数来设计一系列产品，而不必进行产品设计的全过程，这样大大提高了产品设计效率和设计质量。目前参数化设计已成为进行初步设计和方案比选的有效手段之一。

12.3.2　参数化设计方法

参数化设计方法是基于对指定图元建立参数驱动机制和对图元对象本身或对象之间建立的各种约束机制的一种参数化图形方法。参数驱动机制是通过对图元数据定义和操作，来改变图元对象的几何形状和尺寸的一种参数驱动方法，它是参数化设计方法中的发动机。各种约束机制则是在参数驱动中使图形的几何关系和拓扑关系保持不变的协调和保障机制。

1. 图元数据的定义

当在图形空间（二维或三维）存在一个图形时，图形中各个图元（如点、直线、圆、字符等）的数据将全部映射到图形数据库中。用数据来表示图元时既要表示图元的属性（如类型、颜色、线型、线宽、所在的图层名等），还要表示图元的几何特征（如对直线有起点坐标、终点坐标，对圆有圆心坐标、半径等）。在数据库中定义图元数据的基本单元是组码和组值，组码表示图元的属性或特征，组值则表示图元的域值。图 12-9a 所示的圆对应的数据为：

（0 Circle）"图元类型"；

（8 tc1）"图层名"；

（6 Continuous）"线型名"；

（10 70）"圆心 x 坐标"；

（20 80）"圆心 y 坐标"；

（30 0.0）"圆心 z 坐标"；

（40 50）"圆半径"。

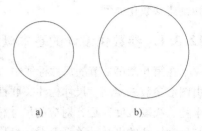

上面数据行中的第一个数字表示"Entities"段中的组码，组码后面的数字或字符是组值，引号包含的内容不存在。如数据（40 50），"40"代表半径，"50"是值。如果将数据改成（40 75），则图中的圆半径变成 75，如图 12-9b 所示。屏幕上的图形是数据库中数据的表象反映，数据则是图形在数据库中的映征，图形与数据是一一对应的相互依存关系。在参数化设计时一般不需对图元作增减操作，也不改变图元的属性，因此完全可以通过修改数据库中图元的几何特征数据来实现参数化设计的目的。

图 12-9　半径数据修改前后的圆

2. 尺寸标注约束和标注约束类型

（1）尺寸标注约束　在参数化设计时，用户是无法直接修改数据库中图元数据的，因此需要建立一个参数驱动机制，使用户能够通过变化外部参数来修改图元数据。该机制是通过尺寸标注约束来实现的。

【例 12-3】　如图 12-10a 所示的直线段 l，试建立一个线性尺寸标注约束来修改其长度。

【解】　把尺寸线当做一个向量 e，其方向为 0°（与 X 轴正向的夹角），起点 A 的坐标为（0，0）、终点 B 的坐标为（4，0），把向量的终点称为驱动点。如果某个图元数据与驱动点坐标有关联，那么驱动点坐标的变化将会引起与该图元数据对应的点的变动，该点称为被动点。尺寸标注文字为 $a=4$，其中 a 为向量 e 的参数，4 为参数的现值。变化参数 a 可以改变向量终点 B 的坐标，直线段 l 的一个端点 C（与 B 点重合）的坐标由驱动点 B 来标志，C 点就是一个被动点。当给参数 a 赋一个新值，系统会根据该向量自动计算出一个新的终点坐标，并以此来修改数据库中被动点的图元数据。这样就建立了尺寸标注线与图元数据的对应机制，通过变化尺寸标注参数来修改图元数据，把这种能控制图元数据的尺寸标注称为尺寸标注约束。若给参数 a 赋值 6，可算出向量新的终点坐标（6，0），将它替代数据库中驱动点和被动点的坐标，尺寸线 e 和直线段 l 都将发生变化，如图 12-10b 所示。

（2）尺寸标注约束类型　尺寸标注约束既可以控制二维图元对象或对象上点之间的距离，也可以控制两个二维图元对象之间的夹角。对不同的图元对象，其标注约束控制形式也不一样。通常把尺寸标注约束分为水平标注约束、竖直标注约束、对齐标注约束、角度标注约束、半径标注约束、直径标注约束等 6 种形式。

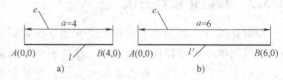

图 12-10　几何数据的修改

1）水平标注约束。通过选择一个对象上或不同对象上的两个特征点，标注水平尺寸，输入约束值或表达式。

2）竖直标注约束。通过选择一个对象上或不同对象上的两个特征点，标注竖直尺寸，输入约束值或表达式。

3）对齐标注约束。通过选择一个对象上或不同对象上的两个特征点，标注对齐尺寸，输入约束值或表达式。

4）角度标注约束。通过选择两条直线或一个圆弧，标注角度尺寸，输入约束值或表达式。

5）半径标注约束。通过选择圆弧或圆，标注半径尺寸，输入约束值或表达式。

6）直径标注约束。通过选择圆弧或圆，标注直径尺寸，输入约束值或表达式。

3. 图元对象的几何约束

对二维空间的一个图元对象而言有多个自由度，如一个点有两个自由度，一条直线段有 4 个自由度。通过尺寸标注约束可以对图元对象的几何数据进行参数化修改，但通常一个标注约束参数只对应一个几何数据，因此仅用尺寸标注约束来控制一个图元对象的大小和位置是不够的，还需要对图元对象本身建立一个能限制其自由度的约束机制，把这种机制称为几何约束。如果用几何约束方法限制直线段的其中几个自由度，用标注约束参数控制剩下的自由度，就可以容易地实现对线段的平移、旋转、伸缩等变化。图元对象的几何约束通常可分为固定约束、水平约束和竖直约束 3 种类型。

1）固定约束。将图元对象的某点锁定在固定的位置上，如将圆心位置固定，但可以改变圆的半径大小。将直线的一个端点固定，其长度和方向可以变化。

2）水平约束。将线段置于水平状态，其长度和位置可以变化。

3）竖直约束。将线段置于竖直状态，其长度和位置可以变化。

对一个图元对象可以选择一种或两种约束来控制其状态和位置，但不能同时选择相互排斥的水平约束和竖直约束类型。如图 12-10 所示的直线段 l，对起点添加一个固定约束，对直线添加一个水平约束，这样直线段就只有一个终点水平位移的自由度，如果添加一个水平尺寸约束来控制终点位置，就可以实现直线段在水平方向上的长度变化，并保证起点位置不变。

4. 图形拓扑约束

图形拓扑关系是指图形中各图元对象之间具有确定的连接、位置和方向上的对应关系。参数化设计通常针对的不是一个单独的图元，而是一个包含多个图元对象的图形。如果图形中各图元对象之间没有任何关联，当驱动某个图元对象的尺寸约束参数时，图形中原有的拓扑关系可能会遭到破坏，这显然不能体现参数化设计思想。为保证图形拓扑关系在驱动尺寸约束参数时始终不变，就需要对各图元拓扑关系建立相应的约束机制，把这种约束机制称为图形拓扑约束。拓扑约束通常可分为下面 9 种类型：

1）垂直约束。保持两条线段相互垂直的状态。

2）平行约束。保持两条线段相互平行的状态。

3）相等约束。保持两条线段长度相等；或两个圆、圆弧的半径相等；或两个椭圆的轴长相等。

4）相切约束。保持两个圆、圆弧、椭圆、线段相切状态。

5）重合约束。保持两个对象的特征点（如端点、中点、圆心）重合。

6）同心约束。保持两个圆或圆弧的圆心相同。

7）共线约束。保持两条线段在同一方向线上。

8）对称约束。保持两个对象和一条直线为对称状态，如将两个圆设为与直线的对称约束。

9）平滑约束。保持两条样条曲线以光滑形式连接起来。

如图 12-11a 中，$AB \perp CD$，B 点与 C 点重合，参数 $s=4$，若无拓扑约束，参数 $s=6$ 时，B 点向右移动，直线 CD 没有变动，原有的 B 点与 C 点重合关系破坏了，如图 12-11b 所示。如果对 B 点与 C 点添加一个重合约束，当参数 $s=6$ 时，B 点与 C 点都向右移动，但 D 点还在原位，如图 12-11c 所示，原有的 $AB \perp CD$ 关系破坏了。如果对直线 AB 和直线 CD 添加一个垂直约束，当参数 $s=6$ 时，直线 CD 也随 B 点向右移动了两个单位，仍然保持了原有的所有拓扑关系，如图 12-11d 所示。

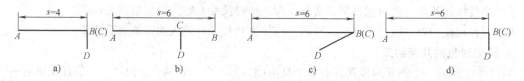

图 12-11　图形拓扑约束

在图 12-11 中，被动点 B 由参数 s 驱动，C 点、D 点与 B 点由于存在拓扑约束，随 B 点联动，称为从动点。

5. 相关参数约束

在参数化设计中，因设计需要有时要对图元参数间进行量值约束。如图 12-12a 所示，参数 $r_1 = 10$，$r_2 = 14$ 控制内外圆的半径。当 $r_1 = 16$ 时，虽然两圆还是同心，但内外圆的关系破坏了，如图 12-12b 所示。为了保证内外圆的关系始终不变，就需要用一个量值关系来约束 r_1、r_2，如 $r_2 = r_1 + 4$。把控制参数间量值关系的约束称为相关参数约束，用户能直接驱动的尺寸约束参数称为主参数，由主参数确定的参数称为次参数，表示参数间量值关系的表达式称为约束表达式。具体实现是将约束表达式替代原来的参数 r_2，当 r_1 变成 16 时，由约束表达式计算出 $r_2 = 20$，再驱动 r_2 对应的半径尺寸，完成图形更新，如图 12-12c 所示。

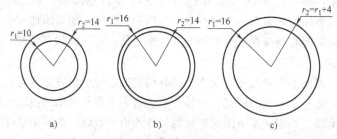

图 12-12　相关参数约束

r_1 是主参数，r_1 对应的标注约束为主约束，r_2 为次参数，r_2 对应的标注约束为次约束。在相关参数约束中，并不要求主次约束对应的图元之间在几何位置上有直接关联，它们之间是通过约束表达式来联系的。一个主约束可以控制多个次约束。一个次约束也可以受多个主约束共同控制，如 $r_2 = r_1 + r_3 + 5$；但不能受多个主约束单独控制，否则会出错，如 $r_2 = r_1 + 5$，$r_2 = r_3$。相关参数约束可以嵌套，次约束也可以控制其他约束，如 $r_2 = r_1 + 5$，$r_3 = 2 \times r_2$。相关参数约束不能循环，如 $r_2 = r_1 + 5$，$r_3 = 2 \times r_2$，$r_1 = r_3 - 2$。

12.3.3　创建参数化模型

参数化模型是参数化设计产品的孵化器，创建参数化模型是参数化设计的主要内容。创建参数化模型可分为绘制草图、确定主参数、次参数和建立标注约束、建立几何约束和拓扑约束、参数化模型测试等 4 项内容。

（1）绘制草图　根据设计意图在绘图环境中快速绘制出模型草图。一般不需考虑草图的细节，仅画出模型所需的图线和图线间的简单连接关系，而对模型的几何尺寸和位置不作严格限制。

（2）确定主、次参数和建立标注约束　主参数是参数化模型的源动力，它是用户能直接控制的参数，为便于操作，在一个参数化模型中其数量一般不易过多。通常主参数用于控制主要图元的尺寸，如线段长度、圆半径、角度等，也可以用于控制两个图元之间的相对位置和距离。确定了主参数后，就可以选择与主参数有关联的次参数。确定次参数时首先要分析与主参数之间的量值关系，即次参数用一个约束表达式来表示。

（3）建立几何约束和拓扑约束　主次参数确定后就可以对图形进行自由度分析，建立几何约束和拓扑约束。通常从分析某个主约束图元的自由度开始，使该图元的自由度数量 = 标注约束度数量 + 几何约束度数量。如主约束图元是一个直线段，它的自由度为4，已经添加了一个水平标注约束，约束度为1，应添加的几何约束度数量为3；可以添加一个固定约束，约束度为2，再添加一个水平约束，约束度为1。然后再对与主约束图元直接相连的其他图元进行分析，使该图元的自由度数量 = 标注约束度数量 + 几何约束度数量 + 拓扑约束度数量。按此方法依次对下一个关联图元进行分析，直至分析完所有图元。

（4）参数化模型测试　对创建的参数化模型必须进行测试才能发现模型中存在的问题，修正其不足，保证模型的正确运行。通常先选择一个主参数进行测试，给主参数赋几个不同的新值，观察模型在各新值下的运行结果是否符合设计意图，包括与该主参数相关的次参数的变化、几何约束关系和拓扑约束关系。如果对第一个主参数测试正常的话，就可以依次对其他主参数进行测试，直至所有主参数测试都无任何问题。

12.3.4　参数化设计示例

试应用 AutoCAD 2010 建立一个三路平面交叉模型，要求：道路交叉角度、道路宽度、连接半径可以变化；模型能直接显示结果。

（1）AutoCAD 2010 参数化设计面板简介　AutoCAD 2010 具有参数化设计的功能，提供了许多尺寸标注约束、几何约束和拓扑约束的实用工具。单击"参数化"，弹出参数化设计面板，如图 12-13 所示。该面板分为几何约束、标注约束和约束管理 3 个工具面板。

图 12-13　参数化设计面板

几何约束面板中有 12 个约束按钮，分别可以进行重合、共线、同心、固定、平行、垂直、水平、竖直、相切、平滑、对称和相等约束设置，此外还有 3 个用于显示和隐藏约束标志的按钮。标注约束面板中有"线性""对齐""半径""直径""角度"等 5 个尺寸标注约束按钮。管理面板中的"删除约束"按钮用于删除不需要的标注约束，参数管理器按钮可用于对已经设置的约束参数进行修改。

（2）绘制模型草图　在 AutoCAD 2010 图形窗口绘制八字翼墙三视图（不需标注），如 12-14 所示。

（3）确定主次参数和建立标注约束

1）确定主次参数：翼墙高度 d_1，翼墙端

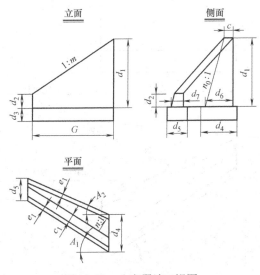

图 12-14　八字翼墙三视图

部高度 d_2，扩散角 A_1，基础厚度 d_3，基础襟边 e_1。确定次参数：翼墙长度 G，翼墙端部基础宽 d_4，翼墙根部基础宽 d_5，翼墙顶宽 c，翼墙根部截面底宽 d_6，翼墙端部截面底宽 d_7。根据翼墙结构设路基边坡为 $m=1:1.5$，翼墙顶垂直宽为 $c_0=40\mathrm{cm}$，翼墙背坡（垂直方向）$n=4:1$。

2）建立标注约束：先建立与主参数对应的标注约束，单击标注约束面板中的竖直按钮建立竖直标注约束 d_1、d_2、d_3；单击"角度"按钮，建立角度约束 A_1；单击"对齐"按钮建立对齐标注约束 e_1。再建立与次参数对应的标注约束，单击"水平"按钮建立水平标注约束 G、c、d_4、d_5、d_6、d_7；单击"角度"按钮，建立角度约束 A_2。各次参数约束表达式如下

$$G = m(d_1 - d_2)$$

$$n_0 = \left(n + \frac{\sin A_1}{m} \right)\cos A_1$$

$$A_2 = \arctan\left(\tan A_1 - \frac{1}{mn_0} \right)$$

$$c = \frac{c_0}{\cos A_1}$$

$$d_6 = c + \frac{d_1}{n_0}$$

$$d_7 = c + \frac{d_2}{n_0}$$

$$d_5 = d_7 + \frac{e_1}{\cos A_1} + \frac{e_1}{\cos A_2}$$

$$d_4 = d_6 + \frac{e_1}{\cos A_1} + \frac{e_1}{\cos A_2}$$

建立后的标注约束如图 12-15 所示。

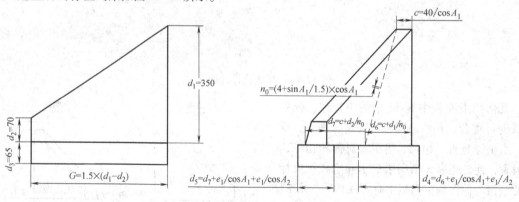

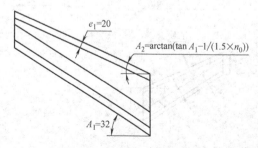

图 12-15　八字翼墙标注约束

（4）建立几何约束和拓扑约束

1）各单元的自由度分析 立面图 7 条直线，自由度为 28；平面图 7 条直线，自由度也为 28；侧面图 18 条直线，自由度为 72。

2）建立立面图约束。

① 建立基础约束：基础由底线、顶线、竖线 1 和竖线 2（从左向右）组成，共 16 个自由度。各线段建立约束如下：

底线：对右点加 1 个固定约束，加 1 个水平约束，长度用次参数 G 控制。

竖线 1：加 1 个重合约束（与底线），加 1 个竖直约束，高度用 d_3 控制。

顶线：加 1 个重合约束（与竖线 1），加 1 个水平约束，加 1 个相等约束（与底线）。

竖线 2：顶端加 1 个重合约束（与顶线），下端加 1 个重合约束（与底线）。

② 建立墙身约束：墙身由竖线 1、竖线 2（从左向右）和斜线组成，共 12 个自由度。各线段约束如下：

竖线 1：加 1 个重合约束（与顶线），加 1 个竖直约束，长度用 d_2 控制。

竖线 2：加 1 个重合约束（与顶线），加 1 个竖直约束，长度用 d_1 控制。

斜线：左端加 1 个重合约束（与顶线），右端加 1 个重合约束（与顶线）。

约束分析，总自由度 28 = 几何约束 24 + 标注约束 4。立面图的几何约束及拓扑约束如图 12-16 所示。

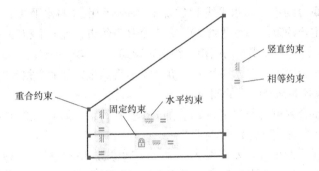

图 12-16 立面图几何及拓扑约束

3）建立平面图约束。平面图由 5 条斜线和 2 条竖线组成。5 条斜线从上至下为斜线 1、斜线 2、斜线 3、斜线 4、斜线 5，2 条竖线从左向右为竖线 1、竖线 2，共 28 个自由度。各线段建立约束如下：

竖线 2：顶点加 1 个固定约束，加 1 个竖直约束，长度加 1 个次参数约束 d_8，约束表达式：$d_8 = d_4$。

斜线 5：加 1 个重合约束（与竖线 2），水平长度加 1 个次参数约束 d_9，约束表达式：$d_9 = G$。方向用主参数 A_1 控制。

竖线 1：加 1 个重合约束（与斜线 5），加 1 个竖直约束，长度加 1 个次参数约束 d_{10}，约束表达式：$d_{10} = d_5$。

斜线 1：左端加 1 个重合约束（与竖线 1），右端加 1 个重合约束（与竖线 2）。

斜线 2：右端加 1 个次参数约束 d_{11}，约束表达式：$d_{11} = e_1 / \cos A_2$，控制与斜线 1 的相对位置。加 1 个相等约束（与斜线 1），用主参数 e_1 控制与斜线 1 的间距。

斜线 4：右端加 1 个次参数约束 d_{12}，约束表达式：$d_{12} = e_1 / \cos A_1$，控制与斜线 5 的相对位置。加 1 个相等约束（与斜线 5），用次参数 e_2 控制与斜线 4 的间距，$e_2 = e_1$。

斜线 3：右端加 1 个次参数约束 d_{13}，约束表达式：$d_{13} = c$，控制与斜线 4 的相对位置。加 1 个相等约束（与斜线 5），用次参数 c_0 控制与斜线 4 的间距，$c_0 = 40$。

约束分析，总自由度 28 = 几何约束 18 + 标注约束 10。平面图几何约束及拓扑约束如图 12-17 所示。

4）建立侧面图约束。侧面图由 6 条竖线、4 条水平线和 4 条斜线线组成。6 条竖线从左向右为竖线 1、竖线 2、竖线 3、竖线 4、竖线 5 和竖线 6。水平线从下向上分别为水平线 1、水平线 2、水平线 3、水平线 4。斜线从左向右分别为斜线 1、斜线 2、斜线 3、斜线 4。各线段建立约束如下：

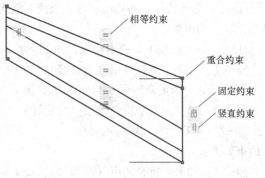

图 12-17　平面图几何及拓扑约束

水平线 1：左端加 1 个固定约束，加 1 个水平约束，长度用次参数 d_{14} 约束，约束表达式：$d_{14} = d_5 + G \times \tan A_1$。

竖线 6：加 1 个重合约束（与水平线 1），加 1 个竖直约束，加 1 个相等约束（与立面图 d_3）。

水平线 2：加 1 个重合约束（与竖线 6），加 1 个水平约束，加 1 个相等约束（与水平线 1）。

竖线 1：加 1 个重合约束（与水平线 1），加 1 个重合约束（与水平线 2）。

竖线 5：加 1 个重合约束（与水平线 2），加 1 个竖直约束，加 1 个相等约束（与立面图 d_1），加 1 个次参数 d_{15} 约束控制与竖线 6 的间距，约束表达式：$d_{15} = e_1 / \cos A_1$。

竖线 4：加 1 个重合约束（与水平线 1），加 1 个竖直约束，加 1 个相等约束（与立面图 d_2），加 1 个次参数 d_4 约束控制与竖线 6 的间距。

竖线 3：加 1 个重合约束（与水平线 1），加 1 个竖直约束，加 1 个相等约束（与立面图 d_2），加 1 个次参数 d_5 约束控制与竖线 1 的间距。

斜线 1：加 1 个重合约束（与水平线 2），加 1 个次参数 d_{17} 约束控制与竖线 1 的间距。约束表达式：$d_{17} = e_1 / \cos A_2$。加 1 个次参数 d_{16} 约束控制高度，约束表达式：$d_{16} = d_2$。

水平线 3：加 1 个重合约束（与斜线 1），加 1 个水平约束，加 1 个相等约束（与水平线 4）。

水平线 4：加 1 个重合约束（与竖线 5），加 1 个水平约束，加 1 个次参数 c 约束控制长度，约束表达式：$c = 40 / \cos A_1$。

竖线 2：加 1 个重合约束（与水平线 2），加 1 个竖直约束，加 1 个相等约束（与立面图 d_2），加 1 个次参数 d_7 约束控制与斜线 1 的间距，约束表达式：$d_7 = c + d_2 / n_0$。

斜线 4：加 1 个重合约束（与水平线 2），加 1 个重合约束（与水平线 4），加 1 个次参数 d_6 约束控制与竖线 5 的间距。约束表达式：$d_6 = c + d_1 / n_0$。

斜线 3：加 1 个重合约束（与水平线 3），加 1 个重合约束（与水平线 4）。

斜线 4：加 1 个重合约束（与水平线 3），加 1 个重合约束（与水平线 4）。

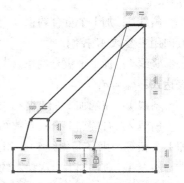

约束分析，总自由度 56 = 几何约束 47 + 标注约束 9。侧面图几何约束及拓扑约束如图 12-18 所示。

（5）尺寸标注　先建立一个图层名为"Bz"的图层，放

图 12-18　侧面图几何及拓扑约束

置模型的尺寸标注。用 AutoCAD 2010 的尺寸标注命令分别对立面图、平面图和侧面图进行尺寸标注。

（6）参数化模型测试　为使图面更加清晰，单击几何面板中的"全部隐藏"按钮，将隐藏全部几何约束和拓扑约束；单击标注面板中的"显示动态约束"按钮，将隐藏全部尺寸标注。

1）测试翼墙高度参数 d_1、d_2 和基础厚度参数 d_3。单击立面图墙身竖线 2，弹出数据 d_1 = 300，双击该数据进入编辑状态，将其修改为 d_2 = 340。观察模型中尺寸标注是否随参数变化。单击立面图墙身竖线 1，弹出数据 d_2 = 70，双击该数据进入编辑状态，将其修改为 d_2 = 80。观察模型中尺寸标注是否随参数变化。单击立面图基础竖线 1，弹出数据 d_3 = 60，双击该数据进入编辑状态，将其修改为 d_3 = 65。观察模型中尺寸标注是否随参数变化。

2）测试墙身扩散角度参数 A_1　单击平面图斜线 5，系统弹出数据 A_1 = 30，双击该数据进入编辑状态，将其修改为 A_1 = 35，观察尺寸标注是否随参数变化。

3）测试基础襟边参数 e_1。单击平面图斜线 1，系统弹出数据 e_1 = 20，双击该数据进入编辑状态，将其修改为 e_1 = 25，观察尺寸标注是否随参数变化。

经过测试模型的主参数和次参数均按设计要求变化，整个模型符合参数化设计构思。最后的模型如图 12-19 所示。

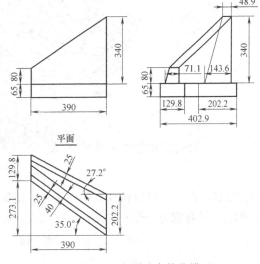

图 12-19　八字翼墙参数化模型

12. 4　VBA 开发环境与编程基础

12. 4. 1　VBA 开发环境

（1）认识 VBA　VBA 与 VB 有着几乎相同的开发环境和语法，从语言结构上讲，VBA 是 VB 的一个子集，但从本质上看，由于 VBA 是嵌在其他应用程序中的一个开发工具，它没有自己独立的工作环境，必须附属于嵌入它的主应用程序，如 AutoCAD、Office 等。VBA 与 AutoCAD 共享同样的内存空间，其代码运行速度比用 C 语言开发的 ADS 应用程序还要快。

（2）进入 VBA 开发环境界面　可以从 AutoCAD 标准菜单条上，选择"工具"→"宏"→"Visual Basic 编辑器"，系统将打开如图 12-20 所示的对话框。该对话框就是 VBA 集成开发环境界面。

（3）VBA 工程　VBA 应用程序是以 VBA 工程文件来组织的，VBA 工程是由许多程序模块、类模块和窗体组成的集合，它们同时运行共同完成指定的功能。VBA 工程可以保存在 AutoCAD 图形内部，称为内嵌 VBA 工程，也可以保存为独立的工程，称为全局 VBA 工程。

内嵌 VBA 工程在包含它们的图形文件中，当 AutoCAD 打开该文件时被自动加载，使得工程在分配上非常方便。内嵌 VBA 工程的用户在执行程序之前不再需要到处寻找和加载工程文件。

全局 VBA 工程具有较多的功能，可以在 AutoCAD 2000 以上环境下运行，可以制作成共享的资源库，工程 CAD 软件应采用 VBA 全局工程。

（4）VBA 编辑器　VBA 开发环境界面实际上就是一个 VBA 程序编辑器，在 VBA 编辑器中

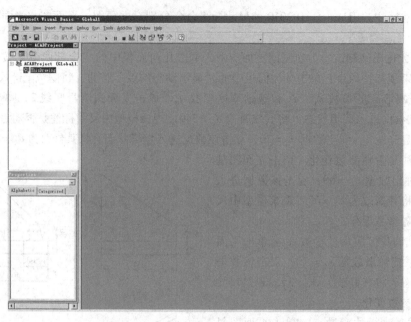

图 12-20　Microsoft Visual Basic 对话框

可以完成窗体设计、模块设计、代码编写、调试、程序运行、工程保存等工作。下面详细介绍
VBA 编辑器的各部分功能及含义。VBA 编辑器界面如图 12-21 所示。

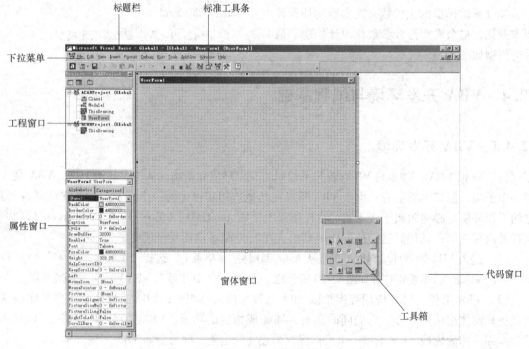

图 12-21　VBA 编辑器界面

1）标题栏：显示 VBA 开发环境和 VBA 工程名称。

2）下拉菜单条：VBA 几乎所有功能都能从下拉菜单项上启动。

3）标准工具条：VBA 常用工具的集合。

4）属性窗口：用以显示窗体及控件的可见属性、默认值，还可以对某些属性进行初始设置。

5）代码窗口：用于编写模块、窗体、控件等过程代码和事件代码，即宏指令。

6）窗体窗口：建立 VBA 应用程序与用户之间交互的屏幕工具。

7）工具箱：存放 VBA 标准控件的工具箱，用户可以根据需要往工具箱中添加附加控件。

12.4.2　VBA 编程基础

1. VBA 的变量类型及声明

（1）变量类型　在 VBA 中有多种变量，如数字、字符、日期、图像、窗体、控件等。把它们分为两类：一类称为数据类型，如数字、字符、日期等可以用数据来表达的变量；另一类称为对象变量，如图像、窗体、控件等不能用数据简单地表示的变量。为了准确地描述每种变量，VBA 根据各变量的特点对变量作了进一步的定义和规定，表 12-3 列出了 VBA 中常用变量类型。

表 12-3　VBA 中常用变量类型

类型	定义形式	保存内容	内存需要	值域范围
整型	Integer	整数	2 字节	$-32768 \sim 32767$
长整型	Long	整数	4 字节	约 ± 20 亿
单精度	Single	十进制数	4 字节	$-1E-45 \sim 3E38$
双精度	Double	十进制数	8 字节	$-5E-324 \sim 1.8E308$
货币型	Currency	小数点前 15 位,小数点后 4 位	8 字节	$\pm 9E14$
字符串	String	文本信息	1 字节	固定长度 65000 字符,动态长度 20 亿字符
字节型	Byte	整数	1 字节	$0 \sim 225$
布尔型	Boolean	逻辑值	1 字节	Ture 或 False
日期型	Date	日期和时间信息	8 字节	$1/1/100 \sim 12/31/9999$
对象	Object	图像或 OLE 对象（类、数据库等）	4 字节	无范围
变体	Variant	以上除对象外的任何一类数据	每字符 16 字节 +1 字节	无范围

（2）变量声明　变量在程序中使用时，要经过声明让程序确认该变量是何种类型，以便程序为该变量准备内存空间。变量声明有显示声明、隐式声明和用户自定义声明三种类型。

1）显式声明的语法形式：

Dim 变量名 1［As 变量类型 1［，变量名 2［As 变量类型 2［，...］］］］

Private 变量名 1［As 变量类型 1［，变量名 2［As 变量类型 2［，...］］］］

Public 变量名 1［As 变量类型 1［，变量名 2［As 变量类型 2［，...］］］］

Dim、Private、Public 是声明变量的关键字。

① Dim 关键字：用于模块级和过程级声明变量。在模块级声明的变量可用于该模块的所有过程中，而在过程中声明的变量只能用于该过程。

② Private 关键字：只能在模块级声明变量，作用与 Dim 一样。

③ Public 关键字：必须在模块级声明变量，经 Public 声明的变量在整个 VBA 工程内所有的模块和窗体中都可用，是一个公有变量声明，使用时需要特别注意。

2）隐式声明。变量的隐式声明，要求在首次分配变量值时，在变量的结尾处使用一种特殊的字符。特殊字符和对应变量见表 12-4。

表 12-4　特殊字符和对应变量

变量类型	整型	长整型	单精度	双精度	货币型	字符串
标志字符	%	&	!	#	@	$

隐式变量声明示例：

Intval% = 1

Douval# = 2.006

StrVar $ = "Circle"

3）用户自定义类型的声明的语法格式：

［Public］Type 变量名

元素 1 As 数据类型 1

元素 2 As 数据类型 2

⋮

End Type

用户自定义数据类型，必须放在模块级声明。用户自定义数据类型示例：

Type　Teacher

FirstName As String

LastName As String

Age As Integer

End Type

在示例中，FirstName、LastName、Age 均称为自定义变量 Teacher 的成员变量。

2. VBA 的常量

VBA 的常量是一个常量符号，由常量符号代表的数据在程序运行过程中不能被修改。常量符号可以自定义，也可以使用 VBA 定义的内置常量符号。

自定义常量符号的语法：

Const 常量符号 1 As 数据类型 1 = 常量符号值

例如：Const Pi　As　Double = 3.14159。

VBA 内置常量均以小写的"vb"开头，主要用于 VBA 的各种有关函数的某些参数项，或窗体事件中的有关属性。VBA 和 VB 的内置常量是完全一样的，关于内置常量的应用参照 VB 或 VBA 的专用书籍。

3. VBA 代码语句的规定

在 VBA 的代码窗口中，语句的逻辑长度是没有限制的，但受到窗口宽度的限制，语句的物理长度却是有限的。VBA 规定当语句的物理长度不够时，可在行末加一个下画线"＿"来连接上下行，下画线左右至少应用一个空格。在 VB 或 VBA 中，使用英文状态下的单撇号"'"作为注释语句的开始，如下所示：

Dim xuehao As Integer　　　　　　　　　　'学号（xuehao）

注释行可以跟在一条语句后面，也可以独占一行。如果一段注释需多行时，每行的开头都需加单撇号。

4. VBA 的基本语句

在 VBA 的程序体中，主要有赋值语句、判断语句、循环语句和控制语句等 4 种语句。下面分别介绍：

（1）赋值语句　赋值语句是最简单、最基本的语句形式，作用是将某个值赋给某一变量。语法格式：

变量 = 表达式

表达式可以是常数、已赋值的变量、计算函数或算术运算式。对象变量的赋值与数值变量的赋值是不同的，对象变量必须使用 Set 关键字。语法格式如下：

Set 对象变量 = 对象运算表达式

对象赋值示例：

```
Dim lineobj As AcadLine                      '声明直线对象变量
Set lineobj = ThisDrawing. ModelSpace. AddLine（spnt，epnt）    '在模型空间画一段直线
```

（2）判断语句

1）If 语句

语法格式 1：

```
        If    condition Then    Command
```

语法格式 2：

```
        If    condition Then
            Code Lines 1
        ［Else］
            ［Code Lines 2］
        End If
```

语法格式 3：

```
        If    condition1 Then
            Code Lines 1
        ElseIf condition2 Then
            Code Lines 2
            …
        ［Else］
            ［Code Lines n］
        EndIf
```

条件表达式 condition1、condition2 等表示任何类型的逻辑值，它可以是下列情况中的一种：

① 变量与常量、变量与变量、变量与函数或函数与函数等进行的比较。

② 包含 True 或 False 值的变量。

③ 任何返回 True 或 False 值的函数。

2）Select Case 语句。Select Case 语句标志要计算的变量，然后用一系列 Case 语句指定相匹配的值，如果合适就执行其后的语句。语法格式：

```
            Select    Case compvalue
                Case value1
                    Code Lines1
                Case value2
                    Code Lines2
                …
                ［case Else］
```

$$[\text{code Lines } n]$$
End Select

Compvalue 是一个比较表达式。如果它的值等于 value1，程序就执行 Code Lines1 代码，否则，如果等于 Value2，就执行 Code Lines2 代码，依此类推，然后就跳转到 End Select 语句之后的第一条语句继续执行。当与所有的 Case 后的值都不匹配时，就执行 Case Else 语句（如果有的话）下面的 Code Lines 代码，然后跳转到 End Select 语句之后的第一条语句继续执行。

（3）循环语句

1）Do Loop 语句。

语法格式 1：

```
Do  While  condition
    Code Lines
Loop
```

语法格式 2：

```
Do Until condition
    Code Lines
Loop
```

语法格式 3：

```
Do
  Code Lines
 Loop While condition
```

语法格式 4：

```
Do
   Code Lines
Loop Until condition
```

在 Do Loop 语句中，只要 Condition 条件表达式的值为 True，就重复执行 Do 和 Loop 之间的 Code Lines 代码。

2）For... Next 语句，其语法格式如下：

```
For counter = s_ value to e_ value [Step stepvalue]
Code  Lines
Next   [Counter]
```

Counter 是一个整型变量，用于循环次数递增计数器。第一次循环时，其值为 s_ value，然后每次递增 stepvalue（正或负），直到最后等于 e_ value 停止循环的执行。如果忽略步长 stepvalue，则默认其值为 1。

3）For Each... Next 语句，其语法格式如下：

```
For  Each  object  In  collection
     Code  Lines
Next  [object]
```

对集合中的每个对象进行一次循环，直到集合中无更多对象时，执行 Next 下面的语句。对象 object 是集合对象 collection 中的成员。For Each 语句最大的特点是无须事先确定集合中的成员的数量。

4）While... Wend 语句，其语法格式如下：

```
        While   condition
                Code Lines
        Wend
```

当条件表达式 condition 的值为 True 时，执行 Code Lines 代码。

（4）控制语句。采用 With... End With 语句，其语法格式如下：

```
        With   object
                Statements
        End   With
```

这个语句可以简化对象属性引用语句，如下面语句：

Dim CircleObj As AcadCircle

Set CircleObj = ThisDrawing. ModelSpace. Addcircle（center，radius）

CircleObj. Layer = "NewLayer"

CircleObj. Color = acRed

CircleObj. LineStyle = "Center"

CircleObj. LineScale = 1. 5

在上面的代码中，后四句都是对 CircleObj 圆对象进行属性设置，如果采用 With... End With 语句来表达就显得简洁的多，具体语句如下：

With   CircleObj

. Layer = "NewLayer"

. Color = acRed

. LineStyle = "Center"

. LineScale = 1. 5

End With

12. 5　AutoCAD ActiveX 技术

1. AutoCAD ActiveX 技术简介

自 AutoCAD R14 版以后，AutoCAD 采用了一种在 OLE2. 0 基础上发展起来的新技术，称为 ActiveX Automation Interface（ActiveX 自动化界面技术）。由于 ActiveX 技术是一种完全面向对象的技术，所以许多面向对象化编程语言和应用程序，都可以通过 ActiveX 与 AutoCAD 进行通信，并操纵 AutoCAD 的功能。凡是具有 ActiveX 技术的应用程序都可以对 AutoCAD 进行二次开发，如 VB、Java、VBA、Delphi、C + +、甚至 Word VBA 等。采用 ActiveX 技术的另一个优点是应用程序之间可以很好地共享数据，如 AutoCAD 与 Word、Excel、Access 等应用程序之间的数据共享。

Autodesk 公司将 ActiveX 技术正式引入 AutoCAD 2000 软件中，使其开发环境具备了强大的开发能力。AutoCAD ActiveX 提供了一种机制，该机制使程序员通过编程手段从 AutoCAD 的内部或外部来操纵 AutoCAD。AutoCAD ActiveX 是按一定层次组成的一种对象结构，每一个对象代表了 AutoCAD 的一个确定功能，AutoCAD 的绝大多数功能均以方法和属性的方式被封装在 ActiveX 对象中。在任何只要能使用 ActiveX 对象的编程语言环境中，通过对 AutoCAD 对象的方法和属性的引用，就可以轻松实现对 AutoCAD 进行编程的目的。

2. AutoCAD ActiveX 对象模型

从上可知，VBA 是通过 ActiveX 对象来控制、操纵 AutoCAD 的，对 AutoCAD 进行二次开发首先要熟悉 AutoCAD 的 ActiveX 对象和对象模型。

Auto CAD ActiveX 对象分为以下 5 类：

1）图元（Entity）类对象。包括直线、圆、圆弧、椭圆、文本、标注等。

2）样式（Style）类对象。包括线型、尺寸样式、文本样式等。

3）结构（Organizing...）类对象。包括图层、图块、实体组等。

4）显示（View）类对象。包括视图、视窗等。

5）文档及应用程序（Document & Application）类对象。包括 .dwg 文件和 AutoCAD 应用程序本身。

上面 5 类对象按照一定的层次结构组成一个 AutoCAD 的对象模型，它的根对象是 Application 对象，在 VBA 中要按照对象所在的层次及隶属关系来分级操纵 AutoCAD 对象。AutoCAD 的顶层对象结构如图 12-22 所示，顶层对象是隶属于根对象（Application）的。

（1）Application 对象　在图 12-22 中，圆角框代表对象，矩形框代表集合对象。Application 是根对象，下面有 1 个对象和 3 个集合对象。Documents 对象代表当前图形文档，用户通过它来引用 AutoCAD 的图元对象。Preferences 对象代表系统设置，通过它可以提取保存在注册表的 AutoCAD 的选项对话框的设置值。MenuBar 和 MenuGroups 代表菜单集合对象和工具条集合对象，通过它们来访问 AutoCAD 的菜单条和工具条。

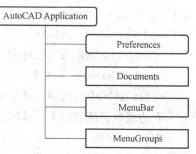

图 12-22　AutoCAD 的顶层对象

1）创建或访问 Application 对象。在 Visual Basic 中，使用 GetObject（，"AutoCAD. Application"）函数或 CreateObject（"AutoCAD. Application"）函数；在 VBA 中，可使用 ThisDrawing. Application 来访问。

2）使用 Application 对象的方法。

① Quit 方法。该方法将关闭 AutoCAD 应用程序，包括运行的 VBA 程序。使用如下格式：

在 VB 中，使用 Acadobj. Quit，在 VBA 中使用 ThisDrawing. Application. Quit。

② LoadDVB、RunMacro 和 UnloadDVB 方法。LoadDVB 方法指定的 VBA 程序加载到 AutoCAD 中，要求给出程序文件的全路径。UnloadDVB 方法 则卸载 VBA 程序。RunMacro 方法运行已加载的程序中的过程，当程序未加载时，则会先加载指定程序，然后再运行程序中的指定过程。使用如下格式：

FileName = "D：\ VBApro \ Drawing. dvb"

ThisDrawing. Application. LoadDVB FileName　　　　　　　　　'加载 Drawing. dvb

'运行 Drawing. dvb 中 Module1 模块下的 Drawline 过程

ThisDrawing. Application. RunMacro "Module1. Drawline"

ThisDrawing. Application. UnloadDVB FileName　　　　　　　'卸载 Drawing. dvb

3）使用 Application 对象中的属性。

① Name 属性。该属性可以应用于 AutoCAD 中几乎所有可命名的对象，获取对象的名称，数据类型为 String。使用如下代码可提取 AutoCAD 本身的名称：

Dim StrName As String

StrName = ThisDrawing. Application. Name

　Msgbox "AutoCAD 应用程序的名称为："& StrName

② Height 和 Width 属性。这两个属性可设定和获取 AutoCAD 主窗口的高度和宽度。使用如

下格式：

ThisDrawing. Application. Height

ThisDrawing. Application. Width

（2）Documents 集合对象和 Document 对象。AutoCAD 2010 系统具有支持多文档的功能，Documents 代表 AutoCAD 图形文档集合，它是一个集合对象，主要作用是用来存放新建和打开的多个图形文档。访问 Documents 对象的格式如下：

Application. Documents

Documents 对象的方法和属性是所有 AutoCAD ActiveX 对象中最少的。下面对此作一简单介绍：

1）Add 方法。向 Documents 集合对象中增加新的文档，文档格式为 .dgw。使用如下格式：

Application. Documents. Add（Name）

Name 参数可以省略，此时新添加的文档使用系统的默认名 Drawing1、Drawing2、…等。

2）Open 方法。打开已存在的 .dgw 文档，并将其添加到 Documents 集合中。使用如下格式：

Application. Documents. Open Name［, ReadOnly］

ReadOnly 参数为逻辑值，True 为只读，False 为可读写。

3）Item 方法。指定 Documents 集合中的某个文档。使用如下格式：

Application. Documents. Item（Name）

或 Application. Documents. Item（Index）

Name 指定文档的文件名，IndexDocuments 集合中的文档索引号。

4）Close 方法。关闭 Documents 集合中的所有文档。使用如下格式：

Application. Documents. Close

5）Count 属性。返回当前 Documents 集合中文档数量。使用如下格式：

Application. Documents. Count

Document 对象是 Documents 下的一个文档对象，它代表 AutoCAD 的图形文件，是 AutoCAD 中非常重要的对象，它下属的子对象几乎包含了 AutoCAD 的一切。Document 对象结构如图 12-23 所示。

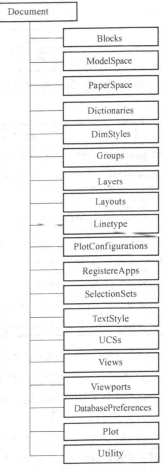

图 12-23　Document 的对象集合

（3）Preferences 对象　Preferences 是 AutoCAD 对象模型中一个很重要的集合对象，它是一个参数选项对象，用来对 AutoCAD 中的各种选项参数进行设置和返回。它的对象结构如图 12-24 所示。Preferences 集合对象下面的每一个对象对应到 AutoCAD 中如图 12-25 所示的"Option"对话框中的每一个选项卡。Preferences 集合的这些对象提供存取"Option"对话框中保存和登录的设置值。

（4）Utility 对象　Utility 对象不是一个集合对象。该对象主要提供应用程序中使用的输入函数和转换函数，它包含许多方法，如"GetXXX"系列方法，可用来获得一个点的坐标，获得两点间的距离，判断输入的关键字，以及获得图元对象等。因为这些操作都是针对某个具体文档的，所以应该隶属于 Document 对象，但它的功能不会保存在文档中。Utility 对象常用方法见表 12-5。

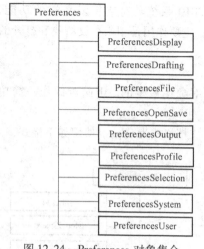

图 12-24　Preferences 对象集合　　　　　　图 12-25　Option 对话框

表 12-5　Utility 对象常用方法

方法	语法格式	说　明
Getpoint	Utility. Getpoint([point][，prompt])	提示用户选择点，point 三维点，prompt 为提示字符串
Getreal	Utility. Getreal([prompt])	从命令行输入一个实数，prompt 为提示字符串
Getkeyword	Utility. GetKeyword([prompt])	输入关键词，必须先使用 InitiazeUserInput 方法
GetEntity	Utility. GetEntity Object，pickPoint[，prompt]	获取图元对象，Object 选择的图元对象，PickPoint 拾取点
GetAngle	Utility. Getangle([Point][，prompt])	输入一个角度值，自动将其转换为弧度
GetCorner	Utility. GetCorner.([Point][，prompt])	获取矩形的一个角点坐标
GetDistance	Utility. GetDistance.([Point][，prompt])	获得两点之间的距离
Getinteger	Utility. Getinteger.([prompt])	输入一个整数值
GetString	Utility. GetString.([prompt])	输入一个字符串

（5）Plot 对象　Plot 对象是一个非驻留于图形数据库的对象，提供对 AutoCAD 中如图 12-26 所示的 Plot 对话框设置值的存取，此外应用程序还能够通过该对象以不同的方法来打印图形。

（6）Blocks 和 Block 集合对象　Blocks 对象用来存放一个图形文档中的所有命名的图块，在数量没有限制。而 Block 对象是构造一个图块的所有图元的集合。

Blocks 对象的作用相当于在 AutoCAD 中使用 Block 命令，然后为要定义的图块起名并给定插入点；Block 对象的作用则相当于在 AutoCAD 的图形文档窗口中选择要构成图块的图元。在 Auto-CAD 2010 图形文档中有三种类型的图块，即简单图块、外部图块和布局图块。

1）要创建一个命名的图块对象，必须使用 Blocks 集合对象中的 Add 方法，其语法格式如下：

$$Set\ blockobj = ThisDrawing.\ Blocks.\ Add(InsertionPoint,\ Name)$$

其中，InsertionPoint 是指定创建在 Blocks 集合中的块对象的原点坐标，是一个 3D WCS 中的点；Name 是新创建的块对象名称，字符串类型；BlockObj 是返回在 Blocks 集合中新创建的块对象。

2）要实现图块的引用，需使用 BlockRef 对象中的 InsertBlock 方法，其语法格式如下：

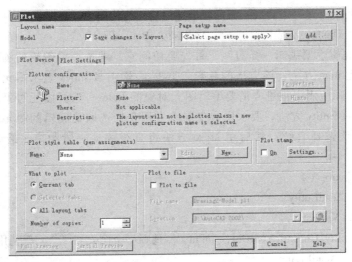

图 12-26　Plot 对话框

Reval = object. InsertBlock（InsertionPoint，Name，Xscale，Yscale，Zscale，Rotation）

其中，Object 是模型空间、图纸空间或块空间；Name 是用 Add 方法创建图块对象时给定的图块名，或保存成 .dwg 文件的图块文件；Insertion Point 是图块对象插入点的坐标，是一个 3D WCS 中的点；Xscale，Yscale，Zscale 是插入图块时沿 X、Y、Z 轴的比例因子，双精度类型；Rotation 是图块插入时的旋转角，双精度类型。

（7）Model Space 集合对象　Model Space 代表了 AutoCAD 的模型空间，凡是在模型空间中能出现的一切图元对象都在 Model Space 对象包含之中。该对象对一个图形文档来讲是唯一的，既不能增加也不能删除。

（8）Paper Space 集合对象　Paper Space 代表了 AutoCAD 的活动图纸空间，与 Model Space 对象一样，也是唯一的。但图纸布局界面对于一个图形文档却可以有任意多个，所以被激活的图纸，反映了 Paper Space 集合对象中的数据。

（9）图元对象　图元对象是指存在于模型空间、图纸空间或块空间的二维、三维图形实体，图元对象的创建方法各有不同，但图元对象的编辑方法和属性大多是相同的，这如同在 AutoCAD 中用不同绘图命令绘制不同的图形，用一个编辑命令可以编辑不同的图形。图元对象很多，限于篇幅不能逐一介绍，下面以直线对象为例，详细介绍其使用方法和属性，其他图元对象的创建方法详见 12.6 节内容。

1）AddLine 方法。在 ActiveX 中，用 AddLine 方法创建直线 Line 的语法格式如下：

Object. AddLine（sPnt，ePnt）

其中，sPnt：起点坐标；ePnt：终点坐标。

具体示例如下：

① 在模型空间中创建一条直线，代码如下：

```
Dim LineObj As AcadLine                    '声明直线对象变量
Dim sPnt（0 to 2）As Double                '声明起点坐标，双精度数组
Dim ePnt（0 to 2）As Double                '声明起点坐标，双精度数组
sPnt（0）= 50：sPnt（1）= 50：sPnt（2）= 0
ePnt（0）= 100：ePnt（1）= 120：ePnt（2）= 0
Set LineObj = ThisDrawing. ModelSpace. Addline（sPnt，ePnt）
```

② 在图纸空间中创建一条直线，只需将上述最后一行代码修改如下：

Set LineObj = ThisDrawing. PaperSpace. Addline（sPnt, ePnt）

2）直线段的编辑。要编辑一条直线，首先要访问它，即选择要编辑的图形。选择图元对象的方法可以使用 Item 方法，该方法的参数是 Index。索引号 Index 表示图元被添加到集合对象中的顺序，在实际应用中很难弄清要编辑图元对象的 Index。选择图元对象的另一种方法是 Utility 对象中的 Get Entity 方法，要求用户在屏幕上用光标选取要编辑的图元对象。下面的代码用 Get Entity 方法选择直线，然后用 Move 方法将直线移动一段距离，最后将其颜色改为蓝色。

```
Public Sub Objmove ( )
Dim entObj As AcadEntity
Dim pickPnt As Variant
ThisDrawing. Utility. GetEntity entObj, picPnt, " 选择一个图元:"      '等待用户选择直线
Dim copyEnt As AcadEntity
Dim pnt1 (0 To 2) As Double, pnt2 (0 To 2) As Double
pnt1 (0) = 50: pnt1 (1) = 50: pnt1 (2) = 0
pnt2 (0) = 100: pnt2 (1) = 130: pnt2 (2) = 0
Set copyEnt = entObj. Copy                 '将选中的图元进行复制
copyEnt. Move pnt1, pnt2                    '将选中的图元移动一段距离
copyEnt. Color = acBlue                     '将选中的图元变为蓝色
End Sub
```

代码执行到第 3 行时，等待用户选择图元。GetEntity 方法和 Move 方法也可以用于其他图元对象。

（10）Text Styles 集合对象　Text Styles 是一个集合对象，用来存放命名的文本样式，没有数量上的限制，但每次只能有一个文本样式被激活。命名文本样式的创建使用该集合中的 Add 方法，使用如下格式：

```
Dim Text StyleObj As AcadTextStyle
Set Text StyleObj = ThisDrawing. Text Styles. Add ("TxtStyle1")      '添加新样式 Text Style1
ThisDrawing. ActiveTextStyle = TextStyleObj                         '设置新样式为当前文本
```
样式

1）SetFont 方法。使用 SetFont 方法可以选择字体名、粗体、斜体、字符集、字节距和笔画参数等。SetFont 方法的语法格式如下：

TextStyleObj. SetFont Typeface, Bold, Italic, CharSet, PitchAndFamily

其中，Typeface 是字符串类型，设定的字体名，如"宋体"；Bold 是布尔类型，Ture 表示为粗体，False 为正常体；Italic 是布尔类型，Ture 表示为斜体，False 为正常体；CharSet 是长整数型，该参数用来定义字符集，PitchAndFamily 是长整数型，Pitch 定义文字的节距形式，Family 定义文字的笔画形式。具体使用时用布尔算子 Or 将它们结合起来。

下面的代码先命名了一个文本样式"TextStyle1"，然后对该文本样式进行定义：

```
Dim TextStyleObj1 As AcadTextStyle
Set TextStyleObj1 = ThisDrawing. TextStyles. Add("TextStyle1")
ThisDrawing. ActiveTextStyle = TextStyleObj1
TextStyleObj1. SetFont "宋体", True, True, 1, 1 Or 16
```

其中，参数 CharSet = 1，设置为缺省字符集；参数 Pitch = 1，为固定值；参数 Family = 16，为变笔画宽，带衬线。有关参数 CharSet 和 PitchAndFamily 选项值，可阅读 AutoCAD 的 VBA 专用书。

2）Height 和 Width 属性。文本样式的 Height 和 Width 属性，用来设置文本的字高和字宽。下面是定义字体的高度和宽度的代码：

```
TextStyleObj1. Height = 5
TextStyleObj1. Width = 0.75          '字宽为字高的0.75倍
```

（11）DimStyles 和 DimStyle 集合对象　DimStyles 也是一个集合对象，用来存放命名的尺寸样式，与 TextStyles 对象相同，没有数量上的限制，但每次只能有一个尺寸样式被激活。命名尺寸样式的创建使用该集合中的 Add 方法，使用如下格式：

```
Dim DimStyleObj As AcadDimStyle
Set DimStyleObj = ThisDrawing. DimStyles. Add（"Style1"）
ThisDrawing. ActiveDimStyle = DimStyleObj          '设置新样式为当前尺寸样式
```

DimStyle 对象代表了一组尺寸样式的设置值，在 ActiveX 中尺寸样式的设置是通过以 "Dim" 开头的一系列系统变量来完成的，其如下格式：

```
With ThisDrawing
. SetVariable "DimScale", 3          '设置全局比例因子
. SetVariable "DimLFac", 100         '线性比例因子. '100' = 1: 100
. SetVariable "DimADec", 2           '控制角度标注的显示精确位数
. SetVariable "DimAssoc", 2          '控制标注对象的关联性
. SetVariable "DimASz", 0. 09375     '控制尺寸线、引线箭头的大小，并控制钩线的
                                      大小
. SetVariable "DimAUnit", 0          '设置角度标注的单位格式，'0 十进制度数
. SetVariable "DimAZin", 2           '对角度标注作消零处理，'0 显示所有前导零和后
                                      续零
. SetVariable "DimBlk", ""           '设置尺寸线或引线末端显示的箭头块，"" 实心
                                      闭合。
    ⋮
End With
```

一个新的命名尺寸样式的设置值，可以使用该对象中的 CopyForm 方法，从一个图形文档，或一个已有的尺寸样式复制而得。下面的代码使用了 CopyForm 方法：

```
Dim DimStyleObj1 As AcadDimStyle
Set DimStyleObj1 = ThisDrawing. DimStyles. Add（" Style1"）     '命名新样式 Style1
ThisDrawing. ActiveDimStyle = DimStyleObj1
With ThisDrawing                                     '对 Style1 进行设置
. SetVariable " DimScale", 3                          '设置全局比例因子
. SetVariable " DimLFac", 100                         '线性比例因子. '100' = 1: 100
    ⋮
End With
Dim DimStyleObj2 As AcadDimStyle
Set DimStyleObj2 = ThisDrawing. DimStyles. Add（" Style2"）
```

DimStyleObj2. CopyFrom DimStyleObj1　　　　　　　　　　　　　　　'样式 Style2 复制了 Style1 的所有设置。

（12） Layers 和 Layer 集合对象　　Layers 是一个集合对象，用来存放所有命名的图层对象 Layer，要创建一个图层，可使用 Layers 对象中的 Add 方法，在 AutoCAD 中图层数量是没有限制的，但只有一个图层是当前层，用户可以使用 Document 对象中的 ActiveLayer 属性来设置当前层。下面的代码在 ActiveX 中添加一个图层并使之成为当前层。

Dim LayerObj1 As AcadLayer

Set LayerObj1 = ThisDrawing. Layers. Add （" Layer1"）　　　　　'添加新图层" Layer1"

ThisDrawing. ActiveLayer = LayerObj1　　　　　　　　　　　　'设置图层 Layer1 为当前层

Layer 是一个图层对象，使用该对象的属性可以对所有命名图层进行操作和控制，如可见性、是否加锁、是否冻结、图层颜色、线型等。下面的代码先命名三个图层，然后分别设置为不可见、加锁和冻结。

Dim LayerObj1 As AcadLayer

Dim LayerObj2 As AcadLayer

Dim LayerObj3 As AcadLayer

Set LayerObj1 = ThisDrawing. Layers. Add （" Layer1"）

Set LayerObj2 = ThisDrawing. Layers. Add （" Layer2"）

Set LayerObj3 = ThisDrawing. Layers. Add （" Layer3"）

LayerObj1. LayerOn = False　　　　　　　　　　　　　　　'图层 Layer1 不可见

LayerObj2. Lock = True　　　　　　　　　　　　　　　　'对图层 Layer2 加锁

LayerObj3. Freeze = True　　　　　　　　　　　　　　　'冻结图层 Layer3

（13） Linetypes 和 Linetype 对象　　Linetypes 是一个集合对象，用来存放所有命名的线型对象。在 AutoCAD 中线型是被保存在名为 acadiso. Lin 的线型库文件中，要使用该库中的线型，首先用 Linetypes 对象中的 Load 方法进行加载，然后再用 Add 方法添加线型，并用 Document 对象下的 ActiveLinetype 属性设置为当前线型。整个操作顺序与在 AutoCAD 中用 "Linetype Manager" 对话框来增加线型很相像。下面的代码先加载线型，然后再添加新线型，并设置为当前线型。

Dim Linetype1 As AcadLineType

ThisDrawing. Linetypes. Load " DASHDOT", " acad. lin"　'加载线型 "DASHDOT"

ThisDrawing. Linetypes. Load " A *", " acad. lin"　　　　'用通配符 "*" 加载线型 "A *"

Set Linetype1 = ThisDrawing. Linetypes. Add （" DASHDOT"）　'用 Add 方法添加线型 "DASHDOT" 至当前文档

ThisDrawing. ActiveLinetype = Linetype1　　　　　　　　　　　　'设置当前线型

12.6　用 VBA 创建图形函数

12.6.1　图形函数的分类

工程结构图看似复杂，但经过对设计图的分解，发现无论多么复杂的图形，主要是由直线、点、圆、圆弧、文字、标注等简单图形构成。在面向对象的编程方法中，创建图形是直接针对图形函数而不是针对数据的，结构复杂的工程设计图可看成是由有一些基本图形函数和专用图形函数构成的组合对象。

（1）基本图形函数　在 AutoCAD 的 Activex 对象库中包含了许多图元对象的创建方法，经过对象实例化后，就可以定义能绘制简单图形的基本函数。基本函数是建立图形函数库的基础，为规范使用，将基本函数划分为四大类，它们分别是：

1）图形类。包括直线、点、圆、圆弧、椭圆、椭圆弧和样条曲线。

2）文字类。包括单行文字和多行文字。

3）标注类。包括线型标注、径向标注、角度标注和指引标注。

4）控制类。包括图层、线型、线宽和颜色。

在图形类中基本函数所表示的对象，可以有不同的参数。例如，直线可以由两个端点控制，还可以由一个端点和端点之间的坐标增量 x 及 y 来控制，可根据应用情况定义相同对象的不同函数。

（2）专用函数　专用函数由基本函数组合而成，可根据工程图形的对象特点来划分不同的专用函数，如空心板、T 形梁、箱形梁、填方断面、挖方断面等。每个图形函数执行一个特定的绘图过程，图形的位置、尺寸和拓扑关系由图形函数的参数控制。为方便应用图形函数，图形函数的参数应与工程设计数据相同，从设计数据到基本函数所需要的参数的转换计算过程（数据前处理）由函数内部完成。例如，拱圈方法由跨径 L0，矢高 F0，拱圈厚 d 和图形基点坐标 pt 四个参数确定。用 VB 语言定义如下：

```
Public Sub ArchTurn（Byval L0 As Double，F0 As Double，d As double，Pt As Variant）
    …                          ′数据前处理
    AddArc3P pt1，pt2，pt3      ′3 点圆弧函数
    AddArc3P pt4，pt5，pt6      ′3 点圆弧函数
    AddLine pt1，pt4           ′两点直线函数
    Addline pt3，pt6           ′两点直线函数
End Sub
```

12.6.2　图形函数的语法格式

（1）定义图形函数　在 VB 或 VBA 中图形函数的格式如下：

图形函数名（参数 1，参数 2，…）As 图元对象

其中，参数 1，参数 2 等是控制图元对象的形参，要根据控制图元对象的方法来选择合适的形参。一个图元对象可以有不同的形参，如直线 Line 可以用两个端点坐标（pt1，pt2）来控制，也可以用一个端点坐标和两个端点之间的坐标差（pt1，x，y）来控制，还可以用一个端点坐标和两端点之间距离及与 X 轴之间的夹角（pt1，l，A）来控制。所以，一个图元对象可以用多个图形函数来表示。图元对象是指该图形函数定义的 ActiveX 图元对象。

当图形函数需要有返回值时，定义成函数形式，其语法格式如下：

```
Public Function 图形函数名（定义形参 1，形参 2，…）As 图元对象
        ′函数体
        …
        Set  图形函数名 = 图元对象名
End Function
```

当图形不需要返回值时，则定义成过程形式，其语法格式如下：

Public Sub 图形过程名（定义形参 1，形参 2，…）

```
　　'过程体
　　…
End Sub
```

（2）引用图形函数　对图形函数既可以使用其方法，也可以使用其函数值，对大多数图形函数的应用主要是方法，也即图形函数的执行过程，使用函数方法的语法格式如下：

图形函数名 实参1，实参2，…

图形函数值也就是函数执行后的返回值，一般情况返回图元对象，也可以是坐标值、图元对象面积、体积等。使用函数值的语法格式如下：

对象名（或变量名）= 图形函数名（实参1，实参2，…）

对图形过程只有方法而没有返回值，过程引用的语法格式与图形函数相同，只是将图形函数名改为图形过程名即可。

12.6.3　基本图形函数示例

一般情况下，对每种图元对象先创建一个基准函数，基准函数的形参与 ActiveX 对象创建方法相对应。然后根据图元对象的特点，对其进行抽象，提取不同的形参，再以基准函数为基础构造该图形的其他函数。

（1）直线

1）创建直线的基准函数。函数形参说明：ptSt，起点坐标；ptEn，终点坐标。语法格式如下：

```
Public Function AddLine（ByVal ptSt As Variant，ptEn As Variant）As AcadLine
　　Set AddLine = ThisDrawing. ModelSpace. AddLine（ptSt，ptEn）
End Function
```

2）根据另一点的相对直角坐标创建直线。函数形参说明：ptSt，与上相同；x，端点 x 坐标；y，端点 y 坐标。构造方法：先将坐标差转换成另一端点的坐标，然后引用直线基准函数来构造此函数。语法格式如下：

```
Public Function AddLineReXY（ByVal ptSt As Variant，x As Double，y As Double）As AcadLine
　　'定义终点
　　Dim ptEn As Variant
　　ptEn = GetPoint（ptSt，x，y）　　　　　　　　'用 Getpoint 函数获得另一端点坐标
　　Set AddLineReXY = AddLine（ptSt，ptEn）
End Function
```

3）获得相对已知点偏移一定距离的点。语法格式如下：

```
Public Function GetPoint（pt As Variant，x As Double，y As Double）As Variant
　　Dim ptTarget（0 To 2）As Double
　　ptTarget（0）= pt（0）+ x
　　ptTarget（1）= pt（1）+ y
　　ptTarget（2）= 0
　　GetPoint = ptTarget
End Function
```

4）创建轻量多段线（只有两个顶点的直线多段线）。函数形参说明：ptSt、ptEn，直线起点、终点坐标；width，线宽。语法格式如下：

```
Public Function AddLWPlineSeg（ByVal ptSt As Variant，ptEn As Variant，width As Double）
As AcadLWPolyline
        Dim objPline As AcadLWPolyline
        Dim ptArr（0 To 3）As Double
        ptArr（0）＝ptSt（0）
        ptArr（1）＝ptSt（1）
        ptArr（2）＝ptEn（0）
        ptArr（3）＝ptEn（1）
        Set objPline = ThisDrawing. ModelSpace. AddLightWeightPolyline（ptArr）
        objPline. ConstantWidth = width                          '设置轻量线宽度
        objPline. Update
        Set AddLWPlineSeg = objPline
End Function
```

（2）圆

1）创建圆的基准函数。函数形参说明：ptcen，圆心坐标；radius，半径。语法格式如下：

```
Public Function AddCircle（Byval ptcen As Variant，radius As Variant，）As AcadCircle
        Dim obCir As AcadCircle
        Set obCir = ThisDrawing. ModelSpace. AcadCircle（Ptcen，radius）
        Set AddCircle = objCir
End Function
```

2）三点法创建圆。三点法创建圆，要输入 3 个点坐标，这 3 个点不能共线，也不能重合，其算法如下：假定圆心坐标为 (x, y, z)，已知三个点的坐标分别为 (x_1, y_1, z_1)、(x_2, y_2, z_2)、(x_3, y_3, z_3)，可以建立如下方程

$$(x-x_1)^2 + (y-y_1)^2 = (x-x_2)^2 + (y-y_2)^2 = (x-x_3)^2 + (y-y_3)^2$$

根据线性代数求解齐次方程组的方法求出圆心位置 (x, y, z) 和圆半径 r，用上面圆的基准函数就可以创建圆。要求 3 点不能共线，也不能重合，否则函数失效。

函数形参说明：pt1、pt2 、pt3 圆上 3 点坐标。语法格式如下：

```
Public Function AddCircle3P（ByVal pt1 As Variant，pt2 As Variant，pt3 As Variant）As AcadCircle
        Dim xysm，xyse，xy As Double
        Dim ptCen（0 To 2）As Double
        Dim radius As Double
        Dim objCir As AcadCircle
        xy＝pt1（0）^2 + pt1（1）^2
        xyse＝xy－pt3（0）^2－pt3（1）^2
        xysm＝xy－pt2（0）^2－pt2（1）^2
        xy＝（pt1（0）－pt2（0））* （pt1（1）－pt3（1））－（pt1（0）－pt3（0））* （pt1
（1）－pt2（1））
'判断参数有效性
If Abs（xy）＜0. 000001 Then
        MsgBox " 所输入的参数无法创建圆形!"
        Exit Function
```

```
        End If
        '获得圆心和半径
        ptCen (0) = (xysm * (pt1 (1) - pt3 (1)) - xyse * (pt1 (1) - pt2 (1))) / (2 * xy)
        ptCen (1) = (xyse * (pt1 (0) - pt2 (0)) - xysm * (pt1 (0) - pt3 (0))) / (2 * xy)
        ptCen (2) = 0
        radius = Sqr ( (pt1 (0) - ptCen (0)) ^2 + (pt1 (1) - ptCen (1)) ^2)
        If radius < 0.000001 Then
            MsgBox " 半径过小!"
            Exit Function
        End If
        Set objCir = ThisDrawing. ModelSpace. AddCircle (ptCen, radius)
        '由于返回值是对象, 必须加上 set
        Set AddCircle3P = objCir
    End Function
```

(3) 圆弧

1) 基本方法: 圆心、起点角度和终点角度。函数形参说明: ptCen, 圆心坐标; radius, 半径; stAng, 起点与 X 轴的夹角; enAng, 终点与 X 轴的夹角。

```
    Public Function AddArcCSEA (ByVal ptCen As Variant, radius As Double, As Double,    enAng
As Double) As AcadArc
        '定义错误处理的方法
            On Error GoTo errHandle
            Dim objArc As AcadArc
            Set objArc = ThisDrawing. ModelSpace. AddArc (ptCen, radius, stAng, enAng)
            Set AddArcCSEA = objArc
    Exit Function
    errHandle:
    MsgBox Err. Description
    End Function
```

2) 圆心、起点和终点。函数形参说明: ptCen, 圆心坐标; ptSt、ptEn, 起点、终点坐标。构造方法: 先根据圆心、起点和终点坐标计算圆弧半径、起点和终点的角度, 再引用圆弧的基准函数来构造此函数。要求 3 点不能共线, 也不能重合, 否则函数失效。

```
    Public Function AddArcCSEP (ByVal ptCen As Variant, ptSt As Variant, ptEn As Variant)
As AcadArc
        Dim objArc As AcadArc
        Dim radius As Double
        Dim stAng, enAng As Double
        '计算半径
        radius = GetDistance (ptCen, ptSt)
        '计算起点角度和终点角度
        stAng = ThisDrawing. Utility. AngleFromXAxis (ptCen, ptSt)
        enAng = ThisDrawing. Utility. AngleFromXAxis (ptCen, ptEn)
```

Set objArc = ThisDrawing. ModelSpace. AddArc（ptCen, radius, stAng, enAng）

Set AddArcCSEP = objArc

End Function

3）三点法。函数形参说明：ptSt、ptsc、ptEn，圆弧上 3 点坐标。构造方法：先根据圆弧上 3 点坐标计算圆心、起点和终点坐标，再引用圆弧的 AddArcCSEP 函数来构造此函数。语法格式如下：

Public Function AddArc3pt（ByVal ptSt As Variant, ptEn　As Variant, ptEn　As Variant）As AcadArc

　　　Dim objArc As AcadArc

　　　Dim ptCen As Variant

　　　Dim radius As Double

　　　ptCen = GetCenOf3Pt（ptSt, ptsc, ptEn, radius）

　　　Set objArc = AddArcCSEP（ptCen, ptSt, ptEn）

　　　Set AddArc3pt = objArc

End Function

（4）椭圆　函数形参说明：ptCen，椭圆中心坐标；ptmajAxis，椭圆轴矢量值；radRatio，椭圆两轴比率。

1）创建椭圆的基准函数（点 ptMajAxis 定义了一个矢量）。语法格式如下：

Public Function AddEllipse（ByVal ptCen As Variant, ptmajAxis As Variant, radRatio As Double）As AcadEllipse

Set AddEllipse = ThisDrawing. ModelSpace. AddEllipse（ptCen, ptmajAxis, radRatio）

End Function

2）通过外接矩形创建椭圆。函数形参说明：pt1、pt2，椭圆外接矩形的对角点坐标；angle，矩形与 X 轴的夹角。构造方法：先根据矩形两对角点坐标和矩形与 X 轴的夹角，计算出椭圆中心、椭圆轴矢量值和比率，再引用椭圆基准 P 函数来构造此函数。语法格式如下：

Public Function AddEllipseRec（ByVal pt1 As Variant, pt2 As Variant, angle As Double）As AcadEllipse

　　　Dim majAxisLen, minAxisLen As Double

　　　Dim ptCen As Variant

　　　Dim radRatio As Double

　　　Dim ptmajAxis（0 To 2）As Double

　　　Dim objEllipse As AcadEllipse

　　　'计算长轴和短轴的长度以及半径比例

　　　majAxisLen = Abs（pt1（0）– pt2（0））

　　　minAxisLen = Abs（pt1（1）– pt2（1））

　　　radRatio = minAxisLen/majAxisLen

　　　'根据长轴所在的坐标轴调整数据

　　　If radRatio < 1 Then

　　　　　ptmajAxis（0）= majAxisLen/2：ptmajAxis（1）= 0：ptmajAxis（2）= 0

　　　ElseIf radRatio > 1 Then

　　　　　ptmajAxis（0）= 0：ptmajAxis（1）= minAxisLen/2：ptmajAxis（2）= 0

　　　　　radRatio = 1/radRatio

```
Else
    MsgBox " 参数错误，无法创建椭圆!"
Exit Function
End If
ptCen = GetMidPt（pt1，pt2）
Set objEllipse = AddEllipse（ptCen，ptmajAxis，radRatio）
    objEllipse. Rotate ptCen，angle
    objEllipse. Update
    Set AddEllipseRec = objEllipse
End Function
```

（5）创建样条曲线　函数形参说明：ptArr（）；样条曲线顶点数组坐标，vecSt，起点的切向；vecEn，终点的切向。语法格式如下：

```
Public Function AddSpline（ByRef ptArr（）As Double，ByVal vecSt As Variant，ByVal vecEn As
Variant）As AcadSpline
    '错误处理：判断数组的有效性
If（UBound（ptArr）+1）Mod 3 < > 0 Then
    MsgBox " 数组参数无法创建样条曲线!"
    Exit Function
End If
    Set AddSpline = ThisDrawing. ModelSpace. AddSpline（ptArr，vecSt，vecEn）
End Function
```

（6）文字

1）单行文字基准函数。函数形参说明：text，文本串；ptinsert，文本串插入点；height，字高。语法格式如下：

```
Public Function AddText（ByVal text As String，ptinsert As Variant，height As Double）As AcadT-
ext
    Set AddText = ThisDrawing. ModelSpace. AddText（text，ptinsert，height）
End Function
```

2）多行文字基准函数。函数形参说明：ptinsert，文本串插入点；width，文本串宽度；text，文本串。语法格式如下：

```
Public Function AddMtext（ByVal ptinsert As Variant，width As Double，text As String）As Acad-
MText
    Set AddMtext = ThisDrawing. ModelSpace. AddMtext（ptinsert，width，text）
End Function
```

3）创建一定角度的单行文字。函数形参说明：text，文本串；ptinsert，文本串插入点；height，字高；angle，文本串与 X 轴夹角。语法格式如下：

```
Public Function AddTextHA（ByVal text As String，ptinsert As Variant，height As Double，angle
As Double）As AcadText
    Dim objText As AcadText
    Set objText = ThisDrawing. ModelSpace. AddText（text，ptinsert，height）
    objText. Rotate ptinsert，angle
```

objText. Update

Set AddTextHA = objText

End Function

4）一定高度和角度的多行文字。函数形参说明：text，文本串；ptinsert，文本串插入点；height，字高；width，文本串宽度；angle，文本串与 X 轴夹角。语法格式如下：

Public Function AddMtextHA（ByVal ptinsert As Variant, width As Double, text As String, height As Double, _ angle As Double）As AcadMText

Dim objMtext As AcadMText

Set objMtext = ThisDrawing. ModelSpace. AddMtext（ptinsert, width, text）

objMtext. height = height

objMtext. Rotation = angle

Set AddMtextHA = objMtext

End Function

（7）尺寸标注

1）创建对齐标注的基准函数。函数形参说明：pt1，尺寸定义第一点；pt2，尺寸定义第二点；ptText，标注文字对齐点。

Public Function AddDimAligned（ByVal pt1 As Variant, pt2 As Variant, ptText As Variant）As AcadDimAligned

Set AddDimAligned = ThisDrawing. ModelSpace. AddDimAligned（pt1, pt2, ptText）

End Function

2）创建旋转标注的基准函数。函数形参说明：pt1，尺寸定义第一点；pt2，尺寸定义第二点；ptText，标注文字对齐点；angle，尺寸线的旋转角度（弧度）。语法格式如下：

Public Function AddDimRotated（ByVal pt1 As Variant, pt2 As Variant, ptText As Variant, _ angle As Double）As AcadDimRotated

Set AddDimRotated = ThisDrawing. ModelSpace. AddDimRotated（pt1, pt2, ptText, angle）

End Function

3）半径标注的基准函数。函数形参说明：ptCen，标注圆形的圆心；ptChord，标注线通过的圆周上一点；leaderLength，引线的长度（正值表示在圆形外侧）。语法格式如下：

Public Function AddDimRadial（ByVal ptCen As Variant, ptChord As Variant, leaderLength As Double）As

AcadDimRadial

Set AddDimRadial = ThisDrawing. ModelSpace. AddDimRadial（ptCen, ptChord, leader-Length）

End Function

4）根据圆心、角度（弧度）和半径来标注半径。函数形参说明：ptCen，标注圆形的圆心；radius，半径；angle，角度。函数构造方法：先根据圆心、角度和半径，计算出圆周上一点的坐标，再引用 AddDimRadial 函数来构造此函数。语法格式如下：

Public Function AddDimRadialAR（ByVal ptCen As Variant, radius As Double, As Double, Optional

leaderLength _ As Double = 5）As AcadDimRadial

Dim ptChord As Variant

```
        ptChord = GetPointAR（ptCen，angle，radius）
        Set AddDimRadialAR = AddDimRadial（ptCen，ptChord，leaderLength）
    End Function
```

5）直径标注的基准函数。函数形参说明：ptChord1，标注线通过的圆周上一点；ptChord2，由 ptChord1 所确定的直径的另一个端点；leaderLength，引线的长度（正值表示在圆形外侧）。语法格式如下：

```
    Public Function AddDimDiametric（ByVal ptChord1 As Variant，ptChord2 As Variant，leaderLength As
        Double）As AcadDimDiametric
        Set AddDimDiametric = ThisDrawing. ModelSpace. AddDimDiametric（ptChord1，ptChord2，leaderLength）
    End Function
```

6）角度标注的基准函数。函数形参说明：ptVertex，角度线交叉点；ptSt，角度起始点；ptEn，角度终止点；ptText，标注文本位置。语法格式如下：

```
    Public Function AddDimAngular（ByVal ptVertex As Variant，ptSt As Variant，ptEn As Variant，ptText As
        Variant）As AcadDimAngular
        Set AddDimAngular = ThisDrawing. ModelSpace. AddDimAngular（ptVertex，ptSt，ptEn，ptText）
    End Function
```

（8）填充

1）创建传统填充对象的基准函数。函数形参说明：objList（），组成填充区域对象数组；patType，0 为预定义图案，1 为用户定义图案，2 为自定义图案；patName，填充图案名称；associativity，图案关联性，True 为关联，False 为不关联。语法格式如下：

```
    Public Function AddHatch（ByRef objList（）As AcadEntity，ByVal patType As Integer，ByVal As
    _ String，ByVal associativity As Boolean）As AcadHatch
    On Error GoTo errHandle
    '定义填充对象
    Dim objHatch As AcadHatch
    Set objHatch = ThisDrawing. ModelSpace. AddHatch（patType，patName，associativity，acHatchObject）
    '添加边界
    objHatch. AppendOuterLoop（objList）
    objHatch. Evaluate
    ThisDrawing. Regen True
    Set AddHatch = objHatch
    Exit Function
    errHandle：
        If Err. number = -2145386493 Then
            MsgBox " 填充定义边界未闭合!"，vbCritical
        End If
    Err. Clear
```

End Function

2）根据多个点的坐标创建填充。函数形参说明：ByRef ptArr（），组成填充区域对象坐标点数组；patType，0 为预定义图案，1 为用户定义图案，2 为自定义图案；patName，填充图案名称；associativity，图案关联性，True 为关联，False 为不关联。函数构造方法：先根据组成填充区域对象坐标点数组，构造一个封闭实体对象，再引用 AddHatch 函数构造此函数。

Public Function AddHatchPt（ByRef ptArr（）As Double，ByVal patType As Integer，ByVal patName As String，ByVal associativity As Boolean）As AcadHatch

Dim objPline As AcadLWPolyline

'检查数组的有效性

If（UBound（ptArr）+ 1）Mod 2 < > 0 Then

　　MsgBox " 数组元素个数必须为偶数!"

　　Exit Function

End If

Set objPline = ThisDrawing. ModelSpace. AddLightWeightPolyline（ptArr）

objPline. Closed = True

Dim objList（0）As AcadEntity

Set objList（0）= objPline

Set AddHatchPt = AddHatch（objList，patType，patName，associativity）

End Function

12.7　专用函数示例

12.7.1　桥涵工程专用函数

（1）箱形梁截面（见图 12-27）　函数形参说明：bkuan，板顶宽；Lgao，板高；xkuan，箱宽；leikuan，肋宽；dinbhou，顶板厚；dibhou，底板厚；ndj，内倒角；wdj，外倒角；bdgao，翼缘端部高；bgbgao 翼缘根部高。语法格式如下：

Public Sub AddXXliang（ByVal ptj As Variant，bkuan As Double，Lgao As Double，xkuan As Double，leikuan As Double，dinbhou As Double，dibhou As Double，ndj As Double，wdj As Double，bdgao As Double，bgbgao As Double）

Dim yykuan As Double，kxkuan As Double

Dim kxgao As Double，xtgao As Double

xtgao = Lgao − bgbgao − wdj

yykuan =（bkuan − xkuan − 2 * wdj）/ 2

kxkuan =（xkuan − 2 * leikuan − 2 * ndj）

kxgao = Lgao − dinbhou − dibhou − 2 * ndj

pt1 = ptj

pt2 = GetPointZX（ptj，bkuan，0）

AddLineReXY pt1，bkuan，0

AddLineReXY pt1，0，− bdgao

AddLineReXY pt2，0，− bdgao

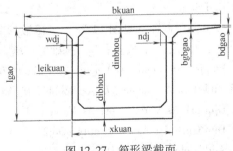

图 12-27　箱形梁截面

```
pt1 = GetPointZX（pt1, yykuan, － bgbgao）
pt2 = GetPointZX（pt2, － yykuan, － bgbgao）
AddLineReXY pt1，－ yykuan,（bgbgao － bdgao）
AddLineReXY pt2, yykuan,（bgbgao － bdgao）
AddLineReXY pt1, wdj, － wdj
AddLineReXY pt2, － wdj, － wdj
pt1 = GetPointZX（pt1, wdj, －（wdj + xtgao））
pt2 = GetPointZX（pt2, － wdj, －（wdj + xtgao））
AddLineReXY pt1, 0, xtgao
AddLineReXY pt2, 0, xtgao
AddLineReXY pt1, xkuan, 0
pt1 = GetPointZX（pt1,（leikuan + ndj）, dibhou）
pt2 = GetPointZX（pt2, －（leikuan + ndj）, dibhou）
AddLineReXY pt1, kxkuan, 0
AddLineReXY pt1, － ndj, ndj
AddLineReXY pt2, ndj, ndj
pt1 = GetPointZX（pt1, － ndj,（ndj + kxgao））
pt2 = GetPointZX（pt2, ndj,（ndj + kxgao））
AddLineReXY pt1, 0, － kxgao
AddLineReXY pt2, 0, － kxgao
AddLineReXY pt1, ndj, ndj
AddLineReXY pt2, － ndj, ndj
pt1 = GetPointZX（pt1, ndj, ndj）
AddLineReXY pt1, kxkuan, 0
End Sub
```

箱形梁测试如下：

```
Public Sub ceshiAddXXliang（）
UserLinetype
Dim ptj（0 To 2）As Double
ptj（0）= 50：ptj（1）= 50：ptj（2）= 0
AddXXliang ptj, 17. 5, 8#, 9#, 0. 55, 0. 35, 1#, 0. 5, 0. 5, 0. 15, 0. 52
End Sub
```

（2）涵洞截面（见图 12-28）　　函数形参说明：D_1，内径；D_2，外径；L_1，底宽；L_2，基础宽；H_1，埋深。

```
Public Sub hddm（ByVal ptj As Variant, D₁ As Double, D₂
As Double, L₁ As Double, L₂ As Double, H₁ As Double）
Dim pt1 As Variant, pt2 As Variant
Dim Obj1（）As AcadEntity, Obj2（）As AcadEntity
AddCircle ptj, 0. 5 ∗ D1
AddCircle ptj, 0. 5 ∗ D2
```

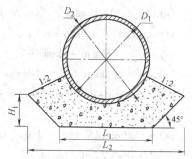

图 12-28　涵洞截面

Obj1（1）= AddCircle（ptj, 0. 5 * D_1）

Obj1（2）= AddCircle（ptj, 0. 5 * D_2）

AddHatch　Obj1, 0, " ANSI31", True　　　　　　　'图案填充，ANSI31 为图案名称

pt1 = GetPointZX（ptj, 0, - 0. 5 * D_1）

pt2 = GetPointZX（pt1, - 0. 5 * L_1, - H_1）

AddLineReXY pt2, 0, L_1

Obj2（1）= AddLineReXY（pt2, 0, L_1）

pt2 = GetPointZX（pt2, 0, L_1）

AddLineReXY pt2, H_1, H_1

Obj2（2）= AddLineReXY（pt2, H_1, H_1）

pt2 = GetPointZX（pt2, H_1, H_1）

AddLineReXY pt2, - Xe, 0. 5 * Xe

Obj2（3）= AddLineReXY（pt2, - Xe, 0. 5 * Xe）

pt2 = GetPointZX（pt1, - 0. 5 * L_1, - H_1）

AddLineReXY pt2, - H_1, H_1

Obj2（4）= AddLineReXY（pt2, - H_1, H_1）

pt2 = GetPointZX（pt2, - H_1, H_1）

AddLineReXY pt2, Xe, 0. 5 * Xe

Obj2（5）= AddLineReXY（pt2, Xe, 0. 5 * Xe）

Obj2（6）= Obj1（2）

AddHatch　Obj2, 0, " AR-CONC", True　　　'图案填充，AR-CONC 为图案名称

End Sub

涵洞测试程序如下：

Public Sub ceshihandong（）

UserLinetype　　　　　　　　　　　　　　　　　'加载线型函数

Dim ptj As Variant, D_1 As Double, D_2 As Double, L_1 As Double, L_2 As Double, H_1 As Double

ptj = ThisDrawing. Utility. GetPoint（, " 涵管中心点位置:"）

D_1 = ThisDrawing. Utility. GetReal（" 输入内径:"）

D_2 = ThisDrawing. Utility. GetReal（" 输入外径:"）

L_1 = ThisDrawing. Utility. GetReal（" 输入基础底宽:"）

L_2 = ThisDrawing. Utility. GetReal（" 输入基础宽:"）

H_1 = ThisDrawing. Utility. GetReal（" 输入基础埋深:"）

Hddm ptj, D_1, D_2, L_1, L_2, H_1

End Sub

程序运行后的结果如图 12-29（不含标注）所示。

程序执行过程如下：

　　Command：涵管中心点位置：在屏幕上点击一点。

　　Command：输入内径：100。

　　Command：输入外径：110。

　　Command：输入基础底宽：120。

　　Command：输入基础宽：200。

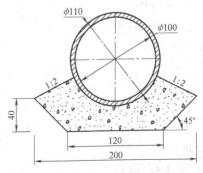

图 12-29　涵洞断面图

Command：输入基础埋深：40。

12.7.2　道路工程专用函数

（1）绘制横断面地面线

1）在声明区说明公有变量如下：

Dim n As Integer，I As Integer

Dim x As Double，y As Double

Dim pt As Variant，ptw As Variant

2）主程序代码。变量说明：HdmName 为字符串变量，读取横断面数据文件名；Hdmstr 为字符串变量，读取横断面数据；Hdmshuju 为横断面数据文件名。语法格式如下：

```
Public Sub HDm ()
Dim Hdmstr As String，HdmName As String
HdmName = " f：\ Hdmshuju"                    '横断面数据文件
Open HdmName For Input As #1                  '打开横断面数据文件
Do Until EOF (1)
Line Input #1，Hdmstr                         '读桩号数据
Dimzhhao Hdmstr                               '标注桩号
Line Input #1，Hdmstr                         '读左断面数据
DrawLeft Hdmstr                               '绘制断面左侧地面线
Line Input #1，Hdmstr                         '读右断面数据
DrawRight Hdmstr                              '绘制断面右侧地面线
Loop
Close #1                                      '关闭数据文件
End Sub
'绘制断面左侧地面线函数
Private Sub DrawLeft (Leftstr As String)
n = Val (knfg (LTrim (Leftstr)，1))           '获取左断面数据组数
ptw = pt
For I = 2 To 2 * n Step 2
x = Val (knfg (LTrim (Leftstr)，I))           '获取一段地面的水平距离
y = Val (knfg (LTrim (Leftstr)，1 + I))       '获取一段地面的高差
AddLineReXY ptw，- x，y                        '绘制一段地面线
ptw = GetPointZX (ptw，- x，y)
Next I
End Sub
'绘制断面右侧地面线函数
Private Sub DrawRight (Rightstr As String)
n = Val (knfg (LTrim (Rightstr)，1))          '获取右断面数据组数
ptw = pt
For I = 2 To 2 * n Step 2
x = Val (knfg (LTrim (Rightstr)，I))
```

```
        y = Val（knfg（LTrim（Rightst），1 + I））
        AddLineReXY ptw, x, y                              '绘制一段地面线
        ptw = GetPointZX（ptw, x, y）
        Next I
End Sub
'标注中桩桩号函数
Private Sub Dimzhhao（Zhhao As String）
        pt = ThisDrawing. Utility. GetPoint（, "指定断面中心点位置:"）
        ptw = GetPointZX（pt, 0, 0.5）
        AddLineRexy ptw, 0, -1.0                           '绘制中心线
        AddText Zhhao, ptw, 2.0                            '标注桩号
End Sub
```

3）横断面数据文件（Hdmshuju）的数据如下：

```
0.0                                                        '中桩桩号
3 10.50 -1.2 3.85 -0.65 16.80 -1.85                       '左断面数据，3 为数据组数
4 5.60 0.45 14.35 1.27 8.50 0.68 14.2 0.35                '右断面数据，4 为数据组数
20.0
3 13.50 -1.8 9.85 -0.96 10.80 -1.35
4 5.60 0.57 11.38 0.67 13.50 1.10 7.2 0.62
…
```

先输入横断面数据文件，保存为纯文本格式，然后运行主程序，运行后的结果如图 12-30 所示。

（2）绘制横断面设计线　横断面设计线主要包括路幅、边坡、边沟等部分。其中路幅由中央分隔带、行车道、硬路肩和土路肩组成；边坡分单级边坡和多级边坡；边沟形式有矩形、梯形、三角形等。为使程序简单易读，下面的横断面程序仅包括行车道、硬路肩、土路肩、单级边坡和梯形边沟。语法格式如下：

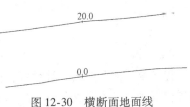

图 12-30　横断面地面线

```
'绘制横断面设计线和地面线''''
Public Sub Hdmsjx（ByVal Namedmx As String, Nametwg As String, Hdmcs As String）
Open Namedmx For Input As #1                               '打开横断面数据文件
Open Nametwg For Input As #2                               '打开填挖高数据文件
Open Hdmcs For Input As #3                                 '打开横断面参数文件
On Error Resume Next
Do Until EOF（1）
Line Input #1, Hdmstr0                                     '读桩号数据，地面线
Line Input #1, Hdmstrz                                     '读左断面数据
Line Input #1, Hdmstry                                     '读右断面数据
Line Input #2, Twgstr0                                     '读桩号和设计高数据，设计线
Line Input #3, Hdmstr                                      '读横断面设计参数
Twgao = Val（kdg（LTrim（Twgstr0）））                        '获取填挖高
```

```
If Val (knfg (LTrim (Hdmstr0), 1)) = Val (knfg (LTrim (Twgstr0), 1)) Then
Jxpd = False
Dimzhhao Hdmstr0                                    '标注桩号
DrawLeft Hdmstrz                                    '绘制断面左侧地面线
DrawRight Hdmstry                                   '绘制断面右侧地面线
ptw = GetPointZX (pt, 0, Twgao)
Dralufuz ptw                                        '绘制左侧路幅
'按路堤带帽'
Jxpd = Ldhdmmbz ptw
If Jxpd = False then
'按路堑带帽'
Jxpd = Lqhdmmby ptw
Endif
Dralufuy ptw                                        '绘制右侧路幅
'按路堤带帽'
Jxpd = Ldhdmmby ptw
If Jxpd = False then
'按路堤带帽'
Jxpd = Lqhdmmby ptw
Endif
Loop
Close #2                                            '关闭数据文件
Close #3
Close #1
End Sub
```

程序第一部分输入设计数据：由主程序依次读取横断面地面线数据文件、中桩填挖高文件和横断面设计参数文件。第二部分绘图：绘制左侧地面线，绘制左侧路幅，绘制左侧边坡，绘制左侧边沟；绘制右侧地面线，绘制右侧路幅，绘制右侧边坡，绘制右侧边沟。在绘制边坡时要按路堤和路堑分别放坡，由程序自动判断路基形式。程序绘制的横断面设计线如图12-31 所示。

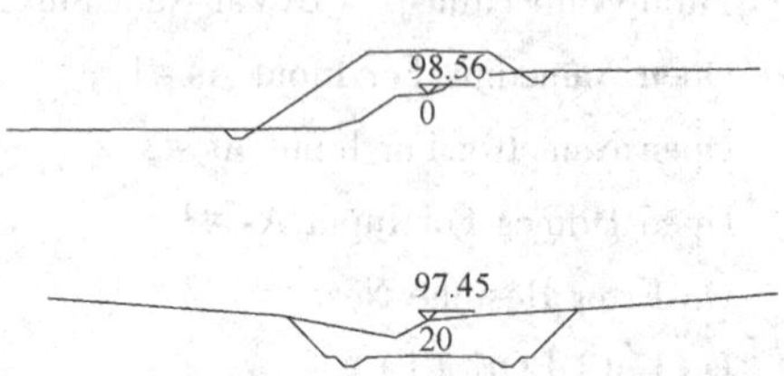

(3) 绘制示坡线　示坡线在工程图中应用非常广泛，其线条很简单，但数量很多。如果每次都一笔一笔地绘制，无疑会降低绘图效率。用示坡线绘图程序，只要输入少数几个参数，就可以轻松地绘制示坡线。程序说明：形参 shipoy 是示坡线长度，形参 shipox 是示坡线间距。语法格式如下：

图 12-31　横断面设计线

```
Private Sub Huishipox (shipoy As Double, shipox As
Double)
On Error Resume Next
Dim obj As AcadLine                                 '定义一个直线对象
Do
```

Err. Clear

ThisDrawing. Utility. GetEntity obj，ptk，" 选择直线:"

If Err = 0 Then

pt2 = obj. StartPoint

pt3 = obj. EndPoint

xq = pt2（0）：yq = pt2（1）：zq = pt2（2）

xz = pt3（0）：yz = pt3（1）：zz = pt3（2）

xk = ptk（0）：yk = ptk（1）：zk = ptk（2）

s1 = Sqr（（xk − xq）^ 2 +（yk − yq）^ 2）

s2 = Sqr（（xk − xz）^ 2 +（yk − yz）^ 2）

If s1 > s2 Then

pt3 = obj. StartPoint

pt2 = obj. EndPoint

xq = pt2（0）：yq = pt2（1）：zq = pt2（2）

xz = pt3（0）：yz = pt3（1）：zz = pt3（2）

End If

shipochang = Sqr（（xz − xq）^ 2 +（yz − yq）^ 2）　　　'计算示坡线总长

xiedu = Addxiedu（xq，yq，xz，yz）　　　'计算示坡线倾角

Addshipo pt2，shipochang，shipoy，shipox，xiedu　　　'绘制示坡线

Else

If Err = 13 Then

MsgBox（"选择的实体不是直线"）

Else

MsgBox（"未选中实体，重新选择"）

End If

End If

Loop Until Err = 0

End Sub

12.7.3　建筑工程专用函数

楼梯剖面图（见图 12-32）　楼梯由踏步、左休息板、右休息板及斜梁组成。函数形参说明：H_1，踏步高；L_1，踏步宽；D_1，斜梁厚；L_2，左休息板长；L_3，右休息板长；H_2，休息板厚；M，踏步级数。语法格式如下：

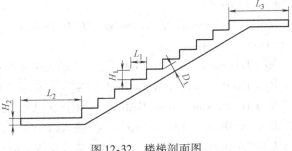

图 12-32　楼梯剖面图

Public Sub Ltpoum（ByVal ptj As Variant，H_1 As Double，H_2 As Double，L_1 As Double，L_2 As Double，

_ L_3 As Double，D_1 As Double，M As interger)

Dim pt1 As Variant，pt2 As Variant，k As Double，b_1 As Double，x_1 As Double，x_2 As Double

Dim Xt As Double，Yt As Double，I As interger

```
k = H1／L1；    b1 = D1 * Sqr （1 + k^2）
```

$$x_1 = L_2 + （b_1 - H_2）／k$$

$$x_2 = （H_1 - H_2 + b_1）／k$$

$$Xt = L_2 + （M - 1）* L_1 - x_1 + x_2$$

$$Yt = k * Xe$$

```
AddLineReXY ptj, L₂, 0
AddLineReXY ptj, 0, - H₂
pt1 = GetPointZX （ptj, L₂, 0）
pt2 = GetPointZX （ptj, 0, - H₂）
AddLineReXY pt2, x₁, 0
pt2 = GetPointZX （pt2, x₁, 0）
AddLineReXY pt2, Xt, Yt
for I = 1 to （M - 1）
AddLineReXY pt1, 0, H₁
pt1 = GetPointZX （pt1, 0, H₁）
AddLineReXY pt1, L₁, 0
pt1 = GetPointZX （pt1, L₁, 0）
Next I
AddLineReXY pt1, 0, H₁
pt1 = GetPointZX （pt1, 0, H₁）
AddLineReXY pt1, L₃, 0
pt1 = GetPointZX （pt1, L₃, 0）
AddLineReXY pt1, 0, - H₂
pt1 = GetPointZX （pt1, 0, - H₂）
AddLineReXY pt1, - （L₃ - x₂）, 0
End Sub
```

楼梯测试程序如下：

```
Public Sub ceshilouti （）
UserLinetype                                              '加载线型函数
```

Dim ptj As Variant, H_1 As Double, H_2 As Double, L_1 As Double, L_2 As Double, L_3 As Double, $-D_1$ As Double, M As interger

```
ptj = ThisDrawing. Utility. GetPoint （, "输入左休息板左上角位置:"）
H₁ = ThisDrawing. Utility. GetReal （"输入踏步高:"）,
H₂ = ThisDrawing. Utility. GetReal （"输入休息板厚:"）
L₁ = ThisDrawing. Utility. GetReal （"输入踏步宽:"）
L₂ = ThisDrawing. Utility. GetReal （"输入左休息板长:"）
L₃ = ThisDrawing. Utility. GetReal （"输入右休息板长:"）
D₁ = ThisDrawing. Utility. GetReal （"输入斜梁厚:"）
M = ThisDrawing. Utility. GetReal （"输入踏步级数:"）
Ltpoum ptj , H₁, H₂, L₁, L₂, L₃, D₁, M
End Sub
```

程序运行后的结果如图 12-33（不含标注）所示。程序执行过程如下：

Command：输入左休息板左上角位置：在屏幕上点击一点。

Command：输入踏步高：15。

Command：输入休息板厚：10。

Command：输入踏步宽：27。

Command：输入左休息板长：100。

Command：输入右休息板长：100。

Command：输入斜梁厚：12。

Command：输入踏步级数：10。

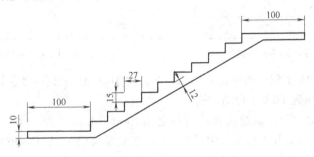

图 12-33　踏步剖面图

12.8　VBA 程序加密、加载和运行

1. 加密 VBA 工程

由于 VBA 程序不能编译生成可执行文件，只能以源代码的形式提供给用户，为保护开发者的知识产权，VBA 提供了保护密码的措施，即加密 VBA 工程。其具体方法如下：

1）在 VBA 工程窗口下选择要加密的工程文件，单击右键，弹出光标菜单如图 12-34 所示。

2）选择菜单上的"ACADProject properties..."项，将弹出如图 12-35 所示的工程属性窗口。

3）在工程属性窗口中，打开"Protection"选项卡，选中"Lock Project for Viewing"复选框，在"Password（密码）"文本框内输入密码，再在"Confirm Password（确认密码）"文本框内输入同样的密码。单击"确定"按钮，完成对该工程的加密操作。当再次加载该工程或查看工程的源代码时，系统会提示输入密码，只有当输入密码与加密密码相同时，才能打开该工程文件。所以切记不要忘记加密密码，否则将无法打开工程文件。

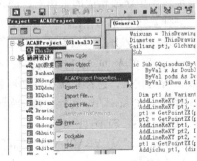

图 12-34　光标菜单

2. 加载 VBA 工程

（1）从菜单加载 VBA 工程　从 AutoCAD 菜单条加载 VBA 工程是一种手工加载的方法，适用于开发和调式 VBA 工程的阶段。具体方法如下：选择菜单"Tools"→"Macro"→"Load Project..."，弹出如图 12-36 所示的对话框，在该对话框的"文件名"文本框中输入要加载的工程名称，然后单击"打开"按钮。

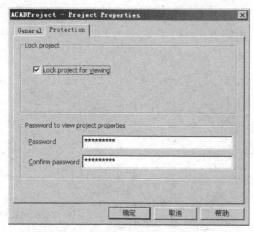

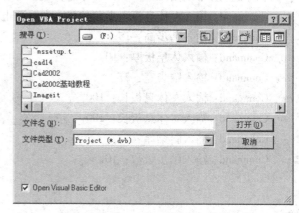

图 12-35　Project Properties 对话框　　　　图 12-36　Open VBA Project 对话框

（2）自动加载 VBA 工程　所谓自动加载即在启动 AutoCAD 的同时加载该 VBA 工程，在 AutoCAD 中有两种自动加载 VBA 工程的方法。

1）当 AutoCAD 启动时，系统会自动寻找名为 Acad. dvb 的工程，并自动加载此工程文件。利用此特点可以在 Acad. dvb 工程文件中添加代码，将要加载的 VBA 工程添加进去。

2）当 AutoCAD 启动时，系统会自动启动一个名为 Acad. lsp 的程序，可以在 Acad. lsp 文件中加入启动 VBA 工程的代码。例如，要加载名为"jzproject. dvb"的 VBA 工程；打开 Acad. lsp 程序，添加如下代码：

（Defun S: STARTURP（ ）

（command " _ VBALOAD" " jzproject. dvb")

）

3. 运行 VBA 程序

在 AutoCAD 中有三种方法来运行已经加载的 VBA 程序：

1）从定制的下拉菜单或工具条运行 VBA 菜单宏。用户可以先定制下拉菜单或工具条，然后在菜单代码中添加相应的菜单宏，通过执行菜单宏来运行 VBA 程序。可以有两种方法添加菜单宏，一种是在 VBA 下执行"VBARUN Filename. dvb"；另一种是通过运行 AutoLISP 程序来执行 VBA 程序。具体方法可以参照 VBA 的专门书籍。

2）在启动 AutoCAD 时自动执行 VBA 工程。用户可以在 Acad. dvb 工程文件中添加自动执行 VBA 工程的代码，这样系统在启动后就会执行 VBA 程序。例如，要执行名为"jzproject. dvb"的 VBA 程序，在 Acad. lsp 程序，添加如下代码：

（Defun S: STARTURP（ ）

（command " _ VBARUN"" jzproject. dvb")

）

3）在命令行输入"-VBARUN"命令。在 AutoCAD 环境下，直接输入"-VBARUN"命令，根据系统提示，输入要运行的宏命令后，运行 VBA 工程。如果用户输入"-VBARUN"命令，系统将弹出"MAcros"对话框，在该对话框中选择要执行的 VBA 工程，然后单击"RUN"按钮，运行该 VBA 程序。

练习与思考题

12-1　何谓建筑 CAD 二次开发？主要内容有哪些？

12-2　AutoCAD 的标准菜单由哪些菜单项组成？

12-3　如何表示下拉菜单，图标菜单。

12-4　AutoCAD 有哪些开发工具？

12-5　AutoCAD 的标准库文件有哪些？

12-6　怎样表示简单线型和复杂线型。

12-7　怎样设置样板图形。

12-8　何谓宏命令？

12-9　何谓 AutoCAD ActiveX 技术？

12-10　AutoCAD 的对象模型？对象结构？

12-11　什么是 Utility 对象？

12-12　什么是对象变量？

12-13　Preferences 的对象结构是怎样的？

12-14　图形函数的语法结构是怎样的？

12-15　用 AutoCAD 2010 参数化工具绘制下面图形（不含尺寸标注）。

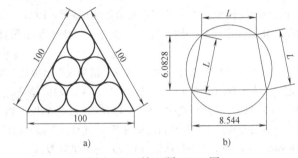

图 12-37　练习题 12-15 图

参 考 文 献

[1] 苏鸿根，刘海滨，杨飞强. 怎样开发 AutoCAD R12 [M]. 北京：清华大学出版社，1996.

[2] 郑益民. 公路工程基础教程 [M]. 北京：人民交通出版社，2001.

[3] 马力. AutoCAD 权威技术支持 [M]. 北京：清华大学出版社，2002.

[4] 张帆，郑立楷，王华杰. AutoCAD VBA 开发精彩实例教程 [M]. 北京：清华大学出版社，2004.

[5] 王钰. 用 VBA 开发 AutoCAD 2000 应用程序 [M]. 北京：人民邮电出版社，1999.

[6] 邵旭东. 桥梁工程：上册 [M]. 北京：人民交通出版社，2004.

[7] 顾安邦. 桥梁工程：下册 [M]. 北京：人民交通出版社，2004.

[8] 郑国权. 道路工程制图 [M]. 北京：人民交通出版社，2002.

[9] 姚玲森，李富文. 中国土木建筑百科词典：桥梁工程分卷 [M]. 北京：中国建筑工业出版社，1999.

[10] 符锌砂. 公路计算机辅助设计 [M]. 北京：人民交通出版社，1998.

[11] 郑益民，赵永平. 桥梁工程 CAD [M]. 2 版. 北京：清华大学出版社，北京交通大学出版社，2012.

[12] 任爱珠，张建平. 土木工程 CAD 技术 [M]. 北京：清华大学出版社，2006.

[13] 陈永喜，任德记. 土木工程图学 [M]. 武汉：武汉大学出版社，2004.

[14] 张立明，何欢. AutoCAD 2004 道桥制图 [M]. 北京：人民交通出版社，2005.

[15] 许金良，黄安录. 道路与桥梁工程计算机制图 [M]. 北京：人民交通出版社，2004.

[16] 杨峰. Autodesk AutoCAD 2010 工程师认证（1 级）标准培训教材 [M]. 北京：人民邮电出版社，2010.

[17] 崔洪斌，肖新华. AutoCAD 2010 中文版实用教程 [M]. 北京：人民邮电出版社，2009.

[18] 邵旭东，程翔云，李立峰. 桥梁设计与计算 [M]. 北京：人民交通出版社，2007.

[19] 中交公路规划设计院. 公路钢筋混凝土及预应力混凝土桥涵设计规范 [M]. 北京：人民交通出版社，2004.

[20] 易建国. 混凝土简支梁（板）桥 [M]. 北京：人民交通出版社，2006.

[21] 中交公路规划设计院. 公路桥涵设计通用规范 [M]. 北京：人民交通出版社，2004.